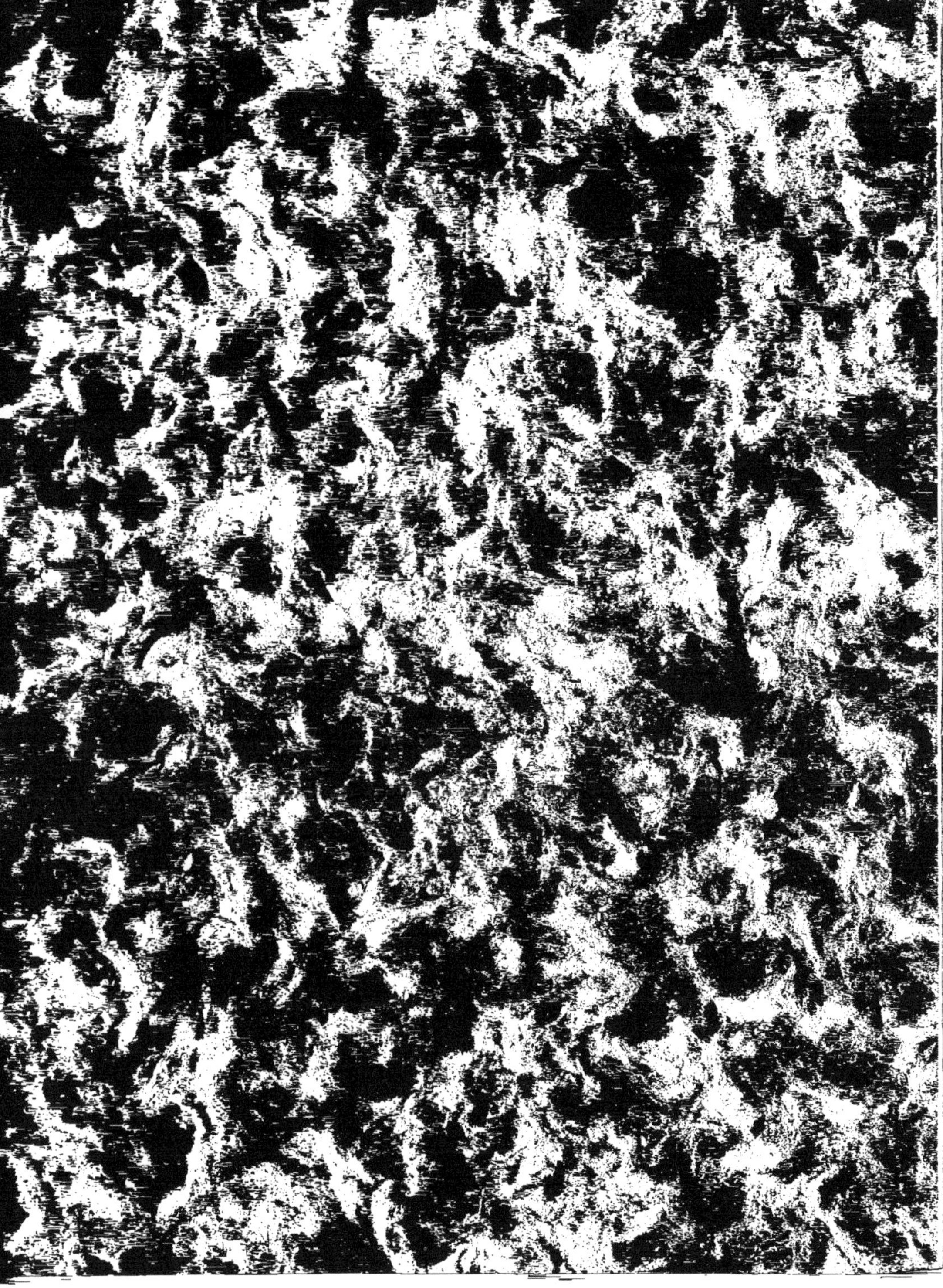

ŒUVRES

DE FERMAT

PUBLIÉES PAR LES SOINS DE

MM. PAUL TANNERY et CHARLES HENRY

SOUS LES AUSPICES

DU MINISTÈRE DE L'INSTRUCTION PUBLIQUE.

TOME PREMIER.

ŒUVRES MATHÉMATIQUES DIVERSES. — OBSERVATIONS SUR DIOPHANTE.

PARIS,

GAUTHIER-VILLARS ET FILS, IMPRIMEURS-LIBRAIRES

DU BUREAU DES LONGITUDES, DE L'ÉCOLE POLYTECHNIQUE,

Quai des Grands-Augustins, 55.

M DCCC XCI

ŒUVRES

DE FERMAT.

PARIS. — IMPRIMERIE GAUTHIER-VILLARS ET FILS,
Quai des Grands-Augustins, 55.

ŒUVRES

DE FERMAT

PUBLIÉES PAR LES SOINS DE

MM. PAUL TANNERY et CHARLES HENRY

SOUS LES AUSPICES

DU MINISTÈRE DE L'INSTRUCTION PUBLIQUE.

TOME PREMIER.

ŒUVRES MATHÉMATIQUES DIVERSES. — OBSERVATIONS SUR DIOPHANTE.

PARIS,

GAUTHIER-VILLARS ET FILS, IMPRIMEURS-LIBRAIRES

DU BUREAU DES LONGITUDES, DE L'ÉCOLE POLYTECHNIQUE

Quai des Grands-Augustins, 55.

M DCCC XCI

VARIA OPERA
MATHEMATICA
D· PETRI DE FERMAT,
SENATORIS TOLOSANI.

Accesserunt selectæ quædam ejusdem Epistolæ, vel ad ipsum à plerisque doctissimis viris Gallicè, Latinè, vel Italicè, de rebus ad Mathematicas disciplinas, aut Physicam pertinentibus scriptæ.

TOLOSÆ,

Apud JOANNEM PECH, Comitiorum Fuxensium Typographum, juxta Collegium PP. Societatis JESU.

M. DC. LXXIX.

TABLE DES MATIÈRES

DU PREMIER VOLUME (¹).

(¹) Les lettres majuscules placées devant les renvois indiquent que la pièce est tirée : V des *Varia Opera*, D du Diophante de 1670, C des *Lettres de Descartes*, P des *OEuvres de Pascal*, L. du traité de Lalouvère sur la Cycloïde, M de sources manuscrites.

DEUXIÈME PARTIE.

OBSERVATIONS SUR DIOPHANTE.

APPENDICE.

FIN DE LA TABLE DES MATIÈRES DU TOME PREMIER.

AVERTISSEMENT.

I.

Bibliographie des travaux de Fermat avant les publications de son fils.

Lorsque, le 12 janvier 1665, dans le cinquième mois de sa soixante-quatrième année, Pierre de Fermat mourut à Castres, où l'avait appelé son service de conseiller au parlement de Toulouse, il était tenu pour le plus grand géomètre de l'Europe [1], mais ce n'était guère par la voie de l'imprimerie que son nom s'était répandu dans le monde savant.

Lui-même n'avait d'ailleurs fait imprimer qu'une seule dissertation géométrique, et encore avait-il gardé l'anonyme [2]; cet opuscule parut en 1660, comme annexe d'un volume publié à Toulouse, sur la cycloïde, par le Père jésuite Lalouvère. Ce dernier faisait en même temps connaître, comme étant dues à Fermat (mais publiées sans son aveu), diverses propositions intéressantes sur lesquelles l'attention n'a jamais, que nous sachions, été appelée depuis lors [3].

Dans l'éloge que Lalouvère fait à cette occasion de son illustre concitoyen, il rappelle [4] diverses mentions de ses travaux insérées par Mersenne dans les *Cogitata physico-mathematica* de 1644, et il cite l'une de ces mentions énumérant un certain nombre de traités manuscrits envoyés par Fermat à ses amis de Paris [5]. Des autres, l'une (*præfat. ad Mechanica*, nº 4), sans désigner expressément Fermat, reproduisait la plus grande partie

[1] Lettre de Pascal à Fermat, du 10 août 1660 (nº 108 de la Correspondance de Fermat, dont la publication suivra celle du présent volume).

[2] *Voir* ci-après page 211, note 1, et page 199, note 1.

[3] *Voir* ci-après pages 199 suiv.

[4] *Voir* ci-après page 200, note.

[5] Ce texte de Mersenne (lequel fait partie d'un *Magni Galilæi et nostrorum Geometrarum Elogium utile*) est exactement le suivant :

« Taceo varios illos περὶ ἐπαφῶν, de maximis et minimis, de tangentibus, de locis planis, solidis, et ad sphæram pereruditos, quos clarissimus Senator Tholosanus D. Fermatius huc

d'une lettre transmise à Cavalieri par l'intermédiaire de Mersenne ([1]); la
seconde (*in Ballisticis*, p. 57) donnait des détails, tirés de lettres aujourd'hui
perdues, sur les travaux de Fermat relatifs aux spirales ([2]); la troisième
enfin (*in Analysi*, page 385) précédait les énoncés des propositions des *Lieux
plans d'Apollonius*, d'après la restitution du géomètre de Toulouse ([3]).

Dans ses Ouvrages antérieurs (depuis 1636) ou postérieurs, Mersenne a
encore fait d'autres emprunts à la Correspondance de Fermat; mais alors le
plus souvent il emploie des périphrases qui ne permettent pas toujours de
distinguer sûrement ce qui appartient aux divers géomètres avec lesquels il
était en relation. On ne pourra donc que rapprocher, des diverses lettres de
Fermat, certains extraits des œuvres de Mersenne concernant les mêmes sujets ([4]).

ad nos misit. » (F. Marini Mersenni Minimi Cogitata physico-mathematica. In quibus tam
naturæ quàm artis effectus admirandi certissimis demonstrationibus explicantur. Parisiis,
sumptibus Antonii Bertier, viâ Iacobeâ. M.DC.XLIV. Cum privilegio Regis. — première
pagination, p. 193.)

([1]) *Voir* ci-après, page 195, note 1.

([2]) *Voir,* dans le second volume, l'appendice au n° 3 de la Correspondance.

([3]) Universæ Geometriæ mixtæque Mathematicæ synopsis et bini refractionum demon-
stratarum tractatus. Studio et Operâ F. M. Mersenni M. Parisiis, apud Antonium Bertier,
viâ Iacobæâ, sub signo Fortunæ. M.DC.XLIV. Cum privilegio Regis.

En analysant la collection de Pappus, Mersenne avait déjà (p. 383) donné les énoncés du
Traité des *Contacts sphériques* de Fermat (*ci-après*, pages 52 suiv.) :

« Sexdecim Problematibus tractatum hunc (de tactionibus) Vieta comprehendit in Apollonio Gallo, sed cùm in planis substiterit, illum ad Sphærica Problemata Clarissimus Fermatius 15 Problematibus extendit, quæ Vietæis subjungemus. »

Page 385, parlant des Porismes d'Euclide, Mersenne dit :

« Huius autem tractatus Restitutio Clarissimi Domini Fermatij postulat opem, qui 2 sequentes de locis planis libros adeò fœliciter redintegravit. »

Les énoncés des *Lieux plans* d'Apollonius (*voir* ci-après, pages 3 suiv.) suivent sur les
pages 386 à 388. Mersenne ajoute enfin :

« Omitto locos ad superficiem cuius Isagogem vir idem Cl. amicis communem fecit, et
alia quæ utinam ab eo tandem impetremus. »

([4]) En dehors des citations qui précèdent, Mersenne a nommé Fermat :

1° Page 9 de la première préface de l'*Harmonie universelle contenant la théorie et la
pratique de la musique* (*voir* n° 4 de la Correspondance de Fermat).

2° Dans la *Seconde partie de l'Harmonie universelle*, Paris, 1637, livre VIII, p. 61 (*voir*
n° 2 de la Correspondance).

3° Page 215 des *Novarum observationum physicomathematicarum F. Marini Mersenni
Minimi* (Tomus III. Quibus accessit Aristarchus Samius de mundi systemate. Parisiis,
sumptibus Antonii Bertier, viâ Iacobæâ sub signo Fortunæ. M.DC.XLVII. Cum privilegio
Regis), dans le récit d'un voyage au midi de la France.

« Cùm autem vivos potiùs quàm mortuos ([a]) quærerem, unus abfuit Clarissimus Ferma-

____

([a]) Mersenne parlait auparavant de tombeaux qu'il avait vus à Toulouse.

La plus ancienne mention imprimée d'un opuscule manuscrit de Fermat n'est, au reste, point due à Mersenne; elle concerne la *Methodus ad disquirendam maximam et minimam* (*ci-après*, pages 133-136), et doit être cherchée dans le *Brouillon projet d'exemple d'une manière universelle du S. G. D. L. touchant la pratique du trait à preuves pour la coupe des pierres en l'Architecture*, imprimé à Paris en août 1640.

« Puisqu'un reste de page et l'occasion y convient, afin qu'après ce Brouil-
» lon il n'y ait plus en cecy d'abusez que ceux qui le voudront bien estre, on
» ne doit pas croire à tout esprit, n'y à toute apparence; à tout esprit, en
» croyant que tous ceux qui font en particulier une grande monstre de plu-
» sieurs belles pensées en soient toujours les autheurs, on void escrite à la
» main une belle maniere de trouver les touchantes aux courbes, ensuitte des
» plus grands et plus petits, laquelle est avérée estre de monsieur de Fermat,
» très digne conseiller de parlement de Tholoze, et la premiere descouverte
» de la ligne qu'engendre un point en la diametrale d'un cercle roulant sur
» une droicte est de monsieur de Roberval, très digne professeur royal aux
» mathématiques (¹). A toute apparence, etc. » (*OEuvres de Desargues* réunies et analysées par M. Poudra, Paris, Leiber, 1864, tom. 1, pages 354-355.)

Cette même méthode de Fermat, sur laquelle l'attention avait d'ailleurs été appelée par le bruit d'une polémique à ce sujet entre lui et Descartes, fut exposée sous son nom par P. Hérigone en 1642 (*voir* ci-après, page 171, note 1), lequel mentionna également ses traités manuscrits des *Lieux plans d'Apollonius* et de l'*Introduction aux lieux plans et solides*.

En 1646, la réputation du conseiller au parlement de Toulouse est assez établie pour qu'un étranger, Fr. van Schooten, le cite entre Descartes et Roberval au premier rang des géomètres (²).

tius, Geometrarum Coryphæus; quem tamen Burdigalam redux, ductore integerrimo, doctissimoque senatore, Domino d'Espagnet, velut avulsum Bergeraco, triduo amplexus sum (ᵃ). Vin scire quo loco? Ubi S. Emilio Brito donatus est anno 767. Ubi coemeterium templo satis amplo ex unico lapide constructo incumbit; ubi latomus quisque excisos à prædicti Domini lapidicina, quovis die, 10 lapides parallelogrammos excindit, et quadrat, quorum latitudo 1, longitudo 2 pedum; cùmque centum lapides quadravit, 7 libras recipit. »

(¹) L'accusation d'indélicatesse que formule ici Desargues à mots couverts paraît dirigée contre Beaugrand, lequel l'avait attaqué dans une lettre imprimée du 20 juillet 1640 (*OEuvres de Desargues*, t. II, p. 378).

(²) Francisci à Schooten Leydensis, de Organica Conicarum Sectionum in plano Des-

(ᵃ) Ce passage a été reproduit jusqu'à ce dernier mot parmi les mentions honorifiques de Fermat insérées par son fils en tête des Diophante de 1670 et des Varia de 1679.

On verra ci-après (page 77, note 2) en quels termes élogieux Boulliau parlait de Fermat dans ses *Exercitationes geometricæ* de 1657, à l'occasion de son opuscule manuscrit sur les Porismes d'Euclide.

La même année, les rééditeurs des *Deipnosophistes d'Athénée*, Jean-Antoine Huguetan et Marc-Antoine Ravaud à Lyon, inséraient, sous les initiales P. F. S. T., une remarque critique (¹) qui prouvait que la sagacité du célèbre géomètre s'exerçait également avec fruit dans le domaine de l'érudition.

Mais ce fut l'année suivante que, pour la première fois, des lettres de Fermat parurent sous son nom :

1° D'abord une série importante dans le *Commercium epistolicum de Quæstionibus quibusdam Mathematicis nuper habitum inter Nobilissimos Viros : D. Gulielmum Vice comitem* BROUNCKER, *Anglum; D. Kenelmum* DIGBY, *item Equitem Anglum; D.* FERMATIUM, *in suprema Tholosatum Curia Iudicem Primarium; D.* FRENICLUM, *Nobilem Parisinum; una cum D. Joh.* WALLIS *Geomet. Prof. Oxonii; D. Franc. a* SCHOOTEN, *Math. Prof. Lugduni Batavorum; Aliisque.* (Edidit JOHANNES WALLIS, S. Th. D. in celeberrima Oxoniensi Academia Geometriæ Professor Savilianus. — Oxonii, Excudebat A. Lichfield. Acad. Typograph., Impensis Tho. Robinson. — M.DC.LVIII) — nᵒˢ 79, 80, 81, 82, 83, 84, 85, 91, 96 de la Correspondance,

2° Une longue lettre adressée à Gassend dans le tome VI *Petri Gassendi Opera omnia in VI Tomos divisa.* (Lugduni, sumptibus Laurentii Anisson et Joan. Bapt. Devenet. M.DC.LVIII) — nᵒ 62 de la Correspondance.

En 1658 encore, dans l'*Histoire de la Roulette* (anonyme) (²) et en janvier 1659, dans les *Lettres de A. Dettonville, contenant quelques-unes de ses inventions de Géométrie* (³), le nom de Fermat apparaît avec quelques indica-

---

criptione, Tractatus Geometris, Opticis, præsertim verò Gnomonicis et Mechanicis utilis. Cui subnexa est Appendix de Cubicarum Æquationum resolutione. Lugd. Batav. Ex officinâ Elzeviriorum Aᵒ 1646. (Reproduit comme Livre IV des *Exercitationes Mathematicæ* de 1657 : préface, page 302.)

« Aliarum autem linearum curvarum superioris generis descriptiones quod attinet, eas in medium afferre non fuit nostri instituti, cum maluerimus meritò eximiis Viris, D. des Cartes, D. de Fermat, Senatori Tholosano, et D. Robervallo, Mathematum in Academia Parisiensi Regio Professori, relinquere. Qui præterea earum tangentes, quadrationes et centra invenêre, quibus Geometriam mirifice ditare valeant, et (meo judicio) vix lucem visura sunt, nisi Philomathematicorum precibus et persuasionibus ab iis in Reip. Literariæ bonum extorqueantur. »

(¹) *Voir* ci-après, page 378, note 1.

(²) *OEuvres de Pascal*, 1779, t. V, p. 165 et 172. — *Voir* au nᵒ 29 de la Correspondance de Fermat, et ci-après, page 202, note 1.

(³) *OEuvres de Pascal*, t. V, p. 228, dans la lettre de Carcavi à Dettonville : « On a

tions sur ses travaux, de même que dans le *Traité des ordres numériques,* trouvé en 1662 imprimé dans les papiers de Pascal, sans qu'il eût encore été publié (¹).

En 1664 enfin, Saporta insérait, dans sa traduction du *Traité de la mesure des eaux courantes de Castelli,* une Observation de Fermat sur un passage de Synesius (²).

Telles furent, du vivant de Fermat, les rares publications auxquelles donnèrent lieu ses écrits et les mentions imprimées que nous avons pu trouver de ses travaux. Après sa mort et avant les volumes édités par son fils, nous n'avons à signaler que l'*Éloge de Monsieur de Fermat* (³), inséré dans le *Journal des Savants* du 9 février 1665, et dû au moins à l'inspiration, sinon à la plume de Carcavi, et, en 1667, la publication par Clerselier du dernier volume des *Lettres de Mr Descartes,* lequel contient une importante correspondance entre Fermat, Mersenne et Descartes d'une part, Fermat, Clerselier, Rohault et La Chambre de l'autre (⁴).

» bien envoyé celle des problèmes que vous aviez déclarés être les plus faciles, savoir :
» le centre de gravité de la ligne courbe et la dimension des surfaces des solides, laquelle
» M. Wren nous envoya dans ses lettres du 12 octobre et M. de Fermat aussi dans les
» siennes, où il donne une méthode fort belle et générale pour les dimensions des surfaces
» rondes. » — Ce travail de Fermat est perdu.

(¹) *OEuvres de Pascal,* t. V, pages 65-67. — *Voir* au n° 12 de la Correspondance de Fermat.

(²) *Voir* ci-après, pages 362 suiv. et n° 118 de la Correspondance de Fermat (pour la dédicace de Saporta).

(³) *Voir* ci-après pages 359 suiv.

(⁴) N^{os} de la Correspondance de Fermat 22, 23, 24, 25, 26, 27, 28, 32, 34, 67, 86, 90, 93, 94, 95, 97, 99, 112, 113, 114, 115. *Voir* également ci-après les deux pièces p. 170 et 173. — Les *Lettres de M. Descartes* peuvent également donner lieu à nombre d'extraits intéressant Fermat, quoique tirés de lettres qui ne lui étaient pas destinées.

II.

Le Diophante de Samuel Fermat (1670).

En 1670, Samuel Fermàt fit paraître, à ses frais et sans privilège, une édition in-folio de Diophante sous le titre :

DIOPHANTI | ALEXANDRINI | ARITHMETICORVM | LIBRI SEX,
ET DE NVMERIS MVLTANGVLIS | LIBER VNVS.
CUM COMMENTARIIS C. G. BACHETI V. C.
et observationibus D. P. de FERMAT Senatoris Tolosani.
Accessit Doctrinæ Analyticæ inuentum nouum, collectum
ex varijs eiusdem D. de Fermat Epistolis (¹).
Tolosæ, | Excudebat Bernardus BOSC, è Regione Collegij Societatis Iesu.
M.DC.LXX.

Dans cette édition, le feuillet du titre est suivi de cinq autres non paginés qui contiennent :

Pages 1 à 3, une dédicace à Colbert (*voir* ci-après *Appendice*, p. 345 suiv.);

Pages 4 et 5, une préface *Lectori Beneuolo* (*App.*, p. 347 suiv.);

Pages 6 à 7, l'Éloge de monsieur de Fermat, *Conseiller au Parlement de Tolose. Du Iournal des Sçavans, du Lundy 9 Février* 1665 (*App.*, p. 359 suiv.);

Page 7 (ligne 22) et page 8, Observation de monsieur de Fermat *sur Synesius, rapportée à la fin de la traduction du liure de la mesure des eaux courantes, de Benedetto Castelli* (*App.*, p. 362 suiv.);

Page 9, deux extraits de Lettres de Descartes à Fermat, tirées de l'édition de Clerselier :

Lettre de monsievr Descartes a monsievr de Fermat, pag. 347, tom. 3 des Lettres de Monsieur Descartes.

Avtre Lettre de monsievr Descartes a monsievr de Fermat, pag. 348, tom. 3 des Lettres de monsieur Descartes.

(*Voir* ces lettres dans le second volume de cette édition, sous les n⁰ˢ 32 et 34 de la Correspondance de Fermat.)

(¹) Au-dessous une vignette signée *Rabault fecit* et représentant Orphée, avec l'inscription : OBLOQVITVR NVMERIS SEPTEM DISCRIMINA VOCVM.

Page 10, trois extraits sous les titres :

P. Hérigone, tom. 6. Cursus Mathematici, p. 68. *De Maximis et Minimis* (*voir* ci-après, p. 171, note 1).

D. Ismael Bvllialdvs Exercitatione de Porismatibus (*voir* ci-après, p. 77, note 2).

R. P. Marinvs Mersennvs ordinis minimorvm Reflectionum Physicomathematicarum, pag. 215 (*voir* plus haut, page xi, note *a*).

Après ces feuillets non numérotés, viennent trois paginations différentes : La première contient d'abord, de 1 à 36, un Traité intitulé :

Doctrinæ analyticæ inventvm novvm, *Collectum à R. P. Iacobo de Billy, S. 1. Sacerdote, ex varijs Epistolis quas ad eum diversis temporibus misit D. P. de Fermat Senator Tolosanus.*

Une traduction de ce Traité sera publiée dans un volume de *Complément* à la présente édition.

Suit, pages 37 à 64, d'après l'édition de Diophante donnée par Bachet en 1621, le Traité :

Clavdii Gasparis Bacheti Sebvsiani in Diophantvm Porismatvm Liber Primvs (p. 37). Liber Secundus (p. 44). Liber tertius (p. 53).

La seconde pagination (1 à 341) reproduit l'édition de Bachet, texte grec, traduction latine et commentaires, pour les six livres des *Arithmétiques de Diophante.*

La troisième reproduit de même (pages 1 à 18) l'édition de Bachet pour le livre *Des nombres polygones de Diophante* et (pages 19 à 42) pour le Traité :

Clavdii Gasparis Bacheti Sebvsiani Appendicis ad Librvm de Nvmeris polygonis Liber Primvs (p. 19). Liber Secvndvs (p. 29).

Au bas de la page 42 se trouve l'annotation suivante :

« Ne vacarent paginæ sequentes, placuit has Epistolas adjicere varijs refertas D. P. de Fermat in quosdam Græcos authores obseruationibus, quarum nonnullæ ad Mathematicas pertinent disciplinas. »

Suivent les deux lettres :

P. 43 à 45 : Viro clarissimo D. de Ranchin P. Fermat S. P. D. (ci-après *Appendice*, p. 366 suiv.).

P. 46 à 48 : Viro D. de Pellisson S. Fermat S. P. D. (*App.*, p. 373 suiv.).

Comme reproduction de l'édition de Bachet, celle de Samuel Fermat est passablement fautive; l'intérêt qu'elle offre provient donc essentiellement des annotations que Pierre Fermat avait inscrites sur les marges d'un exemplaire aujourd'hui perdu du Diophante de Bachet, annotations que son fils a reproduites à leur place, en caractères italiques et chacune sous le titre : OBSERVATIO D. P. F, la seconde seule sous celui : OBSERVATIO DOMINI PETRI DE FERMAT.

Ce sont ces *Observations sur Diophante* qui constituent la seconde Partie du présent volume. On leur a naturellement adjoint, sous des caractères différents, les textes auxquels elles se rapportent spécialement.

III.

L'édition des Varia Opera (1679)

Neuf ans plus tard, Samuel Fermat publiait des Œuvres de son père l'édition que nous désignons sous le nom de *Varia,* et dont le frontispice, ainsi que le portrait de Fermat placé en regard, se trouve reproduit en tête du présent Volume.

Cette édition a été réimprimée en 1861, par héliotypie, avec l'addition au bas de la page de titre :

Novo invento usi iterum expresserunt R. Friedlaender et Filius,

BEROLINI, MDCCCLXI.

mais sans le portrait de Fermat.

La Table de concordance qui termine ce Volume donne le détail des pièces contenues dans l'édition de 1679, avec les renvois à la présente, qui pourra la remplacer absolument.

Samuel Fermat s'abstint volontairement de reproduire les lettres de son père déjà publiées par Clerselier dans la Correspondance de Descartes. Il y renvoie d'ailleurs par une note de la page 156 :

« Ceux qui ont le troisième Tome des Lettres de M. Descartes y pourront voir plus au long les objections de M. de Fermat contre la Dioptrique de M. Descartes et divers écrits sur ce sujet depuis la page 167. jusques à la page 350. »

Il reproduisit, au contraire, la plupart des lettres à Digby que Wallis avait déjà fait connaître; on ne conçoit donc guère pourquoi il a omis deux de ces lettres et une troisième à Frenicle.

Quant aux pièces inédites qu'il publiait, il ne semble avoir eu, comme originaux, qu'un nombre relativement restreint de lettres adressées à Fermat. Pour le reste, il n'a certainement possédé, en thèse générale, que des copies plus ou moins fautives, et qu'il n'obtint d'ailleurs qu'à grand'peine.

Il est difficile de croire que Carcavi, après ce qu'il avait fait insérer dans l'Éloge de Fermat du *Journal des Savants,* ait refusé à son fils les copies des pièces qu'il possédait, au moins de celles qui étaient détaillées dans l'Éloge précité. Il n'en est pas moins certain que, s'il n'opposa pas un refus absolu, il ne donna pas copie de tous les opuscules qu'il avait entre les mains, et qu'il ne voulut rien communiquer des nombreuses lettres que Fermat lui avait personnellement adressées.

Parmi les correspondants de Fermat qui vivaient encore, lorsque son fils s'occupa de réunir ses écrits, Roberval seul paraît avoir directement répondu aux demandes de communication. Mais il choisit avec soin, pour sa plus grande gloire personnelle, ce qu'il envoya, et, loin de fournir des copies fidèles, refondit complètement, par exemple, la lettre du 16 août 1636, autrefois écrite en son nom et en celui d'Étienne Pascal (¹).

La plus grande partie des autres lettres publiées par S. Fermat semble provenir de copies réunies par l'érudit Thoinard qui, d'après la correspondance de Samuel et de son ami Justel, montra un louable et rare empressement.

IV.

Les autographes de Fermat.

Après la publication des *Varia,* les collectionneurs qui conservaient des pièces inédites de Fermat purent, comme Jacques Ozanam ou Auzout, en user pour leur compte particulier; mais, à part deux exceptions, rien de nouveau ne fut imprimé jusqu'en 1839.

En 1734, Camusat publia dans le Tome premier de l'*Histoire critique des Journaux par M. C***, à Amsterdam, chez J.-F. Bernard,* une lettre latine de Fermat à Ismaël Bouillau (ci-après, *Appendice,* p. 380 et suiv.).

Lors de la préparation de l'édition des *OEuvres de Blaise Pascal,* 1779,

(¹) N° 8 de la Correspondance. — Un trait curieux de l'histoire des papiers de Roberval est que, parmi les écrits de lui qui ont été insérés dans les anciens *Mémoires de l'Académie des Sciences,* figure sous son nom, tome VI (pages 241 à 246 de l'édition de 1730), l'*Appendix ad Isagogen Topicam* de Fermat, déjà publiée dans les *Varia (ci-après,* p. 103 suiv.).

Bossut retrouva, dans les papiers conservés par la famille de l'auteur des *Pensées,* quelques autographes de Fermat qu'il comprit dans ce qu'il publia ([1]). Depuis, ces autographes ont été perdus ou dispersés dans des collections particulières, sauf trois, qui se trouvent reliés dans un recueil des opuscules mathématiques de Pascal, conservé à la Réserve des imprimés de la Bibliothèque Nationale, sous la cote V-848-3.

D'autres originaux de lettres écrites à Mersenne étaient, avant la Révolution, conservées dans le Tome IV d'un recueil formé à la Bibliothèque des Minimes et qu'Arbogast a pu utiliser, comme on le verra plus loin.

La Bibliothèque Nationale possède seulement, comme autographes de Fermat appartenant au département des manuscrits :

1° Une lettre au Père de Billy (n° 102) dans le manuscrit fonds latin 8600, f° 13. Publiée par Libri dans le *Journal des Savants* de septembre 1839, d'après une copie d'Arbogast.

2° L'original de l'opuscule *Doctrinam tangentium* (*ci-après* p. 158 et suiv.), fonds français, nouv. acq. n° **3280**, f° 112-116. Imprimé dans les *Varia* d'après une copie. — Même MS., f° 108-109, une lettre à Huet (*ci-après,* p. 386).

3° Trois lettres et un mémoire adressé au chancelier Séguier (n°ˢ **64, 65, 66, 111**) : fonds français n° **17388**, f° 74; n° **17390**, f° 113 à 115; n° **17398**, f° 433. Publiés, comme la lettre à Huet, par M. Charles Henry (*Recherches sur les manuscrits de Pierre de Fermat,* 1880, p. 63 à 72 et 77).

4° Dans le manuscrit fonds grec n° **2460**, les annotations sur Manuel Bryenne, dont nous devons la découverte à M. Henri Omont et qui sont publiées ci-après, pages 394 et suiv.

La Bibliothèque de l'Université de Leyde conserve dans la Collection Huygens n° **30** deux lettres autographes de Fermat au mathématicien hollandais. En les publiant (*Recherches,* etc., p. 77 et suiv., 211 et suiv.), M. Charles Henry a devancé la splendide édition des *Œuvres complètes de Christiaan Huygens, publiées par la Société hollandaise des Sciences,* qui contient d'ailleurs d'autres matériaux à utiliser pour la Correspondance de Fermat ([2]).

([1]) *Voir* ci-après, pages 70 et 74 et en outre les n°ˢ 69, 71, 73, 74, 100, 107 de la Correspondance. — L'autographe du n° 71 a passé à la vente Fillon le 16 février 1877. Ceux de la Bibliothèque Nationale sont les originaux du n° 100 et des deux pièces imprimées dans le présent Volume, pages 70 et 74. Mais, ne les ayant découverts que tout récemment, nous n'avons pu les utiliser que pour les Variantes à la fin du Volume.

([2]) L'une de ces lettres, concernant le problème d'Adrien Romain, est insérée dans le présent Volume, pages 189 suiv., l'autre est classée sous le n° 109 de la Correspondance de Fermat. Quant à la troisième lettre signée Fermat et publiée par M. Ch. Henry (*Recherches,* etc., p. 78-79) avec une pièce de vers en l'honneur d'Huygens, il a été reconnu

Doctrinam tangentium authuit et commodius tradita methodu
de inuentione maxima et minima cuius beneficio
pbuniantur quæstiones omnes dioristica et famosa illa
problemata quæ apud Pappium in præfatione lib. 7.
difficilis dibuniationis habes dicuntur facillime
dibuniantur.

Lineæ curuæ is quibus tangentes inquirimus proprietates
suas spatificas uel p̄ lineas tantum rectas absoluunt
uel p̄ curuas rectis aut alijs curuis quomodolibet
implicatas.

Priori casui iam satisfactum est prælo quæ quia
conclusum minus, difficile sane, sed tamen tandem
rectum est.

Consideramus namque in eo plano cuiuslibet curuæ
rectis duæ positione data, Quarum altera diametro
si libet rectior applicata nuncupetur dum eam iam
minutam tangentes supponantes ad datum in curua
punctum, proprietates spatificam curuæ, non in curua
amplius sed in inuenienda tangente, p̄ adæqualitatem
consideramus et elisis quæ monet doctrina de maxima
et minima homogeneis, ad demum æqualitas quæ
rectam concursus tangentis cum diametro determinet,
idque ipsam tangentem.

Exempli quæ olim multiplicio doctrina addatur si
plane tangens associari cuius dicas tractus inuentio.

figura est

Nous donnons ci-contre un *fac-similé* de la première page de l'écrit *Doctrinam tangentium etc.* Il pourra servir au besoin à reconnaître l'écriture de Fermat. S'il est difficile d'espérer actuellement la découverte de lettres ou d'opuscules autographes, l'impossibilité n'en est nullement démontrée; mais il est un autre ordre de recherches sur lequel nous appelons l'attention des érudits.

Fermat, qui n'avait point de cahiers de notes et ne conservait pas de manuscrits, inscrivait des remarques sur les marges des livres qui lui appartenaient, et il devait le faire, quelle que fût la nature de ses livres. Or il est difficile de croire qu'il y ait eu destruction complète de tous les Ouvrages qui ont fait partie de la bibliothèque d'un homme qui n'était pas seulement un mathématicien de premier ordre, mais qui s'intéressait à toutes les questions scientifiques et qui était un humaniste très distingué. Il semble donc que l'examen de l'écriture des notes inscrites sur les exemplaires des Ouvrages du temps pourrait amener la constatation de leur passage entre les mains de Fermat et conduire à des découvertes intéressantes (¹).

Il est à remarquer que les recherches faites dans ce sens à Toulouse n'ont amené que la découverte, par Libri, à la Bibliothèque de la Ville, d'un exemplaire de la première édition du *Dialogue de Galilée* des *Massimi Sistemi* (²). Sur le premier feuillet de garde est écrite (au-dessus d'une note de Carcavi : « Ce billet est de Monsieur de Fermat, Conseiller au Parlement, qui m'a fait présent de ce livre ») la dédicace suivante :

« Peut-estre croirés-vous que pour me mettre en reputation et *per purgar,*
» comme on dit, *la mala fama,* je pretens m'eriger en donneur de livres.

par M. P. Tannery qu'elle ne pouvait avoir été écrite que par Samuel de Fermat; le savant éditeur des Œuvres de Huygens, M. Bierens de Haan, a constaté sur l'autographe la vérité de nos conjectures.

(¹) Rappelons à ce sujet que des recherches méthodiques de ce genre, instituées en Italie, par les soins de M. Favaro, ont abouti pour la publication des *OEuvres de Galilée* à des résultats précieux. Si le défaut d'un point de départ, comme était le catalogue de la bibliothèque de Galilée, retrouvé par le savant professeur de l'Université de Padoue, nous a empêchés d'entreprendre de pareilles recherches pour Fermat, nous n'en espérons pas moins que notre appel sera entendu. Nous accueillerons avec reconnaissance toutes les communications qui nous seraient faites à ce sujet et nous pourrons les publier dans un volume complémentaire à la présente édition.

(²) Dialogo di Galileo Galilei, Linceo matematico sopraordinario dello studio di Pisa, e filosofo, e matematico primario del Serenissimo Gr. Duca di Toscana. Dove nei congressi di quattro giornate si discorre sopra i due Massimi sistemi del Mondo Tolemaico, e Copernicano. Con privilegi. In Fiorenza, par Gio. Batista Landini. MDCXXXII. Con Licenza de Superiori (Bibl. de Toulouse $\frac{183}{E}$ nouv. classement; ancien n° 2217).

» Vous en croirés ce qu'il vous plaira, mais si c'estoit par hasard vostre
» pensée, apprenés donc, Monsieur, que vous n'avés pas touché au but. Je
» ne songe, en vous offrant les Dialogues italiens du Systeme de Galilée, qu'à
» faire une action de justice et à vous rendre maistre de l'ouvrage d'un auteur
» qui ne passeroit, s'il vivoit, que pour vostre disciple (¹). Recevés donc ce
» present comme vous estant deu, et ne me considerés point en ce rencontre
» comme un adroit negotiateur, mais comme un bon juge qui rejette comme
» une tentation l'idée de vostre grande et fameuse bibliothèque et ne se sou-
» vient que de la passion qu'il a d'estre tout à Vous. »

V.

Le premier projet d'édition complète et les papiers de Libri.

A défaut des autographes de Fermat, on possède diverses copies, plus ou
moins anciennes, de pièces ou de lettres soit déjà publiées, soit inédites.

L'attention fut pour la première fois appelée sur ces copies, lorsque Libri,
dans un article du *Journal des Savants* de septembre 1839, annonça qu'il
venait d'acquérir d'un libraire de Metz, par l'intermédiaire du capitaine d'ar-
tillerie (depuis général) Didion, un lot de manuscrits provenant de la bibliothèque de Français et ayant antérieurement appartenu à Arbogast. D'après
les détails qu'il donnait sur le contenu de ces manuscrits, en particulier sur
les matériaux inédits réunis et copiés par Arbogast, d'après ce qu'un article
subséquent (*Journal des Savants,* mai 1841) révéla sur les conditions défec-
tueuses dans lesquelles s'était faite l'édition de 1679, aucun assentiment ne
pouvait être refusé à l'idée de réunir, dans une publication d'ensemble, les
Œuvres déjà imprimées ou encore inédites du grand géomètre de Toulouse.
Villemain, alors Ministre de l'Instruction publique, prit l'initiative d'un
projet de loi, présenté le 28 avril 1843, pour faire cette publication aux frais
de l'État. Lorsque ce projet eut été consacré par le vote des deux Chambres,
Libri fut naturellement chargé, en 1844, de diriger la nouvelle édition, et on
lui adjoignit un jeune mathématicien, Despeyrous (mort, le 6 août 1883,
professeur à la Faculté des Sciences de Toulouse). La collaboration n'aboutit

(¹) Pour comprendre ce singulier éloge, il faut savoir que, quoique Carcavi n'ait rien
publié sur la matière, il n'en avait pas moins profondément spéculé sur les systèmes
astronomiques. Son action en faveur de la conception de Copernic, pour prudente qu'elle
ait été, fut certainement très efficace dans le milieu scientifique où il vivait à Paris. Le
langage de Fermat atteste, d'ailleurs, que les idées de son ami étaient indépendantes de
celles de Galilée.

guère qu'à un résultat (*Journal des Savants*, novembre 1845), une mission
de Despeyrous pour recherches à Vienne, Libri ayant constamment refusé
de lui donner communication des pièces inédites qu'il avait entre les mains,
et prétextant d'un autre côté de nombreuses occupations comme motifs de
retards dans l'accomplissement de la tâche qu'il prétendait se réserver. Le
6 juin 1846, une lettre du Ministre de l'Instruction publique, alors Salvandy,
le relevait de cette tâche; bientôt après commençait, sur les détournements
de livres et de manuscrits dont on le soupçonnait, la longue enquête secrète
qui devait aboutir, le 4 février 1848, au dépôt du rapport du juge d'instruction Boucly.

Immédiatement après la révolution de 1848, Libri quittait la France et
emportait dix-huit caisses de livres et manuscrits; les papiers qui purent être
saisis à son domicile échurent à la Bibliothèque Nationale, où tous ceux qui
concernaient Fermat furent réunis dans le manuscrit fonds français, nouv.
acq., n° **3280**; la publication projetée fut abandonnée et l'idée n'en devait pas
être reprise avant trente ans.

En 1879, à la suite d'études entreprises à Paris et d'enquêtes dans les prin-
cipales bibliothèques de l'Europe, M. Charles Henry publia dans le *Bulletin
Boncompagni* un travail que nous avons déjà eu l'occasion de citer d'après
le tirage à part :

*Recherches sur les manuscrits de Pierre de Fermat, suivies de fragments iné-
dits de Bachet et de Malebranche, par Charles Henry. — Extrait du Bullettino di bibliografia e di storia delle scienze matematiche e fisiche. Tome XII,
Luglio, Agosto, Settembre, Ottobre 1879. — Rome, imprimerie des Sciences
mathématiques et physiques, Via Lata, n° 3, 1880. — (216 pages gr. in-4°.)*

A la suite de cette publication, le prince Baldassare Boncompagni fit connaître, dans une lettre adressée, le 27 mai 1881, à M. Charles Henry, qu'il
avait acquis deux manuscrits renfermant les pièces inédites énumérées par
Libri en 1839 et qu'il était disposé à les communiquer aux savants qui vou-
draient entreprendre une nouvelle édition des Œuvres de Fermat. Ces deux
manuscrits, qui seront minutieusement décrits plus loin, comme étant une
des bases essentielles de notre travail, furent dès lors reconnus comme ayant
effectivement été possédés par Libri et comme correspondant à ce qu'il avait
signalé de plus important dans son acquisition de Metz. Mais Libri n'ayant
jamais fait connaître exactement quelles pièces de Fermat il avait entre les
mains, ayant d'autre part inséré dans le *Catalogue of the Manuscripts at
Ashburnham-place* des mentions qui pouvaient faire croire à l'existence, dans
le fonds cédé par lui au célèbre collectionneur anglais, de très nombreuses

pièces intéressant la publication projetée à nouveau, il était essentiel de vérifier ce qui en était.

Cette vérification ne put être faite avant l'acquisition, par la Bibliothèque Nationale, du fonds Libri de la collection Ashburnham. Elle a en grande partie déçu les espérances que l'on avait pu concevoir (¹); on n'a retrouvé, sous le n° 1848 de Libri (²), qu'une seule chemise de pièces provenant de Fermat. Le dépouillement de ces pièces, que, grâce à l'obligeance de M. Léopold Delisle, nous avons pu faire dès le commencement de l'année 1888 et avant le classement nouveau, nous a fait reconnaître :

1° Une seule pièce non connue d'ailleurs (*voir* ci-après, page 87, note 1), sur le lieu à trois lignes;

2° D'anciennes copies de l'*Ad locos planos et solidos isagoge,* avec l'*Appendix* (page 91, note 1) de la *Methodus ad disquirendam maximam et minimam* (page 133) et du *Novus secundarum et ulterioris ordinis radicum in analyticis usus* (page 181), opuscules déjà imprimés dans les *Varia Opera;*

3° Une copie d'une lettre de Fermat à Carcavi, laquelle se trouve plus complète dans le manuscrit de la Nationale, fonds latin 11196, n° 68 de la Correspondance. — (Publiée par M. Ch. Henry, *Recherches,* etc., pages 193 à 195.)

Des anciennes copies, celle de l'*Isagoge* est d'ailleurs seule à offrir un véritable intérêt.

VI.

Le manuscrit Arbogast-Boncompagni.

Parmi les autres sources manuscrites qui ont été utilisées pour cette édition, nous devons signaler, en premier lieu, les deux volumes très importants appartenant au prince Baldassare Boncompagni, à Rome, lequel les a généreusement mis à notre disposition.

Le premier de ces manuscrits, que nous désignerons par la lettre A, est un volume haut de 27^{cm}, large de 21^{cm},5, comportant une reliure italienne récente en basane blanche décorée de filets d'or, laquelle présente au dos une

---

(¹) Notamment le n° 1805 du *Catalogue* précité n'a pas été retrouvé; Libri ne paraît pas l'avoir livré à lord Ashburnham; dans le n° 1860, malgré les indications du même catalogue, rien de Fermat n'a été trouvé.

(²) Ce numéro était représenté par trois portefeuilles où étaient classées des feuilles séparées. Les pièces sont aujourd'hui réparties entre les manuscrits : fonds latin, nouv. acq. 2339, 2340, 2341; fonds français, nouv. acq. 5175, 5176. Celles relatives à Fermat se trouvent dans le premier de ces cinq manuscrits.

vitole imprimée : *Fermat, Opuscules et lettres.* Outre deux feuillets de garde (en tête et à la fin), on compte, dans ce volume, 83 feuillets numérotés au crayon de 1 à 82 (le n° 5o manquant, et, deux feuillets étant numérotés : 12 *bis* et 13 *bis*, ainsi que le mentionne, au reste, une annotation au crayon sur le second feuillet de garde). Ce numérotage au crayon a été fait dans la bibliothèque du prince Boncompagni.

Sur le feuillet 1 est écrit de la main de Libri :

Lettres de Fermat | par ordre | comme dans la liste de de' (sic) Arbogast | plus la lettre au père Billy et celle à Carcavi. | Plus une copie de la lettre imprimée (anonyme) de Frenicle [corrigé de « *Fermat* »] *à Digby | où il est fait mention d'un | autre écrit imprimé précédemment (1657) | par Frenicle* [corrigé de « *Fermat* »].

Puis, de la même main, mais d'une écriture plus récente, de même que les corrections indiquées ci-dessus :

(Voyez Comm. ep. de Wallis.)

En haut de la page est la signature « F. Lepelle de Bois-Gallais », et sur tous les feuillets suivants le visa correspondant : F. L. B. G.; ce qui permet d'établir que l'ensemble a été vendu, à Londres, par Libri en pièces détachées. Le prince Boncompagni l'a acquis, déjà relié, du comte Giacomo Manzoni, le 17 janvier 1876.

F° 2 commence (finit f° 5) de la main d'Arbogast, qui remplit tout le reste du volume, l'*Indication des opuscules mathématiques et lettres de Fermat qui se trouvent en manuscrit dans le Tom. IV des lettres écrites au P. Mersenne par des savans conservé à la Bibliothèque des ci-devant Minimes à Paris* ([1]).

([1]) Nous reproduisons cette liste, qui a été déjà publiée, avec quelques incorrections, par Libri dans le *Journal des Savants* de septembre 1839. On remarquera qu'elle comporte 14 numéros pour les opuscules et 20 pour les lettres, en dehors de quelques pièces ne concernant pas Fermat.

« N° 1. Le traité des contacts sphériques, en latin, sans titre, 31 pages in-folio, très belle écriture, peu serrée, et les figures faites en grand. Cette copie ([a]) ne diffère pas de l'opuscule imprimé dans les *Opera Varia* en 1679. Il y a sur la première page : *Opus D. de Fermat.*

N° 2. *Isagoge ad locos ad superficiem,* en latin, in-4°, 17 pages; belle copie et très lisible.

Cet opuscule, duquel Fermat faisait beaucoup de cas, n'a jamais été imprimé.

N° 3. *Ad methodum de maximâ et minimâ appendix.* Commence par ces mots : *Quia plerumque in progressu quæstionum occurrunt asymmetriæ, etc.,* et finit par ceux-ci : *et*

([a]) « Cette copie » a été corrigé de « Cet opuscule ».

I. — FERMAT.

d

C'est ce que Libri appelle *la liste d'Arbogast,* et l'on trouve effectivement, à la suite et par ordre, les 20 lettres de cette liste, toutes inédites, qui occupent les feuillets 6 à 44 du manuscrit.

ipsæ tangentes indigeant; 3 pag. in-folio; copie d'une main inconnue. Cet opuscule n'a pas (*a*) été imprimé.

N° 4. Opuscule sur la méthode des tangentes, commence par ces mots : *Doctrinam tangentium antecedit jamdudum habita methodus de inventione maximæ, etc.,* et finit par ceux-ci : *fusius aliquando explicabimus et demonstrabimus;* 14 pag. in-folio, belle copie, écriture peu serrée. Cet opuscule a été imprimé dans les *Opera Varia.*

N° 5. *Ad methodum de maximâ et minimâ appendix;* 4 pages ½ in-4°, écriture de Fermat. C'est le même opuscule que n° 3.

Suivent 10 pages in-folio, écriture de Mersenne, très serrée, souvent difficile à lire. Ces pages contiennent de suite (*b*), savoir :

N° 6. *De maximis et minimis,* par Fermat, commence par ces mots : *Outre le papier envoyé à R. et P., pour suppléer, etc.;* ½ pag. in-folio, dont nous n'avons pu lire les trois dernières lignes (inédit); il paraît que c'est l'extrait d'une lettre à Mersenne.

N° 7. *Méthode des maximis expliquée et envoyée par M. F. à* (*c*) *M. des C.,* commence par ces mots : *La méthode générale pour trouver les tangentes, etc.,* et finit par ceux-ci : *aux cônes de même base et de même hauteur;* 3 pag. in-folio (inédit).

N° 8. Extrait d'une lettre de M. Fermat. Commence par ces mots : *N'importe de dire qu'il faut faire deux opérations.* Cette lettre, dont on trouve (*d*) plus bas le commencement de l'original, roule sur la méthode des tangentes, en réponse (*e*) aux objections de Descartes (*f*).

Le commencement de la lettre manque dans cet extrait, mais il y a (*g*) 2 lignes ½ de plus à la fin (*h*) que dans le fragment original, qui finissent par ces mots : *Je crois qu'il y trouvera plus de facilité qu'en la sienne.* ½ pag. in-folio (inédit).

N° 9. *Appendix ad Isagogen topicam continens solutiones problematum solidorum per locos,* commence par ces mots : *Patuit methodus, etc.,* et finit par ceux-ci : *per rectas et circulos expedire;* 2 pag. in-folio (imprimé dans les *Opera Varia*).

N° 10. Opuscule sur la méthode des tangentes, commence par ces mots : *Doctrinam tangentium antecedit, etc.;* le même que n° 4, 2 pag. ½ in-folio (imprimé).

N° 11. *Des nombres des parties aliquotes de F.* Commence ainsi : *Propos.* (*i*). *Tout nombre impair non quarré est différent d'un quarré, etc.,* et finit par ces mots : *sont beaucoup éloignez l'un de l'autre;* ¾ pag. in-folio (inédit) : remarquable par la méthode qui s'y trouve pour (*j*) trouver les nombres premiers. Il paraît que cette pièce est l'extrait d'une lettre de Fermat à Mersenne ou à Frenicle.

N° 12. *Pour les nombres premiers de M. Ferm. à Fren.,* commence par ces mots : *Soit*

(*a*) Le mot *encore* a été rayé après *pas.*
(*b*) Ces mots *de suite* ont été ajoutés en interligne.
(*c*) Avant « *M. F. à* », sont les mots rayés « *Fermat à* ».
(*d*) Après le mot *trouve,* est écrit, puis rayé, « *le com.* ».
(*e*) Après le mot *réponse,* est écrit, puis rayé, « *à D.* ».
(*f*) La phrase suivante commence par les mots *Ici manque,* rayés.
(*g*) Le mot *deux* a été rayé devant le chiffre.
(*h*) Les mots *à la fin* sont ajoutés en marge.
(*i*) Ce mot *Propos.* avait d'abord été écrit après « *de F.* ». Il y est rayé.
(*j*) Ce mot *pour* est déjà écrit, puis rayé, après *méthode.*

La lettre à Billy annoncée par Libri ne se trouve, au contraire, qu'à la fin du volume (f° 82), copiée par Arbogast avec ce titre :

Lettre de Fermat au P. Billy. Se trouve aux manuscrits de la Bibliothèque Nationale à Paris, n° 8600; c'est la seule lettre de Fermat qui soit dans ce recueil de lettres adressées au P. Billy.

F° 45-48 on trouve, au contraire, l'*Extrait d'une lettre de Fermat à Car-*

par exemple la progression double, etc., finit par ceux-ci : *peine à me dédire*; $\frac{1}{2}$ pag. in-fol. (inédit). Il paraît que c'est l'extrait d'une lettre de Fermat à Frenicle.

On trouve présentement sur deux demi-feuilles séparées, pliées chacune in-4°, écriture de Mersenne, serrée, souvent difficile à lire, savoir :

N° 13. Exposition détaillée et (*a*) démonstration de la méthode des *maximis* et *minimis*, avec la manière dont l'Auteur y est parvenu. Cette (*b*) opuscule est sans titre. Son commencement est : *Dum syncriseos et anastrophes Victææ methodum expenderem, etc.*, il finit par ces (*c*) mots : *summa trium harum (*d*) rectarum sit minima quantitas*; 4 pages in-4°. Cette pièce, une des plus importantes des œuvres de Fermat (*e*), n'a jamais été imprimée.

N° 14. *Ad methodum de minimá et maximá appendix.* C'est la même pièce que n°ˢ 5 et 3. Elle est ici sur 3 pages in-4°.

Suivent les lettres originales de Fermat, savoir (toutes ces lettres sont *inédites*) (*f*) :

1ʳᵉ lettre à Mersenne, en latin, sans date, *Reverende pater, quamvis id agam ut pro OEdipo damnum (*g*) restituam, etc.*, 4 pages in-folio, écriture de Fermat.

2ᵉ lettre à Mersenne, Tolose, 26 avril 1636; 2 pages in-folio, écriture de Fermat.

3ᵉ lettre à Mersenne, Tolose, 25 décembre 1640; 5 pages in-4°, écriture de Fermat.

4ᵉ lettre à Mersenne, du 15 juin 1641; 1 $\frac{1}{2}$ pages in-4°, écriture de Fermat.

5ᵉ lettre à Mersenne, Tolose, 13 janv. 1643; 2 pages in-4°, écriture de Fermat.

6ᵉ lettre à Mersenne, Tolose, 16 févr. 1643; 2 pages in-4°, écriture de Fermat.

7ᵉ lettre à Mersenne, Tolose, 7 avril 1643; 3 pages in-4°, écriture de Fermat.

8ᵉ lettre à Mersenne, Tolose, 10 août 1638; 2 pages in-4°.

9ᵉ lettre à ..... *Copie de la lettre de M. Fermat, du 26 décembre 1638.* Commence ainsi : 1° *Pour les nombres, je peux trouver par ma méthode, etc.*, et finit par : *de Géométrie qui vallent celle-ci*; écriture de Mersenne, 1 $\frac{1}{4}$ page in-4°. Cette copie, ou cet extrait de la lettre de Fermat faite par Mersenne, est écrite sur ce qui restait de blanc à la lettre précédente. L'écriture est difficile à lire.

10ᵉ pièce ou lettre, sans inscription, commence par ces mots : *Dudum est ex quo ad*

(*a*) Le mot *la* a été rayé après *et*.
(*b*) Arbogast avait d'abord voulu écrire *Cette pièce*. Les trois premières lettres du mot *pièce* se trouvent, en effet, rayées après *Cette*, qui n'a pas été corrigé.
(*c*) Le mot *ceux*, rayé, précède *ces*.
(*d*) Le mot *harum* est déjà écrit, puis rayé, avant *trium*.
(*e*) Les mots *de Fermat* sont écrits en interligne à la place des mots *du recueil*, qui sont rayés.
(*f*) Les mots entre parenthèses ont été ajoutés après coup. Arbogast avait d'abord écrit « (*inédit*) » après la notice des lettres 1, 2, 3, à la fin pour la première, avant « *écriture de Fermat* » pour les deux autres. Il a rayé ensuite ces mentions.
(*g*) Lisez *Davum*.

cavi. — *d'après la copie de Bouillaud, conservée dans les Manuscrits de Bouillaud. Lettres de différentes personnes ..... Bibliothèque nationale.*

La chemise de cette lettre avec le titre *Lettre à Carcavi* de la main de Libri est actuellement le f° 95 du manuscrit de la Nationale : *Fonds français n° 3280 nouv. acq.* (*voir* plus haut, page xxi) que nous désignerons par la lettre A_1.

Enfin la copie par Arbogast de la lettre imprimée de Frenicle manque, de même, dans le manuscrit A et occupe les folios 96-98 de A_1.

Au folio 49 de A, qui est une chemise portant le titre : *Isagoge ad locos ad superficiem*, Libri a écrit au-dessous de cette mention :

Opuscules mathématiques de Fermat inédits. Ce sont les n°s 2, 3, 6, 7, 11, 12, 13 *de la liste d'Arbogast.*

Le n° 10 est ajouté, au crayon bleu, à cette nomenclature.

On trouve, en effet, dans leur ordre régulier, les opuscules en question sur les f°ˢ 51 à 81 du manuscrit dont le contenu se trouve ainsi épuisé.

Il convient de remarquer que le n° 10 n'est nullement inédit. Libri n'avait pas eu primitivement l'intention de le comprendre dans le recueil devenu aujourd'hui la propriété du prince Boncompagni; c'est même certainement

similitudinem paraboles, etc.; et finit par ceux-ci : *ex animo rogamus;* $3\frac{1}{5}$ pages in-4°, écriture de Fermat (inédite). Il paraît que c'est une réponse de Fermat à des questions faites par Cavalieri, et qu'il a (^{a}) envoyé cette réponse à Mersenne, pour la faire parvenir soit à Cavalieri, soit à Toricelli (^{b}).

11. Fragment de (^{c}) lettre à Mersenne; commence ainsi : *J'avois déjà fait un mot d'écrit pour m'expliquer, etc.*, finit par ces mots : *habeat minimam proportionem, dabitur;* 2 pages in-4°, sans date (c'est le commencement de la lettre dont le n° 8 est un extrait; cet extrait, sans contenir le commencement, a $2\frac{1}{4}$ lignes de plus à la fin), écriture de Fermat.

12. *Invenire cylindrum maximi ambitûs in datâ sphærâ.* Cette solution géométrique est sans figure, sur 2 pages in-4°, écriture de Fermat, elle (^{d}) appartient à la lettre suivante.

13° lettre à Mersenne, du 10 nov. 1642; $1\frac{1}{4}$ page in-4°, écriture de Fermat (^{e}).

14° lettre à Mersenne, Tolose, 1 sept. 1643; 2 pages in-4°, écriture de Fermat.

15. Fragment final d'une lettre à Mersenne, Tolose, 15 juillet 1636; $1\frac{1}{2}$ pages in-4°; écriture de Fermat.

Ici se trouve sur 1 page in-4° une lettre de Picot à Mersenne, sans date, qui contient

(^{a}) Le mot *a* est en interligne.
(^{b}) Arbogast avait ajouté la mention : *Écriture de F.*, qu'il a rayée.
(^{c}) Les mots *fragment de* sont ajoutés en interligne.
(^{d}) Le mot *paroît* est rayé après *elle*.
(^{e}) Libri a ajouté en marge : *avec* 12.

par mégarde qu'il l'a emporté à Londres en 1848, tandis qu'il laissait à Paris des pièces qu'il aurait voulu, au contraire, conserver pour ce recueil.

Des opuscules inédits de la liste d'Arbogast, les n°s 6, 7, 11, 12, qui sont en français, figureront dans la Correspondance de Fermat sous les n°s 26, 31, 57, 43. Les autres se trouvent dans le présent Volume.

Quant aux 20 lettres inédites, les n°s 10 et 12 sont insérés ci-après, pages 195 et 167; pour les autres, la correspondance sera la suivante avec notre édition :

N^{os} de la liste d'Arbogast.	1	2	3	4	5	6	7	8	9	11	13	14	15	16	17	18	19	20
N^{os} de la Correspondance de Fermat............	12	1	45	47	52	55	56	33	36	30	51	60	6	54	46	28	59	35

VII.

Le manuscrit Vicq-d'Azyr-Boncompagni.

Nous désignerons par la lettre B le second manuscrit que le prince Boncompagni a bien voulu nous communiquer et qu'il a acquis dans les mêmes conditions que le précédent.

la solution de Descartes touchant le centre de percussion. Cette solution est imprimée dans les lettres de Descartes.

16e lettre à Mersenne, sans date, commence ainsi : *Je vous rends mille grâces*, etc.; 2 pag. in-4°, écriture de Fermat.

17e lettre à Mersenne, Tolose, 26 mars 1641; 1 ¼ page in-4°, écriture de Fermat ([a]).

18e lettre à Mersenne, sans date, commence ainsi : *J'ai appris par votre lettre que ma réplique à M. Descartes*, etc.; 2 ⅓ pages in-4°, écriture de Fermat.

19e lettre à Mersenne, sans date, commence par ces mots : *Vous m'écrivez que la proposition de mes questions impossibles*, etc.; 3 pag. in-4°, écriture de Fermat.

Ici se trouve un mémoire latin sur la métallurgie et la docimasie.

20e lettre à Mersenne, 22 oct. 1638; 9 pages in-4°, écriture de Fermat; le commencement, qui traite d'affaires particulières, manque; importante ([b]).

Fin.

N^a. — A la suite des lettres de Fermat se trouvent 168 pages in-4° de lettres de Letenneur à Mersenne; elles roulent particulièrement sur les objections de Fabry et de Cazré

([a]) Libri a ajouté en marge, puis rayé : *avec n° 4.*
([b]) Le mot *Cette* se trouve écrit, puis rayé, avant *importante.*

C'est un Volume haut de 29^{cm}, large de 21^{cm},5, relié en peau de porc et portant au dos l'inscription :

Copie | *de lettres* | *de* | *Fermat* | *de* | *Descartes* | *et Traduction* | *d'un Dis-cours* | *de* | *Galilée.*

Sur le plat de la couverture est au milieu le chiffre 1, en haut, à gauche, le chiffre 4. Ces deux mêmes chiffres sont reproduits au milieu du premier feuillet (de garde).

Lorsque le Volume s'est trouvé entre nos mains, nous avons également reconnu, sur le même plat, quelques traces de lettres effacées. L'emploi du tannin nous a permis de revivifier, en haut, l'inscription « *Au Citoyen*

contre les démonstrations de Galilée sur la descente des graves; quelques observations sur la dispute entre Roberval et Descartes. Letenneur marque qu'il est allé voir de Beaune à Blois et que *superat præsentia famam;* il fait le récit de l'entretien qu'il eut avec lui, quoiqu'il fût très malade, et qu'on lui eût coupé le pied, il communique à Mersenne le problème suivant qui venait de lui être proposé, et dont il n'avait pu encore trouver la solution.

Un cercle étant donné comme BCD, et une ligne FG dehors, tirer de ses extrémités F,

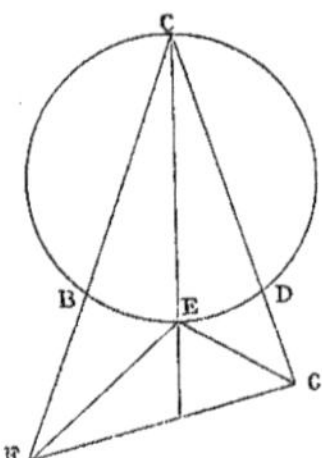

G deux lignes droites à la circonférence convexe ou concave comme en E ou en C, dont l'angle soit coupé en deux parties égales par le diamètre.

Ces lettres contiennent peu de choses intéressantes; on peut en tirer quelques faits ou quelques anecdotes concernant l'histoire des sciences. On y voit, par exemple, que le jeune Huygens avoit fait un écrit avant ou en 1647 pour défendre et démontrer, à sa manière, les propositions de Galilée sur la descente des graves.

Toutes ces lettres sont de 1647 et 1648.

Avant les lettres de Fermat, on trouve à la tête de (^{a}) ce volume une longue lettre de Tho. Hobbes à Mersenne, du (^{b}) 5 nov. 1640, en 56 pages in-folio. »

(^{a}) Les mots *à la tête de* sont une correction du mot *dans.*
(^{b}) Le mot *du* est ajouté en interligne.

Mauduyt » d'une écriture passablement fine et, vers le milieu, la note suivante :

> N. B. 2 ventôse
> Ce volume faisoit
> partie du paquet de
> papiers trouvés chez
> Vicq d'Azir, après sa
> mort, et renvoyés à la
> Bibliothèque de la
> ci-devant Académie
> des Sciences comme
> lui appartenant.

Cette note, qui est de la main facilement reconnaissable d'Arbogast, n'avait
pas été écrite directement sur la couverture, mais bien sur un carré de papier
collé dessus. Ce carré de papier a probablement été enlevé par Libri, entre
les mains duquel le Volume est passé, comme le prouvent surabondamment
les annotations qu'il y a inscrites en marge des lettres de Descartes.

Quoique ce Volume soit passé entre les mains d'Arbogast, il ne l'a pas uti-
lisé pour ses copies, comme le montre la collation des pièces identiques de
A et de B.

Ce dernier manuscrit comprend 118 feuillets numérotés (au crayon), mais
c'est en réalité un recueil factice et nous n'avons à décrire que la partie qui
concerne Fermat et qui vient en tête.

Cette partie comprend trois cahiers, le premier de 8 feuillets, le deuxième
et le troisième de 12; les trois derniers feuillets sont entièrement blancs.

Le n° 2 inscrit au bas de la première page du premier cahier et la forme du
début, sans titre et tout au haut de la page, prouvent l'existence antérieure
d'un autre cahier précédent, qui est aujourd'hui perdu. Toutefois les traces
d'encre qui se sont produites, au moment de la reliure, sur le feuillet de
garde et le revers de la couverture, montrent que la perte a précédé la for-
mation du recueil factice.

L'écriture est du dix-septième siècle, serrée et peu lisible.

Voici le détail des pièces contenues dans ce manuscrit; les unes sont des
extraits de lettres déjà imprimées dans les *Varia;* d'autres sont des copies de
lettres figurant dans la liste d'Arbogast; quelques-unes enfin ne sont pas connues d'ailleurs.

1. F° 2ʳᵒ. Extraict d'une lettre du IIIᵐᵉ noᵇʳᵉ 1636 à M. de Roberval pour la quadrature
de la parabole (*Varia*) = n° 15 de la Correspondance de Fermat.
2. F° 2ᵛᵒ. Extraict d'autre lettre du mesme du 4 juin 1648 au R. P. M. = n° 63.
3. F° 2ᵛᵒ. Extraict d'autre lettre du XXᵐᵉ febvrier 1639 au R. P. M. = n° 37.

4. F° 3ro. Extraict d'autre lettre du 1° avril 1640 au R. P. M. (en partie dans les *Varia*),
      = n° 38.
5. F° 5ro. Autre lettre au R. P. M. (*Varia*) = n° 40.
6. F° 6vo. Autre lettre au mesme = n° 39.
7. F° 7re. Extraict d'autre lettre du 18° octobre 1640 à M. F. (*Varia*) = n° 44.
8. F° 8vo. Extraict d'autre lettre (*Varia*) = n° 42.
9. F° 9vo. Extraict d'une lettre du 31 may 1643 à M. D. F. = n° 58.
10. F° 10ro. Copie de lettre du 22me octobre 1638 (20° lettre de la liste d'Arbogast) = n° 35.
11. F° 12vo. Epistola Dⁿⁱ de Fermat ad R. P. Mersennum (Arbogast, 1re lettre) = n° 12.
12. F° 14ro. (Arbogast, 16° lettre) = n° 54.
13. F° 15ro. (Arbogast, 4° lettre) = n° 47.
14. F° 15vo. (Arbogast, 2° lettre) = n° 1.
15. F° 17ro. (Arbogast, 13° lettre) = n° 51.
16. F° 17vo. (Arbogast, 12° lettre), *ci-après,* page 167.
17. F° 18vo. (Arbogast, 10° lettre), *ci-après,* page 195.
18. F° 19vo. (Arbogast, 3° lettre) = n° 45.
19. F° 21vo. (Arbogast, 18° lettre) = n° 28.
20. F° 22ro. (Arbogast, 7° lettre) = n° 56.
21. F° 22bis. (Arbogast, 19° lettre *en partie*) = n° 59.
22. F° 22ter. (Arbogast, 14° lettre) = n° 60.
23. F° 23ro. (Arbogast, 6° lettre) = n° 55.
24. F° 24ro. (Arbogast, 17° lettre) = n° 46.
25. F° 24vo. (Arbogast, 8° lettre) = n° 33.
26. F° 25ro. (Arbogast, 9° lettre) = n° 36.
27. F° 25vo. (Arbogast, 15° lettre) = n° 6.
28. F° 26ro. (Arbogast, 11° lettre) = n° 30.
29. F° 26vo. Lettre de Mr Fermat (à Frenicle) = n° 48.
30. F° 28ro. Frenicle respond (tiré d'une lettre imprimée dans les *Varia*) = n° 49.
31. F° 28ro. Copie d'une lettre du père Mersenne et de la responce de M^r de St Martin
      con^{er} du Grand Conseil.
32. F° 29vo. Lettre de Monsr Pujos au père Mersenne.

Ces deux dernières pièces seront publiées dans le Volume de *Complément.*

VIII.

Les manuscrits de la Nationale, etc.

Les autres manuscrits utilisés par nous, appartenant à des bibliothèques
publiques et ayant déjà été étudiés par M. Charles Henry dans ses *Recherches,*
n'ont pas besoin d'une description aussi complète que les précédents.

Nous n'avons d'ailleurs à nous étendre un peu longuement que sur le
n° 3280 fonds français nouv. acq., désigné par nous sous la lettre A, et
formé, comme nous l'avons dit, avec les papiers relatifs à Fermat qui ont été
saisis en 1848 chez Libri.

Nous avons déjà noté plus haut l'existence, dans ce manuscrit, de l'original : *Doctrinam tangentium etc.,* et de deux feuillets ayant fait partie du recueil d'Arbogast; ce sont là des pièces que Libri a certainement laissées par mégarde en France, tandis qu'il négligeait le reste de « l'énorme cahier » qu'il a dit avoir acquis à Metz.

Ce reste occupe les feuillets 91 à 98 et 120 à 192 du manuscrit A_1, où il est facile de reconnaître l'écriture d'Arbogast. On peut y distinguer :

1º Divers brouillons des copies au net contenues dans le manuscrit A, savoir la lettre nº 9 et les opuscules 13, 6, 7, 11, 12 de la liste d'Arbogast (textes publiés par M. Ch. Henry, *Recherches,* 2º partie, nᵒˢ 15, 17, 18, 19, 21, 22);

2º Des copies ou extraits de quelques pièces déjà imprimées dans les *Varia;*

3º Des extraits (ou notes tirées) des Ouvrages de Descartes (en particulier de ses Lettres), Fagnano, Mersenne, Wallis, Hérigone, Viète, Albert Girard, Euler, Lagrange;

4º Des essais de démonstrations sur diverses questions traitées par Fermat;

5º Des notes bibliographiques sur divers manuscrits de la Nationale ou sur des Ouvrages mathématiques imprimés;

6º Une copie, tirée de l'un de ces manuscrits, de la *Proposition de M. de Roberval qui sert à trouver les centres de gravité envoyée à M. Fermat le* 1ᵉʳ *avril* 1645.

En somme, Arbogast ne semble pas, malgré ses recherches sérieusement poursuivies, être arrivé à découvrir aucune autre pièce inédite de Fermat que celles du manuscrit A.

En dehors de documents qui n'intéressent guère que l'histoire du projet de publication sous le gouvernement de Louis-Philippe, le manuscrit A_1 contient encore les copies faites à Vienne par Despeyrous (fᵒˢ 25 à 90) de la correspondance entre Fermat et Clerselier, etc., d'après les minutes de ce dernier et des copies faites par ou pour lui.

La Bibliothèque Nationale nous a encore fourni, abstraction faite des originaux mentionnés plus haut, quelques copies anciennes éparses dans divers manuscrits :

Fonds latin 7226 : fᵒˢ 34 et suiv. Copies de lettres de Roberval à Fermat du 11 octobre 1636 et du 16 août 1636, déjà imprimées dans les *Varia,* mais la seconde avec un texte complètement refondu.

Fonds latin 11196 : fᵒˢ 46 à 53. *Novus secundarum et ulterioris ordinis radicum in analyticis usus* (*ci-après*, p. 181) — f° 54. Lettre de Fermat à Carcavi (*voir* plus haut, sur les papiers du fonds Libri).

Fonds latin 11197 : f°ˢ 17 à 20. Copie de la lettre n° 12 de la liste d'Arbogast (*ci-après*, p. 167) — f° 20ᵛ. Extrait de la lettre de Fermat à Mersenne du 3 juin 1636 (la première lettre des *Varia*).

Fonds français 20945, Cahier 17 : f° 65. Copie de la lettre de Fermat à Pascal du 29 août 1654 (imprimée dans les *OEuvres de Pascal*) — f° 78. Copie d'une lettre sans adresse ni nom d'auteur, mais que M. Ch. Henry a reconnue comme écrite par Fermat à Carcavi et qu'il a publiée (*Recherches*, pages 197 à 200, n° 76 de la Correspondance).

La Bibliothèque de l'Université de Leyde possède, dans le manuscrit n° 997 Burmann Q. 22, copie de deux lettres échangées entre Huet et Fermat (*ci-après*, pages 386 et 388) publiées par M. Ch. Henry [1] (*Recherches*, pages 73-77).

Nous avons déjà signalé les autographes de Fermat que possède la même bibliothèque dans la collection Huygens. La correspondance de Carcavi de cette collection a été publiée par M. Ch. Henry soit dans ses *Recherches* (pages 213 à 216), soit dans son *Pierre de Carcavy* [pages 14 à 40 du tirage à part [2]]. Elle renferme d'importants extraits des lettres de Fermat à Carcavi ; l'un d'eux est publié ci-après, page 285, les autres formeront les n°ˢ 77, 78, 101, 105, 106, 110 de la Correspondance de Fermat.

IX.

Plan de la nouvelle édition.

Telles sont les sources imprimées et manuscrites qui ont été à notre disposition pour la préparation de la présente édition ; il nous reste à exposer

[1] La lettre de Huet est également copiée dans le manuscrit de la Nationale, fonds latin 11433. Nous avons dit que l'original de celle de Fermat subsiste dans notre manuscrit A₁, f°ˢ 108 et 109.

[2] *Pierre de Carcavy*, intermédiaire de Fermat, de Pascal et de Huygens, bibliothécaire de Colbert et du Roi, directeur de l'Académie des Sciences, par M. Charles Henry. — Extrait du *Bullettino di bibliografia e di storia delle scienze matematiche e fisiche*, tomo XVII, maggio, giugno 1884. — Rome, imprimerie des Sciences Mathématiques et Physiques, Via Lata n° 3, 1884.

le plan qui a été adopté par la Commission de publication ([1]) et à expliquer
certaines dispositions particulières.

L'édition doit comprendre trois Volumes : le premier renfermant d'une
part les *Œuvres mathématiques diverses*, et de l'autre les *Observations sur
Diophante*, les deux suivants seront consacrés à la *Correspondance de Fermat*
qui sera classée par ordre chronologique et contiendra aussi bien les lettres
qu'il a écrites que celles qu'il a reçues.

Tous les opuscules de Fermat étant en latin, un écrit de lui en français
appartient nécessairement à sa correspondance; mais il a rédigé dans la
langue savante même un certain nombre de lettres, plus soignées que les
autres, plus exclusivement mathématiques ou qu'il pensait devoir être, plus
que les autres, copiées et communiquées. Comme d'autre part ses opuscules
affectent parfois la forme épistolaire, et qu'ils n'étaient pas destinés à une
autre publicité que ses lettres écrites en latin, comme aussi les fragments
isolés composés dans cette langue ont été au moins envoyés par lui avec ses
lettres, quand ils n'en ont point été simplement extraits, on peut parfois
hésiter pour classer une pièce latine, soit dans les opuscules, soit dans la
correspondance.

Pour se mettre en garde contre tout reproche d'arbitraire à cet égard, il eût
fallu pouvoir affecter le premier Volume à tous les écrits latins de Fermat;
mais cette solution n'était guère praticable, car il arrive à notre géomètre
de passer, dans la même lettre et parfois sur le même sujet, d'une langue à
l'autre. On serait également tombé dans le grave inconvénient de détruire
assez souvent l'unité d'un groupe de lettres et de rompre le fil chronologique
de la correspondance.

On a donc préféré se borner à conserver le cadre général des *Varia Opera,*
en y rattachant tous les morceaux qui y ont paru trouver une place plus natu-
relle que dans la Correspondance, où ils auraient été isolés et la plupart à une
date incertaine.

L'ordre chronologique des opuscules ne pouvant d'ailleurs dans bien des

---

([1]) La publication des Œuvres de Fermat a fait l'objet d'une proposition de loi présen-
tée le 16 février 1882; cette loi a été votée par la Chambre le 13 mai, par le Sénat
le 4 juillet, et promulguée le 13 juillet 1882. L'impression a été confiée à MM. Gauthier-
Villars et fils, imprimeurs-éditeurs, qui se sont chargés de ce travail moyennant une
souscription à 200 exemplaires.

La principale cause du retard apporté à la publication est due à l'espérance, aujourd'hui
reconnue comme illusoire, de trouver des matériaux importants dans les manuscrits de
lord Ashburnham (fonds Libri), manuscrits dont il n'a pas été possible de prendre connaissance avant l'acquisition de ce fonds par la Bibliothèque Nationale.

cas être rigoureusement établi, il fallait adopter un ordre méthodique. Celui des *Varia,* n'ayant aucune valeur réelle, ne pouvait servir de point de départ; on s'est arrêté aux principes suivants :

Constituer une série de groupes dont l'ordre représentât le développement des idées de Fermat, tel qu'il apparaît du moins si l'on prend dans chaque groupe l'écrit le plus ancien et si l'on range cet ensemble par ordre de dates;

Adopter dans l'intérieur de chaque groupe le classement chronologique pour les opuscules les plus importants; rejeter à la fin du groupe les fragments (généralement mal datés) et les ranger par ordre de questions.

On reconnaîtra facilement dans la Table des matières ci-avant les groupes qui ont été ainsi formés et qui, au reste, étaient déjà tous représentés dans les *Varia Opera;* on peut les dénommer comme suit : 1° Géométrie à la manière des anciens; 2° Géométrie analytique (inventée et développée indépendamment de Descartes); 3° Méthodes des maxima et minima et des tangentes (origine du calcul différentiel); 4° Théorie des équations (notamment une méthode d'élimination générale); 5° Quadratures (origine du calcul intégral).

La langue dont s'est servi Fermat et la désuétude où sont tombés, même dans le latin que lisent encore les mathématiciens, un grand nombre des termes techniques dont il se sert, ont paru rendre désirable une traduction française; la Commission a jugé qu'il serait préférable de ne la publier qu'à part des Œuvres de Fermat dans un Volume spécial de *Complément,* où l'on donnera également des traductions : d'une part, de l'*Inventum novum* rédigé par le P. de Billy d'après les lettres que lui avait adressées Fermat et publié dans le *Diophante* de 1670; de l'autre, du *Commercium epistolicum* de Wallis; aucun de ces deux Ouvrages n'a, en effet, de titres suffisants pour figurer dans les Œuvres mathématiques ou dans la Correspondance de Fermat, et leur réimpression n'offre pas d'intérêt véritable; leur connaissance est cependant indispensable pour l'histoire scientifique de Fermat.

Le *Complément* comprendra encore, dans le même but historique, les nombreux extraits que l'on peut tirer, relativement au géomètre de Toulouse, des lettres de Descartes et divers autres témoignages des contemporains, en particulier de Mersenne.

Enfin, la Commission a jugé que les éditeurs devaient limiter leurs notes au minimum indispensable pour l'intelligence du texte (renvois compris) et les renseignements bibliographiques; mais elle a décidé la rédaction de trois index : l'un des noms propres; le deuxième de la langue mathématique de Fermat; le troisième des matières.

X.

Remarques pour la lecture du texte.

Le présent Volume ne contenant que des écrits latins, nous n'avons à parler aujourd'hui que des règles qui ont été admises pour la constitution du texte en cette langue.

L'édition des *Varia* est d'une singulière incorrection; les originaux font défaut, à une seule exception près, qui permet d'ailleurs (*voir* page 159 note 2) de constater que Fermat les écrivait assez précipitamment pour ne pas éviter certains *lapsus calami;* enfin les copies laissent également plus ou moins à désirer.

Dans ces conditions, on a supposé que le texte de Fermat devait, avant toutes choses, être correct, soit pour le sens, soit pour la langue, et partout où il a paru corrompu, on s'est efforcé de le restituer en se conformant le plus possible aux indications des sources et aux habitudes de l'auteur. Diverses additions, soit de mots, soit de membres de phrase omis, ont paru nécessaires; elles ont été faites entre crochets d'intercalation $<\ >$. Les crochets [ ] indiquent, au contraire, les passages suspects d'interpolation, genre de corruption auquel les copies n'ont pas échappé par suite des notes qui y ont été ajoutées.

On n'a tenu aucun compte de la ponctuation des *Varia,* qui est aussi défectueuse que possible, ni même de la division en alinéas que comporte cette édition. Les sources manuscrites ont été seulement consultées sous ce rapport. On a cherché avant tout à rendre la lecture facile, en adoptant une ponctuation régulière et conforme à nos habitudes modernes, et en multipliant les alinéas.

Une autre innovation a été introduite dans le même but : la mise à la ligne de tout ce qui est équation ou peut être considéré comme tel. Il est à peine utile de dire que cette disposition typographique n'est pas en général indiquée par les sources; mais nous n'avons eu aucun scrupule à l'adopter, et nous pensons qu'elle pourrait être utilement imitée en général dans les rééditions des anciens auteurs mathématiques.

En ce qui concerne les notations et abréviations, nous avons cherché à déterminer pour chaque opuscule le mode qui semblait avoir été le plus généralement suivi par Fermat, et nous y avons conformé tout ce qui en différait. Il est à remarquer que, dans les anciennes copies et dans les *Varia,*

on n'a attaché aucune importance à l'emploi de notations que Fermat, fidèle
aux errements de Viète, a généralement évitées; mais, d'autre part, on ne
doit nullement supposer qu'il ait suivi dans tous ses écrits régulièrement le
même système d'abréviations. La règle que nous avons adoptée nous a paru
concilier ce qui était dû au respect des anciennes notations et à la facilité de
la lecture; car, pour celle-ci, il est en tout cas essentiel que l'on ne passe pas
brusquement d'un genre d'abréviation à un autre.

Pour l'orthographe latine, nous avons adopté celle qui est encore aujour-
d'hui la plus usuelle, malgré les dernières tentatives de réforme; tout d'abord
nous avons distingué l'*i* et le *j*, l'*u* et le *v* comme le faisaient déjà les Elze-
virs (¹), par exemple dans l'édition de Viète de 1646; puis, pour chaque mot
particulier, tout en ayant grand soin de restituer certaines formes que Fermat
paraît avoir affectionnées et que les copistes ont d'ordinaire négligées, nous
avons adopté l'orthographe la plus usuelle, et seulement pour les cas am-
bigus, nous avons cherché l'usage le plus fréquent dans les sources relatives
à chaque opuscule. Cependant, pour la facilité de la lecture, nous n'avons
pas hésité à substituer partout *quum* à *cum,* qui semble pourtant bien avoir
été l'orthographe de Fermat.

En tout cas, pour que l'édition nouvelle pût entièrement remplacer les
Varia dans toute recherche sur ce point, l'orthographe de l'ancienne édition,
ainsi que celle des autres sources, a été notée scrupuleusement, en même
temps que les corrections, dans les variantes rejetées à la fin du Volume. Ces
variantes contiennent également quelques notes critiques et remarques qui
complètent les annotations mises au bas des pages du texte.

L'accentuation a été indiquée partout où elle a paru utile pour faciliter la
lecture; on a suivi à cet égard le modèle donné par Friedrich Hultsch dans
sa traduction de Pappus.

Les pièces qui figurent dans l'Appendice ont été réimprimées sans aucun
changement, à part quelques corrections indiquées en notes.

M. Paul Tannery s'est plus spécialement chargé de l'établissement du texte
et de la rédaction des notes de ce premier Volume : M. Charles Henry s'est
plus particulièrement occupé de recueillir et de collationner les documents.

Sans l'offre gracieuse du prince Baldassare Boncompagni, sans sa singulière complaisance pour nous, la présente édition n'aurait pu être entre-

---

(¹) Le *Diophante* et les *Varia* de Samuel Fermat offrent à cet égard des divergences
et des irrégularités; mais en général la distinction n'est pas faite dans le premier de ces
Ouvrages : elle l'est au contraire dans le second.

prise; le monde savant lui en doit une reconnaissance dont nous ne pouvons
être ici que les trop faibles interprètes; nous devons aussi un tribut de remer-
ciements à nombre de personnes qui ont bien voulu nous prêter leur concours
et nous fournir divers renseignements; nous avons tout particulièrement à
nommer M. Léopold Delisle, administrateur de la Bibliothèque Nationale, qui
a facilité nos recherches avec tant de bienveillance; M. Henri Omont, bibliothécaire au département des manuscrits du même établissement, à qui nous
devons, entre autres choses, la découverte d'une pièce inédite, imprimée dans
l'Appendice; M. Bierens de Haan, M. Antonio Favaro qui dirigent respectivement, l'un à Leyde, l'autre à Padoue, les rééditions des Œuvres de Huygens
et de Galilée et qui nous ont assuré leur précieux concours pour des collations
que nous ne pouvons faire nous-mêmes; enfin M. de la Ville de Mirmont, de
la Faculté de Bordeaux, qui a bien voulu rechercher pour nous la provenance
de quelques citations classiques faites par Fermat sans nom d'auteur.

ŒUVRES MATHÉMATIQUES DIVERSES.

APOLLONII PERGÆI

LIBRI DUO DE LOCIS PLANIS RESTITUTI.

< LIBER PRIMUS. >

Loci plani quid sint, notum est satis superque : hac de re scripsisse libros duos Apollonium testatur Pappus ([1]), eorumque propositiones singulas initio libri septimi tradit, verbis tamen aut obscuris aut sane interpreti minus perspectis (græcum enim codicem ([2]) videre non licuit). Hanc scientiam, totius, ut videtur, Geometriæ pulcherrimam, ab oblivione vindicamus et Apollonium *de locis planis* disserentem Apolloniis Gallis, Batavis et Illyricis ([3]) audacter opponimus, certam

([1]) Pappi Alexandrini mathematicæ collectiones a Federico Commandino Urbinate in latinum conversæ et commentariis illustratæ. — Pisauri, apud Hieronymum Concordiam, MDLXXXVIII. — (D'autres tirages à Venise *apud Franciscum de Franciscis Senensem*, 1589, et à Pesaro, 1602.)

C'est à cette traduction de Commandin que Fermat a emprunté textuellement les énoncés (ci-après entre guillemets) des propositions qu'il a cherché à restituer. *Voir*, dans les variantes, la correspondance établie sous la rubrique *Co.*

([2]) Le texte grec de la préface du Livre VII de Pappus a été édité pour la première fois, en 1706, par Halley (*Apollonii Pergæi de sectione rationis libri duo ex Arabico MSto latine versi*, etc., Oxford). Mais pour apprécier la valeur de la divination de Fermat, il faut recourir à l'édition complète : *Pappi Alexandrini Collectionis quæ supersunt e libris manu scriptis edidit latina interpretatione et commentariis instruxit Fridericus* HULTSCH. Berlin, Weidmann, 1876-1877-1878 (Vol. II, pages 662-669 pour le texte des propositions, et pages 852 à 865 pour les lemmes relatifs aux *Lieux plans* d'Apollonius).

([3]) Francisci Vietæ *Apollonius Gallus* seu exsuscitata Apollonii Pergæi περὶ ἐπαφῶν Geo-

gerentes fiduciam non alibi præclarius quam hoc in opere, Geometriæ
miracula elucere. Quod ut statim fatearis, hic exordior.

Propositiones libri primi hæ sunt : —

PROPOSITIO I.

« *Si duæ lineæ agantur, vel ab uno dato puncto, vel a duobus, et vel*
» *in rectam lineam, vel parallelæ, vel datum continentes angulum, vel*
» *inter se datam proportionem habentes, vel datum comprehendentes spa-*
» *tium : contingat autem terminus unius locum planum positione datum,*
» *et alterius terminus locum planum positione datum continget, interdum*
» *quidem ejusdem generis, interdum vero diversum, et interdum similiter*
» *positum ad rectam lineam, interdum contrario modo.* »

Hæc propositio in propositiones octo dividi commode potest, et
quævis ex iis in multiplices casus : obscuritatem interpreti præbuisse
videtur interpunctionum defectus; imo et Pappus ipse hoc loco propter
nimiam brevitatem videtur non vacavisse obscuritate. Singula, dum
secamus in octantes, ita revelamus :

1. PROPOSITIO. — *Si a dato puncto in rectam lineam duæ lineæ*
agantur, datam habentes proportionem, et terminus unius contingat
locum < planum > positione datum (hoc est : aut rectam, aut circum-
ferentiam circuli positione datam), alterius terminus continget rectam
aut circuli circumferentiam positione datam.

Esto datum punctum A (*fig.* 1), per quod agantur in directum
rectæ AB, AF, in proportione data, et sit, verbi gratia, punctum B in

metria. — Ad V. C. Adrianum Romanum Belgam. — Paris, Leclerc, 1600. — (Reproduit
pages 325-346 de l'édition des OEuvres de Viète par Schooten. Leyde, Elzévirs, 1646.)

Wilebrordi Snellii R(odolphi) F(ilio) : περὶ λόγου ἀποτομῆς καὶ περὶ χωρίου ἀποτομῆς
resuscitata Geometria. Leyde, Plantin, 1607. — *Apollonius Batavus* seu exsuscitata Apollonii
Pergæi περὶ διωρισμένης τομῆς Geometria. Leyde, Dorp, 1608.

Marini Ghetaldi, Patritii Ragusensis : *Apollonius redivivus* seu restituta Apollonii Pergæi inclinationum Geometria. — Supplementum *Apollonii Galli* seu exsuscitata Apollonii
Pergæi tactionum Geometriæ pars reliqua. — Venise, 1607.

On peut ajouter le *Supplementum Apollonii redivivi* publié par Alexander Anderson à
Paris, en 1612.

recta linea HCBD positione data : Aio punctum F esse quoque ad rectam
positione datam.

A puncto A demissâ in rectam HD perpendiculari AC, dabitur
punctum C. Producatur CA ad E, et fiat ratio CA ad AE æqualis datæ;
dabitur igitur recta AE et punctum E. Per punctum E, parallela rectæ HD

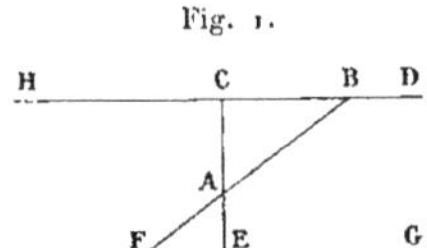

Fig. 1.

ducatur GEF; dabitur positione, et in ea erit punctum F, quia omnes
rectæ per datum punctum parallelas secantes in eamdem rationem
dividuntur. Patet ergo quamcumque rectam, per punctum A transeuntem et datis positione parallelis terminatam, in datam secari proportionem.

Esto deinde datum punctum B (*fig.* 2) et circulus positione ICN,

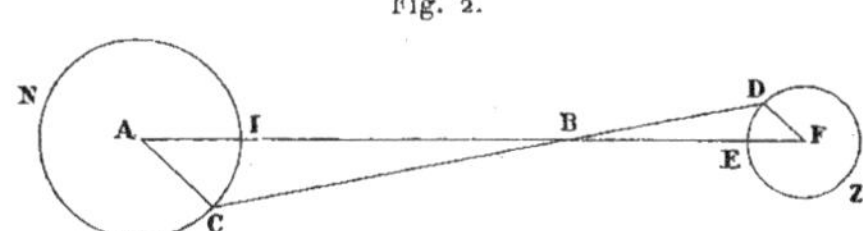

Fig. 2.

cujus centrum A. Jungatur BA, in puncto I circumferentiam secans, et
producatur IB ad BE, ut sit ratio IB ad BE æqualis datæ. Continuetur
in F, et fiat

$$\text{AI ad EF ut IB ad BE,}$$

et centro F, intervallo FE, describatur circumferentia circuli EDZ,
quam patet, ex constructione, positione dari : Aio rectas omnes, per
punctum datum B transeuntes et utrimque circumferentiis datorum
positione circulorum terminatas, in datam secari rationem.

Ductâ enim, verbi gratia, CBD, jungantur CA, DF; est

$$\text{ut IB ad BE, ita AI ad EF;}$$

ergo

> ut tota BA ad BF, ita AI sive AC ad EF sive FD;

et sunt æquales anguli ABC, FBD ad verticem. Patet itaque triangula esse similia, atque ideo

> ut CB ad BD, ita BA ad BF,   hoc est in ratione data.

Quum igitur a dato puncto B ducantur in directum duæ rectæ, BC, BD, verbi gratia, in data ratione, quarum BC tangit circumferentiam positione datam, tanget quoque BD aliam circumferentiam positione datam.

Si producantur rectæ donec ad concavas circulorum circumferentias pertingant, idem eveniet.

Monemus porro nos minima quæque in demonstrationibus non docere, quum statim pateant, imo et casus diversos non persequi, quum ex adductis minimo possint negotio derivari.

2. Propositio. — *Si a dato puncto ducantur in directum duæ rectæ, datum continentes spatium, contingat autem terminus unius locum planum positione < datum >* (¹), *tanget pariter et terminus alterius.*

Esto datum punctum A (*fig.* 3), data primum recta BC positione, in quam demittatur perpendicularis AC; dabitur ergo et punctum C. Producatur, et fiat spatio dato æquale rectangulum CAE. Super diametro AE descripto circulo ADE, aio rectas omnes, per punctum A ductas et illinc rectâ, hinc circumferentiâ circuli (quem patet dari positione) terminatas, ita ad punctum A secari ut rectangulum sub partibus æquetur spatio dato.

Nam sit, verbi gratia, recta DAB. Junctâ DE, quum sit angulus ADE in semicirculo rectus, et anguli BAC, DAE ad verticem æquales, erunt

---

(¹) Le mot *datum* a été restitué ici et ailleurs, partout où il a paru improbable que Fermat l'ait consciemment sous-entendu. Mais il faut observer que Pappus dit souvent seulement Θέσει et Commandin *positione*, pour signifier *donné de position;* Fermat avait donc pu prendre la même habitude.

triangula **DAE, ACB** similia, atque ideo rectangulum **BAD** rectangulo **CAE** dato æquale.

Fig. 3.

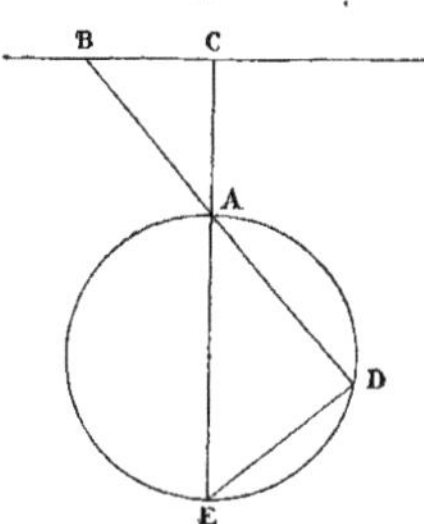

Quum igitur per punctum A ducantur duæ rectæ **AB, AD** in directum, et terminus unius, nempe **AB**, tangat rectam **BC** positione datam, tanget et terminus alterius locum planum, hoc est circulum **ADE**, positione datum.

Sed detur punctum **V** (*fig.* 4) et circulus **BIGH** positione, cujus

Fig. 4.

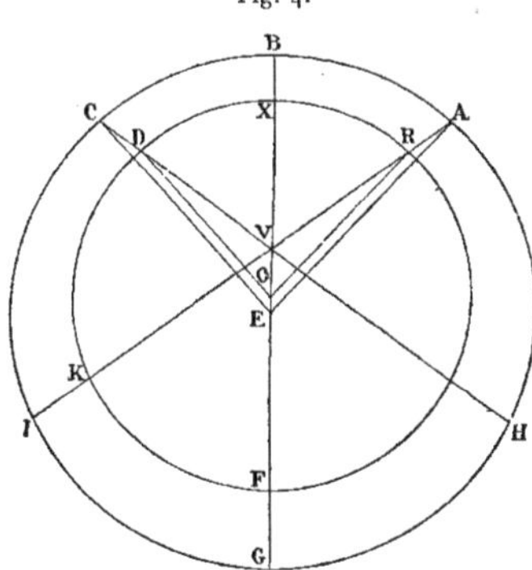

centrum **E**. Jungatur **EV** et producatur in **B**; dabitur **VB**. Producatur in **F**, ut sit rectangulum **BVF** æquale dato, cui etiam æquetur rectangulum **GVX**. Super diametro **XF**, circulus describatur **XKF**, quem quidem dari positione patet : Aio rectas, per punctum V transeuntes et duobus circulis terminatas, ita secari in V ut rectangulum sub segmentis dato æquale efficiant.

Ducatur enim, verbi gratia, AVKI : aio rectangulum AVK æquari dato.

Sumatur centrum circuli minoris O ; recta autem AVKI secet eumdem circulum in R ; jungantur rectæ RO, AE. Posuimus rectangulum GVX æquari BVF ; erit ergo

$$GV \text{ ad } VB \text{ ut } FV \text{ ad } VX,$$

et componendo, et sumendo antecedentium dimidia, et per conversionem rationis,

$$\text{ut } EB \text{ sive } EA \text{ ad } EV, \quad \text{ita } OX \text{ sive } OR \text{ ad } OV.$$

Et habent duo triangula OVR, VEA communem angulum EVA ; erunt ergo similia, et

$$\text{ut } AV \text{ ad } RV, \quad \text{ita } AE \text{ ad } RO, \quad \text{sive } EB \text{ ad } OX, \quad <\text{et}> VE \text{ ad } VO.$$

Quum ergo
$$\text{ut } EB \text{ ad } OX, \quad \text{ita } VE \text{ ad } VO,$$
ergo
$$\text{ut } EB \text{ ad } OX, \quad \text{ita reliqua } VB \text{ ad reliquam } VX,$$
atque ideo
$$\text{ut } AV \text{ ad } RV, \quad \text{ita } BV \text{ ad } XV.$$
Similiter probabimus
$$\text{ut } GV \text{ ad } VF, \quad \text{ita } IV \text{ ad } KV ;$$
erit igitur vicissim
$$\text{ut } GV \text{ ad } VI, \quad \text{ita } FV \text{ ad } VK.$$
Ut autem
$$FV \text{ ad } VK, \quad \text{ita } VR \text{ ad } VX$$
(quia rectangula KVR, FVX in circulo sunt æqualia), et
$$\text{ut } VR \text{ ad } VX, \quad \text{ita probavimus esse } VA \text{ ad } VB ;$$

erit igitur

ut FV ad VK, ex una parte, ita VA ad VB.

Rectangulum igitur KVA rectangulo FVB dato æquale.

Ex alia vero parte erit

ut GV ad IV, ita VR ad VX,

atque ideo rectangulum IVR rectangulo GVX dato æquale.

Quum igitur per punctum V ducantur duæ lineæ in directum AV et VK, comprehendentes spatium datum, et terminus unius, nempe VA, contingat circulum positione datum, tanget et terminus alterius locum planum, hoc est circulum XKF, positione datum.

3. PROPOSITIO. — *Si a dato < puncto > ducantur duæ lineæ, datum continentes angulum et datam proportionem habentes, contingat autem terminus unius locum planum positione < datum >, continget et terminus alterius.*

Esto primo datum punctum H (*fig.* 5) et recta linea AF positione,

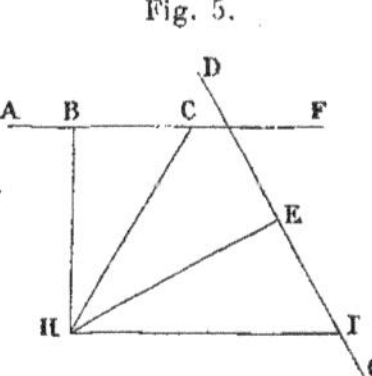

in quam demissa perpendicularis HB dabitur. Fiat angulo dato æqualis angulus BHE et sit BH ad HE in ratione data; dabitur recta HE positione, et punctum E. A puncto E ad rectam HE excitata perpendicularis infinita DEG dabitur positione. Sumatur quodlibet punctum in recta AF, ut C, et junctâ HC, fiat angulo dato æqualis CHI : Aio rectam HC ad HI esse in ratione data.

Nam, quum sint æquales anguli BHE, CHI, dempto communi CHE,

erunt æquales BHC, EHI; et sunt anguli ad B et E recti : sunt igitur
similia triangula HBC, HEI et

ut HB ad HC,   ita HE ad HI,

et vicissim

ut HB ad HE,   ita HC ad HI

habet rationem datam.

Quum igitur, a dato puncto H, ductæ fuerint duæ lineæ HC, HI, in
dato angulo CHI et in data ratione, et altera, nempe HC, ad punctum C
contingat rectam positione < datam >, continget et terminus alterius
locum planum, nempe rectam DG, quam dari positione probatum est.

Sed tangatur circulus : esto punctum A (*fig.* 6), datus circulus

Fig. 6.

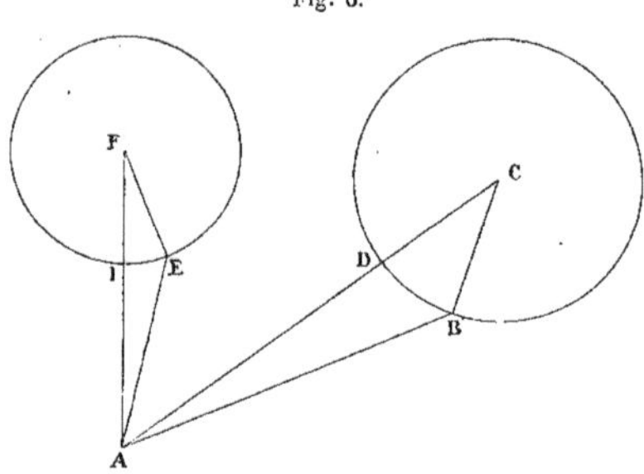

positione IE, cujus centrum F. Jungatur FA secans circulum in I, et
fiat angulus < IAD > æqualis dato, et ratio IA < ad > AD data;
dabitur AD positione, et punctum D. Producatur et fiat

ut IA ad AD,   ita IF ad DC.

Centro C descripto circulo DB, quem patet dari positione, sumatur
quodvis punctum in priore circulo, ut E, et junctâ EA, fiat angulo dato
æqualis EAB, et sit punctum B in secundo circulo : Aio esse AE ad BA
in ratione data.

Jungantur FE, BC. Probabimus, ut supra, æquales angulos FAE, CAB et similitudinem triangulorum FAE, CAB; iisdem rationibus, quibus jam in priore propositione ejusque secunda figura usi sumus, arguemus, eritque

AF ad EA ut AC ad AB,

et vicissim

ut AF ad AC, hoc est ut AI ad AD, ita AE ad AB.

Dabitur ergo ratio AE ad AB, et patet tum sensus, tum consequentia propositionis.

4. PROPOSITIO. — *Si a dato puncto ducantur duæ lineæ, datum continentes angulum et datum comprehendentes spatium, contingat autem terminus unius locum planum positione datum, continget et terminus alterius.*

Sit datum punctum G (*fig.* 7), recta positione data AC, in quam

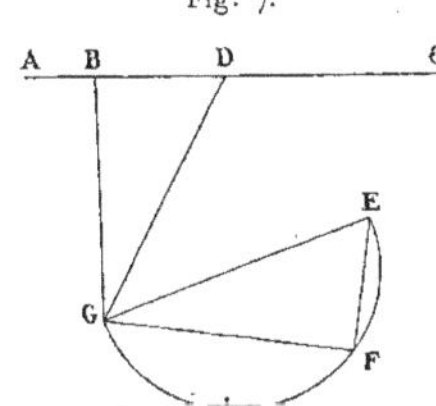

Fig. 7.

ducatur perpendicularis GB; esto angulus datus BGE, et spatium datum sub BG in GE. Super GE describatur semicirculus GEF, et sumpto in recta positione data quovis puncto, ut D, junctàque DG, fiat angulo dato æqualis DGF : Aio rectangulum sub DG in GF æquari dato.

Jungatur FE. Probabimus, ut in propositione præcedente, æqualitatem angulorum BGD, EGF. Sed recti ad B et F sunt æquales; non latebit igitur triangulorum BGD, EGF similitudo, neque rectangulorum BG in GE, et GD in GF æqualitas, neque veritas propositionis. · Si igitur, etc.

Sed sit datum punctum A (*fig.* 8), et circulus positione HGE.

Ducatur, per ipsius centrum, AEH secans circumferentiam in punctis
E, H. Sit angulus datus HAB, et spatium datum rectangulum sub HA
in AI, vel $<$ sub $>$ EA in AB. Super recta IB descripto semicirculo (¹),
quem quidem patet dari positione, satisfiet quæstioni : nam ductâ GFA,

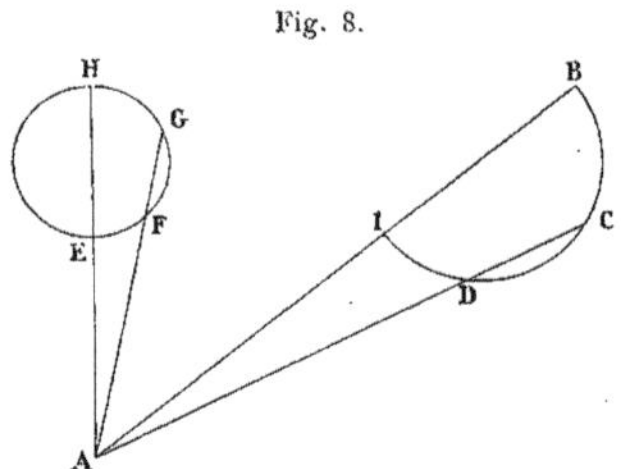

Fig. 8.

verbi gratia, et facto angulo GADC, dato æquali, aio rectangulum GAD,
vel FAC, æquari dato.

Nam quum rectangula HAI, EAB æquentur, erit

ut HA ad AE,   ita AB ad AI.

Ex propositionis verò superioris ratiocinio patet æqualitas angulorum HAG, BAC et ex priore propositione facile deducetur esse

ut HA ad GA,   ita BA ad AC.

Sed

ut HA ad GA,   ita FA ad AE;

ergo

ut FA ad AE,   ita BA ad AC,

rectangulumque FAC rectangulo BAE dato est æquale.
Deinde est

ut BA ad AC,   ita AD ad AI,

rectangulumque GAD rectangulo HAI dato æquale. Constat itaque ex
omni parte propositum.

Si igitur, etc.

(¹) *Voir* plus loin page 18, ligne 7 en remontant : « Observandum autem, etc. »

Hoc in casu sumpsimus punctum A extra circulum positione datum, in secundo verò casu secundæ propositionis, intra circulum posueramus.

Quatuor propositiones præcedentes punctum unum datum assumunt, sequentes duo.

5. PROPOSITIO. — *Si a duobus punctis datis duæ lineæ parallelæ agantur, rationem habentes datam, contingat autem terminus unius locum planum positione datum, continget et terminus alterius.*

Sunto < data > duo puncta A et H (*fig.* 9), recta positione CBDK, in quam demittatur perpendicularis AB, cui parallela ducatur HE, et

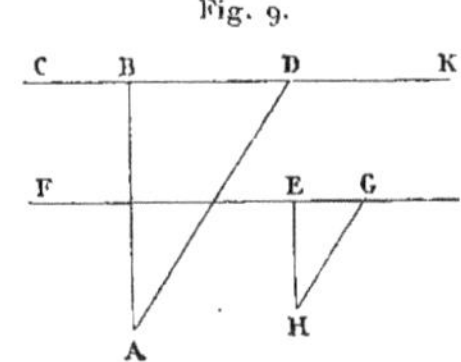

Fig. 9.

sit ratio AB ad HE data. Dabitur punctum E, per quod ductâ FEG perpendiculari ad HE et rectæ positione datæ parallelâ, aio omnes parallelas, a punctis A, H ductas et rectis CD, FG positione datis terminatas, esse in proportione data AB ad HE.

Erunt enim anguli BAD, EHG æquales, et recti ad B et E; similia ergo triangula BAD, EHG, et reliqua facilia.

Quum igitur a datis duobus punctis A et H ductæ fuerint parallelæ AD, HG, in ratione data, quarum AD est ad datam rectam positione, erit et HG ad rectam positione datam, ideoque ad locum planum.

In hac figura (*fig.* 10) sint data puncta A et Z, et circulus positione BC, cujus centrum E. Jungatur AE, occurrens circulo in B, et huic parallela ducatur ZN, fiatque ratio AB ad ZN æqualis datæ. Producatur ZN in I, et fiat ratio BE ad NI æqualis etiam datæ. Centro I, intervallo IN, descriptus circulus dabitur positione et quæstioni satisfaciet.

Nam, ductis parallelis AC, ZD, circulis ad puncta C, D occurrentibus, erit ratio AC ad ZD æqualis datæ; esse enim angulos BAC, NZD

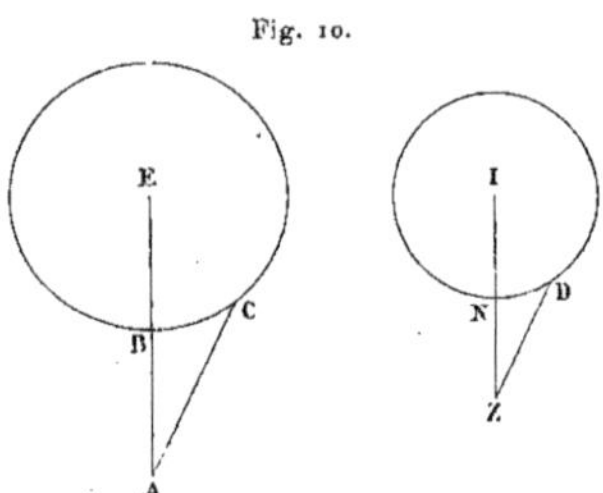

Fig. 10.

æquales, jam primus hujus propositionis casus evicit; reliquum præstabit secundum < tertiæ > propositionis epitagma.

6. Propositio. — *Si a duobus punctis datis duæ parallelæ agantur,
datum comprehendentes spatium, contingat autem terminus unius locum
planum positione datum, continget et terminus alterius.*

Sint data duo punctaA et H (*fig.* 11), recta positione CE, in quam
< demittatur > perpendicularis AB, cui parallela ducatur HG, et

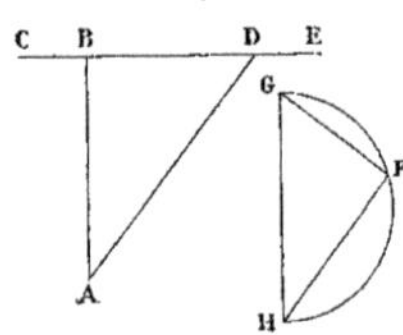

Fig. 11.

rectangulo dato sit æquale rectangulum sub AB < in > (¹) HG; dabitur recta HG, super qua descriptus semicirculus (²) HFG quæstionem
perficiet.

(¹) La locution abrégée « sub AB, HG » se trouve déjà chez Viète.
(²) *Voir* la Note de la page 12.

Ductis enim ubicumque parallelis AD, HF, et junctâ GF, patebit demonstrationes superiores retractanti triangulorum BAD, GHF similitudo, ideoque rectangulum sub AD in HF æquale dato sub BA in HG concludetur.

Quum igitur a duobus punctis, etc.

In secundo casu, sint data puncta A et B (*fig.* 12), et circulus positione IFGH, per cujus centrum transeat AIH, cui parallela ducatur BC,

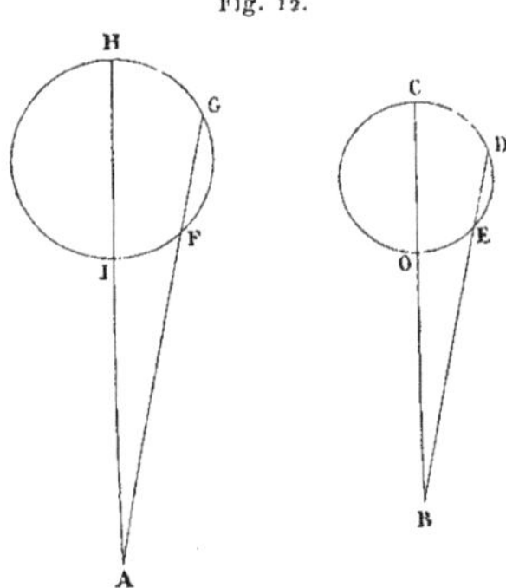

Fig. 12.

et sit rectangulum sub AI $<$ in $>$ BC æquale dato, eidemque æquale rectangulum sub AH in BO. Super recta OC descriptus semicirculus præstat propositum.

Nam, ductis parallelis AFG, BED, erunt anguli HAG, CBD æquales, et rectangulum sub AG in BE æquale dato, eidemque rectangulum sub AF in BD; nec absimilis est ei, quæ in secundo epitagmate propositionis quartæ prodita est, demonstratio.

7. PROPOSITIO. — *Si duæ lineæ agantur a datis duobus punctis, datum continentes angulum et datam habentes proportionem, contingat autem terminus unius locum planum positione datum, continget et terminus alterius.*

Sunto $<$ data $>$ duo puncta A et B (*fig.* 13), recta positione IGH.

Super BA describatur portio circuli ALB, capiens angulum æqualem
dato. A puncto A ducatur in rectam IH perpendicularis AG, qua producta donec circumferentiæ occurrat in L, producatur LBE, et fiat AG
ad BE in ratione data. Perpendicularis ad BE agatur FEDC, et sumatur
quodlibet punctum in portionis circumferentia, ut K, a quo ducantur
per puncta A et B rectæ KAH, KBD, occurrentes rectis IH, FC in punctis
H et D : Aio AH ad BD esse in ratione data AG ad BE.

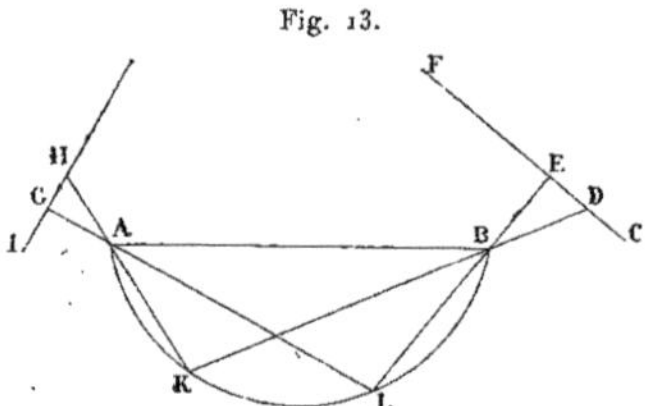

Fig. 13.

Quum enim hoc ita se habeat, erunt triangula AGH, BED similia,
ideoque anguli GAH, EBD, eisque ad verticem KAL, KBL æquales;
quod quidem ita se habet quum eidem circuli portioni insistant, et proclivis est ab analysi ad synthesin regressus.

Quum igitur a datis duobus punctis A et B ductæ fuerint duæ rectæ
AH, BD, datum continentes angulum HKD $<$ datamque habentes proportionem $>$, et terminus ipsius AH contingat rectam IH positione
datam, continget et terminus BD rectam FC, quam dari positione evicit
constructio.

Sed sint data puncta A, B (*fig.* 14), circulus positione HF. Super
recta AB describatur portio circuli AKB, capiens angulum dato æqualem. Centrum circuli HF esto G. Jungatur AHG, producatur donec portioni occurrat in K, et ducatur KBE, et sit ratio AH ad BE data. Producatur BE in D, donec HG ad DE sit pariter in ratione data. Centro D
descriptus circulus dabitur positione, et dabit solutionem quæstionis.

Ductis quippe IAF, IBC, erunt anguli ad A et B æquales, et reliquum

propositi non est laboriosum; statimque patet AF ad BC esse in ratione
data, imo et ad circumferentias concavas productas idem præstare.

Quum igitur, etc.

Fig. 14.

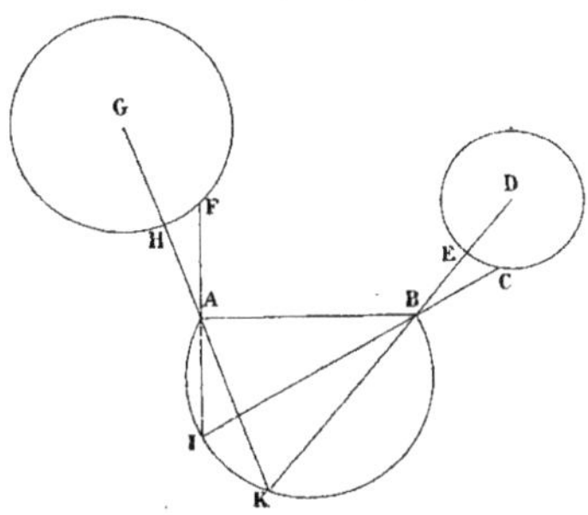

8. PROPOSITIO. — *Si a duobus punctis datis ducantur duæ lineæ, datum
continentes angulum et datum comprehendentes spatium, contingat autem
terminus unius locum planum positione datum, continget et terminus alterius.*

Sint data duo puncta A et B (*fig.* 15), recta positione GI. Super AB
describatur portio circuli capiens angulum datum. Ducta perpendicu-

Fig. 15.

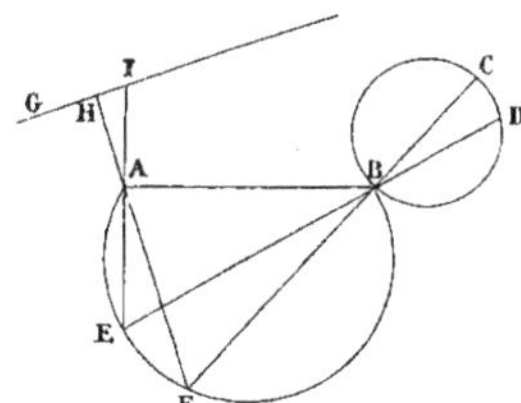

laris AH in GI continuetur in F, et juncta FB producatur in C, sitque
spatium datum AH in BC. Super recta BC descriptus circulus faciet
quod proponitur.

Erit quippe, sumpto quovis puncto in portione E, et junctis EAI, EBD, rectangulum sub AI $<$ in $>$ BD æquale dato; nec differt ab expositis aliis casibus demonstratio.

Sed sint data duo puncta A, B (*fig.* 16), datus positione circulus IKL, et super AB descripta portio circuli capiens angulum dato æqualem. Ducatur per centrum recta ANI et producatur in G; junctaque

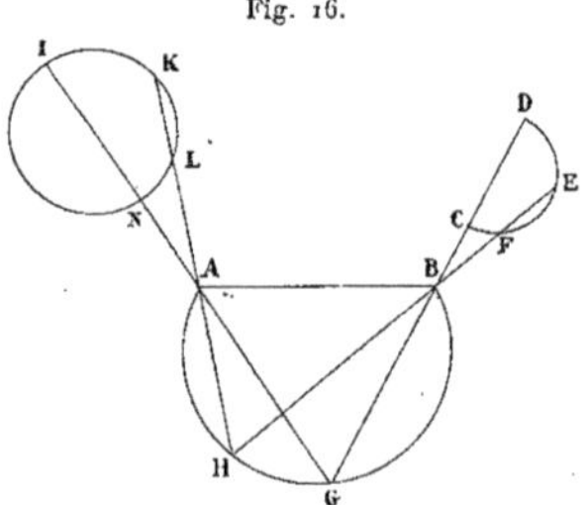

Fig. 16.

GB producatur, et fiat rectangulum sub AI in BC æquale dato, eidemque æquale rectangulum sub AN in BD. Super CD descriptus semicirculus satisfaciet proposito.

Hoc est : sumpto quolibet puncto ut H, et reliquis ut supra constructis, ut in figura, erit rectangulum sub AK in BF æquale dato, eidemque rectangulum sub AL in BE; nec est diversa demonstratio a præcedentibus.

Constat itaque propositum, eaque ratione prior Apollonii seu Pappi propositio redditur manifesta.

Observandum autem casus quos in semicirculis tantum expressimus in circulis integris locum habere, sed et casus multiplices ex varia datorum positione oriri, quos otiosiores ex præcedentibus facili opera et proclivi ratiocinio deducent.

Subjicit Pappus : Locum planum quem secunda ex rectis contingit, *interdum* esse *ejusdem generis, interdum vero diversum.* Hoc patet, quia in prima propositione, verbi gratia, est ejusdem generis : nam, si prior

sit ad rectam, est quoque ad rectam posterior, si ad circulum, similiter ad circulum; in secundæ vero priore parte et aliis quibusdam
casibus, est diversi generis.

Addit deinde aliquando *similiter* poni *ad rectam lineam, interdum contrario modo*. Quo loco verba « *ad rectam lineam* » (¹), quæ nullum sensum admittunt, censeo delenda, et ita locum interpretor, ut aliquando
secundus locus priori contrario modo ponatur : verbi gratia, si prior
sit ad convexum circuli, secundus ad concavum, etc., cujus rei
exempla priores propositiones suppeditabunt.

Propositio II.

« *Si rectæ lineæ positione datæ unus terminus datus sit, et alter circum-*
» *ferentiam concavam positione datam continget.* »

Hæc verba si ita legantur, falsa est propositio (²); reponendum igitur
loco, verbi gratia, « *positione datæ* » — *magnitudine datæ;* — eritque
sensus ut, *datâ circuli diametro et centro, extremitas diametri sit ad circulum positione datum*. Cujus rei veritas quum per se pateat, cur diutius
hic immoremur?

Propositio III.

« *Si a duobus punctis datis inflectantur rectæ lineæ datum angulum*
» *continentes, commune ipsorum punctum continget circumferentiam*
» *concavam positione datam.* »

Hæc propositio per se patet : dari enim, super recta linea duo puncta
jungente, portionem circuli capientem angulum datum, docuit Euclides
in *Elementis*.

Propositio IV.

« *Si trianguli spatii, magnitudine dati, basis positione et magnitudine*
» *data sit, vertex ipsius rectam lineam positione datam continget* », paral-

___

(¹) Les mots du texte grec πρός τὴν εὐθεῖαν (Hultsch, p. 664, l. 5) peuvent être conservés
avec l'explication donnée par Fermat.

(²) Fermat a deviné le texte grec (Hultsch, p. 664, l. 10). Cette proposition et les deux
suivantes ne sont pas d'Apollonius; Pappus les donne comme ajoutées par Charmandre.

lelam nempe basi datæ, cujus inventione ex I *Elementorum* facile
deduces omnia.

PROPOSITIO V.

« *Si rectæ lineæ, magnitudine datæ et cuipiam positioni datæ æqui-*
» *distantis, unus terminus contingat rectam lineam positione datam,*
» *et alius terminus rectam lineam positione datam continget.* »

Datæ rectæ lincæ DE (*fig.* 17) magnitudine et rectæ AC, positione
datæ, æquidistantis unus terminus, ut D, contingat rectam AF posi-

Fig. 17.

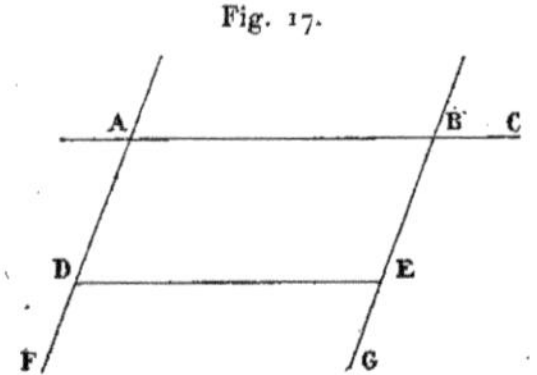

tione datam. Si per punctum E duxeris BEG ipsi AF parallelam, constabit propositum.

Erunt quippe rectæ omnes, inter has duas parallelas interceptæ et
rectæ AC, positione datæ, æquidistantes, inter se æquales : quod ipsa
constructio manifestat.

Si igitur alter terminus cujuslibet sit ad rectam AF, erit alius ad BG,
ut vult propositio, quam etiam licet porrigere levi negotio ad circulos.

Sit enim data AB (*fig.* 18) positione, cui æquidistet recta NO magnitudine data, cujus punctum N sit ad circumferentiam circuli CNM
positione dati : Aio punctum O esse ad circulum positione datum.

Esto E centrum circuli CNM, et ducta diameter, ipsi NO parallela,
continuetur in F, donec recta CF æquetur NO datæ : dabitur recta CF
positione et magnitudine. Producatur, et fiat FH æqualis CD. Super FH
descriptus circulus præstabit propositum.

Erit quippe punctum O ad ipsius circumferentiam. Quum enim

punctum O sit ad circumferentiam circuli FOP, erunt rectæ CN, FO
æquales et parallelæ, quum æquales et parallelas CF, NO conjungant.
Erunt igitur anguli NCD, OFH æquales; quod quidem ita se habet,

Fig. 18.

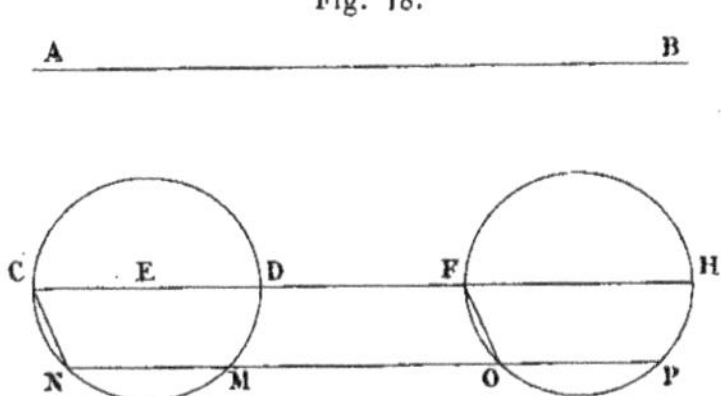

quum rectæ CD, FH sint æquales, et a rectis NM, OP æqualiter
distent.

Poterit igitur propositio Pappi universalius ita concipi :

*Si rectæ lineæ, magnitudine datæ et cuipiam positione datæ æquidistan-
tis, unus terminus contingat locum planum positione datum, et alius terminus locum planum positione datum continget.*

Propositio VI.

« *Si a puncto quodam ad positione datas duas rectas lineas parallelas,*
» *vel inter se convenientes ducantur rectæ lineæ in dato angulo, vel datam*
» *habentes proportionem vel quarum una simul cum ea, ad quam altera*
» *proportionem habet datam, data fuerit, continget punctum rectam*
» *lineam positione datam.* »

Hujus propositionis duæ sunt partes, quarum *prior* hæc est.

Sint duæ rectæ positione datæ AE, AF (*fig.* 19), in puncto A concurrentes, et a puncto C demittantur rectæ CB, CD, in datis angulis
CBA, CDA, et sint rectæ BC, CD in data proportione : Aio punctum C
esse ad rectam lineam positione datam.

Jungantur AC, BD. In quadrangulo ABCD dantur tres anguli ABC,
ADC, BAD : datur igitur angulus BCD. Datur etiam ratio BC ad CD ex
hypothesi : ergo datur specie triangulum BDC et anguli CBD, CDB.

Reliqui igitur ABD, ADB dantur, ideoque specie triangulum ABD :
datur igitur ratio AB ad BD. Sed ex demonstratis datur ratio BD ad BC
(quum probatum sit triangulum BDC specie dari) : ergo datur ratio AB

Fig. 19.

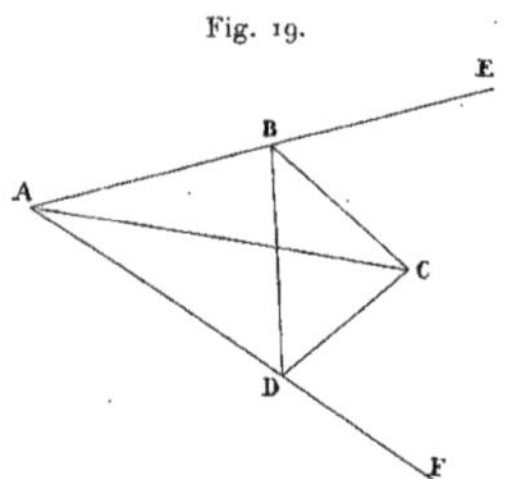

ad BC. Datur autem BA positione, et punctum A : datur igitur positione recta AC, et in ea sumpto quovis puncto et ab eo demissis, in
datis angulis, rectis in rectas datas, probabitur semper demissas esse
in data proportione.

Alter casus est si rectæ datæ sint parallelæ : Sint rectæ CA, CB
(*fig.* 20), in datis angulis CAD, CBF, in proportione data. Angulus CNB

Fig. 20.

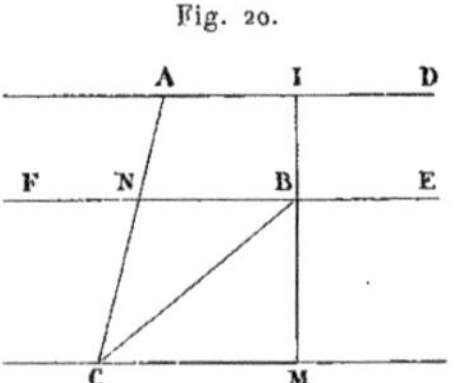

datur; est enim æqualis, propter parallelas, dato CAD. Datur igitur
specie triangulum CNB et ratio CN ad CB; datur autem ex hypothesi
ratio CB ad CA : ergo ratio CN ad CA data est, ideoque probatur facile
punctum C esse in recta data positione.

Constructio. — Per punctum quodvis, ut B, trajiciatur perpendicularis IBM : dabitur IB. Fiat

ut AN ad NC,   ita IB ad BM.

Per punctum M ducta duabus datis parallela satisfaciet quæstioni, nec est operosa demonstratio.

Si igitur a puncto quodam ad positione datas duas rectas lineas, parallelas vel inter se convenientes, ducantur rectæ lineæ < in > datis angulis, habentes datam proportionem, continget punctum rectam lineam positione datam.

Secunda pars ita se habet :

Dentur rectæ AC, AG (*fig.* 21), in puncto A concurrentes. Ponatur

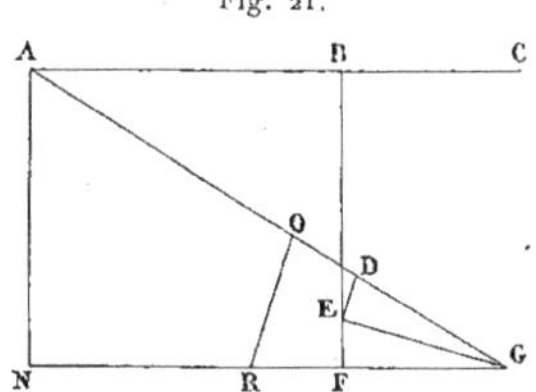

Fig. 21.

AN super rectam AC in dato angulo CAN. Fiat AN æqualis datæ, et ipsi AC parallela ducatur NG. Angulus alius datus sit ROG. Per primam partem hujus ducatur recta GE, in qua sumpto quovis puncto, ut E, rectæ ED, EF, ipsis RO, AN parallelæ, sint in ratione data : dabitur GE positione, ex superius demonstratis. Producatur FE in B : dabitur FB magnitudine; est enim æqualis datæ AN, propter parallelas.

Quodcumque igitur punctum sumpseris in recta GE, ut E, a quo in rectas AC, AG demiseris rectas ED, EB in angulis datis, recta BE una cum EF, ad quam ED habet rationem datam, data erit : quod vult propositio (¹).

Si igitur a puncto quodam ad positione < datas > duas rectas lineas, inter se convenientes, ducantur rectæ lineæ in datis angulis, quarum

—————————

(¹) Fermat omet ici le cas du parallélisme des droites données AC, AG.

una simul cum ea, ad quam altera habet proportionem datam, data
fuerit, continget punctum rectam lineam positione datam.

Propositio VII.

« *Si sint quotcumque rectæ lineæ positione datæ, atque ad ipsas a quo-*
» *dam puncto ducantur rectæ lineæ in datis angulis, sit autem quod data*
» *linea et ducta continetur, unà cum contento data linea et altera ducta,*
» *æquale. ei quod data et alia ducta et reliquis* (¹) *continetur, punctum*
» *rectam lineam positione datam continget.* »

Hæc propositio est ampliatio præcedentis et quod de duabus lineis
est superius demonstratum in prima parte propositionis VI, hic in
quotcumque locum habere proponitur.

Exponantur tres rectæ positione datæ et triangulum constituentes
AB, BC, CA (*fig.* 22). Est invenienda recta, EK verbi gratia, in qua
sumendo quodlibet punctum, ut M, et ab eo ducendo rectas MR, MO,
MI in angulis datis MRA, MOB, MIA, summa duarum OM et MI sit
ad MR in ratione data.

Per primam partem propositionis præcedentis inveniatur recta in
qua sumendo quodlibet punctum et ab eo ducendo rectas ad rectas AB,

---

(¹) Ces deux mots *et reliquis* de la version de Commandin sont incompréhensibles;
Hultsch traduit le grec καὶ τῶν λοιπῶν ὁμοίως (p. 666, l. 5) par *et sic in ceteris,* ce qui concorde assez avec la divination de Fermat. Mais le sens probable est plus vague et ne permet guère de préciser à quel point s'étaient arrêtées les recherches d'Apollonius.

La généralisation véritable de la proposition VI est évidemment que le lieu du point est
une droite toutes les fois qu'il y a une relation linéaire *quelconque* entre les distances (obli-
ques) de ce point à des droites données en nombre quelconque. On peut donner ce sens à
la proposition VII du texte de Pappus; mais, à entendre ce texte littéralement, il semble que,
d'une part, dans cette relation linéaire, il ne supposait pas de terme constant; que, de
l'autre, il égalait la somme de deux des termes à la somme de tous les autres. Fermat a
bien fait la première hypothèse; mais, au lieu de la seconde, il a supposé un terme égal à
la somme de tous les autres.

Dans l'*Ad locos planos et solidos Isagoge,* Fermat remarque la possibilité de généraliser la proposition de Pappus, telle qu'il l'a restituée; cette généralisation doit, sans
doute, correspondre à l'hypothèse qui égale la somme d'un nombre quelconque de termes
à la somme de tous les autres, mais toujours en ne supposant pas de terme constant.

Puis, au même endroit, Fermat égale, au contraire, à un terme constant la somme de
tous les termes variables; mais il ne paraît pas avoir conçu la relation linéaire sous sa forme
la plus générale.

BC, ductæ sint in ratione data : dabitur positione recta quæsita. Punctum igitur, in quo concurret cum AC, dabitur : esto E, a quo ducantur EV, ED ipsis MO, MR parallelæ; ergo ex constructione VE ad ED habebit rationem datam. Eadem methodo, sumptis AB, AC rectis, inveniatur punctum K, a quo ductæ KL, KZ in datis angulis, ipsis nempe MR, MI parallelæ, sint in ratione data. Erit igitur similiter KZ ad KL in

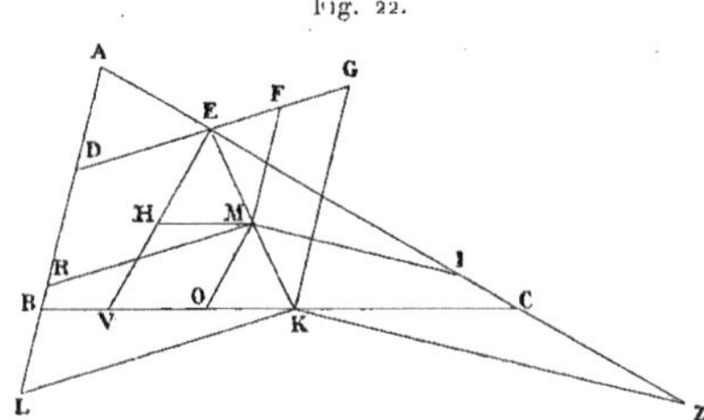

Fig. 22.

ratione data. Jungatur EK : quodcumque punctum in ea sumpseris præstabit propositum.

Sumatur M, verbi gratia, ex jam constructis. Fiat MF parallela BA, et MH parallela BC. Probandum est summam duarum OM, MI esse ad MR ut VE ad ED, in ratione nempe data.

Fiat adhuc KG parallela BA. Ponatur verum esse quod intendimus probare : ergo vicissim erit

ut MR ad ED, ita summa duarum MI, MO ad EV,

et, dividendo, erit

ut differentia MR et DE ad DE,

ita differentia qua duæ OM, MI superant EV ad EV.

Quum autem MF sit parallela BA, EF erit differentia rectarum MR et DE, et quum MH sit parallela BC, EH erit differentia rectarum VE, MO, ideoque differentia rectarum IM et EH æquabitur excessui quo duæ MO, MI superant rectam VE. Ex demonstratis igitur erit

EF ad DE ut differentia rectarum IM, EH ad EV,

et vicissim

EF erit ad differentiam rectarum IM, EH   ut ED ad EV.

Erit igitur, convertendo,

differentia rectarum IM, EH ad EF in ratione data EV ad ED.

Ex constructione autem, expositis tribus EH, EF, MI, est

VE ad EH   ut KE ad EM;

est etiam

KZ ad MI in eadem ratione KE ad EM;

est etiam, quum KG sit parallela BA,

GE ad EF in eadem ratione KE ad EM.

Igitur tres rectæ VE, KZ, EG sunt in ratione trium HE, MI, EF : est igitur

ut differentia duarum EV, KZ ad EG, ita differentia duarum MI, EH ad EF.

Sed probavimus differentiam duarum MI, EH ad EF habere rationem datam EV ad ED : igitur differentia duarum EV, KZ ad EG habebit rationem datam EV ad ED, et vicissim

differentia duarum EV, KZ ad EV erit ut EG ad ED,

et, componendo,

KZ erit ad EV   ut GD ad ED.

Sed (propter parallelas KG, BA) KL æquatur DG : igitur vicissim erit

ut KZ ad KL,   ita EV ad ED,

quod quidem ita se habere jam ex ipsa constructione innotuerat.

Constat itaque veritas pulcherrimæ propositionis, nec est difficilis aut absimilis ad ulteriores casus et quotlibet lineas porrigenda constructio et demonstratio. Semper enim, beneficio constructionis in duabus lineis, expedietur problema in tribus lineis : beneficio constructionis in tribus lineis, expedietur problema in quatuor lineis :

beneficio constructionis in quatuor, expedietur problema in quinque :
et simili omnino ac uniformi in infinitum methodo.

PROPOSITIO VIII ET ULTIMA.

« *Si ab aliquo puncto ad positione datas parallelas ducantur rectæ lineæ*
» *in datis angulis, quæ ad puncta in ipsis data abscindant rectas lineas,*
» *vel proportionem habentes, vel spatium continentes datum, vel ita ut*
» *species ab ipsis ductis, vel excessus specierum æqualis sit spatio dato,*
» *punctum continget positione datas rectas lineas.* »

Hujus propositionis, si vera esset, quatuor essent partes, sed eam *in ratione data* veram duntaxat (¹) deprehendimus. Valeant igitur reliqua de spatio contento sub duabus, et de summa aut differentia quadratorum ab ipsis, et tanquam commentitia aut huc aliunde translata rejiciantur.

Proponatur itaque sic emendatum theorema :

Si ab aliquo puncto ad positione datas parallelas ducantur rectæ lineæ in datis angulis, quæ ad puncta in ipsis data abscindant rectas lineas proportionem habentes datam, punctum continget positione datam rectam lineam.

Constructio sic procedet : Sint datæ parallelæ AB, GC (*fig.* 23), puncta in ipsis data A et F, angulus unus ex datis BAH, alter GFH. Quum puncta A et F dentur, et anguli ad ipsa, dabuntur rectæ AH, FH positione, ideoque punctum concursus H; dabitur etiam punc-

(¹) La traduction de Commandin était trop peu intelligible pour que Fermat ait pu reconnaître le véritable sens du texte de Pappus (Hultsch, p. 666, l. 7 à 13); il lui aurait fallu entendre les mots *vel spatium continentes datum, vel ita ut species ab ipsis ductis, vel excessus specierum æqualis sit spatio dato* comme se rapportant non pas aux *rectas lineas,* c'est-à-dire aux abscisses AB, EF, mais bien aux *rectæ lineæ* IB, IE.

Avec l'interprétation de Fermat, pour les trois hypothèses où l'on suppose constant : soit $AB \times EF$, soit $\overline{AB}^2 + \overline{EF}^2$, soit $\overline{EF}^2 - \overline{AB}^2$, le lieu du point I est évidemment une conique (hyperbole ou ellipse), ainsi que, du reste, Fermat l'a indiqué dans l'*Ad locos planos et solidos Isagoge.*

Avec le sens qu'il faut donner au texte de Pappus, que $IB \times IE$, ou $\overline{IB}^2 + \overline{IE}^2$, ou $\overline{IB}^2 - \overline{IE}^2$ soit constant, le lieu est évidemment une parallèle aux droites données AB, GC.

tum G, in quo AH secat parallelam GC. Recta GF in puncto D ita secetur ut GD ad DF sit in ratione data : dabitur punctum D. Jungatur DH ;
dabitur igitur positione DH : Aio rectam DH præstare propositum,
hoc est : sumpto in ea quolibet puncto, ut I, et ab eo ductis IB, IE in
angulis datis, abscissam AB ad datum punctum A ad abscissam EF ad
datum punctum F esse in ratione data GD ad DF.

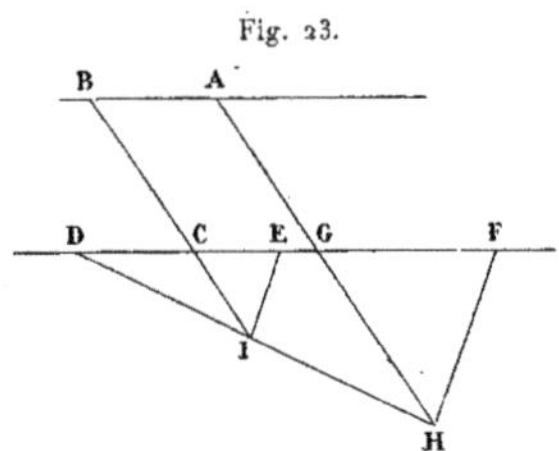

Fig. 23.

  Secet BI parallelam GF in C. Erit ex constructione IB parallela HA,
quum fuerit demissa in angulo dato, hoc est, ipsi HAB æquali. Erit
etiam IE parallela HF : GC igitur, propter parallelas, æquatur AB. Probandum superest

ut GC ad EF,   ita GD ad DF,

et vicissim

ut GC ad GD,   ita EF ad DF.

Hoc autem perspicuum est :

ut enim HI ad HD,   ita GC ad GD,

et

ut eadem HI ad HD,   ita EF ad FD.

Esse igitur GC ad EF in ratione data fit perspicuum.

  Sunt plures casus tam istius quam præcedentium propositionum :
quos invenire et addere quum sit facile, cur in his diutius immoremur?

LIBER SECUNDUS [1].

Propositio I [2].

« *Si a datis punctis rectæ lineæ inflectantur, et sint quæ ab ipsis fiunt*
» *dato spatio differentia, punctum positione datas rectas lineas con-*
» *tinget.* »

Sint data duo puncta A et B (*fig.* 24), et sit datum quodlibet spatium quadrato AB minus. Dividatur AB in C, ita ut quadratum AC qua-

Fig. 24.

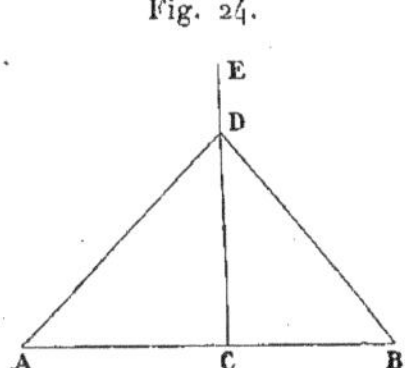

dratum CB superet dato spatio, et educatur perpendicularis infinita CE,

(1) Il semble que Fermat ait composé ce second Livre avant le premier, et même assez
longtemps avant (voir *Lettre à Roberval,* du 20 avril 1637). C'est ce qui peut expliquer
pourquoi, dans l'édition des *Varia,* on trouve, avant *Liber II,* un titre spécial : *Apollonii
Pergaci propositiones de locis planis restitutæ.*
Et en effet, pour l'intelligence du texte obscur où Pappus résume l'objet du Traité
d'Apollonius, Fermat devait naturellement chercher à s'aider des lemmes, au nombre de
huit (propositions 119 à 126 de la version, par Commandin, du Livre VII), donnés comme
relatifs aux *Lieux plans;* or ces lemmes concernent exclusivement le second Livre d'Apollonius.
(2) Aux indications que portent les lemmes de Pappus, on reconnaît que le résumé qu'il
donne ne suit pas exactement l'ordre d'Apollonius; ainsi cette proposition I devait faire
partie du second lieu du Livre II. Mais Fermat ne s'est aucunement proposé de restituer
dans sa forme l'œuvre du géomètre de Perge, et, en cela, le but de sa divination diffère
de l'objet des travaux plus récents, comme celui de Robert Simson (Glascow, 1749).

iñ qua sumatur quodlibet punctum D, et jungantur DA, BD : Aio quadratum AD superare quadratum DB dato.

Quod quidem patet, quum quadratum AD eodem superet quadratum DB, quo quadratum AC superat quadratum CB (¹).

Si spatium datum sit majus quadrato AB, punctum C extra lineam AB cadet.

Ad hanc propositionem pertinere possunt duæ sequentes (²) :

Sint data quatuor puncta A, B, C, D (*fig.* 25) *in recta linea, et sit* AB *æqualis* CD. *Sumatur aliud quodcumque punctum, ut* N, *et jungantur*

Fig. 25.

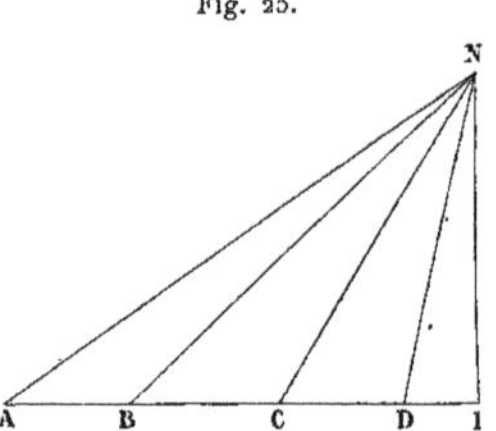

quatuor rectæ NA, NB, NC, ND : *Aio duo quadrata* AN, ND *superare duo quadrata* BN, NC *rectangulo sub* AB *in* BD *bis.*

Nam ducatur perpendicularis NI, et primùm punctum I extra rectam lineam AD cadat. Patet igitur excessum quadratorum AN, ND super duo quadrata BN, NC, propter omnibus commune quadratum NI, esse id quo duo quadrata AI, ID superant duo quadrata BI, CI. Sed quadrata duo AI, DI, per 4^{am} II, æquantur quadrato DI bis, quadrato AD, et rectangulo ADI bis; quadrata vero BI, CI, per eamdem propositionem, æquantur quadrato DI bis, quadratis BD, CD, et rectangulis sub BD in DI bis, et CD in DI bis, sive, loco horum duorum

---

(¹) C'est l'objet du second lemme de Pappus (prop. 120 de Commandin).
(²) Dans l'*Ad locos planos et solidos Isagoge*, Fermat indique la généralisation des six premières propositions du Livre II *de Locis planis,* pour un nombre quelconque de points donnés choisis sans aucune condition.

rectangulorum, uni rectangulo AD in DI bis, propterea quod AB est æqualis CD : excessus igitur quadratorum AI, ID super BI, CI est idem qui AD quadrati super quadrata BD, CD sive AB. Sed, per 4^{am} propositionem II, quadratum AD duo quadrata AB, BD superat rectangulo sub AB in BD bis. Constat ergo propositum.

Reliquos casus non adjungo neque in hac propositione neque in sequentibus, nam, licet sit facile, esset tædiosum.

Si a tribus punctis in recta linea constitutis inflectantur rectæ, et sint duo quadrata tertio majora spatio dato, punctum positione datam circumferentiam continget.

Sint data tria puncta A, B, C (*fig.* 26) in recta linea, et datum quod-

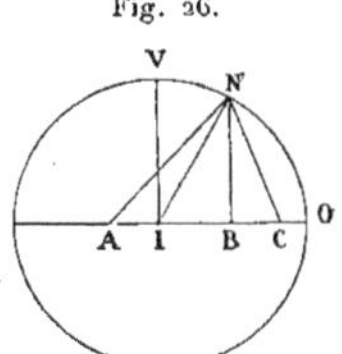

Fig. 26.

libet spatium rectangulo ABC bis majus. Fiat AI æqualis BC, et spatium datum sit æquale rectangulo ABC bis et quadrato IV. Centro I, intervallo IV, circulus VNO describatur in cujus circumferentia punctum quodlibet sumatur, ut N, junganturque NA, NB, NC ad data puncta : Aio duo quadrata AN, NC quadratum NB dato spatio superare.

Nam jungatur IN : ergo ex superiore propositione patet duo quadrata AN, NC æquari duobus quadratis IN, BN et rectangulo ABC bis; ergo duo quadrata AN, NC superant quadratum NB quadrato IN et rectangulo ABC bis, et constat propositum.

PROPOSITIO II.

« *Si a duobus punctis inflectantur rectæ, et sint in proportione data,*
» *punctum continget vel rectam lineam vel circumferentiam.* »

Sint data duo puncta A et C (*fig.* 27), et sit primum data ratio æqualitatis. Dividatur AC bifariam in B, et excitetur perpendicularis BD. Patet quodcumque punctum in ipsa sumatur, ut D, fore rectas AD, DC æquales.

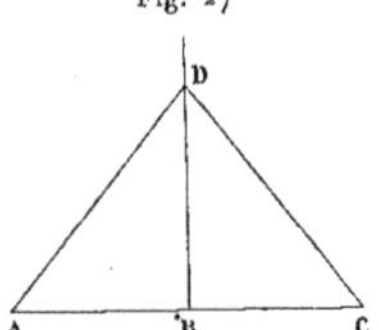

Fig. 27

Sed sit data ratio inæqualitatis, et sint duo data puncta A, B (*fig.* 28), ratio ut R ad S. Fiat

ut R quad. ad S quad., ita AN ad NB.

Inter AN, NB sumatur media NO, cujus intervallo describatur circulus OVZ, et in ipsius circumferentia sumatur quodcumque punctum, ut V, junganturque VA, VB : Aio esse in data ratione R ad S.

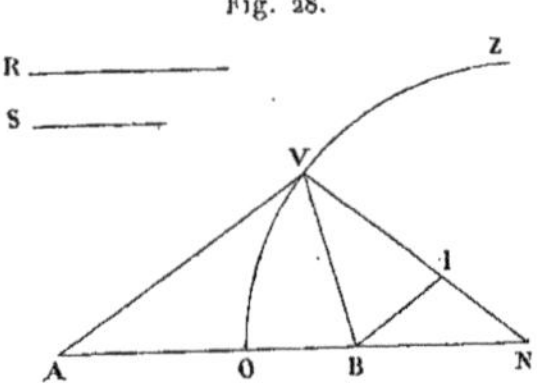

Fig. 28.

Nam, junctà VN, ipsi VA parallela sit BI :

ut AN ad NO sive NV, < ita NV > ad NB,

et sunt circa eumdem angulum ANV; similia igitur duo triangula ANV, BVN, et angulus VAB angulo BVI æqualis. Sed et AVB, VBI, propter parallelas, æquales sunt; ergo similia triangula AVB, VBI, et est

AV ad VB ut VB ad BI,

et

ut VB ad BI,   < ita NV ad NB,   et AN ad NV.

Est igitur

ut VB quad. ad BI quad. >,   id est AN ad NB (¹),

id est R quad. ad S quad.,   ita AV quad. ad VB quad.

Est ergo

AV ad VB   ut R ad S,

et patet propositum.

Propositio III.

« *Si sit positione data recta linea, et in ipsa datum punctum, a quo*
» *ducatur quædam linea terminata, a termino autem ipsius ducatur et ad*
» *positionem* (²), *et sit quod fit a ducta æquale ei, quod a data, et ab-*
» *scissa, vel et ad punctum datum, vel ad alterum datum in linea data*
» *positione, terminus ipsius positione datam circumferentiam continget.* »

Sit data recta AB (*fig.* 29) positione, et in ipsa datum punctum A.
Oportet invenire circuli circumferentiam in qua sumendo quodlibet

Fig. 29.

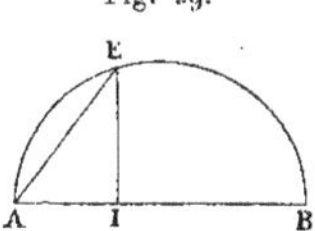

punctum, ut E, et demittendo perpendicularem EI, quadratum AE sit
æquale rectangulo sub data qualibet recta et AI (per quam debemus
intelligere in hac propositione *abscissam ad datum punctum*).

Sit recta data AB. Super AB describatur semicirculus; patet, ex
constructione, AB in AI æquari quadrato AE.

Sed alius casus est difficilior quando videlicet recta abscinditur ad
aliud punctum quam A, ut in hoc exemplo.

(¹) C'est la réciproque qui est démontrée dans le premier lemme de Pappus (prop. 119),
concernant le premier lieu d'Apollonius.

(²) Fermat a deviné le sens de ces mots inintelligibles : il faudrait « *ducatur perpendicu-*
laris ad positione datam ».

Sint data duo puncta A, B (*fig.* 3o), et præterea punctum E in eadem recta linea; recta vero data sit AB. Oportet invenire circuli circumferentiam, ut PIO, in qua sumendo quodlibet punctum, ut I, et demittendo perpendicularem IR, quadratum AI æquetur rectangulo sub recta AB data et recta ER.

Rectangulum BAE ad rectam BA applicetur excedens figura quadrata et faciat latitudinem AP, cui fiat æqualis BO. Super PO descriptus semicirculus præstabit propositum.

Fig. 3o.

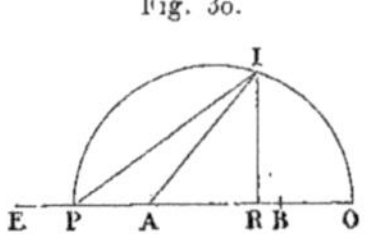

Nam quadratum AI æquatur quadrato AR et quadrato RI; quadratum vero RI æquatur rectangulo PRO, et rectangulum PRO rectangulis ARB, OAP hoc est BPA hoc est BAE, *ut mox demonstrabitur:* quadratum ergo AI æquatur quadrato AR, rectangulo ARB, et rectangulo BAE. Sive quadratum AI æquatur rectangulo BAR (nam huic rectangulo æquantur quadratum AR et rectangulum ARB) et rectangulo BAE; et adhuc hæc duo rectangula faciunt unum rectangulum sub BA in ER, quod proinde quadrato AI est æquale.

Probandum superest rectangulum PRO duobus rectangulis ARB et PBO æquale esse. — Nam, ducendo inter se partes, rectangulum PRO est æquale singulis rectangulis PA in RB, PA in BO (hoc est BO quadrato), AR in RB, AR in BO (id est PA in AR). Sed duo, PA in AR et PA in RB, æquantur PA in AB, sive AB in BO; una cum BO quadrato, æquantur AOB hoc est PBO; ergo rectangulum ARB, una cum rectangulo PBO, facit rectangulum PRO. Quod erat demonstrandum.

Diversos casus non prosequor, sed ex jam dictis facillimum erit : videtur tamen alius hujus propositionis casus non omittendus, quando videlicet punctum E ultra A ut superius non invenitur.

Sint data duo puncta A et E (*fig.* 3i), et recta data AB, et sit inve-

nienda circuli circumferentia, ut NOR, ita ut, sumendo quodlibet in
ipsa punctum, ut O, et demittendo OI perpendicularem, quadratum AO
sit æquale rectangulo sub BA in EI.

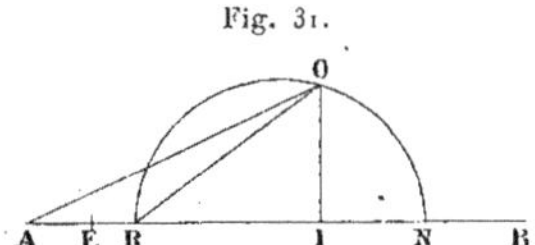

Fig. 31.

Rectangulum BAE ad rectam BA applicetur deficiens figura quadrata
in R, et ipsi AR fiat æqualis BN. Super RN descriptus semicirculus
præstabit propositum.

Demonstratio vero non est absimilis ei quam in priore casu attu-
limus.

PROPOSITIO IV.

« *Si a duobus punctis datis rectæ lineæ inflectantur, et sit quod ab una*
» *efficitur eo, quod ab altera, dato majus quam in proportione, punctum*
» *positione datam circumferentiam continget.* »

Sint duo puncta A et B (*fig.* 32), ratio data AI ad BI, spatium datum BAN (¹). Inter NI et IB media sit IZ (²), cujus intervallo descri-

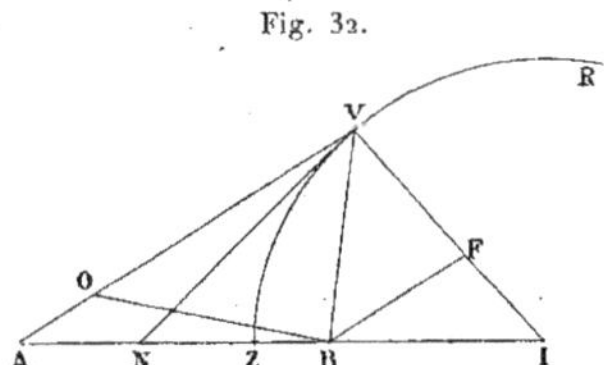

Fig. 32.

batur circulus ZVR, in quo sumatur quodlibet punctum, ut V, et jungantur VA, VB : Aio quadratum AV quadrato VB majus esse quam in
proportione data, IA ad BI, spatio dato BAN.

(¹) Le troisième lemme de Pappus (prop. 121), relatif au second lieu, a pour effet de
démontrer que AN doit être plus petit que AI.
(²) Les lemmes 5 et 6 de Pappus (prop. 123 et 124) ont pour objet de prouver que le
point Z et son symétrique par rapport au centre I appartiennent au lieu cherché.

Nam fiat ipsi æquale rectangulum VAO, et jungantur OB, NV, VI, et
ipsi AV parallela BF. Probandum est rectangulum AVO ad quadratum
VB esse ut AI ad IB.

Est

ut NI ad IZ id est VI,   ita VI ad IB,

et sunt circa eumdem angulum; ergo duo triangula NIV, VBI sunt
similia, et angulus VNB angulo BVF æqualis. Sed angulus VNB angulo VOB est æqualis in eadem sectione, quum quatuor puncta N, B,
V, O sint in circulo, propter æqualia rectangula BAN, VAO; ergo angulus VOB angulo BVF est æqualis. Sed et angulus OVB angulo VBF,
propter parallelas; ergo duo triangula OBV, BVF sunt similia, et

ut OV ad BV,   ita VB ad BF.

Addatur utrimque communis ratio AV ad VB; ergo ratio composita
ex AV ad VB et ex VB ad BF, hoc est ratio AV ad BF, id est AI ad IB,
erit eadem rationi < compositæ ex > AV ad VB et OV ad VB, hoc est
rectanguli AVO ad quadratum VB. Quod demonstrare oportebat.

Videtur Pappus omisisse hoc loco propositionem huic similem quæ
ita se habet :

*Si a duobus punctis datis rectæ lineæ inflectantur, et sit quod ab una
efficitur eo, quod ab altera, dato minus quam in proportione, punctum
positione datam circumferentiam continget.*

Sint data duo puncta A et B (*fig.* 33), ratio AN ad NB, spatium BAT.

Fig. 33.

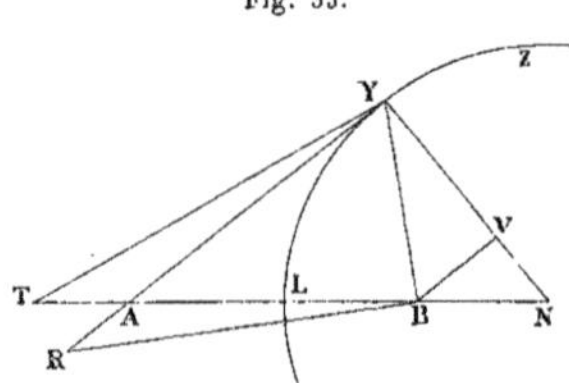

Inter TN, NB esto media NL, cujus intervallo describatur circuli cir-

cumferentia LYZ, in qua sumpto quolibet puncto Y, jungantur YA,
YB : Aio quadratum YA, una cum rectangulo BAT dato, ad quadratum
YB esse ut AN ad NB.

Nam fiat YAR æquale BAT, et jungantur TY, RB, YN, et ipsi AY
parallela BV. Propter BAT, YAR æqualia rectangula, probabitur angulus YTB angulo YRB æqualis, et reliqua ut in superiore demonstratione.

PROPOSITIO V.

« *Si a quotcumque datis punctis ad punctum unum inflectantur rectæ*
» *lineæ, et sint species, quæ ab omnibus fiunt, dato spatio æquales, punc-*
» *tum continget positione datam circumferentiam.* »

Sint data duo primum puncta A, B (*fig.* 34), quæ per rectam AB conjungantur. Bifariam scindatur in E; centro E, intervallo quocumque,

Fig. 34.

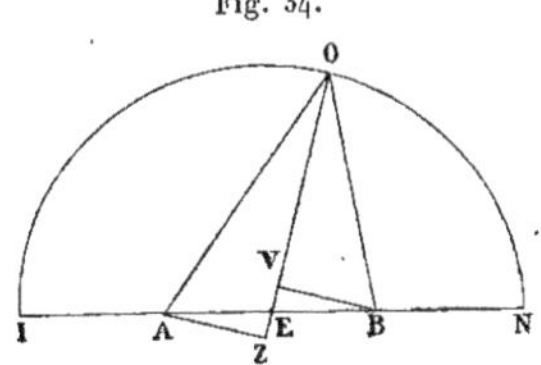

ut EI, circulus describatur, ut ION : Dico, quodcumque punctum in
ipsius circumferentia sumpseris, ut O, evenire ut quadrata AO, OB
simul quadratorum IE, AE sint dupla (¹).

Nam, junctâ rectâ EO, in ipsam, BV, AZ perpendiculares demittantur.
In triangulo AEO quadratum AO æquatur quadratis AE, EO et rectan-
gulo OEZ bis; in triangulo OEB quadrata OE, EB æquantur quadrato
OB, et rectangulo OEV bis sive OEZ bis (quum EV sit æqualis EZ,
propter æquales AE, EB) : ergo, jungendo æqualia æqualibus, quadrata
AO, OB et rectangulum OEZ bis æquantur quadratis AE, EB (sive qua-

____

(¹) C'est le quatrième lemme de Pappus (prop. 122), sur le troisième lieu d'Apollonius:
la démonstration de Fermat est différente.

drato EA bis), et quadrato EO bis (id est quadrato IE bis), una cum
rectangulo OEZ bis. Auferatur utrimque OEZ bis; supererit verum
quod asserebamus, et constat propositum in primo casu.

Sint data tria puncta B, D, E (*fig.* 35) in recta linea, et sit recta BD
rectâ DE major; differentiæ inter BD et DE sit tertia pars CD. Centro C,

Fig. 35.

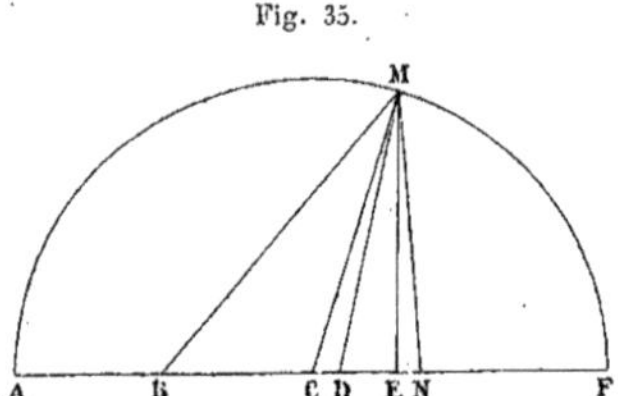

intervallo quocumque, ut CA, describatur semicirculus AMF : Aio
quodcumque punctum in ipsius circumferentia sumpseris, ut M, eamdem semper fore summam trium quadratorum MB, MD, ME.

Nam jungantur MB, MC, MD, ME; ipsi vero CD fiat æqualis EN, et
jungatur MN. Quùm BD superet DE triplâ CD sive triplâ EN, ergo DN,
una cum duplâ CD, æquabitur BD; et CN, una cum CD, æquabitur BD.
Auferatur utrimque CD; ergo CN æquabitur BC. Quum CD sit æqualis
EN, per secundam hujus Libelli propositionem (¹), idem erit semper
excessus quadratorum CM, MN super duo quadrata DM, ME. Sed CM
quadratum est semper idem : ergo duo quadrata DM, ME semper vel
quadrato MN æqualia erunt vel in idem excedent vel in idem deficient.
Addatur utrimque quadratum MB : ergo tria quadrata MB, MD, ME
duobus quadratis BM, MN vel semper æqualia erunt vel in idem excedent vel in idem deficient. Sed BM, MN quadrata idem semper conflant
spatium, ex superiori propositione, propter æqualitatem rectarum BC,
CN : ergo quadrata BM, DM, EM idem semper spatium conficiunt.
Quod erat demonstrandum.

(¹) Fermat désigne ainsi sa proposition (p. 3o, *fig.* 25), comme s'il avait fait un numérotage en dehors de celui des propositions de Pappus.

Demonstratio generalis ejusdem propositionis. — Exponantur primo duo puncta A et E (*fig.* 36), jungatur AE et bifariam dividatur in C; planum datum sit Z, quod necessario debet esse non minus quadratis duobus AC, CE, ut patet.

Si sit æquale illis duobus quadratis, punctum C tantum proposito satisfaciet, nec erit aliud punctum a quo junctarum ad puncta A, E quadrata simul sumpta æquentur Z plano.

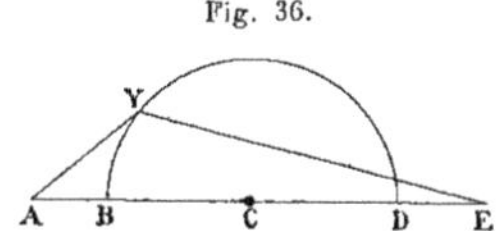

Fig. 36.

Si sit majus duobus quadratis AC, CE, excessûs dimidium æquetur quadrato CB. Centro C, intervallo CB, descriptus circulus satisfaciet proposito. Quod, tanquam a Pappo (¹) demonstratum et ab aliis et proclive nimis, omittemus, ne in facilibus diutius immoremur.

Lemma ad generalem methodum. — Exponantur in 1ᵃ, 2ᵃ et 3ᵃ figura quotlibet puncta data A, B, C, E (*fig.* 37), et pro numero punctorum

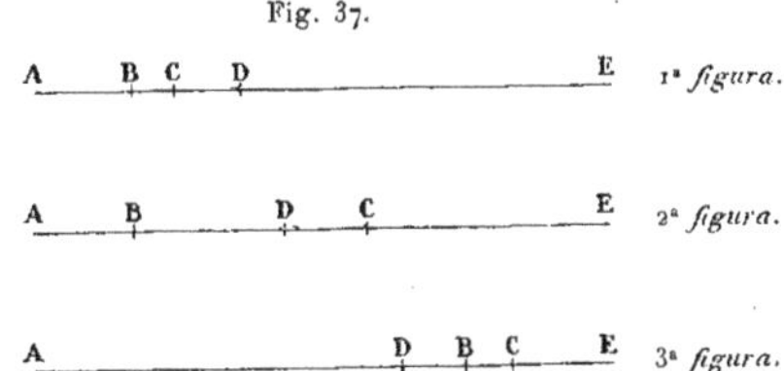

Fig. 37.

sumatur rectarum, puncto A et reliquis datis terminatarum, pars conditionaria AD, quadrans nempe in hoc exemplo. Sit igitur AD pars quarta rectarum AB, AC, AE; puncti D diversa est positio prout variant casus : *Aio rectas, punctis datis et puncto* D *a parte puncti* A *termi-*

(¹) *Voir* la note de la page 37.

natas, æquari rectis, punctis datis et puncto D *a parte puncti* E *termi-*
natis :

In 1ª nempe figura, rectam ED æquari rectis AD, BD, CD;

In 2ª figura, rectas ED, CD æquari rectis BD, AD;

Et in 3ª figura, rectas ED, CD, BD æquari < rectæ > AD.

In 3ª figura, ex hypothesi, quater AD æquatur rectis AB, AC, AE. Dematur utrimque AD ter : remanebit illinc AD semel; sed auferre AD ter ab ipsis AB, AC, AE, idem est atque auferre AD semel ab unaquaque ipsarum AB, AC, AE, quo peracto remanebunt istinc BD, CD, ED æquales AD. Quod erat demonstrandum.

Si darentur quinque puncta, AD quinquies esset conferenda cum quatuor rectis, punctis datis et puncto A terminatis : denique uniformi procederetur in infinitum methodo.

In 2ª figura, AD quater æquatur rectis AB, AC, AE. Auferatur utrimque AD ter et addatur BD; remanebunt AD, BD æquales ED, CD.

In 1ª figura, AD quater æquatur rectis AB, AC, AE. Addatur utrimque BD, CD et dematur AD ter; remanebunt rectæ AD, BD, CD æquales rectæ DE.

Nec dissimilis est in quotlibet in infinitum punctis methodus, idemque concludetur quacumque ratione varient casus.

LEMMA ALTERUM. — Exponatur in 1ª figura constructio præcedens, et sumatur in eadem recta punctum N (*fig.* 38), utcumque : *Aio quadrata*

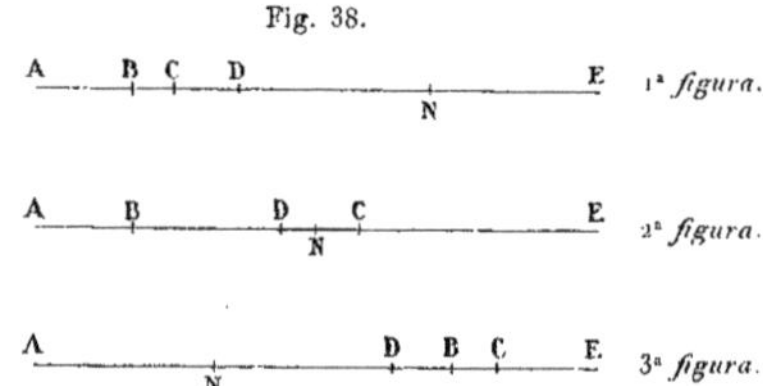

Fig. 38.

rectarum, punctis datis et puncto N *terminatarum, superare quadrata*
rectarum, punctis datis et puncto D *terminatarum, quadrato* DN *toties*

sumpto quot sunt puncta data, quater nempe in hoc exemplo : — 2ª et 3ª figura varios casus repræsentant.

In 1ª figura, quadrata AN, BN, CN superant quadrata AD, BD, CD, si unumquodque unicuique conferas, quadrato DN ter et rectangulis AD in DN bis, BD in DN bis, CD in DN bis; quadrata igitur AN, BN, CN æquantur quadratis AD, BD, CD, quadrato DN ter, et rectangulis AD in DN bis, DB in DN bis, et CD in DN bis : illud autem patet ex genesi quadrati a binomia radice affirmata effecti (¹). Ex alia autem parte, quadratum EN æquatur quadratis ED, ND, minus ED in DN bis, illudque patet ex genesi quadrati a binomia radice negata effecti. Ergo quadrata quatuor AN, BN, CN, EN æquantur quadratis quatuor AD, BD, CD, ED, quadrato DN quater, rectangulis AD in DN bis, BD in DN bis, CD in DN bis, minus ED in DN bis. Si igitur probaverimus rectangula negata æquivalere affirmatis, manebit veritas propositionis stabilita : nempe quadrata AN, BN, CN, EN superare quadrata AD, BD, CD, ED quadrato DN quater.

Probandum igitur rectangulum ED in DN bis æquari rectangulis AD in DN bis, BD in DN bis, CD in DN bis, et, omnibus ad DN $<$ bis $>$ applicatis, rectam ED æquari rectis AD, BD, CD. Quod quidem ita se habere, superius lemma demonstravit.

Varios casus non moramur. — Si sint quinque puncta, quadrata, punctis datis et puncto N terminata, superabunt quadrata, punctis datis et puncto D terminata, quintuplo quadrati DN : nec differt a tradito casu ulterior demonstratio.

Inde patet summam quadratorum, puncto D terminatorum, esse minimam.

Dum tibi loquimur, scrupulosam nimis casuum observationem non adjungimus; conclusio secundi lemmatis semper eo deducetur, ut probentur rectangula omnia ex una parte affirmata æquari negatis ex altera, ideoque res ad primum lemma deducetur.

PROPOSITIO PRIMA GENERALIS. — Exponatur superior figura, et sint data

____

(¹) VIÈTE, *Ad logisticam speciosam notæ priores*, prop. XI (éd. Schooten, p. 16-18).

quatuor puncta in recta AE : A, B, C, E. Esto AD quarta pars (conditionaria nempe) rectarum AB, AC, AE, et sit datum Z planum. *Proponitur invenire circulum in quo sumendo quodlibet punctum et ab eo jungendo rectas ad puncta data, quadrata junctarum simul sumpta æquentur spatio dato.*

Z planum debet esse majus quatuor quadratis AD, BD, CD, ED, ut locum habeat propositio, ex superius demonstratis.

Æquetur igitur quatuor illis quadratis et præterea quadruplo quadráti DN. Centro D, intervallo DN, descriptus circulus præstabit propositum.

Nam sumatur primo punctum N ex utravis parte (*fig.* 39). Demonstratum est secundo lemmate quadrata AN, BN, CN, EN æquari qua-

Fig. 39.

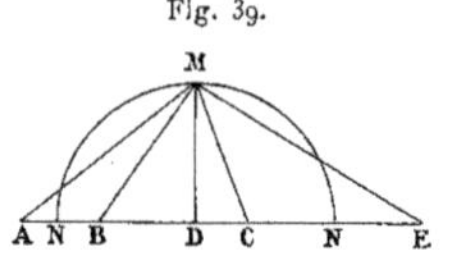

dratis AD, BD, CD, ED et præterea quadrato DN quater. At quadrata AD, BD, CD, ED, una cum quadrato DN quater, æquantur Z plano; ergo quadrata quatuor AN, BN, CN, EN æquantur Z plano, hoc est spatio dato. Quod erat demonstrandum.

Excitetur deinde perpendicularis DM et jungantur AM, BM, CM, EM : Aio quatuor illa quadrata æquari spatio dato Z plano.

Nam

> quadratum AM æquatur quadrato AD et quadrato DM,
> quadratum BM æquatur quadrato BD et quadrato DM,
> quadratum CM æquatur quadrato CD et quadrato DM,
> quadratum EM æquatur quadrato ED et quadrato DM;

ergo quatuor quadrata AM, BM, CM, EM æquantur quadratis quatuor AD, BD, CD, ED, una cum quadrato DM (sive DN) quater. At quadrata AD, BD, CD, ED, una cum quadrato DN quater, æquantur Z plano seu spatio dato; ergo quadrata quatuor AM, BM, CM, EM æquantur spatio dato. Quod erat demonstrandum.

Sed sumatur ubicumque punctum M (*fig.* 4o), a quo demittatur perpendicularis MO. — Similiter probabitur quadrata AM, BM, CM, EM æquari $<$ quadrato OM quater, una cum $>$ quadratis AO, BO, CO, EO quæ, ex secundo lemmate, æquantur quadratis AD, BD, CD, ED et præterea quadrato OD quater. Ergo quadrata quatuor AM, BM, CM, EM æquantur quadratis AD, BD, CD, ED, una cum quadrato OD quater et

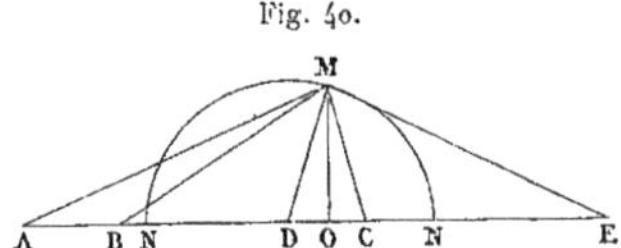

Fig. 4o.

præterea quadrato OM quater. Sed quadratum OD quater, una cum quadrato OM quater, æquatur quadrato DM quater, sive quadrato DN quater : sunt enim DM, DN ex centro æquales inter se. Igitur quadrata AM, BM, CM, EM æquantur quadratis AD, BD, CD, ED, una cum quadrato DN quater, ideoque spatio dato Z plano sunt æqualia. Quod erat demonstrandum.

Si compleantur circuli, eadem demonstratio in aliis semicirculis locum habebit et ad quotlibet puncta eadem facilitate et argumentatione extendetur; semper enim toties sumentur quadrata DM, DN, DO, quot erunt puncta, nec fallet ratiocinatio.

Inde sequitur corollarium cujus usus in sequenti propositione.

Exponantur quotlibet puncta data, verbi gratia, tria A, B, E (*fig.* 4ı) et inveniendus circulus $<$ sit $>$ NM, in quo sumendo quodlibet punc-

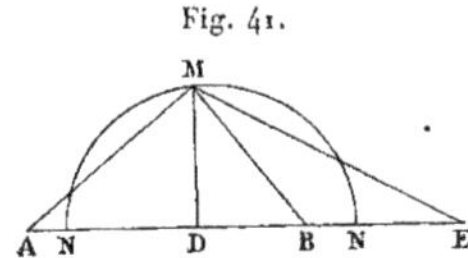

Fig. 4ı.

tum, ut M, et jungendo rectas AM, BM, EM, quadratı AM duplum (verbi gratia), una cum quadratis BM, EM, æquetur spatio dato.

Eo casu sumenda est ad constructionem recta AD pars quarta rectarum AB, AE, quia hoc casu punctum A gerit vicem duorum punctorum, et idem est ac si diceretur : datis punctis quatuor A, A, B, E, invenire circulum NM, in quo sumendo quodlibet punctum, ut M, quadrata quatuor AM, AM, BM, EM æquentur spatio dato.

Idem est intelligendum in alio quovis puncto et alia qualibet ratione multiplici. — Nam proponatur quadratum AM (*fig.* 42), una cum qua-

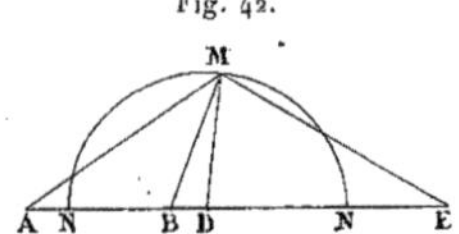

Fig. 42.

drato BM bis et quadrato EM, æquari spatio dato, sumenda est AD quarta pars rectarum AB bis et AE.

Quod advertisse et monuisse fuit necesse, nec indiget res majori explicatione.

Propositio altera. — Exponantur quotlibet puncta data in recta AE (*fig.* 43), quatuor, verbi gratia, A, B, C, E, *et punctum Q extra rectam*

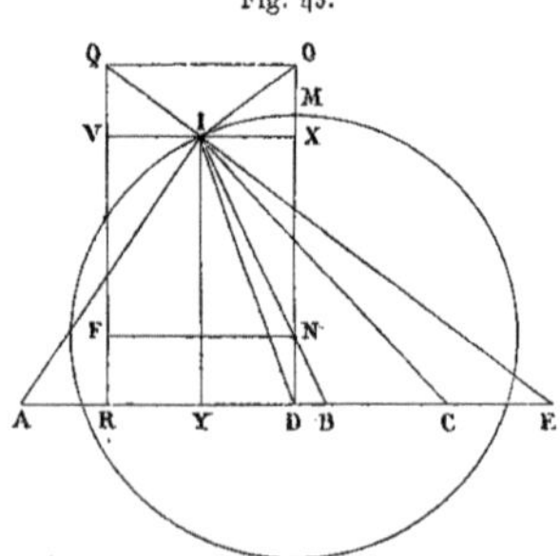

Fig. 43.

AE. Quæritur circulus, ut MI, in quo sumendo quodlibet punctum, ut I, quadrata AI, BI, CI, EI, QI æquentur spatio dato.

Demittatur in rectam AE perpendicularis QR, et rectarum AR, AB, AC, AE sumatur pars conditionaria (quintans nempe in hac specie in qua dantur quinque puncta) AD, et excitata perpendiculari DO, demittatur in ipsam perpendicularis QO. Rectæ QR sumatur pars conditionaria (quintans nempe) RF sive DN, et sit spatium datum æquale quinque quadratis AD, RD, BD, CD, ED et præterea Z plano. Z planum æquetur < quadrato > DN quater (pro numero nempe punctorum in recta AE datorum), quadrato NO, et præterea quadrato NM (¹) quinquies (pro numero omnium punctorum datorum) : Aio circulum centro N, intervallo NM, descriptum præstare propositum.

Sumatur in eo quodlibet punctum, ut I, et junctis AI, BI, CI, EI, QI, ducatur VIX parallela AE, et IY parallela OD. Patet quadratum DI quater, una cum quadrato OI, æquari Z plano, ex corollario præcedentis propositionis : punctum enim D gerit vicem quatuor punctorum. Quum igitur DN sit quintans OD, patet quadratum DI quater, una cum quadrato OI, æquari quadrato DN quater, quadrato ON, et quintuplo quadrati NM. Sed, per constructionem, quadratum DN quater, una cum quadrato ON et quintuplo quadrati NM, æquatur Z plano; ergo quadratum DI quater, una cum quadrato OI, æquatur Z plano.

Sed quadratum DI quater æquatur quadrato DX quater et quadrato XI quater, et quadratum OI æquatur quadrato OX et quadrato XI; ergo Z planum æquatur quadrato DX (sive IY) quater, quadrato XO (sive VQ) semel, et quadrato XI quinquies. Addantur utrimque quadrata quinque AD, RD, BD, CD, ED, fiet inde : spatium datum, hæc enim quinque quadrata cum Z plano, ex hypothesi, æquantur spatio dato ; inde vero : quinque quadratis AI, BI, CI, EI, QI, quæ proinde æquabuntur spatio dato.

Hoc ut constet, ex secundo lemmate, quadrata AD, RD, BD, CD, ED, una cum quadrato DY quinquies, æquabuntur quadratis AY, RY, BY, CY, EY. Igitur quadrata AD, RD, BD, CD, ED, addita quadrato IY quater, VQ semel, et DY quinquies, æquabuntur quadratis AY, RY,

---

(¹) Les lemmes 7 et 8 de Pappus (prop. 125 et 126) peuvent être rapportés à la détermination du point M.

BY, CY, EY, una cum IY quater et VQ semel. Singulis quadratis AY, BY, CY, EY addatur quadratum IY, fient quadrata AI, BI, CI, EI æqualia quadratis AY, BY, CY, EY et præterea quadrato IY quater; igitur quadrata AD, RD, BD, CD, ED, addita quadrato IY quater, VQ semel, et DY quinquies, æquabuntur quadratis AI, BI, CI, IE et præterea quadrato RY et quadrato VQ semel. Sed quadratum RY sive VI, una cum quadrato QV, æquatur quadrato QI; igitur quadrata AR, RD, BD, CD, $<$ ED $>$, addita quadrato IY quater, VQ semel, et DY quinquies, æquabuntur quadratis AI, BI, CI, EI et QI.

At probatum est quadrata illa omnia æquari spatio dato; ergo quadrata quinque AI, BI, CI, EI et QI æquantur spatio dato. Quod erat demonstrandum.

Inde facillime deducitur spatium datum æquari quadratis AN, BN, CN, EN, QN et quintuplo quadrati NM, quod tanquam facile prætermittimus.

Imo et ad quodlibet puncta producetur artificium eadem ratione.

Si enim dentur duo puncta Q et L (*fig.* 44) extra lineam, perfecta con-

Fig. 44.

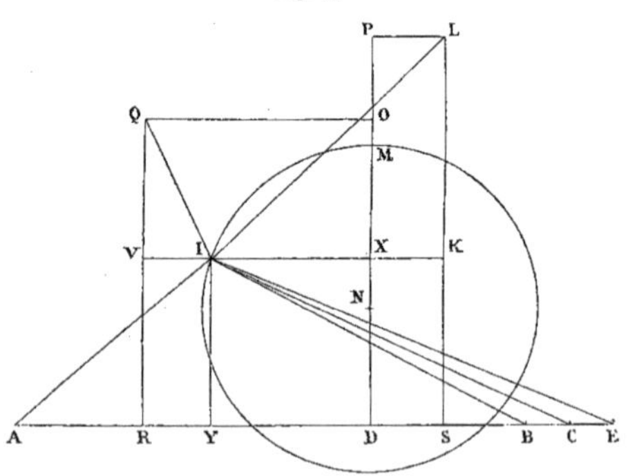

structione, ut vides, sumetur AD sextans rectarum AR, AS, AB, AC, AE; rectarum QR et LS sextans DN sumetur. Spatium datum fiet æquale

quadratis AD, RD, SD, BD, CD, ED, et præterea quadrato DN quater,
NO semel, NP semel, et NM sexies; et reliqua perficientur eadem ratione, semperque punctum D vicem geret omnium punctorum in recta
AE datorum, et puncta P, O vicem gerent datorum punctorum Q et L;
et cætera in infinitum uniformi methodo conserventur, et demonstrabuntur.

Sed quoniam multiplices casus oriuntur ex diversa rectæ assumptæ,
duo vel plura puncta contingentis, positione, dum puncta reliqua
diversas ex parte qualibet rectæ assignatæ sortiuntur positiones, licet
unicuique casui sua competant compendia, placet in artis specimen
generalius ostendere et construere.

Dentur quotlibet puncta A, B, C, D, E, F (*fig.* 45), sive in eadem
recta, sive in diversis. Sumatur in eodem plano recta quævis SR, ita

Fig. 45.

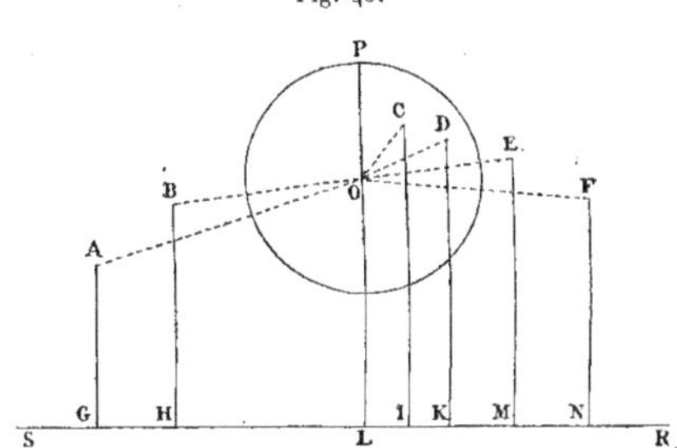

ut omnia puncta data sint ex una parte rectæ SR. Demissis perpendicularibus AG, BH, CI, DK, EM, FN, sumatur rectarum GH, GI, GK,
GM et GN pars conditionaria $<$ GL $>$, sextans nempe in hoc casu. Excitetur perpendicularis LO, a quo resecetur LO pars conditionaria,
sextans nempe, rectarum AG, BH, CI, KD, EM, FN, et sit spatium datum
æquale quadratis AO, BO, CO, DO, EO, FO et sextuplo quadrati OP;
circulus centro O, intervallo OP, descriptus satisfaciet propositioni. —
Nec difficilis est inventio ei qui superiores noverit.

Propositio VI.

« *Si a duobus punctis datis inflectantur rectæ lineæ; a puncto autem ad*
» *positione ductam lineam abscissa a recta linea positione data ad datum*
» *punctum, et sint species ab inflexis æquales ei, quod a data, et abscissa*
» *continetur, punctum ad inflexionem positione datam circumferentiam*
» *continget.* »

Descripsi propositionem quemadmodum reperitur apud Pappum ex
versione Federici Commandini, sed vel in textu græco vel in interpretatione mendum esse non dubito : sensum propositionis exponam ([1]).
Sint duo puncta A et B (*fig.* 46). Oportet invenire circumferentiam,

Fig. 46.

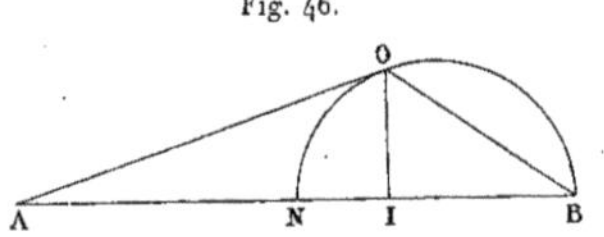

ut NOB, in qua sumendo quodlibet punctum, ut O, et jungendo rectas
OA, OB, et demittendo perpendicularem OI, rectangulum sub recta
data in AI æquetur duobus quadratis AO, OB.

Sit primum AB recta data, qui casus satis est facilis.

Sumatur ipsius AB dimidium BN, superque BN semicirculus describatur : Aio satisfacere proposito ; hoc est, si sumatur, verbi gratia,
punctum O, rectangulum BAI duobus quadratis AO, OB æquale esse.

Nam AO quadratum æquatur AI quadrato et IO quadrato. Si a rectangulo BAI auferatur quadratum AI et quadratum IO sive rectangulum < sub > BI in IN, superest rectangulum sub BI in AN sive in NB,

---

([1]) La version de Commandin est inintelligible; le sens du texte de Pappus paraît être
le suivant, plus général que celui adopté ici par Fermat :

Soient donnés deux points A et B, une longueur *a*, une droite OX et un point O sur
cette droite, enfin une direction telle que OY, à laquelle soit parallèle MP passant par un
point P de OX, le lieu du point M sera un cercle si

$$\overline{AM}^2 + \overline{MB}^2 = a \times OP.$$

quod probandum est esse æquale quadrato BO, et patet ex constructione ita se habere.

Secundus casus est quando recta data major est rectâ AB, cujus constructionem dabimus, modo recta data sit minor duplâ AB.

Sint data duo puncta A et B (*fig.* 47), et recta AI, duplâ AB minor
ex hypothesi. Oportet facere quod proponitur.

Fig. 47.

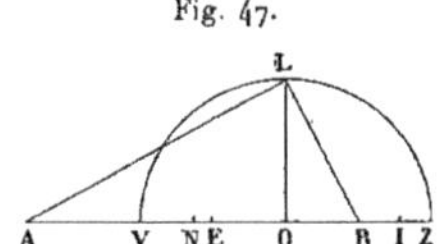

Recta AB bifariam secetur in N, et fiat NE ipsius BI dimidia, quod ex
constructione licet. Rectangulum IBN ad rectam BE applicetur excedens figura quadrata, et faciat latitudinem rectam EV, cui fiat æqualis
recta BZ, et super VZ describatur semicirculus VLZ : Aio satisfacere
proposito.

Nam, junctis LA, LB et demissa perpendiculari LO, cujus primus
casus sit inter E et B, patet, ex demonstratis ad propositionem III Apollonii (¹), rectangulum EOB, una cum rectangulo VEZ sive NBI, æquari
quadrato OL. Addatur utrimque quadratum OB : rectangulum EBO,
una cum NBI, æquabitur quadrato LO et quadrato OB. Duplicetur :
rectangulum EBO bis, una cum rectangulo NBI bis sive solo ABI, æquabuntur quadratis LO, OB, bis. < Addatur utrimque rectangulum sub
NE in OB bis : rectangula EBO bis et NE in OB bis >, sive AB in BO
semel, una cum AB in BI, æquabuntur quadratis LO, OB, bis, una cum
rectangulo sub NE in OB bis sive IBO semel, ex constructione. Utrimque
auferatur quadratum OB : supererit AOB, una cum ABI, æquale quadrato LO bis, quadrato OB semel, et rectangulo IBO. Utrimque IB in BO
auferatur, nempe illinc ex rectangulo ABI : supererit AO in OB, una
cum AO in BI, sive solum rectangulum IOA æquale quadrato LO bis et
quadrato OB semel. Addatur utrimque quadratum AO : erit rectan-

(¹) Dans le présent livre, p. 34.

gulum IAO quadratis AO, OB, una cum LO quadrato bis, æquale, id est duobus tantum quadratis AL et LB. Quod erat faciendum.

Casus alios prætermitto.

Propositio VII.

« *Si in circulo positione dato sit datum punctum, perque ipsum agatur*
» *quædam recta linea, et in ipsa punctum extra sumatur; sit autem quod*
» *fit a linea ducta usque ad punctum intra datum æquale ei quod a tota*
» *et extra sumpta, vel soli, vel una cum eo quod duabus, quæ intra cir-*
» *culum, portionibus continetur : punctum extra sumptum positione datam*
» *rectam lineam continget.* »

Hæc propositio duas habet partes, quarum prior est apud ipsum Pappum ([1]), propos. 159 libri VII, secunda per additionem æqualium ex priore derivari facile potest : Pappi igitur demonstrationem tantum adducemus.

« Sit circulus circa diametrum AB (*fig.* 48), et AB producatur,

Fig. 48.

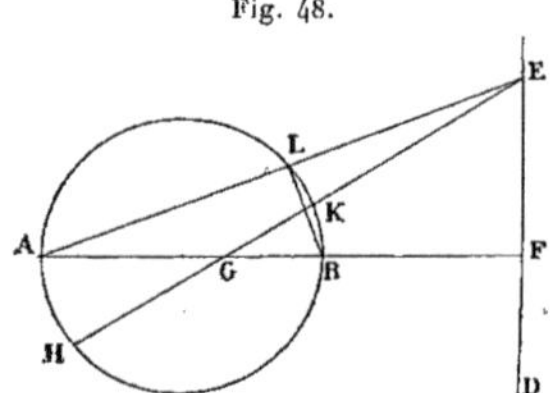

» sitque ad quamlibet rectam lineam DE perpendicularis. Rectangulo
» autem AFB æquale ponatur quadratum ex FG : Dico, si quodcumque
» sumatur punctum, ut E, atque ab eo ad punctum G recta linea
» ducta producatur ad H, rectangulum etiam HEK quadrato ex EG
» æquale esse. »

([1]) Cette proposition de Pappus est le 33e lemme sur les *Porismes* d'Euclide. Fermat la reproduit textuellement d'après Commandin, mais en y intercalant le commentaire de ce dernier [alinéa mis entre crochets] et sauf une simplification apportée par lui à ce commentaire [texte en italique] : *voir* les variantes.

» Jungantur AE, BL. Erit angulus ad L rectus; sed et rectus qui
» ad F; rectangulum igitur AEL est æquale et rectangulo AFB et qua-
» drato ex FE. »

[« Quoniam enim angulus ALB rectus est æqualis recto AFE, *sunt*
» *quatuor puncta* L, B, F, E *in circulo ac propterea* rectangulum FAB
» æquale rectangulo EAL. Quadratum autem ex AE est æquale duobus
» quadratis ex AF, FE; sed quadrato ex AE æqualia sunt utraque rec-
» tangula AEL, EAL, et similiter quadrato ex AF æqualia utraque
» rectangula AFB, FAB; ergo rectangula AEL, EAL æqualia sunt rec-
» tangulis AFB, FAB, et quadrato ex FE. Quorum rectangulum FAB
» est æquale rectangulo EAL : reliquum igitur rectangulum AEL rec-
» tangulo AFB et quadrato ex FE æquale erit. »]

« Rectangulum autem AEL æquale est rectangulo HEK, et rectan-
» gulum AFB quadrato ex FG : ergo rectangulum HEK quadratis ex EF,
» FG, hoc est quadrato ex EG, est æquale. »

PROPOSITIO VIII ET ULTIMA.

« *Et si hoc quidem punctum contingat positione datam rectam lineam,*
» *circulus autem non ponatur, quæ sunt ad utrasque partes dati puncti,*
» *contingent positione eamdem datam circumferentiam.* »

Hæc propositio est conversa præcedentis et ex ea facile elici potest
hujus demonstratio, si contraria via utamur.

Determinationes et casus non adjungimus, quia ex constructione et
demonstratione satis patent.

DE CONTACTIBUS SPHÆRICIS.

Apollonii Pergæi doctrinam περὶ ἐπαφῶν restituit eleganter Apollonius Gallus aut sub illius nominis larva Franciscus ille Vieta Fonte-
næensis ([1]), cujus miræ in Mathematicis lucubrationes Veteri Geometriæ felices præstitere suppetias. Verum qui materiam hanc contactuum,
quæ hactenus substitit in planis, ulterius promoverit et ad sphærica
problemata evehere sit ausus, adhuc, quod sciam, exstitit nemo; præclara tamen inde problemata deduci et ad elegantem sublimiorum problematum constructionem facillime derivari patebit statim. Quærenda
itaque sphæra quæ per data puncta transeat aut sphæras et data plana
contingat. Quindecim problematis totum negotium absolvetur.

Problema 1.

Datis quatuor punctis, sphæram invenire quæ per data transeat.

Dentur quatuor puncta N, O, M, F (*fig.* 49), per quæ sphæra describenda est.

Sumptis ad libitum tribus N, O, M, circa triangulum NOM, quod in
uno esse plano constat ex Elementis, describatur circulus NAOM, quem
et magnitudine et positione dari perspicuum est. Esse autem circulum
NAOM in superficie inveniendæ sphæræ patet ex eo quod, si sphæra
plano secetur, sectionem dat circulum; at per tria puncta N, M, O
unicus tantum circulus describi potest quem jam construximus : quum
igitur tria puncta N, O. M sint in superficie sphæræ quæsitæ, ergo

---

([1]) *Voir* plus haut, page 3, note 3.

planum trianguli NOM sphæram quæsitam secat secundum circulum NAOM, quem ideo in superficie sphæræ esse concludimus.

Sit ipsius centrum C, a quo ad planum circuli excitetur perpendicularis CEB; patet in recta CB esse centrum sphæræ quæsitæ. A puncto F in rectam CB demittatur perpendicularis FB, quam et positione et magnitudine dari perspicuum est. A puncto C ducatur ACD ipsi FB

Fig. 49 (¹).

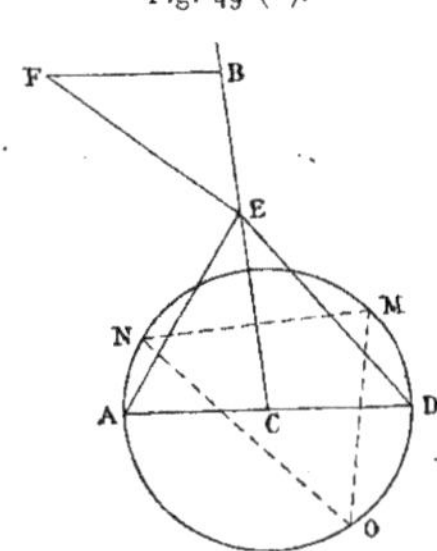

parallela; erit igitur angulus BCA rectus. Sed et recta BC est perpendicularis ad planum circuli; ergo recta ACD est in plano circuli, et datur positione; dantur itaque puncta A, D, in quibus cum circulo concurrit.

Ponatur jam factum esse, et centrum inveniendæ sphæræ esse E, quod quidem in recta CB reperiri jam diximus ex Theodosio (²). Junctæ rectæ FE, AE, ED erunt æquales, quum tria puncta, nempe F ex hypothesi et A et D ex demonstratis, sint in superficie sphærica. At tres rectæ FE, AE, ED sunt in eodem plano : quum enim rectæ FB, ACD sint parallelæ, erunt in eodem plano; sed et recta CB, ideoque tres FE,

----

(¹) On a conservé, pour les figures de ce Traité, qui représentent des constructions dans l'espace, le mode de tracés suivi dans l'édition des *Varia*, quelque différentes que soient à cet égard les habitudes modernes.

(²) Theodosii Tripolitæ Sphæricorum Libri tres, nusquam antehac græce excusi. Iidem latine redditi per Joannem Penam, Regium Mathematicum. — Ad illustrissimum principem Carolum Lotharingum cardinalem. — Paris, André Wechel, 1558. — (Fermat cite ici le corollaire de I, 2.)

AE, DE. Si igitur circa tria puncta data A, F, D describatur circulus,
ejus centrum E erit in recta CB, ac proinde et sphæræ quæsitæ centrum
et sphæra ipsa non latebunt.

PROBLEMA II.

*Datis tribus punctis et plano, invenire sphæram quæ per data puncta
transeat et planum datum contingat.*

Dentur tria puncta N, O, M (*fig.* 5o), per quæ circulus descriptus
MEON; erit ad superficiem sphæricam quæsitam, ex jam demonstratis,
et in excitata ad planum circuli recta IBA invenietur centrum sphæræ

Fig. 5o.

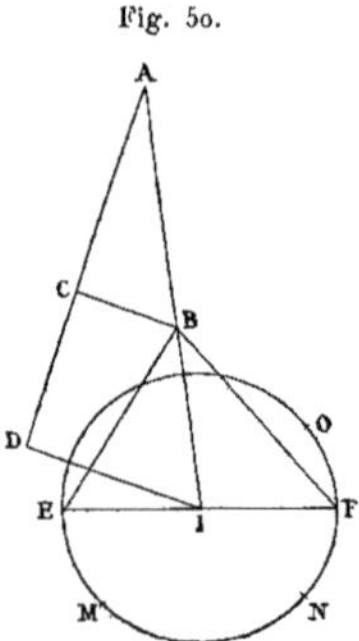

quam quærimus. Concurrat recta IBA cum plano dato in puncto A;
dabitur igitur punctum A positione. A centro circuli MEON demittatur
perpendicularis in planum datum ID; dabitur igitur punctum D, ideoque
et recta AD positione et magnitudine, et pariter rectæ ID et IA. Dabitur
igitur planum trianguli ADI positione; datur autem et planum circuli
MON positione : ergo communis illorum planorum sectio FIE dabitur
positione, ideoque dabuntur puncta E et F in circulo.

Sit factum et centrum sphæræ quæsitæ punctum B. Jungantur rectæ
BE, BF, et rectæ ID parallela ducatur BC. Quum triangulum ADI et recta
EIF sint in eodem plano, ergo rectæ EB, BF, BC erunt in eodem plano;

sed recta ID est perpendicularis ad planum datum : ergo recta BC, ipsi parallela, est etiam perpendicularis ad planum datum. Quum igitur sphæra describenda planum AD datum contingere debeat, ergo ab ipsius centro demissa in planum perpendicularis BC dabit punctum contactus C; rectæ igitur BC, BE, BF erunt æquales et probatum est eas esse in eodem plano positione dato, in quo et recta AD.

Eo itaque deducta est quæstio ut, datis duobus punctis E et F et recta AD in eodem plano, quæratur circulus qui per data duo puncta transeat et rectam datam contingat : cui problemati satisfecit Apollonius Gallus ([1]); dabitur igitur centrum sphæræ B et omnia constabunt.

Problema III.

Datis tribus punctis et sphæra, invenire sphæram quæ per data puncta transeat et sphæram datam contingat.

Dentur tria puncta M, N, O (*fig.* 51), et sphæra IG; datur cir-

Fig. 51.

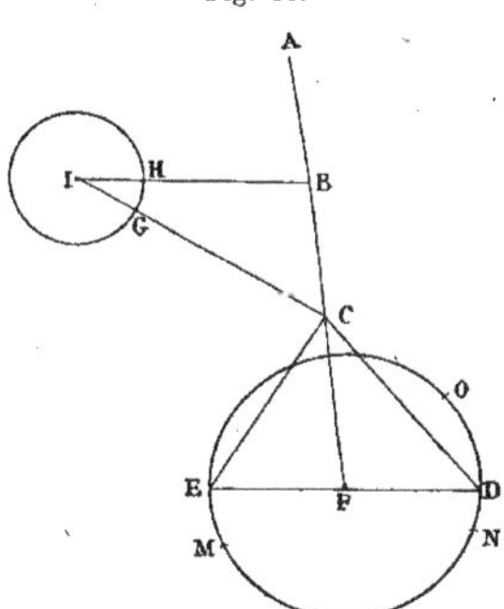

culus MON in sphæra quæsita. Ad planum circuli erecta perpendicularis FCB, ut supra, continebit centrum sphæræ quam quærimus. A centro I sphæræ datæ demittatur in rectam FB perpendicularis IB, quæ

[1] Probl. II (Viète, édition Schooten, page 326).

dabitur positione et magnitudine. A centro F ipsi parallela ducatur ED, quæ erit ex jam demonstratis in plano circuli; et dabuntur puncta E et D.

Sit factum et centrum sphæræ quæsitæ C : ergo rectæ IC, CE, CD erunt in eodem plano, quod et datum est, quum dentur puncta I, E, D. Contactus autem duarum sphærarum est in recta ipsarum centra connectente : ergo tanget sphæra quæsita sphæram datam in puncto G; recta igitur IC superabit rectas CE, CD radio IG. Centro I, intervallo radii sphærici dati, describatur circulus in plano dato rectarum IC, CE, ED; transibit igitur per punctum G, et circulus ille positione et magnitudine dabitur; sed et puncta E et D in eodem plano.

Eo itaque deducta est quæstio ut ex Apollonio Gallo (¹) quæratur methodus qua, datis duobus punctis et circulo in eodem plano, inveniatur circulus qui per data duo puncta transeat et circulum datum contingat.

Problema IV.

Datis quatuor planis, invenire sphæram quæ data quatuor plana contingat.

Dentur quatuor plana AH, AB, BC, HG (*fig.* 52), quæ a sphæra quæsita contingi oporteat.

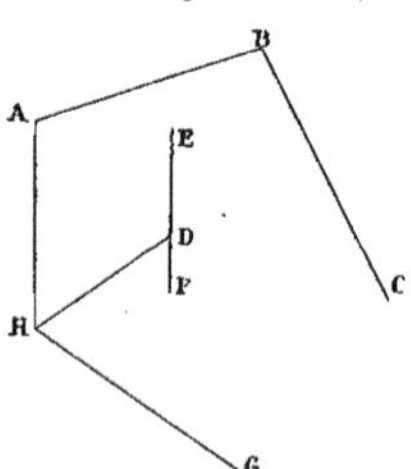

Fig. 52.

Sint duo plana AF, FD (*fig.* 53) quæ ab eadem sphæra contingantur. Bisecetur ipsorum inclinatio per planum BFHC; patet centrum

(¹) Probl. VIII (Viète, édition Schooten, p. 333).

sphæræ quæ duo plana AF, FD contingit, esse in plano bisecante, ut videatur inutile in re tam proclivi diutius immorari. Si plana AF, FD essent parallela, sphæræ centrum esset in plano ipsis parallelo et intervallum ipsorum bisecante.

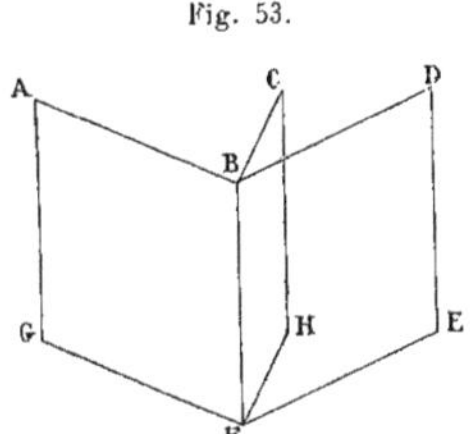

Fig. 53.

Hoc posito, propter plana CB, BA (*fig.* 52) positione data, $<$ est centrum sphæræ quæsitæ ad planum positione datum, $>$ quod nempe datorum CB, BA planorum inclinationem datam bisecat. Sed, propter duo plana BA, AH, est idem centrum sphæræ quæsitæ ad aliud planum positione datum; ergo communis sectio duorum planorum positione datorum, quorum alterum inclinationem planorum CB, BA, alterum inclinationem planorum BA, AH bisecat, dabit rectam positione datam, in qua inveniendæ sphæræ centrum erit. Sit illa recta FE; sed, propter duo plana AH, HG, est etiam centrum sphæræ quæsitæ ad aliud planum positione datum, cujus concursus cum recta FE positione data dabit punctum D, quod patet esse sphæræ quæsitæ centrum; et reliqua constabunt.

PROBLEMA V.

Datis tribus planis et puncto, invenire sphæram quæ per punctum datum transeat et plana data contingat.

Sint data tria plana AB, BC, CD (*fig.* 54) et punctum H : quærenda sphæra quæ, data tria plana contingens, transeat per punctum H.

Sit factum : tria plana data, ex præcedentis propositionis ratiocinio, dabunt rectam positione datam, quæ sedes erit centri sphærici quæsiti.

Sit illa GE, in quam a puncto dato H demittatur perpendicularis HI, quæ et positione et magnitudine dabitur. Producatur ad F, ut sit IF æqualis IH; dabitur punctum F.

Quum autem sphæræ quæsitæ centrum sit in recta GE, ad quam ducta est perpendicularis HF bifariam secta in I, cujus unum ex extremis H est ad superficiem sphæricam ex hypothesi, erit et alterius extremum F etiam ad sphæricam superficiem. Imo et circulus, centro I,

Fig. 54.

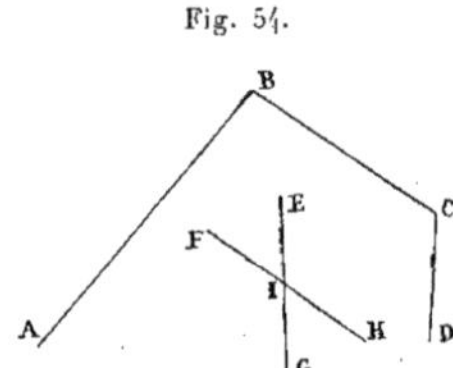

intervallo IH descriptus in plano recto ad rectam GE, erit ad superficiem sphæræ; datur autem ille circulus positione et magnitudine. Dato autem circulo sphærico positione et magnitudine et aliquo plano ut AB, datur, ex facili propositionis secundæ hujus consectario, sphæra ad cujus superficiem sit circulus datus et quæ planum datum contingat; deducta est itaque quæstio ad secundam hujus, nec reliqua latebunt.

PROBLEMA VI.

Datis tribus planis et sphæra, invenire sphæram quæ datam sphæram et plana data contingat.

Dentur tria plana ED, DB, BC (*fig.* 55) et sphæra RM. Construenda est sphæra quæ datam sphæram et tria pariter plana contingat.

Sit factum et sphæra ERCA satisfaciat proposito, sphæram nempe in puncto R et plana in punctis E, A, C contingens. Sphæræ ERCA centrum sit O; junctæ RO, EO, AO, CO erunt æquales. Sed et recta OR transibit per datæ sphæræ centrum M, et rectæ EO, OA, OC erunt perpendiculares ad plana data DE, DB, BC. Fiant rectæ OM æquales rectæ

OV, OG, OI, et per puncta V, G, I intelligantur duci plana VP, GH, IN, datis ED, DB, BC parallela.

Quum recta OR æqualis sit OE, et ablata OM ablatæ OV, erit reliqua RM reliquæ VE æqualis; datur autem magnitudine RM, quum sit radius sphæræ datæ: datur igitur et VE magnitudine. Quum autem OE sit perpendicularis ad planum DE, erit etiam perpendicularis ad planum PV, plano DE parallelum; recta igitur VE erit intervallum planorum DE et PV. Sed datur VE magnitudine ex demonstratis; ergo datur planorum DE, PV intervallum. Sunt autem parallela hæc duo plana

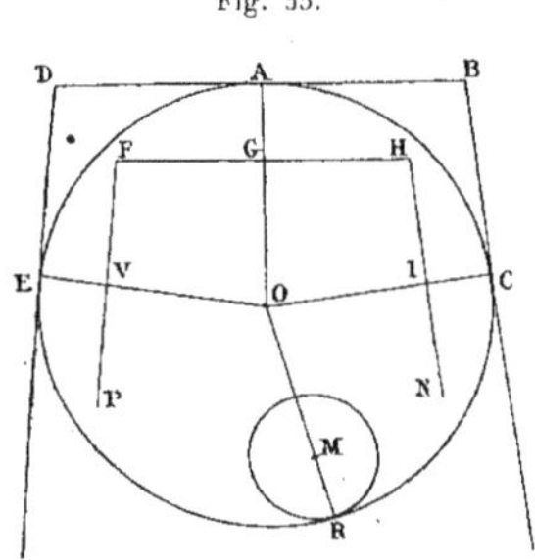

Fig. 55.

et datur DE positione ex hypothesi; datur igitur et PV positione. Similiter probabitur plana GH, IN dari positione, et rectas OV, OG, OI ad ipsa esse perpendiculares et æquales rectæ OM. Sphæra igitur, centro O, intervallo OM descripta, plana PV, GH, IN positione data contingit. Datur autem punctum M, quum sit centrum sphæræ datæ.

Eo itaque deducta est quæstio ut, datis tribus planis PV, GH, IN et puncto M, inveniatur sphæra quæ per datum punctum M transeat et data plana PV, GH, IN contingat : hoc est, deducitur quæstio ad præcedentem.

Nec absimili in sequentibus artificio, quum nulla in datis puncta reperientur, sed sphæræ tantum aut plana, in locum unius ex sphæris punctum datum substituetur.

PROBLEMA VII.

*Datis duobus punctis et duobus planis, invenire sphæram quæ per data
puncta transeat et plana data contingat.*

Dentur duo plana AB, BC (*fig.* 56), et duo puncta H, M. Quærenda
sphæra quæ per puncta H et M transeat et plana AB, BC contingat.

Jungatur recta HM et bisecetur in I; punctum I dabitur. Per punctum I trajiciatur planum ad rectam HM rectum. Quum sphærica superficies puncta H, M contineat, certum est centrum sphæræ esse in plano
ad rectam HM normali et per punctum I transeunte. Datur autem hoc
planum positione, quum recta HM et punctum I sint data positione;
ergo centrum sphæræ, propter puncta H et M, est ad planum datum.

Fig. 56.

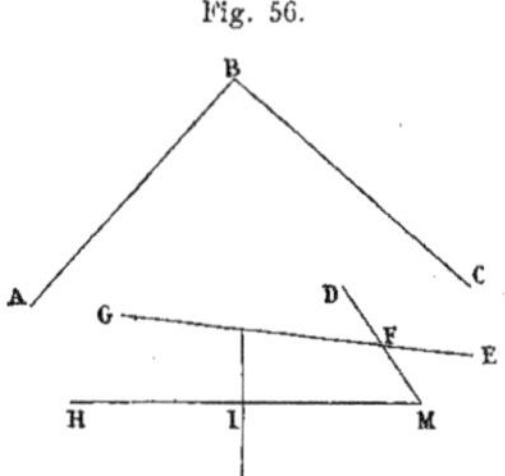

Sed et propter plana AB, BC, ut jam superius demonstravimus, est
ad aliud planum datum : ergo est ad rectam positione datam. Sit illa
GE, in quam demissa ab uno ex punctis datis M recta MF < perpendicularis > dabitur positione et magnitudine; et continuatâ in D, ut
sit FD æqualis ME, erit punctum D datum et, ex superius demonstratis, erit etiam ad sphæricam superficiem. Dantur itaque tria puncta H,
M, D, per quæ sphæra quæsita transit; datur etiam planum AB, quod
ab eadem sphæra contingi debet : deducta est itaque quæstio ad problema secundum hujus.

Priusquam progrediamur ulterius, præmittenda lemmata quædam facillima.

Lemma I. — Sit circulus BCD (*fig.* 57), extra quem sumpto quolibet puncto E, trajiciatur per centrum recta EDOB. Ducatur quælibet ECA; patet ex Elementis rectangulum AEC æquari rectangulo BED.

Sit jam sphæra circa centrum O, cujus maximus circulus sit ACDB; si ab eodem puncto E per quodlibet punctum superficiei sphæricæ trajiciatur recta ECA, donec sphæræ ex altera parte occurrat, rectangulum AEC erit similiter æquale rectangulo BED.

Fig. 57.

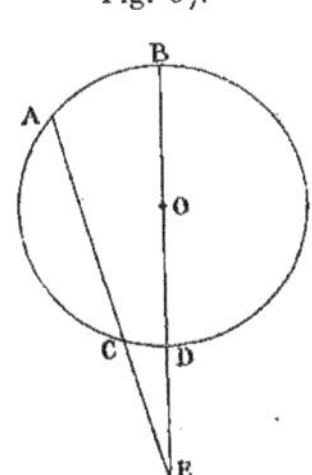

Si enim intelligatur circa rectam immobilem BDE converti et circulus et recta ECA simul, non immutabuntur rectæ EC et EA, quum puncta C et A circulos describant ad axem rectos, nec idcirco rectangulum AEC; erit itaque in quocumque plano æquale rectangulo BED.

Lemma II. — Sint duo circuli in eodem plano ADE, HLO (*fig.* 58). Per centra ipsorum trajiciatur recta ACMP, et fiat

ut radius AC ad radium HM,   ita recta CP ad rectam MP,

et a puncto P ducatur ad libitum recta POLED, ambos circulos secans in punctis O, L, E, D. Demonstravit Apollonius Gallus ([1]) rectangula APQ, GPH esse æqualia, et ipsorum cuilibet æquari rectangula DPO, EPL.

In sphæricis idem quoque verum esse sequentium problematum

______

([1]) Viète (édition Schooten, pages 334-335, lemmes I et II) démontre seulement, de fait, que APQ = DPO et GPH = EPL. Mais l'égalité APQ = GPH se déduit aisément de l'hypothèse $\dfrac{AC}{HM} = \dfrac{CP}{MP}$.

interest; patet autem ex eo quod, si circa axem AP immobilem tam circuli duo quam recta POLED eodem tempore convertantur, non immutabuntur rectæ PO, PL, PE, PD, propter allatam in superiori lem-

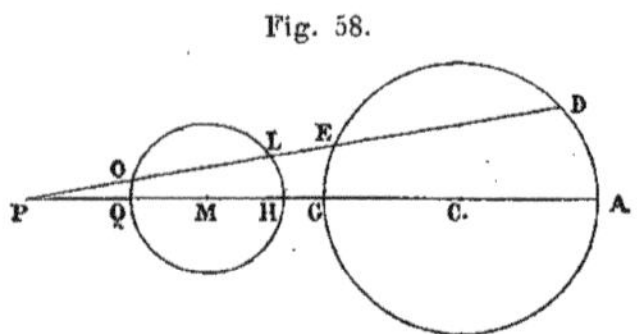

Fig. 58.

mate rationem, nec idcirco rectangula; et in quocumque plano constabit propositum.

Lemma III. — Sint duæ sphæræ datæ YN, XM (*fig.* 59), per quarum centra trajiciatur recta RYNXMV, et fiat

ut radius YN ad radium XM,   ita recta YV ad rectam VX.

A puncto V ducatur in quolibet plano recta VTS, et sit rectangulum

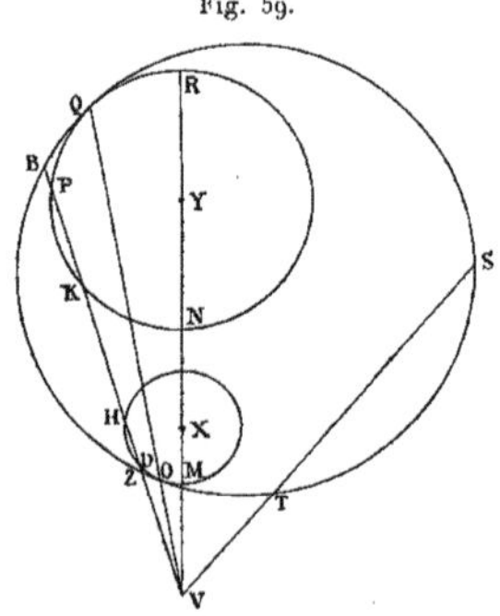

Fig. 59.

SVT æquale rectangulo RVM. Si describatur sphæra quævis quæ per puncta T, S transeat et unam ex duabus datis contingat, alteram quoque continget.

Sit enim sphæra OTS, per puncta T et S descripta et sphæram MX

ın puncto O contingens, aio sphæram YN etiam a sphæra OTS contac-
tam iri.

Producatur recta VO, donec sphæræ OTS occurrat in Q : rectangulum igitur QVO, ex primo lemmate, est æquale SVT. Sed rectangulum
SVT, ex constructione, est æquale rectangulo RVM cui, ex secundo lemmate, est æquale rectangulum sub VO et rectâ per puncta V et O ad
superficiem sphæricam sphæræ YN productâ : ergo punctum Q est ad
superficiem sphæræ YN ; commune igitur est et superficiei sphæræ YN
et superficiei sphæræ OTS.

Aio has duas sphæras in puncto eodem Q se contingere. Ducatur
enim a puncto V quælibet recta in quolibet plano $<$ per quodlibet
punctum $>$ sphæræ OTS, et sit, verbi gratia, VZ, quæ producta secet
sphæras tres in punctis Z, D, H, K, P, B. Rectangulum ZVB in sphæra
OTS, per primum et secundum lemma, est æquale DVP rectangulo,
sphæris duabus XM et YN terminato. Sed DV est major rectâ VZ ; quum
enim sphæra OTS tangat exterius sphæram XM in puncto O, recta
secans sphæram OTS prius ipsi occurret quam sphæræ XM. Quum
ergo probatum sit rectangulum DVP æquari rectangulo ZVB, et recta
ZV sit minor rectâ DV, ergo recta PV erit minor rectâ BV ; punctum
igitur B extra sphæram YN cadet.

Simili ratiocinio concludetur omnia puncta sphæræ ambientis exterius cadere, præter punctum Q. Tangit igitur sphæra OTS sphæram YN ;
quod erat demonstrandum.

Nec absimilis aut difficilior in contactibus interioribus et in omnibus
casibus demonstratio.

LEMMA IV. — Sit planum AC (*fig.* 6o) et sphæra DGF, cujus centrum O. Per centrum O ducatur FODB perpendicularis ad planum, et a
puncto F ducatur recta quævis ad planum, sphæram secans in G et
planum in A. Aio rectangulum AFG æquari rectangulo BFD.

Nam secentur sphæra et planum datum per planum trianguli ABF,
et fiat circulus GFD in sphæra, in plano autem recta ABC. Quum recta
FB sit perpendicularis ad planum AC, erit etiam perpendicularis ad

rectam AC. Habemus igitur circulum DGF et rectam AC in eodem
plano, et rectam FDB, per centrum circuli transeuntem, ad AC perpendicularem. Jungatur GD; anguli ad G et ad B sunt recti : ergo quadrilaterum ABDG est in circulo, ideoque rectangulum AFG æquale est
rectangulo BFD. Quod etiam in quavis alia sphæræ sectione similiter
demonstrabitur.

Fig. 60.

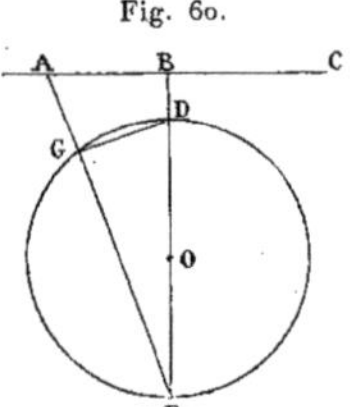

Lemma V. — Sit planum ABD (*fig.* 61) et sphæra EGF, cujus centrum O. Per centrum O trajiciatur recta FOEC perpendicularis ad plá-
num, et in quovis alio plano ducatur recta FGHI, sitque rectangulum
IFH æquale rectangulo CFE. Si per puncta I, H describatur sphæra quæ
planum AC contingat, eadem sphæra tanget sphæram EGF.

Fig. 61.

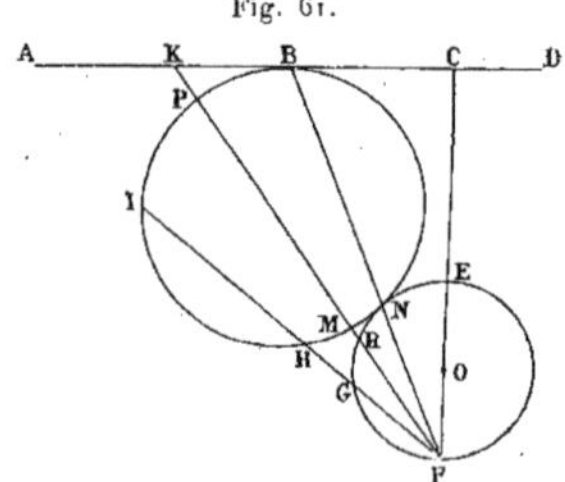

Intelligatur construi sphæra IHB, quæ, per puncta I et H transiens,
tangat planum AC in puncto B : Aio sphæram EGF contingi a sphæra
IHB.

Jungatur recta FB et rectangulo CFE fiat æquale rectangulum BFN;
punctum N, per præcedentem, erit ad superficiem sphæræ EGF.

Sed et rectangulum CFE, ex constructione, est æquale rectangulo IFH; rectangula igitur IFH, BFN sunt æqualia, ideoque punctum N est etiam ad superficiem sphæræ IBH.

Probandum jam sphæram EGF a sphæra IBH in puncto N contingi : quod quidem facile est. A puncto enim F, per quodlibet punctum sphæræ EGF, ducatur recta FR, quæ sphæram IBH in M et P et planum AC in K secet. Rectangulum KFR, ex præcedente lemmate, æquatur rectangulo CFE, cui ex constructione æquatur rectangulum IFH, ideoque PFM. Rectangula igitur KFR et PFM sunt æqualia; sed recta KF est major rectâ FP, quia sphæra IBH tangit planum AC in B : ergo recta FR est minor rectâ FM. Punctum igitur R est extra sphæram IBH.

Idem de quocumque alio puncto, in quovis plano, sphæræ EGF, ex utraque puncti N parte, probabitur; manifestum itaque sphæram EGF a sphæra IBH in puncto N contingi.

Hæc lemmata, licet sint facilia, pulcherrima tamen sunt, tertium præsertim et quintum : in tertio quippe infinitæ sunt sphæræ quæ per puncta T et S transeuntes sphæram XM contingunt, sed omnes illæ in infinitum tangent quoque ex demonstratis sphæram YN; in quinto autem lemmate infinitæ sunt sphæræ quæ, per puncta I et H transeuntes, planum AC contingunt, sed omnes illæ pariter in infinitum sphæram EGF ex demonstratis contingent. His suppositis, reliqua problemata facile exsequemur.

Problema VIII.

Datis duobus punctis, plano et sphæra, invenire sphæram quæ per data puncta transeat et sphæram ac planum datum contingat.

Sit datum planum ABC (*fig.* 62), sphæra DFE et puncta H, M. Per centrum sphæræ datæ O in planum ABC datum demittatur perpendicularis EODB; jungatur HE, et rectangulo BED fiat æquale rectangulum HEG; dabitur itaque punctum G.

Datis tribus punctis H, G et M et plano ABC, quæratur sphæra, per secundum problema hujus, quæ per data tria puncta transeat et planum ABC datum contingat.

Sphæra illa satisfaciet proposito : transit quippe per data duo puncta
H et M, et planum ABC tangit ex constructione; sed et sphæram DFE
contingit, ex quinto lemmate. Nam quum rectangulum HEG æquetur

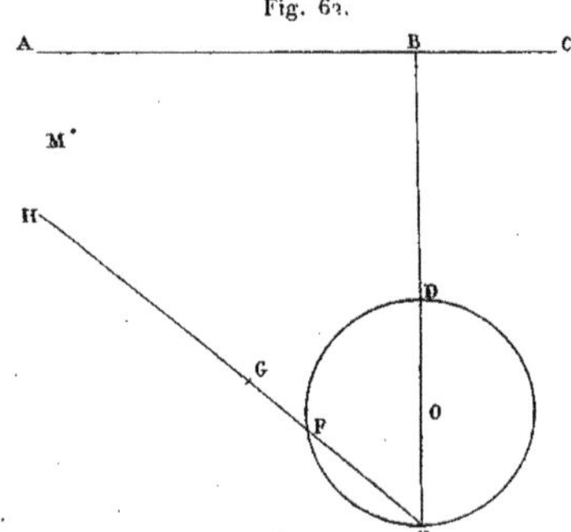

Fig. 62.

rectangulo BED, omnis sphæra quæ, per data duo H et G puncta transiens, planum ABC tangit, sphæram quoque DEF contingit.

PROBLEMA IX.

*Datis duobus punctis et duabus sphæris, invenire sphæram quæ per data
duo puncta transeat et sphæras datas contingat.*

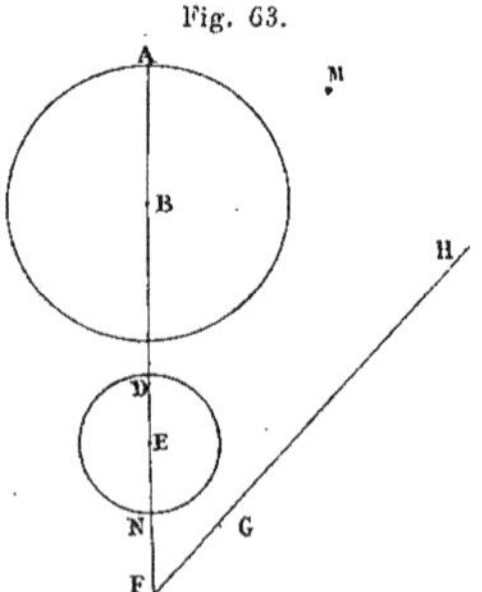

Fig. 63.

Sint datæ duæ sphæræ AB, DE (*fig.* 63) et puncta data H et M. Trajiciatur recta AF per centra sphærarum datarum, et

ut radius AB ad radium DE, ita fiat recta BF ad FE;

dabitur punctum F. Fiat rectangulo NFA æquale rectangulum HFG ; dabitur punctum G.

Jam datis tribus M, G, H punctis et sphæra DN, quæratur sphæra quæ per data tria puncta transeat et sphæram DN datam contingat, cui problemati satisfaciet tertium problema hujus : continget quoque sphæram $<$ AB $>$ ex tertio lemmate, ideoque proposito satisfaciet.

PROBLEMA X.

Dato puncto, duobus planis et sphæra, invenire sphæram quæ per datum punctum transeat et sphæram ac data duo plana contingat.

Sint duo plana AB, BD (*fig.* 64), sphæra EGF, punctum H. Per punctum O, centrum sphæræ datæ, in quodlibet ex planis demittatur perpendicularis CEOF, et rectangulo CFE fiat æquale rectangulum HFI.

Fig. 64.

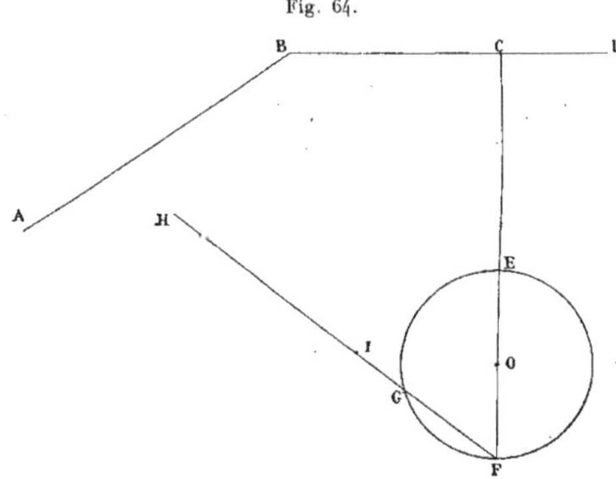

Datis duobus punctis H et I et duobus planis AB, BD, quæratur, per septimum problema hujus, sphæra quæ per data duo puncta transeat et duo plana data contingat : continget quoque ex quinto lemmate sphæram, et proposito satisfaciet.

PROBLEMA XI.

Dato puncto, plano et duabus sphæris, invenire sphæram quæ per datum punctum transeat et planum ac sphæras duas datas contingat.

Deducetur statim quæstio simili præcedentibus ratiocinio ad problema VIII, *Datis duobus punctis, plano et sphæra,* idque beneficio lemmatis V. Quod si libeat uti lemmate III, deducetur quæstio pariter ad idem problema, alio medio et alia constructione.

PROBLEMA XII.

Dato puncto et tribus sphæris, invenire sphæram quæ per datum punctum transeat et sphæras datas contingat.

Huic quoque figuram non assignamus : statim quippe, beneficio lemmatis III, deducetur quæstio ad problema IX, *Datis duobus punctis et duabus sphæris etc.*

PROBLEMA XIII.

Datis duobus planis et duabus sphæris, invenire sphæram quæ data plana et sphæras contingat.

Sit factum. Si ergo sphæricæ superficiei inventæ imaginemur aliam ejusdem centri superficiem parallelam, quæ a quæsita distet per radium minoris ex sphæris, tanget hæc nova superficies sphærica plana quæ a datis distabunt per intervallum ejusdem radii minoris ex sphæris ; tanget quoque sphæram cujus radius distabit a radio majoris sphæræ datæ per idem radii minoris intervallum, quæque erit majori sphæræ concentrica. Dabitur ergo ; dabuntur et duo plana datis parallela et per radium minoris ex sphæris ab ipsis distantia. Transibit et hæc nova superficies sphærica per centrum minoris ex sphæris datis, quod quidem datum est ; pari igitur quo usi jam sumus in problemate VI artificio, deducetur quæstio ad problema X, *Dato puncto, duobus planis et sphæra, invenire etc.*

Problema XIV.

Datis tribus sphæris et plano, invenire sphæram quæ sphæras et planum datum contingat.

Simili qua usi sumus via in præcedente et sexto problemate, deducetur quæstio ad problema XI, *Dato puncto, plano, et duabus sphæris etc.*

Problema XV.

Datis quatuor sphæris, invenire sphæram quæ datas contingat.

Sit factum : et, qua usus est methodo Apollonius Gallus (¹) ut problema de tribus circulis ad problema de puncto et duobus circulis deduceret, eadem et simili præcedentibus famosum hoc et nobile problema ad XII, *Datis tribus sphæris et puncto,* deducemus.

Constabit ex omni parte propositum, et illustre accedet Apollonio Gallo complementum. Casus varios, determinationes, et minuta negleximus, ne in immensum excresceret sphæricus de contactibus tractatus.

(¹) Probl. X (Viète, édition Schooten, p. 356).

FRAGMENTS GÉOMÉTRIQUES.

SOLUTIO PROBLEMATIS A DOMINO PASCAL PROPOSITI [1].

Proposuit Dominus Pascal hoc problema : *Dato trianguli angulo ad verticem et ratione quam habet perpendiculum ad differentiam laterum, invenire speciem trianguli.*

Exponatur recta quævis data AC (*fig.* 65), super quam portio cir-

Fig. 65.

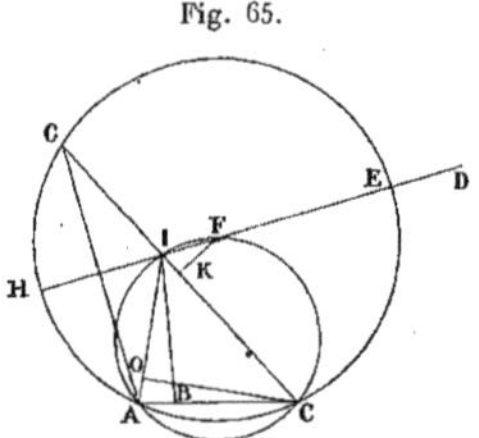

culi AIFC capax anguli dati describatur. Eo quæstionem deduximus ut, data basi AC, angulo verticis AIC, et ratione quam habet perpendiculum ad differentiam laterum, quæratur triangulum.

Ponatur jam factum esse et triangulum quæsitum esse AIC. Demittatur perpendiculum IB et, diviso arcu AFC bifariam in F, jungantur

(1) Cette pièce et la suivante ont été publiées par Bossut, l'éditeur des *OEuvres de Pascal*, 1779 (t. IV, p. 449-454), avec la note suivante : *On a trouvé, parmi les papiers de Pascal, ces deux porismes et le problème suivant, écrits de la main de Fermat; on croit que le lecteur les verra ici avec d'autant plus de plaisir qu'ils n'avoient pas encore été imprimés.*

Nous avons interverti l'ordre des deux pièces, pour rapprocher les deux porismes du Traité de Fermat sur ce sujet. Il est certain, au reste, que l'auteur du problème est Étienne Pascal (le père).

AF, FC (¹) et, juncta IF, demittantur in rectas AI, IC perpendiculares
CO, FK. Deinde centro F, intervallo AF, describatur circulus AHGEC,
cui rectæ CI, IF continuatæ occurrant in punctis G, H, E; denique
jungatur GA.

Angulus AFC ad centrum duplus est anguli AGC ad circumferentiam; sed angulus AIC æquatur angulo AFC in eadem portione : igitur
angulus AIC duplus est anguli AGC. Sed angulus AIC æquatur duobus
angulis AGC, IAG : igitur anguli IGA, IAG sunt æquales, ideoque
rectæ IA, IG. Sed, quum a centro F in rectam GC cadat perpendicularis FK, æquales sunt GK, KC, ideoque KI est dimidia differentia inter
rectas CI, IG, hoc est inter rectas CI, IA.

Data est autem ratio perpendiculi IB ad differentiam laterum CI, IA :
ergo datur ratio BI ad IK et, singulis in rectam AC ductis, data est
ratio rectanguli sub AC in BI ad rectangulum sub AC in IK. Sed rectangulum sub AC in BI æquatur rectangulo sub AI in CO; est enim
utrumque duplum trianguli AIC : ergo ratio rectanguli sub AI in CO
ad rectangulum sub AC in IK data est.

Datur autem ex hypothesi angulus AIC et rectus est COI ex constructione : ergo datur specie triangulum COI; ratio igitur CO ad CI data
est, ideoque rectanguli sub AI in CO ad rectangulum sub AI in IC
ratio datur. Sed probavimus rationem rectanguli sub AI in CO ad rectangulum sub AC in IK dari : ergo datur ratio rectanguli AIC ad rectangulum sub AC in IK.

Jam in triangulo AFC datur angulus AFC ex hypothesi : ergo angulus FAC datur, cui æqualis CIF idcirco dabitur. Est autem rectus
angulus FKI : ergo triangulum FIK datur specie, ideoque rectæ KI
ad IF ratio data est, ideoque rectanguli < sub > AC in IK ad rectangulum sub AC in IF datur ratio. Probatum est autem dari rationem rectanguli AI in IC ad rectangulum AC in IK : ergo datur ratio rectanguli AI in IC ad rectangulum AC in IF. Est autem rectangulum CIG
æquale rectangulo CIA, quia rectæ IG, IA sunt æquales, et rectan-

<hr>

(¹) Dans les deux figures données par Bossut, les lignes auxiliaires AF, FC sont effectivement tracées; on les a supprimées, pour rendre moins compliquées les *fig.* 65 et 66.

gulo CIG æquatur rectangulum HIE : ergo ratio rectanguli HIE ad rectangulum sub AC in IF data est.

Sit data ratio ED ad AC; quum igitur AC sit data, dabitur ED, quæ ponatur rectæ HE in directum ut in figura prima. Rectangulum igitur HIE ad rectangulum AC in IF est in ratione data ED ad AC; sed, ut DE ad AC, ita DE in IF ad AC in IF : igitur, ut rectangulum HIE est ad rectangulum AC in IF, ita rectangulum DE in IF ad rectangulum AC in IF : rectangulum igitur DE in IF æquatur rectangulo HIE.

Probatum est triangulum AFC dari specie; sed datur basis AC magnitudine : ergo datur AF, ideoque dupla ipsius EH datur.

Æqualibus rectangulis DE in IF et HIE addatur rectangulum sub DE in IH : fiet rectangulum sub DE in FH æquale rectangulo DIH. Datur autem rectangulum sub DE in FH, quia utraque rectarum DE, FH datur : datur igitur rectangulum DIH et ad datam magnitudinem DH applicatur deficiens figura quadrata; ergo recta IH datur, ideoque reliqua IF. Datur autem punctum F positione : ergo datur et punctum I et totum triangulum AIC.

Non est difficilis ab analysi ad synthesin regressus; sed, ut omne dubium tollatur, probatur facillime triangulum quæsitum esse simile invento AIC in secunda figura (*fig.* 66) : triangulum autem AIC ex

Fig. 66.

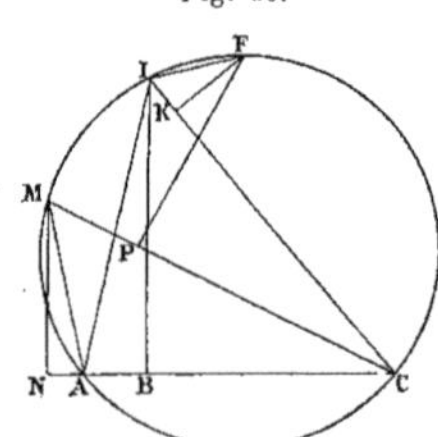

utravis parte puncti F verticem habere potest in æquali a puncto F utrimque distantia; erit enim idem specie et magnitudine, et positio variabit.

Si enim triangulum quæsitum non est simile invento, manente eadem basi, ejus vertex vel ibit inter puncta F et I, vel inter puncta I et A; ex utravis parte nihil interest, nam de parte FC idem secundum triangulum AIC pari demonstratione concludit.

Sit primum vertex inter A et I et triangulum quæsitum ponatur, si fieri potest, simile triangulo AMC. Jungatur FM et demittatur perpendicularis FP. Erit ratio perpendiculi MN ad MP data ex hypothesi, ideoque æqualis rationi IB ad IK quam probavimus datæ æqualem : quod est absurdum.

Quum enim in triangulo FMP angulus ad M æquatur angulo ad I trianguli IFK, erunt similia triangula FIK, FMP. Sed FM est major FI : ergo MP est major IK. Est autem MN minor IB : non igitur eadem potest esse ratio MN ad MP quæ IB ad IK.

Si punctum M sit inter I et F, probabitur augeri perpendiculum et minui differentiam laterum, idque eadem argumentatione, ideoque variare proportionem. Si punctum M sit in portione FC, utemur secundo triangulo AIC et erit eadem demonstratio, ut inutile sit diutius in his casibus immorari.

Constat igitur triangulum quæsitum invento AIC esse simile, et patet proposito esse satisfactum.

Proponitur, si placet, tam Domino PASCAL quam Domino ROBERVAL solvendum hoc problema :

Ad datum punctum in helice Baliani (¹) *invenire tangentem.*

Quænam autem sit hujusmodi helix novit Dominus ROBERVAL.

Hujus problematis a nobis soluti solutionem a viris eruditissimis exspectamus aut, si maluerint, ipsis impertiemur, imo et generalem de linearum curvarum contactibus methodum.

Sed ne a præsenti materia triangulari vacuis manibus discessisse videamur, proponi possunt hæ quæstiones :

Data basi, angulo verticis, et aggregato perpendiculi et differentiæ laterum, invenire triangulum.

_____

(¹) *Voir* la Lettre de Fermat à Mersenne, du 3 juin 1636.

Data basi, angulo verticis, et differentia perpendiculi et differentiæ laterum, invenire triangulum.

Data basi, angulo verticis, et rectangulo sub differentia laterum in perpendiculum, invenire triangulum;

Data basi, angulo verticis, et summa quadratorum perpendiculi et differentiæ laterum, invenire triangulum;

et multæ similes, quarum enodationes facilius inventuros viros doctissimos existimo, quam de contactu helicis Baliani propositum problema aut theorema.

Sed observandum in quæstionibus de triangulis, quoties problema poterit solvi per plana, non recurrendum ad solida. Quod quum norint viri doctissimi, supervacuum fortasse subit addidisse.

PORISMATA DUO (¹).

PORISMA I. — *Datis positione duabus rectis* ABE, YBC (*fig.* 67) *sese in puncto* B *secantibus, datis etiam punctis* A *et* D *in recta* ABE, *quæruntur*

Fig. 67.

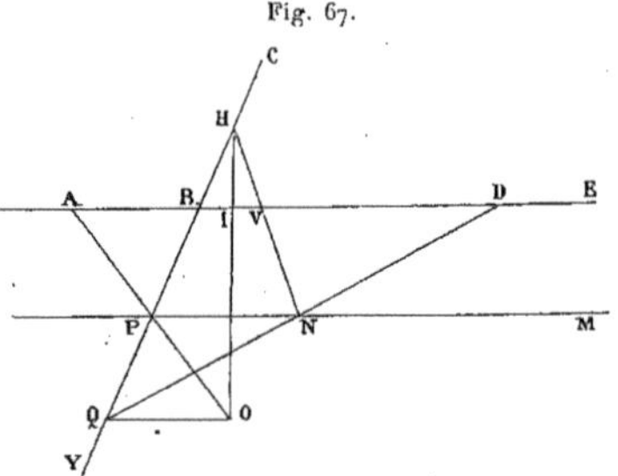

duo puncta, exempli gratia, O *et* N, *a quibus si ad quodlibet rectæ* YBC

(¹) Cette pièce, conservée, comme la précédente, dans des papiers de Pascal aujourd'hui perdus, est un premier essai de l'opuscule suivant, où l'on retrouvera les deux mêmes propositions, comme *Porisma primum* et *Porisma quintum*.

punctum, ut H, *recta* OHN *inflectatur, rectam* ABD *in punctis* I *et* V *secans, rectangulum sub* AI *in* DV *æquetur spatio dato, videlicet rectangulo sub* AB *in* BD.

Ita procedit porismatica Euclidis constructio et generalissimam problematis solutionem repræsentabit.

Sumatur punctum quodvis O. Jungatur recta AO secans rectam YBC in puncto P. A puncto O ducatur recta OQ ipsi ABD parallela et rectæ YBC occurrens in Q. Ducatur etiam infinita PNM eidem ABD parallela, et juncta QD secet rectam PNM in puncto N. Aio duo puncta O et N adimplere propositum.

Sumpto quippe ubilibet in recta YBC puncto H, et ductis rectis OH, NH rectæ ABD occurrentibus in punctis I et V, rectangulum sub AI in DV in quibuslibet omnino casibus (tres tantum triplex (¹) figura repræsentat) rectangulo < sub > AB in BD æquale erit.

Porisma II. — *Dato circulo* ABDC (*fig.* 68), *cujus diameter* AC, *centrum* M, *quæruntur duo puncta, ut* E *et* N, *a quibus si ad quodvis circumferentiæ punctum, ut* D, *inflectatur recta* EDN, *diametrum in punctis* Q *et* H *secans, summa quadratorum* QD *et* DH *ad triangulum* QDH *habeat rationem datam, idemque in qualibet inflexione generaliter et perpetuo contingat.*

Fig. 68.

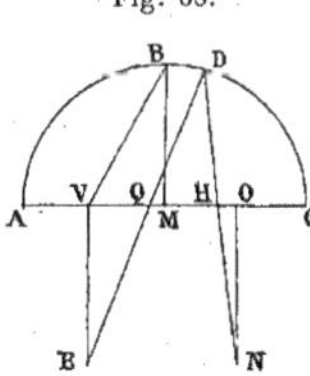

A centro M excitetur ad diametrum perpendicularis MB. Fiat ratio data eadem quæ quadruplæ rectæ BV ad rectam VM. A puncto V exci-

(¹) Bossut a reproduit, en effet, trois figures dont nous ne donnons ci-dessus que la première; les deux autres en différent en ce que le point arbitraire H est pris, dans la seconde, entre P et B; dans la troisième, entre P et Q.

tetur VE ad diametrum perpendicularis et ipsi VB æqualis. Sumptâ
rectâ MO ipsi MV æquali, fiat ON æqualis et parallela rectæ VE : Dico
puncta quæsita esse puncta E et N.

Sumpto quippe quovis in circumferentia puncto, ut D, et junctis ED,
ND rectis diametrum in punctis Q et H secantibus, summa quadratorum QD et DH ad triangulum QDH erit, in quocumque casu, in
ratione data, hoc est in ratione quadruplæ BV ad rectam VM.

Non solum proponitur inquirenda istius porismatis demonstratio,
sed videant etiam subtiliores mathematici an duo alia puncta præter E
et N possint problemati proposito satisfacere, et utrum solutiones
quæstionis sicut in primo porismate suppetant infinitæ. Si nihil res-
pondeant, Geometriæ in hac parte laboranti non dedignabimur opi-
tulari.

PORISMATUM EUCLIDEORUM

RENOVATA DOCTRINA ET SUB FORMA ISAGOGES RECENTIORIBUS GEOMETRIS EXHIBITA.

Enumeravit Pappus initio libri septimi libros veterum Geometrarum
ad τόπον ἀναλυόμενον pertinentes : qui omnes quum temporis injuria
perierint, exceptis unico Datorum Euclidis libello et quatuor prioribus
Conicorum Apollonii, elaborandum neotericis Geometris maxime fuit
ut damnum operum, quæ tentavit « edax abolere vetustas », aliquantisper resarcirent. Et primo quidem subtilissimus ille, nec unquam
satis laudatus Franciscus Vieta Apollonii Περὶ ἐπαφῶν libros unico,
quem Apollonium Gallum inscripsit, libello feliciter restituit; cujus
exemplo se ad eamdem provinciam Marinus Ghetaldus et Wilebrordus
Snellius accingere non dubitarunt, nec defuit proposito eventus : libros
enim Apollonii Λόγου ἀποτομῆς, Χωρίου ἀποτομῆς, Διωρισμένης τομῆς
et Νεύσεων, illorum beneficio vix amplius desideramus. Sequebantur
Loci plani, Loci solidi, et Loci ad superficiem. At huic quoque parti

non ignoti nominis Geometræ (¹) succurrerunt, eorumque opera, manuscripta licet et adhuc inedita, latere non potuerunt.

Sed supererat tandem intentata ac velut desperata Porismatum Euclideorum doctrina. Eam quamvis « opus artificiosissimum ac perutile ad resolutionem obscuriorum problematum » Pappus asserat, nec superioris nec recentioris ævi Geometræ vel de nomine cognoverunt, aut quid esset solummodo sunt suspicati. Nobis tamen in tantis tenebris dudum cæcutientibus, et qua ratione in hac materia Geometriæ opitularemur elaborantibus, tandem

se clara videndam
Obtulit et pura per noctem in luce refulsit;

nec debuit inventi novantiqui specimen posteris invideri. Postquam enim Suevicum sidus (²) omnibus disciplinis illuxit, frustra scientiarum arcana tanquam mysteria quædam abscondemus : nihil quippe impervium perspicacissimo incomparabilis Reginæ ingenio, nec fas censemus occultare doctrinam quam vel unico duntaxat aut inspirantis aut mandantis nutu, quandocumque libuerit, detectam iri vix possumus dubitare. Ut autem clarius se prodat totum Porismatum negotium,

---

(¹) Fermat fait ici allusion à ses propres travaux, *Apollonii Pergaei libri duo de locis planis restituti, Ad locos planos et solidos Isagoge, Isagoge ad locos ad superficiem.* Quant à ceux des géomètres antérieurs qu'il mentionne, *voir* plus haut, page 3, note 3.

(²) La date de cet opuscule semble indiquée par ce qu'en dit Boulliau (*Ismaelis Bullialdi Exercitationes geometricæ tres : I circa demonstrationes per inscriptas et circumscriptas figuras; II circa conicarum sectionum quasdam propositiones; III de porismatibus. — Astronomiæ Philolaicæ fundamenta, etc.* — Parisiis, apud Sebastianum Cramoisy Regis et Reginæ architypographum et Gabrielem Cramoisy, via Jacobæa, sub Ciconiis, MDCLVII. Cum privilegio Regis), au début de son Essai sur les Porismes.

Voici le passage qui en a été reproduit dans les *Varia*, douzième page non numérotée :

« Hanc de porismatibus scriptiunculam data mihi occasione composui, quum *ante biennium* vir illustrissimus ac amplissimus Dominus de Fermat, in suprema Curia Tolosana Senator integerrimus et in judiciis exercendis peritissimus, rerum mathematicarum doctissimus, propositiones quasdam subtilissimas et porismata, quæ tam theorematice quam problematice proponi possunt, ad amicos suos huc misisset. Ex Pappi unius monumentis et Collectionibus Mathematicis porismatum naturam et usum discere possumus, quum ex veteribus qui hanc Geometriæ partem attigerunt, præter ipsum nullus supersit. Illius tamen sententia legenti statim obvia non est, textusque corruptione et applicationis porismatum defectu obscurior procul dubio evadit. Interea, dum tanto viro sua edere libuerit, nostra, qualiacumque tandem sint, publici juris facere placuit, ut alios ad eorumdem

celebriores quasdam propositiones porismaticas selegimus, easque
Geometris et considerandas et examinandas confidenter exhibemus,
ut mox quid sit Porisma et cui maxime inserviat usui innotescat.

Porisma primum.

Sint duæ rectæ ON, OC (*fig.* 69), quæ angulum constituant in puncto
O et sint ipsæ positione datæ; dentur et puncta A et B. A punctis B et

Fig. 69.

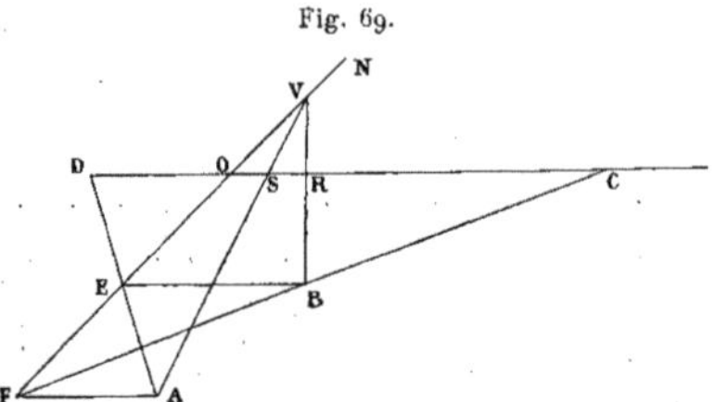

A ducantur rectæ BE, AF ipsi OC parallelæ et occurrentes rectæ NO
productæ in punctis E et F; jungatur recta AE, quæ rectæ CO productæ
occurrat in D; jungatur itidem recta FB, quæ eidem rectæ CO occurrat

investigationem impelleremus, ipsumque amplissimum Dominum de Fermat ad sua edenda,
utinam et ad alia sublimis intellectus sui εὑρήματα cum omnibus communicanda, excita-
remus. Is enim est quem omnes Europæ Mathematici suspiciunt; quem a subtilissimis
ætatis nostræ Geometris, Bonaventura Cavaliero Bononiæ et Evangelista Toricello Floren-
tiæ, summis laudibus in cœlum ferri, ejusque inventa mirabilia prædicari auribus meis
audivi; quem etiam virum, tam eximiis virtutibus clarum, multaque eruditione ornatum
ac in rebus mathematicis oculatissimum, toto pectore veneror ac colo. »
    L'opuscule de Fermat sur les Porismes n'aurait donc pas été connu à Paris avant 1654.
La dédicace à la reine Christine de Suède est d'ailleurs expliquée par le passage suivant
d'une lettre du 25 septembre 1651, adressée à Nicolas Heinsius par Bernard Médon,
conseiller au présidial de Toulouse et ami de Fermat (*Sylloges epistolarum a viris illus-
tribus scriptarum tomi quinque, collecti et digesti per Petrum Burmannum.* Leyde, 1727,
t. V, p. 613, l. 24) :
    « Salutat te amplissimus Fermat, a quo circa mathematicas scientias, quas melius quam
quisquam mortalium possidet, nil extorqueri unquam poterit, nisi Reginarum præstantis-
sima Christina velit aliquando post hujus ævi literatorum omnium vota, post Franciæ
Cancellarii preces, sua etiam jussa adjungere, quibus, ut puto, non surdus esset. Si tua
cura posset id fieri, faceres toti Europæ rem pergratissimam. Vale iterum et, quod facis,
me constanter ama. »

in C; et ad quodvis punctum rectæ ON, ut V, verbi gratia, inflectantur
rectæ AV, BV, ita ut recta AV occurrat rectæ OC in puncto S, recta
autem BV eidem OC occurrat in puncto R. Rectangulum sub CR in DS
æquale semper erit rectangulo sub CO in OD, ideoque spatio dato.

Porisma secundum.

Exponatur parabole quævis NAB (*fig.* 70), cujus diametri quælibet
sint BEO. Sumantur in curva duo quævis puncta A et N, a quibus in-

Fig. 70.

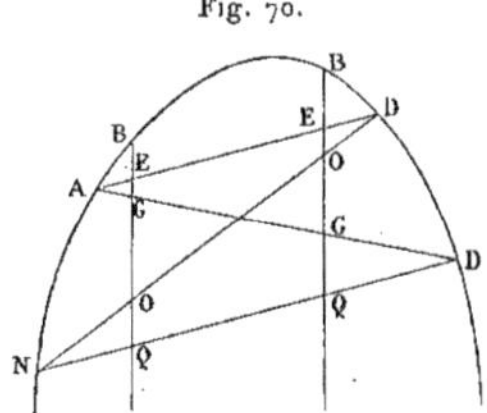

flectantur ad aliud quodvis curvæ punctum, ut D, rectæ ADN, quæ in
diametris puncta E, O, G, Q signent. In eadem diametro abscindentur
semper duæ rectæ quæ eamdem servabunt rationem : erit nempe ut OB
ad BE, ita QB ad GB, idque in infinitum.

Porisma tertium.

Esto circulus cujus diameter recta AD (*fig.* 71), cui parallela ut-

Fig. 71.

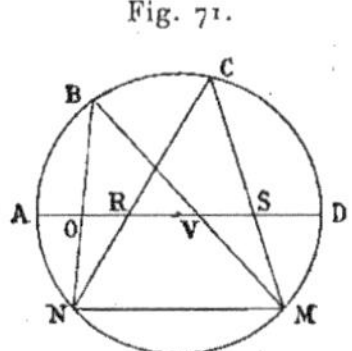

cumque ducatur NM, circulo in punctis N et M occurrens, et sint data
puncta N et M. Inflectatur utcumque recta NBM, quæ secet diametrum

in punctis O et V. Aio datam esse rationem rectanguli sub AO in DV ad rectangulum sub AV in DO : ideoque, si inflectatur NCM secans diametrum in punctis R, S, erit semper ut rectangulum sub AO in DV ad rectangulum sub AV in DO, ita rectangulum sub AR in DS ad rectangulum sub AS in DR.

Nec difficile est propositionem ad ellipses, hyperbolas et oppositas sectiones extendere.

PORISMA QUARTUM.

Exponatur circulus ICH (*fig.* 72), cujus diameter IDH data, cen-

Fig. 72.

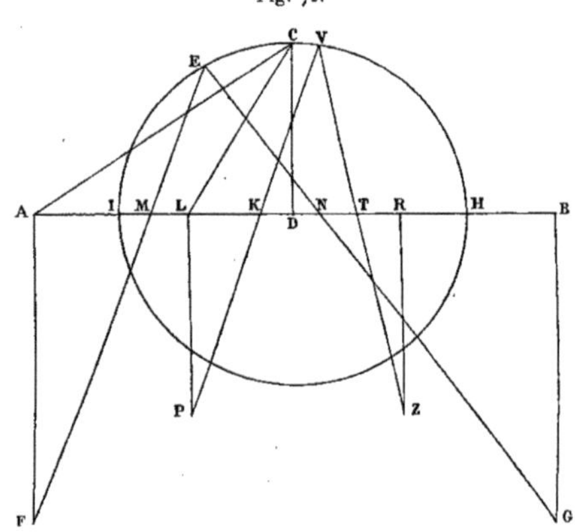

trum D, radius ad diametrum normalis CD. Sumantur in diametro productâ puncta B et A data, et sint rectæ AI, BH æquales.

Fiat

ut DI ad IA,   ita DL ad LI,

et sit recta DR æqualis DL; dabuntur puncta R et L. Jungatur recta CA, cui æqualis ponatur AF ad diametrum perpendicularis, eidemque fiat BG æqualis et parallela. Inflectatur quævis recta ad circulum a punctis F et G, ut FEG, quæ diametrum secet in punctis M et N. Aio

summam duorum quadratorum RM, LN æquari semper eidem spatio
dato.

Iisdem positis, in secundo casu, jungatur recta CL, cui æqualis ponatur LP ad diametrum perpendicularis, eidemque æqualis et parallela
fiat RZ. Si a duobus punctis Z et P inflectatur quælibet ad circumferentiam recta, ut PVZ, secans diametrum in punctis K et T, quadratorum AT et BK aggregatum æquabitur semper alteri spatio dato.

Porisma quintum.

Esto circulus RAC (*fig.* 73), cujus diameter RDC data, centrum D,
radius DA ad diametrum normalis. Sumantur utcumque puncta Z et B
data in diametro a centro D æquidistantia, et, junctâ AZ, fiat æqualis

Fig. 73.

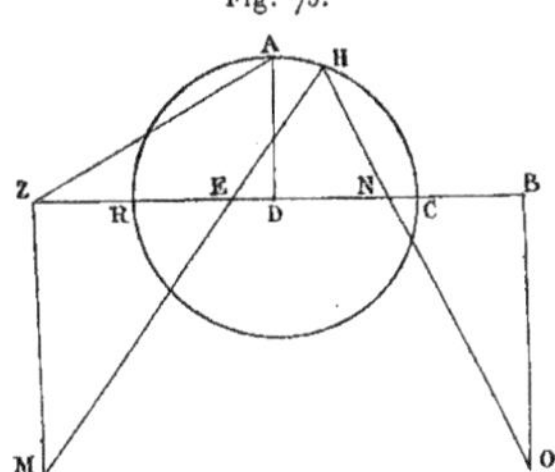

ZM ad diametrum perpendicularis, eidemque æqualis et parallela ducatur BO. Inflectatur quævis ad circumferentiam recta MHO quæ diametrum in punctis E et N secet. Erit semper ratio quadratorum EH,
HN simul sumptorum ad triangulum EHN data, eadem nempe quæ
rectæ AZ ad quartam partem rectæ ZD.

Ex adductis porismatibus (quorum propositiones elegantissimas et
pulcherrimas esse quis diffiteatur?) haud difficulter indaganda se
prodit ipsa porismatum natura. Enunciari nempe posse, secundum
Pappum, vel ut theoremata vel ut problemata statim patet; nos sane
ut theoremata enunciavimus, sed nihil vetat quominus in problemata
transformentur.

Exempli causa, sic quintum porisma concipi potest : *Dato circulo* RAC *cujus diameter* RC, *quærantur duo puncta, ut* M *et* O, *a quibus si inflectatur quævis ad circumferentiam recta ut* MHO, *faciat semper rationem quadratorum ab abscissis* EH, HN *ad triangulum* EHN *datam.* Nec latet ex supradicto theoremate constructio : si enim ponatur recta AZ esse ad quartam partem ZD in ratione data, omnia constabunt, eâdemque ratione in reliquis et omnibus omnino porismatibus theoremata in problemata facile transibunt.

Quod autem innuit Pappus ex sententia juniorum geometrarum porisma deficere hypothesi a locali theoremate ([1]), id sane totam porismatis naturam specifice revelat, neque alio fere auxilio quam eo quod hæc verba subministrarunt, hujusce abdita materiæ penetravimus.

Quum locum investigamus, lineam rectam aut curvam inquirimus nobis tantisper ignotam, donec locum ipsum inveniendæ lineæ designaverimus; sed quum ex supposito loco dato et cognito alium locum venamur, novus iste locus porisma vocatur ab Euclide : qua ratione locos ipsos porismatum unam speciem et esse et vocari verissime Pappus subjunxit.

Exemplo unico definitionem nostram astruemus in figura quinti porismatis : Datâ rectâ RC, si quæratur curva quælibet, ut RAC, cujus ea sit proprietas ut a quolibet ipsius puncto, ut A, demissa perpendicu-

---

([1]) C'est-à-dire que, d'après cette définition, le porisme serait un théorème énonçant la propriété d'un lieu, sans que la détermination complète de ce lieu soit donnée dans l'énoncé. Cette détermination reste donc à trouver, en même temps que la propriété est à démontrer.

Au temps d'Euclide, le nom de *porisme* paraît avoir été employé pour désigner spécialement les propositions où il s'agissait de *trouver*, tandis que, dans les théorèmes, il s'agissait de *démontrer*, dans les problèmes de *construire*. Euclide a appliqué ce terme de *porisme* à un ensemble de propositions relatives à la matière devinée par Michel Chasles, dans sa célèbre restitution (*Les trois livres de Porismes d'Euclide*, etc. Paris, Mallet-Bachelier, 1860), mais il ne voulait probablement pas spécialiser particulièrement le sens de l'expression.

L'intention que lui prête Fermat un peu plus bas est donc improbable, et elle restreint trop le sens général du mot *porisme*, sans d'ailleurs désigner en aucune façon la nature réelle des propositions traitées par Euclide.

laris AD faciat quadratum AD æquale rectangulo RDC, inveniemus curvam RAC esse circuli circumferentiam. Sed si ex dato jam loco illo
alium investigemus, problema, verbi gratia, porismatis quinti, novus
iste locus et infiniti alii quos periti sagacitas analystæ repræsentabit et
ex jam cognito eliciet, porisma dicetur.

Quum autem, ut jam diximus, porismata ipsi sint loci, errorem latini
Pappi interpretis ex græco textu emendabimus eo loco ubi *porismatum
opus perutile* ait *ad resolutionem obscuriorum problematum ac eorum generum quæ haud comprehendunt eam quæ multitudinem præbet naturam :*
quæ ultima verba quum nullum fere sensum admittant, ad ipsum autorem recurrendum cujus verba in manuscriptis codicibus ita se habent : πορίσματα ἐστὶ πολλοῖς ἄθροισμα φιλοτεχνότατον εἰς τὴν ἀνάλυσιν
τῶν ἐμβριθεστέρων προβλημάτων καὶ τῶν γενῶν ἀπερίληπτον τῆς φύσεως
παρεχομένης πλῆθος (¹).

Ait igitur *porismata conferre ad analysin obscuriorum problematum
et generum,* hoc est problematum generalium : ex dictis enim apparet
porismatum propositiones esse generalissimas. Deinde subjungit : *quum
natura multitudinem quæ vix potest animo comprehendi subministret ;* quibus verbis infinitas illas et miraculo proximas ejusdem problematis
indicat solutiones.

Huic autem vel theorematum vel problematum inventioni non deest
peculiaris a puriore Analysi derivanda methodus, cujus ope non solum
quinque præcedentia porismata sed pleraque alia et invenimus et construximus et demonstravimus, et si hæc paucula, quæ isagogica tantum
et accuratioris operis prodroma emittimus, doctis arrideant, tres totos

---

(¹) Voici comment Chasles (p. 14) traduit ce texte, assez obscur et mal assuré :

« Les Porismes... collection ingénieuse d'une foule de choses qui servent à la solution
des problèmes les plus difficiles et que la nature fournit avec une inépuisable variété. »

Dans cette traduction, les mots *d'une foule* devraient être supprimés. Après *servent*, il
faudrait ajouter *à beaucoup* (par opposition à *tous*). Enfin, après *difficiles*, il faudrait dire :
et quoique la nature les fournisse avec une inépuisable variété, en liant avec ce qui suit :
il n'a rien été ajouté à cet Ouvrage d'Euclide.

Telle est du moins l'opinion de Heiberg. Le savant éditeur de Pappus, Hultsch (p. 648,
l. 18 à 21), regarderait, au contraire, comme interpolés les mots *à beaucoup* et ceux qui
suivent la phrase grecque citée par Fermat.

Porismatum libros aliquando restituemus, imo et Euclidem ipsum
promovebimus et porismata in coni sectionibus et aliis quibuscumque
curvis mirabilia sane et hactenus ignota detegemus (¹).

<hr>

PROPOSITIO D. DE FERMAT CIRCA PARABOLEN (²).

Proposui *per data quatuor puncta parabolen describere.* Duplex est
casus, utrique lemma sequens præmittendum.

Sit parabole in 1ᵃ fig. ECBAD (*fig.* 74), cujus diameter AF detur
positione; dentur etiam duo puncta B et C, per quæ transit parabole;

Fig. 74.

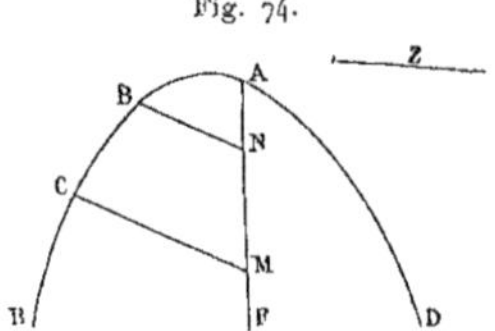

dentur denique anguli applicatarum ad diametrum AF. Aio parabolen
positione dari.

Applicentur ordinatim BN et CM; a puncto dato B in AF positione

---

(¹) *Voir,* sur cet opuscule, le jugement de Chasles (p. 3, 4, 22). Il est certain que l'essai de Fermat doit être considéré comme tout autre chose que comme une tentative de
restitution des Porismes d'Euclide, soit dans la forme des énoncés, encore incertaine
aujourd'hui, soit pour le fond du sujet traité. Il faut y voir plutôt une indication de questions offrant quelque analogie avec celles abordées par Euclide.

Chasles n'a qu'un seul porisme, CXXVI (p. 230), qui se rapporte à l'un de ceux de
Fermat, le troisième. Comme il le fait remarquer d'ailleurs, le second porisme de Fermat,
où figure une parabole, est étranger à l'ordre d'idées d'Euclide, lequel se borne aux droites
et aux cercles. Enfin, avec le troisième, il n'y a guère que le premier que l'on pourrait
considérer comme rentrant dans un des vingt-neuf genres énumérés par Pappus.

Au lieu donc, comme l'a fait Chasles, de chercher ici, en s'aidant des lemmes de Pappus,
à retrouver des propositions rentrant dans ces vingt-neuf genres, Fermat a voulu plutôt,
dans ce spécimen, montrer que ces genres pouvaient être multipliés indéfiniment.

(²) Cette pièce est insérée dans les *Varia* au milieu de lettres d'octobre 1636.

datam ducitur BN in dato angulo (positum quippe est dari angulum applicatarum) : ergo datur punctum N ; similiter datur punctum M et rectæ BN, CM positione et magnitudine. Ex natura paraboles est

ut quadratum CM ad quadratum BN,   ita MA ad NA,

si ponas A esse verticem paraboles sive extremum diametri ; ergo datur ratio MA ad NA, et dividendo datur ratio MN ad NA. Datur autem recta MN, quia duo puncta M, N dantur; datur igitur NA et punctum A. Si fiat

ut AN data ad NB datam,   ita NB ad Z,

dabitur Z rectum paraboles latus. Dato igitur vertice A, Z recto latere, AF diametro positione, angulo applicatarum, datur positione parabole, ex 52, I Apollonii.

Hoc supposito, facillime construitur primus casus in 2ª fig. (*fig.* 75), in qua dentur quatuor puncta D, B, C, F, quæ si jungas per rectas BC, CF, FD, DB, vel neutra oppositarum erit alteri parallela, vel, ut in hoc casu, erit BC, verbi gratia, parallela DF.

Fig. 75.

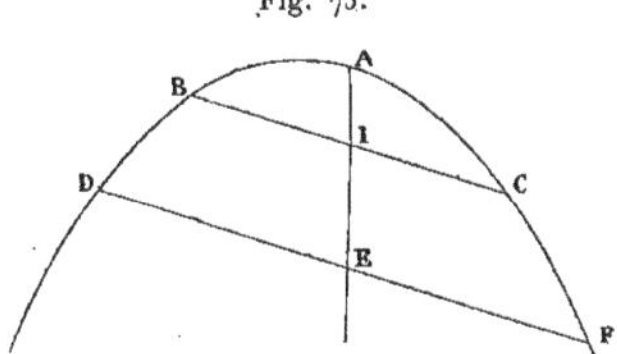

Bifariam utraque dividatur in punctis I et E et sit factum : ergo juncta IE erit diameter paraboles, quum æquidistantes bifariam dividat. Dantur autem puncta I et E : ergo IE positione datur et angulus DEI. Quum igitur diameter IE positione detur, dentur etiam angulus applicatarum et duo puncta B et D per quæ transit parabole, dabitur positione parabole DBACF.

In secundo casu major est difficultas, quum neutra rectarum duo ex punctis datis conjungentium alteri est æquidistans. In 3ª fig. sint data

quatuor puncta X, N, D, R (*fig.* 76), quæ per rectas XR, RD, DN,
NX conjungantur, et neutra oppositarum sit alteri æquidistans.

Ponatur jam factum esse, et descriptam parabolen XANDBR proposito satisfacientem. Concurrant productæ XN, RD, in puncto V et,
bifariam divisis XN, RD in punctis M et C, ducantur ad ipsas diametri MA, CB, occurrentes parabolæ in punctis A et B, a quibus rectæ
IAS, SB ipsis XV, VR ducantur æquidistantes et concurrant in puncto S.
Juncta AB bifariam dividatur in P et jungatur SP.

Fig. 76.

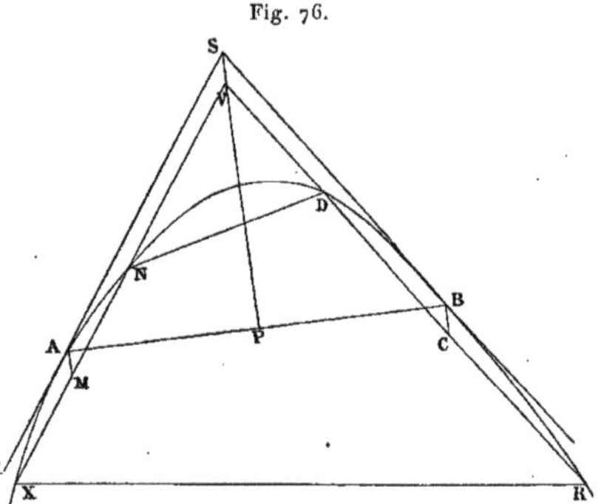

His ita constructis, patet, quum per verticem diametri MA ducatur
IAS æquidistans applicatæ XN, rectam IAS tangere parabolen in A;
probabitur similiter rectam SB tangere eamdem parabolen in B : ergo,
per 17, III Apollonii erit

ut rectangulum XVN ad rectangulum RVD,
ita quadratum AS ad quadratum SB.

Datur autem ratio rectanguli XVN ad rectangulum RVD, quum dentur
quatuor puncta X, N, D, R : ergo datur ratio quadrati AS ad quadratum SB, ideoque rectæ AS ad rectam SB. Datur autem angulus ASB,
quia propter parallelas æquatur angulo XVR dato : ergo in triangulo ASB datur angulus ad verticem S et ratio laterum AS, SB, ideoque

triangulum ASB datur specie; igitur datur angulus SAB et ratio SA
ad AB. Quum autem AP sit dimidia AB, datur etiam ratio SA ad AP :
in triangulo igitur SAP datur angulus ad A, et ratio laterum SA, AP;
datur igitur specie et angulus PSA datur.

Hoc posito, quum recta SP rectam AB puncta contactuum conjun-
gentem bifariam dividat, erit diameter paraboles, ex 29, II Apollonii;
in parabola autem omnes diametri sunt inter se æquidistantes : ergo
diameter MA rectæ SP æquidistabit, ideoque angulus IAM æquabitur
angulo ASP. Probavimus autem dari angulum ASP : ergo dabitur
angulus IAM et ipsi alternus propter parallelas NMA. Datur autem
punctum M, quia rectam NX positione et magnitudine datam bifariam
dividit : ergo datur diameter MA positione; datur etiam angulus applicatarum AMN, et dantur duo puncta N et D per quæ transit parabole :
datur igitur parabole positione ex lemmate, et est facilis ab analysi ad
synthesim regressus.

Patet autem duas parabolas in hoc secundo casu propositum adimplere : concurrent enim rectæ DN et XR, quas posuimus non esse parallelas; hoc casu eâdem argumentatione nova construetur parabole
proposito satisfaciens.

< LOCI AD TRES LINEAS DEMONSTRATIO > ([1]).

Exponantur tres rectæ positione datæ triangulum constituentes : AM,
MB, BA (*fig.* 77), et sit quodvis punctum O a quo ad rectas datas ducantur rectæ OE, OI, OD in angulis OEM, OIM, ODB datis. Sit autem

---

([1]) Ce morceau inédit est publié d'après une copie du xviie siècle, classée dans la chemise « Fermat » du portefeuille 1848 I de la collection Ashburnham. Cette copie, sur une
feuille double, sans titre, porte à la fin, d'une autre écriture du temps, la mention : *Pour
Monsr Carcavi rue Michel Leconte au milieu,* et, en haut, de la main de Libri, l'attribution à Fermat. Cette attribution est corroborée par la Lettre de Fermat à Roberval, du
20 avril 1637, d'après laquelle le titre a été composé.
  La question traitée est énoncée dans Pappus (éd. Hultsch), page 678, lignes 15 et suivantes.

ratio rectanguli EOD ad quadratum OI data : Aio punctum O esse ad unam ex coni sectionibus.

Dividatur MB bifariam in Q et, junctâ AQ, ducantur per punctum O rectæ FOC, ON ipsis MB, MA parallelæ.

Fig. 77.

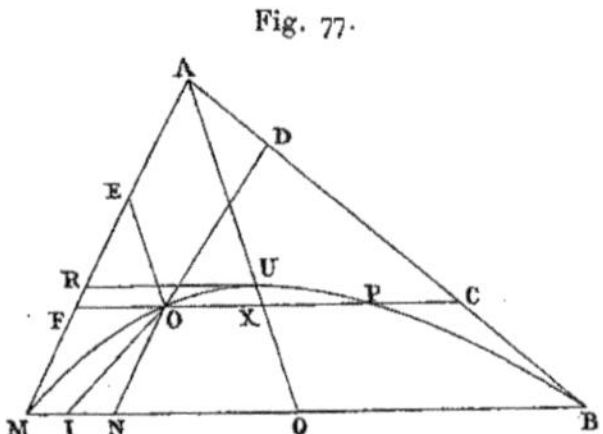

Tria triangula OEF, ODC, OIN sunt specie data : nam ex hypothesi dantur anguli OEF, ODC, OIN; datur etiam EFO quia, propter parallelas, dato AMB est æqualis; datur et OCD quia æqualis dato MBA; denique datur ONI, quum detur ONB ipsi AMB propter parallelas æqualis. Datur igitur ratio OE ad OF; datur item ratio OD ad OC : ergo ratio rectanguli EOD ad rectangulum FOC datur. Datur autem, ex hypothesi, ratio rectanguli EOD ad quadratum OI : ergo ratio rectanguli FOC ad quadratum OI datur. Datur autem ratio quadrati OI ad quadratum ON, propter datum specie triangulum OIN : ergo ratio rectanguli FOC ad quadratum ON, sive FM ipsi æquale, datur.

Si secetur AQ in U ita ut, ductâ UR parallelâ MB, quadratum UR ad quadratum RM sit in ratione data rectanguli FOC ad quadratum FM (hoc autem est facile, quum angulus MRU detur), et per punctum U describatur, circa diametrum AQ, coni sectio quam rectæ MA, AB in punctis M, B contingant (id autem est facillimum et ex < vario > (¹) puncti U situ erit aut parabole aut hyperbole aut ellipsis : superflua, præsertim tibi, non addimus) : Aio coni sectionem sic descriptam per punctum O transire.

(¹) Le mot *vario* a été restitué à la place d'une lacune de cinq lettres environ dans le manuscrit.

Nam transeat ex alia parte per punctum P. Tanget recta UR sectionem, quum sit parallela ordinatæ MB; quum igitur sectio transeat per punctum O, erit

rectangulum PFO ad quadratum FM ut quadratum UR ad quadratum RM,

ex decima sexta propositione III Apollonii. Ut autem

quadratum UR ad quadratum RM, ita est rectangulum FOC ad quadratum FM,

ex constructione : rectangulum igitur PFO rectangulo FOC æquale erit, ideoque recta FO rectæ PC.

Quod quidem ita se habet : nam, quum AQ dividat bifariam MB, erit recta FX rectæ XC æqualis ; propter sectionem vero, recta OX est æqualis XP : reliqua igitur FO reliquæ PC æquatur.

Nec est difficilis ab analysi ad synthesim, per demonstrationem ducentem ad impossibile, regressus.

AD LOCOS PLANOS ET SOLIDOS

ISAGOGE [1].

De locis quamplurima scripsisse veteres, haud dubium : testis Pappus initio Libri septimi ([2]), qui Apollonium de locis planis, Aristæum de solidis scripsisse asseverat. Sed aut fallimur, aut non proclivis satis ipsis fuit locorum investigatio; illud auguramur ex eo quod locos quamplurimos non satis generaliter expresserunt, ut infra patebit.

Scientiam igitur hanc propriæ et peculiari analysi subjicimus, ut deinceps generalis ad locos via pateat.

Quoties in ultima æqualitate duæ quantitates ignotæ reperiuntur, fit locus loco et terminus alterius ex illis describit lineam rectam aut curvam. Linea recta unica et simplex est, curvæ infinitæ : circulus, parabole, hyperbole, ellipsis, etc.

Quoties quantitatis ignotæ terminus localis describit lineam rectam aut circulum, fit locus planus; at quando describit parabolen, hyperbolen vel ellipsin, fit locus solidus; si alias curvas, dicitur locus

---

([1]) Le texte de cet important Traité est très défiguré dans l'édition des *Varia Opera* de 1679, en particulier par l'adoption de la notation cartésienne des exposants. L'*Isagoge*, qui renferme les éléments de la Géométrie analytique moderne, et notamment une discussion de l'équation générale du second degré à deux inconnues, a cependant été rédigée et même, d'après l'article du *Journal des Savants* du 9 février 1665, communiquée par Fermat avant l'apparition de la *Géométrie* de Descartes. D'un autre côté, il est aisé de se convaincre que Fermat est toujours resté fidèle aux errements de Viète et n'a jamais fait usage dans ses écrits de la notation des exposants, sauf pour des cas exceptionnels, comme lorsqu'il faisait allusion aux travaux de Descartes.

L'existence, dans le portefeuille 1848 I de la collection Ashburnham, d'une ancienne copie de l'*Isagoge* a permis de rétablir en toute sûreté la notation employée par Fermat et d'éliminer certaines additions faites à son texte sur le manuscrit qui avait servi pour l'édition des *Varia*.

([2]) Pappus, éd. Hultsch, page 636, lignes 22 et 23.

linearis. De hoc nihil adjungemus, quia facillime ex planorum et solidorum investigatione linearis loci cognitio derivabitur, mediantibus
reductionibus.

Commode autem institui possunt æquationes, si duas quantitates
ignotas ad datum angulum constituamus (quem ut plurimum rectum
sumemus), et alterius ex illis positione datæ terminus unus sit datus;
modò neutra quantitatum ignotarum quadratum prætergrediatur, locus
erit planus aut solidus, ut ex dicendis clarum fiet.

Recta data positione sit NZM (*fig.* 78), cujus punctum datum N; NZ

Fig. 78.

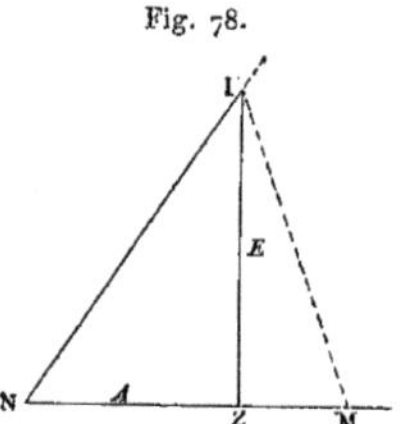

æquetur quantitati ignotæ A, et ad angulum datum NZI elevata recta ZI
sit æqualis alteri quantitati ignotæ E.

$$D \text{ in } A \quad \text{æquetur} \quad B \text{ in } E :$$

punctum I erit ad *lineam rectam* positione datam.

Erit enim

$$\text{ut } B \text{ ad } D, \quad \text{ita } A \text{ ad } E.$$

Ergo ratio A ad E data est, et datur angulus ad Z, triangulum igitur
NIZ specie, et angulus INZ; datur autem punctum N et recta NZ positione : ergo dabitur NI positione, et est facilis compositio.

Ad hanc æqualitatem reducentur omnes, quarum homogenea partim
sunt data, partim ignotis A et E admixta, vel in datas ductis vel simpliciter sumptis.

$$Zpl. - D \text{ in } A \quad \text{æquetur} \quad B \text{ in } E.$$

Fiat
$$D \text{ in } R \quad \text{æquale} \quad Z\,pl.;$$
erit
$$\text{ut } B \text{ ad } D, \quad \text{ita } R - A \text{ ad } E.$$

Fiat MN æqualis R : dabitur punctum M, ideoque MZ æquabitur $R - A$. Dabitur ergo ratio MZ ad ZI; sed datur angulus ad Z, ergo triangulum IZM specie, et concludetur rectam MI junctam dari positione, ideoque punctum I erit ad rectam positione datam. Idemque nullo negotio concludetur in qualibet æqualitate cujus homogenea quædam afficientur ab A vel E.

Et est simplex hæc et prima locorum æqualitas, cujus beneficio invenientur loci omnes ad lineam rectam : verbi gratia, septima propositio Libri I *Apollonii de locis planis* (¹), quæ generalius jam poterit enuntiari et construi.

Huic æqualitati subest pulcherrima propositio sequens, quam nos illius ope deteximus :

Si sint quotcumque rectæ lineæ positione datæ atque ad ipsas a quodam puncto ducantur rectæ in datis angulis, sit autem quod sub ductis et datis efficitur dato spatio æquale, punctum rectam lineam positione datam continget.

Infinitas omittimus, quæ Apollonianis merito possent opponi.

SECUNDUS hujusmodi æqualitatum gradus est, quando
$$A \text{ in } E \quad \text{æq.} \quad Z\,pl.,$$
quo casu punctum I est ad *hyperbolen*.

Fiat NR (*fig.* 79) parallela ZI; sumatur in NZ quodlibet punctum, ut M, a quo ducatur MO parallela ZI; et fiat rectangulum NMO æquale $Z\,pl.$

Per punctum O, circa asymptotos NR, NM, describatur hyperbole :

(¹) *Voir* plus haut, page 24, note 1.

dabitur positione et transibit per punctum I, quum ponatur rectangulum *A* in *E*, sive NZI, æquale NMO.

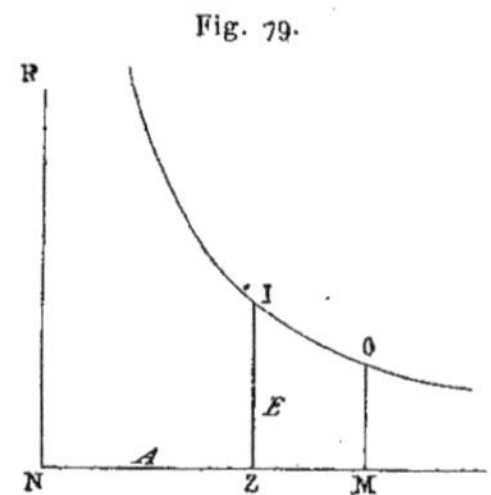

Fig. 79.

Ad hanc æqualitatem reducentur omnes quarum homogenea partim sunt data, vel ab *A* aut *E* aut *A* in *E* affecta.

Ponatur

$$Dpl. + A \text{ in } E \quad \text{æq.} \quad R \text{ in } A + S \text{ in } E.$$

Igitur, ex artis præceptis,

$$R \text{ in } A + S \text{ in } E - A \text{ in } E \quad \text{æquabitur} \quad Dpl.$$

Effingatur rectangulum abs duobus lateribus, in quo homogenea

$$R \text{ in } A + S \text{ in } E - A \text{ in } E$$

reperiantur : erunt duo latera

$$A - S \quad \text{et} \quad R - E$$

et rectangulum sub ipsis æquabitur R in $A + S$ in $E - A$ in $E - R$ in S.

Si igitur a *Dpl.* abstuleris R in S, rectangulum sub $\overline{A - S}$ in $\overline{R - E}$ æquabitur *Dpl.* $- R$ in S.

Fiat NO (*fig.* 80) æqualis *S*, et ND, parallela ZI, fiat æqualis *R*; per punctum D ducatur DP parallela NM, < per punctum O > OV parallela ND, et ZI producatur in P.

Quum NO æquetur *S*, et NZ, *A*, ergo $A - S$ æquabitur OZ sive VP; similiter, quum ND, sive ZP, æquetur *R*, et ZI, *E*, ergo $R - E$ æqua-

bitur PI : rectangulum igitur sub VP in PI æquatur dato *Dpl.* — *R* in S.
Ergo punctum I erit ad hyperbolen, cujus asymptoti PV, VO.

Fig. 8o.

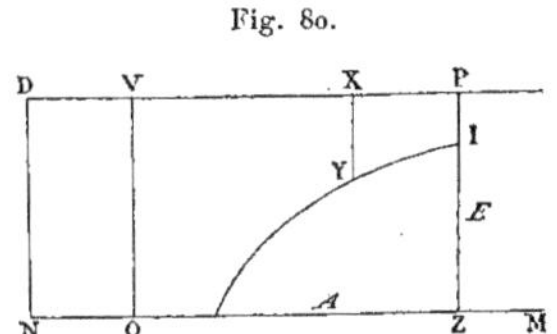

Rectangulo enim *Dpl.* — *R* in S æquetur, sumpto quovis puncto X et
ductâ parallelâ XY, rectangulum VXY, et per punctum Y, circa asymptotos PV, VO, hyperbole describatur : per punctum I transibit, nec
est difficilis in quibuslibet casibus analysis aut constructio.

SEQUENS æqualitatum localium gradus est, quum *Aq.* vel æqua-
tur *Eq.*, vel est in ratione data ad *Eq.*, vel etiam *Aq.* + *A* in *E* est ad
Eq. in data ratione; denique hic casus omnes æquationes comprehendit intra metam quadratorum, quarum homogenea omnia vel a quadrato *A*, vel a quadrato *E*, vel a rectangulo *A* in *E* afficiuntur.

His omnibus casibus punctum I est ad *lineam rectam,* cujus rei
demonstratio facillima.

Sit NZ quad. + NZ in ZI ad ZI quad. in ratione data (*fig.* 81).

Fig. 81.

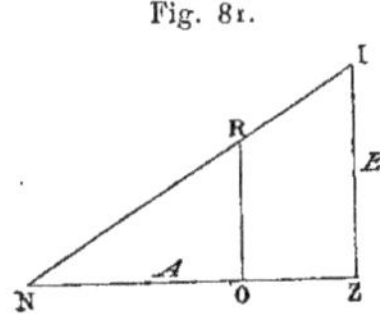

Ducatur quævis parallela OR; quadratum NO + NO in OR erit ad OR
quadratum in eâdem ratione, ut est facillimum demonstrare. Punctum
igitur I erit ad rectam positione < datam >.

[Sumatur enim quodvis punctum, ut O, et fiat data ratio quadrati

NO + NO in OR ad OR quadratum. Juncta NR dabitur positione et
satisfaciet proposito] (¹), idemque continget in quibuslibet æquationibus, quarum omnia homogenea a potestatibus ignotarum vel rectangulo sub ipsis afficientur, ut inutile sit singulos casus scrupulosius
percurrere.

Sɪ potestatibus ignotarum vel rectangulis sub ipsis admisceantur
homogenea, partim omnino data, partim sub data recta in alteram
ignotarum, difficilior evadet constructio : singulos casus construimus
breviter et demonstramus.

Si

$$A q. \quad \text{æquatur} \quad D \text{ in } E,$$

punctum I est ad *parabolen*.

Fiat NP parallela ZI (*fig.* 82), et circa diametrum NP describatur

Fig. 82.

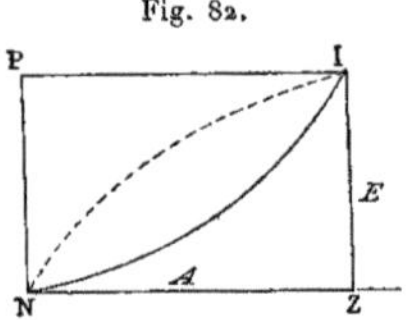

parabole, cujus rectum latus recta *D* data, et applicatæ sint paral-
lclæ NZ : punctum I erit ad parabolen hanc positione datam.

Ex constructione rectangulum sub *D* in NP æquabitur quadrato PI,
hoc est, rectangulum sub *D* in IZ æquabitur quadrato NZ, ideoque :

$$D \text{ in } E \quad \text{æquabitur} \quad A q.$$

Ad hanc æquationem facillime reducentur omnes in quibus *Aq.* miscetur homogeneis sub datis in *E*, aut *Eq.* homogeneis sub datis in *A*,

<hr>

(¹) La démonstration mise entre crochets est suspecte à divers titres; si elle n'a pas été
interpolée, on ne peut guère la considérer que comme un reste d'une première rédaction
de Fermat.

idemque continget, licet homogenea omnino data æquationibus misceantur.

Sit

$$E q. \quad \text{æquale} \quad D \text{ in } A.$$

In præcedenti figura, vertice N, circa diametrum NZ, describatur parabole, cujus rectum latus sit D, et applicatæ rectæ NP parallelæ : præstabit propositum, ut patet.

Ponatur

$$B q. - A q. \quad \text{æq.} \quad D \text{ in } E.$$

Ergo

$$B q. - D \text{ in } E \quad \text{æquabitur} \quad A q.$$

Applicetur $B q.$ ad D et sit æquale D in R. Ergo

$$D \text{ in } R - D \text{ in } E \quad \text{æquabitur} \quad A q.,$$

ideoque

$$D \text{ in } (R - E) \quad \text{æquabitur} \quad A q.$$

Ideoque hæc æquatio reducetur ad præcedentem : recta quippe $R - E$ succedet ipsi E.

Fiat quippe (*fig.* 83) NM parallela ZI et æqualis R, et per punctum M ducatur MO parallela NZ : datur punctum M, et recta MO positione. In

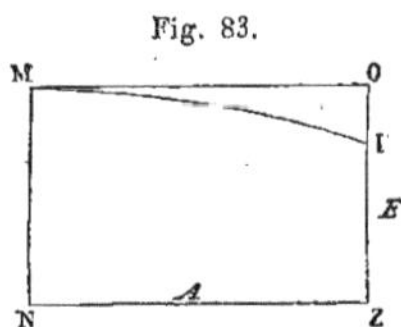

Fig. 83.

hac constructione, OI æquatur $R - E$: ergo D in OI æquatur NZ quad., sive MO quad. Vertice M, circa diametrum MN, descripta parabole, cujus rectum latus D, et applicatæ ipsi NZ parallelæ, præstabit propositum, ut patet ex constructione.

Si

$$B q. + A q. \quad \text{æq.} \quad D \text{ in } E,$$
$$D \text{ in } E - B q. \quad \text{æquabitur} \quad A q.,$$

etc. ut supra. Similiter omnes æquationes ab E et $Aq.$ affectæ construentur.

Sᴇᴅ $Aq.$ miscetur sæpe $Eq.$ et homogeneis omnino datis.

$$Bq. - Aq. \quad \text{æquetur} \quad Eq. :$$

punctum 1 est ad *circulum* positione datum, quando angulus NZI est rectus.

Fiat NM (*fig.* 84) æqualis B; circulus centro N, intervallo NM, descriptus præstabit propositum, hoc est : quodcumque punctum sump-

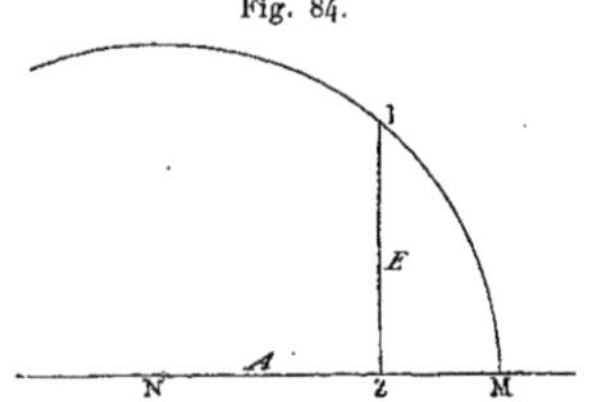

seris in ipsius circumferentia, ut 1, quadratum ZI æquabitur quadrato NM (sive $Bq.$) — quadrato NZ (sive $Aq.$), ut patet.

Ad hanc æquationem reducentur omnes affectæ ab $Aq.$ et $Eq.$, et ab A vel E in datas ductis, modò angulus NZI sit rectus, et præterea coefficientes $Aq.$ æquentur coefficientibus $Eq.$

Sit

$$Bq. - D \text{ in } A \text{ bis} - Aq. \quad \text{æquale} \quad Eq. + R \text{ in } E \text{ bis.}$$

Addatur utrimque $Rq.$, ut $E + R$ succedat E : fiet

$$Rq. + Bq. - D \text{ in } A \text{ bis} - Aq. \quad \text{æquale} \quad Eq. + Rq. + R \text{ in } E \text{ bis.}$$

Ipsis $Rq.$ et $Bq.$ addatur $Dq.$, ut $D + A$ succedat ipsi A, et summa quadratorum $Rq.$, $Bq.$, et $Dq.$ æquetur $Pq.$ Ergo

$$Pq. - Dq. - D \text{ in } A \text{ bis} - Aq. \quad \text{æquabitur} \quad Rq. + Bq. - D \text{ in } A \text{ bis} - Aq.;$$

nam ex constructione

$$Pq. - Dq. \quad \text{æquatur} \quad Rq. + Bq.$$

Si igitur loco ipsius $A + D$ sumpseris A et loco $E + R$ sumpseris E, fiet

$$Pq. -- Aq. \quad \text{æquale} \quad Eq.,$$

et reducetur æquatio ad præcedentem.

Simili ratiocinatione similes æquationes reducentur, et hac via omnes propositiones secundi Libri *Apollonii De locis planis* (¹) construximus, et sex priores in quibuslibet punctis habere locum demonstravimus : quod sane mirabile est et ab Apollonio fortasse ignorabatur.

SED
$$Bq. -- Aq. \text{ ad } Eq. \text{ habeat rationem datam,}$$

punctum I erit ad *ellipsin*.

Fiat MN æqualis B, et per verticem M, diametrum NM, centrum N, describatur ellipsis, cujus applicatæ sint rectæ ZI parallelæ et quadrata applicatarum ad rectangulum sub segmentis diametri habeant rationem datam : punctum I erit ad hujusmodi ellipsin. Etenim quadratum NM — quadrato NZ æquatur rectangulo sub diametri segmentis.

Ad hanc reducentur similes in quibus $Aq.$ ex una parte opponetur $Eq.$ sub contraria affectionis nota et sub coefficientibus diversis. Nam si coefficientes sint eædem et angulus sit rectus, locus erit ad circulum, ut jam diximus; licet igitur coefficientes sint eædem, modò angulus non sit rectus, locus erit ad ellipsin, et, licet immisceantur æquationibus homogenea sub datis et A vel E, fiet reductio eo quod jam usurpavimus artificio.

SI
$$Aq. + Bq. \text{ est ad } Eq. \text{ in data ratione,}$$

punctum I est ad *hyperbolen*.

Fiat NO (*fig.* 85) parallela ZI; data ratio sit eadem quæ $Bq.$ ad quadratum NR : dabitur ergo punctum R. Circa diametrum RO, per ver-

(¹) *Voir* plus haut, pages 29 et 30, note 2.

ticem R, centrum N, describatur hyperbole, cujus applicatæ sint parallelæ NZ, et rectangulum sub toto diametro et RO unà cum RO quadrato ad quadratum OI sit in data ratione, NR quadrati ad Bq. Ergo,
componendo, rectangulum sub MOR (positâ MN æquali NR) unà cum
quadrato NR erit ad quadratum OI unà cum Bq. in ratione data, NR
quadrati ad Bq. Sed rectangulum MOR, unà cum NR quadrato, æqua-

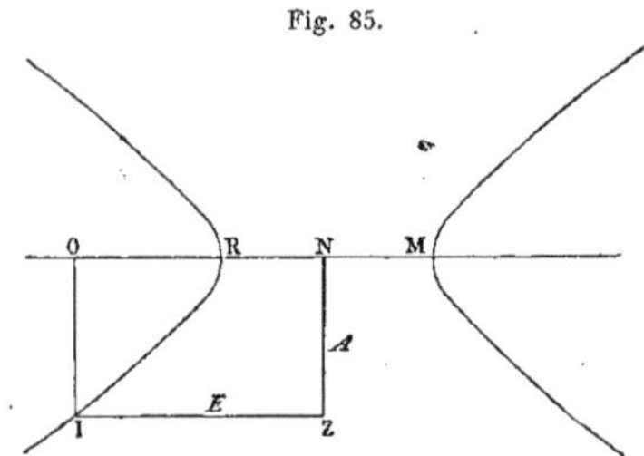

Fig. 85.

tur NO quadrato, sive ZI quadrato, sive Eq.; et quadratum OI unà
cum Bq. æquatur quadrato NZ (sive Aq.) unà cum Bq. : ergo est

$$\text{ut } Eq. \text{ ad } Bq. + Aq., \quad \text{ita NR quad. ad } Bq.$$

et, convertendo,

$$Bq. + Aq. \text{ est ad } Eq. \text{ in ratione data.}$$

Punctum igitur I est ad hyperbolen positione datam.

Eodem quo jam usi sumus artificio, ad hanc æqualitatem reducentur
omnes quæ ab Aq. et Eq. afficiuntur unà cum datis, sive simpliciter,
sive misceantur ipsis homogenea sub A vel E in datas, modò Aq.
habeat eamdem ex altera parte affectionis notam, quam Eq. Nam, si
sint diversæ, propositio concludetur per circulos vel ellipses.

DIFFICILLIMA omnium æqualitatum est quando ita miscentur Aq. et
Eq. ut nihilominus homogenea quædam ab A in E afficiantur unà cum
datis, etc.

$$Bq. - Aq. \text{bis} \quad \text{æquetur} \quad A \text{ in } E \text{ bis} + Eq.$$

Addatur utrimque $Aq.$, ut $A + E$ sit latus alterius ex homogeneis : ergo

$$Bq. - Aq. \text{ æquabitur } Aq. + Eq + A \text{ in } E \text{ bis.}$$

Pro $A + E$ sumatur E, si placet, et ex præcedentibus circulus MI (*fig.* 86) præstet propositum, hoc est :

$$\text{MN quad. (sive } Bq.) - \text{NZ quad. (sive } Aq.)$$
$$\text{æquetur quadrato ZI } \left(\text{sive quadrato abs } \overline{A + E} \right).$$

Fiat VI æqualis NZ, sive A : ergo ZV æquatur E. In hac autem quæstione punctum V, sive extremum rectæ E, tantum inquirimus : videndum ergo et demonstrandum ad quam lineam sit punctum V.

Fig. 86.

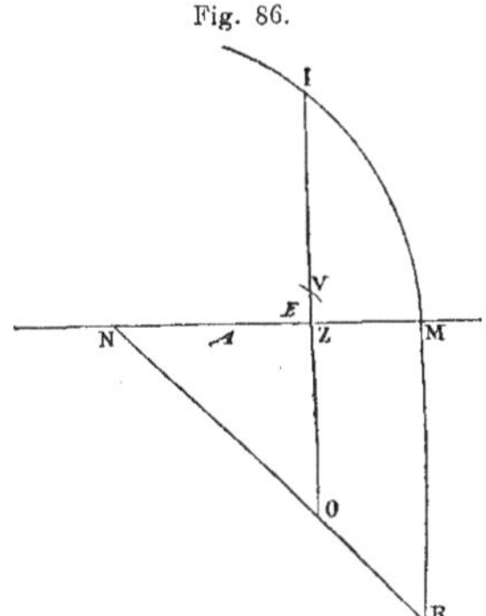

Fiat MR parallela ZI et æqualis MN, et jungatur NR, ad quam producta IZ incidat ad punctum O. Quum MN æquetur MR, ergo NZ æquabitur ZO; sed NZ æquatur VI : ergo tota VO toti ZI est æqualis, ideoque

$$\text{quadratum MN} - \text{quadrato NZ æquatur quadrato VO.}$$

Datur autem triangulum NMR specie : ergo quadrati NM ad quadratum NR datur ratio, ideoque et quadrati NZ ad quadratum NO dabitur ratio. Ratio igitur

$$\text{quadrati MN} - \text{quadrato NZ} \quad \text{ad} \quad \text{quadratum NR} - \text{quadrato NO}$$

datur; probavimus autem

> quadratum OV æquari quadrato MN — quadrato NZ :

ergo ratio quadrati NR — NO quadrato ad quadratum OV datur. Dantur autem puncta N et R, et angulus NOZ : ergo punctum V, ex superius demonstratis, est ad ellipsin.

Non absimili methodo ad superiores casus reducentur reliqui, in quibus homogenea sub A in E homogeneis partim datis, partim sub Aq. aut Eq. immiscebuntur, aut etiam sub A et E in datas ductis, cujus rei disquisitio facillima : semper enim beneficio trianguli specie noti construetur quæstio.

Breviter igitur et dilucide complexi sumus quidquid de locis planis et solidis inexplicatum veteres reliquere, constabitque deinceps ad quem locum pertinebunt casus omnes propositionis ultimæ Libri 1 *Apollonii de locis planis* (¹), et omnia omnino ad hanc materiam spectantia nullo negotio detegentur.

Sᴇᴅ ʟɪʙᴇᴛ coronidis loco pulcherrimam hanc propositionem adjungere, cujus facilitas statim innotescet.

Si, positione datis quotcumque lineis, ab uno et eodem puncto ad singulas ducantur rectæ in datis angulis, et sint species ab omnibus ductis dato spatio æquales, punctum contingit positione datum solidum locum.

Unico exemplo fit via ad practicen : Datis duobus punctis N, M (*fig.* 87), inveniendus locus a quo si jungas rectas IN, IM, quadrata rectarum IN, IM ad triangulum INM datam habeant rationem.

Recta NM æquetur B, et recta ZI, ad angulos rectos, dicatur E terminus; NZ dicatur A : ergo, ex artis præceptis,

> Aq.bis $+ Bq. — B$ in A bis $+ Eq$.bis   ad rectangulum B in E

habebit rationem datam et, resolvendo hypostases ex jam traditis præceptis, ita procedet constructio :

(¹) *Voir* plus haut, p. 27, la note sur le sens qu'il faut attribuer à cette proposition d'Apollonius.

NM bifariam secetur in Z; a puncto Z excitetur perpendicularis ZV, et fiat data ratio eadem quæ ZV quadruplæ ad NM; descripto semicirculo VOZ super VZ (¹) applicetur ZO æqualis ipsi ZM, et junctâ VO, centro V, intervallo VO, describatur circulus OIR, in quo sumatur

Fig. 87.

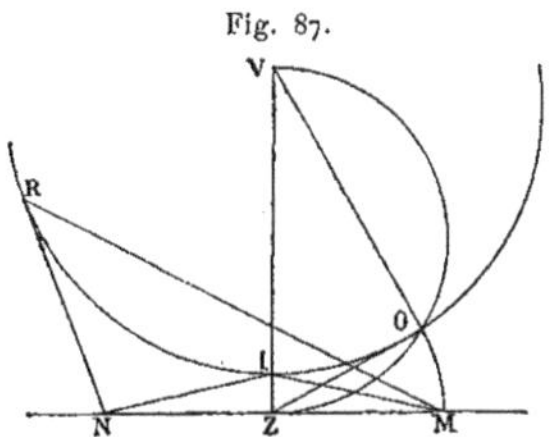

quodlibet punctum, ut R, et jungantur rectæ RN, RM : Aio quadrata RN, RM ad triangulum RNM esse in data ratione.

Hæc inventio, si libros duos *de locis planis* a nobis dudum restitutos præcessisset, elegantiores sane evasissent localium theorematum constructiones : nec tamen præcocis licet et immaturi partûs nos adhuc pœnitet, et informes ingenii fœtus posteris non invidere scientiæ ipsius quadamtenus interest, cujus opera primo rudia et simplicia novis inventis et roborantur et augescunt. Imo et studiosorum interest latentes ingenii progressus et artem sese ipsam promoventem penitus habere perspectam.

APPENDIX AD ISAGOGEN TOPICAM,

CONTINENS SOLUTIONEM PROBLEMATUM SOLIDORUM PER LOCOS.

Patuit methodus qua lineæ locales deteguntur : inquirendum restat qua ratione problematum solidorum solutio possit ex supradictis ele-

(¹) *Construisez :* ZO, æqualis ipsi ZM, applicetur semicirculo VOZ, descripto super VZ. Fermat veut dire que, dans le demi-cercle VOZ, il faut inscrire une corde ZO égale à ZM.

gantissime derivari. Hoc ut fiat, coarctanda illa quantitatum ignotarum extra limites suos evagandi licentia; infinita enim sunt puncta quibus quæstioni propositæ satisfit in locis.

Commodissime igitur per duas æqualitates locales quæstio determinatur : secant quippe se invicem duæ lineæ locales positione datæ, et punctum sectionis, positione datum, quæstionem ex infinito ad terminos præscriptos adigit.

Exemplis breviter et dilucide res explicatur. Proponatur

$$A\,c. + B \text{ in } A\,q. \qquad \text{æquari} \qquad Z\,pl. \text{ in } B.$$

Commode utraque æqualitatis pars potest æquari solido B in A in E, ut per divisionem istius solidi, illinc per A, hinc per B, res deducatur ad locos.

Quum igitur

$$A\,c. + B \text{ in } A\,q. \qquad \text{æquetur} \qquad B \text{ in } A \text{ in } E,$$

ergo

$$A\,q. + B \text{ in } A \qquad \text{æquabitur} \qquad B \text{ in } E,$$

et erit, ut patet ex nostra methodo, extremitas ipsius E ad parabolen positione datam.

Deinde quum

$$Z\,pl. \text{ in } B \qquad \text{æquetur} \qquad B \text{ in } A \text{ in } E,$$

ergo

$$Z\,pl. \qquad \text{æquabitur} \qquad A \text{ in } E,$$

et erit, ex nostra methodo, extremitas ipsius E ad hyperbolen positione datam.

Sed jam probavimus esse ad parabolen positione datam : ergo dabitur positione, et est facilis ab analysi ad synthesin regressus.

Nec dissimilis est methodus in omnibus æquationibus cubicis : constitutis enim ex una parte solidis omnibus ab A affectis, ex altera solido omnino dato vel etiam cum solidis ab A vel $A\,q.$ affectis, poterit fingi æqualitas superiori similis.

Proponatur exemplum in æquationibus quadratoquadraticis :

$$A\,qq. + B\,s. \text{ in } A + Z\,q. \text{ in } A\,q. \qquad \text{æquetur} \qquad D\,pp.$$

Ergo
$$A\,qq. \quad \text{æquabitur} \quad Dpp. - Bs.\,\text{in}\,A - Zq.\,\text{in}\,Aq.$$

Æquentur hæc duo homogenea $Zq.$ in $Eq.$

Quum igitur
$$A\,qq. \quad \text{æquetur} \quad Zq.\,\text{in}\,Eq.,$$

ergo, per subdivisionem quadraticam,
$$Aq. \quad \text{æquabitur} \quad Z\,\text{in}\,E,$$

et erit extremitas E ad parabolen positione datam.

Deinde, quum
$$Dpp. - Bs.\,\text{in}\,A - Zq.\,\text{in}\,Aq. \quad \text{æquetur} \quad Zq.\,\text{in}\,Eq.,$$

omnibus per $Zq.$ divisis,
$$\frac{Dpp. - Bs.\,\text{in}\,A}{Zq.} - Aq. \quad \text{æquabitur} \quad Eq.,$$

et erit, ex nostra methodo, extremitas E ad circulum positione datum. Sed est et ad parabolen positione datam : ergo datur.

Non dissimili methodo solventur quæstiones omnes quadratoquadraticæ : expurgabuntur enim, methodo Vietæ (Cap. I, *De emendatione*) (¹), ab affectione sub cubo et, quadratoquadrato ignoto ab una parte, reliquis homogeneis ab altera constitutis, per parabolen, circulum vel hyperbolen solvetur quæstio.

Proponatur ad exemplum *inventio duarum mediarum in continua proportione*.

Sint duæ rectæ, B major, D minor, inter quas duæ mediæ proportionales sunt inveniendæ. Fiet
$$Ac. \quad \text{æqualis} \quad Bq.\,\text{in}\,D,$$

si major mediarum ponatur A.

____

(¹) *Voir* page 132 de l'édition de Schooten. Il s'agit de la méthode aujourd'hui vulgaire.

Æquentur singula homogenea B in A in E : illinc fiet

$$A\,q. \quad \text{æquale} \quad B \text{ in } E,$$

istinc

$$A \text{ in } E \quad \text{æquale} \quad B \text{ in } D,$$

ideoque quæstio per hyperboles et paraboles intersectionem perficietur.

Exponatur enim recta quævis positione data OVN (*fig.* 88), in quâ detur punctum O. Sint rectæ datæ B et D, inter quas duæ mediæ pro-

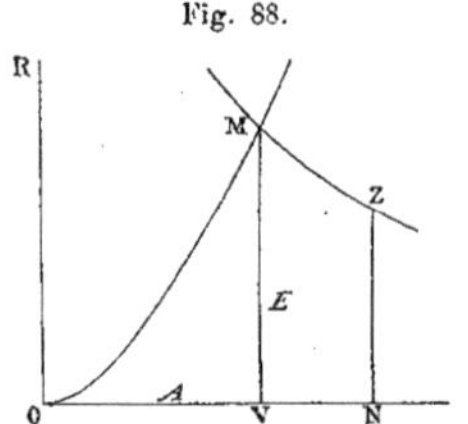

Fig. 88.

portionales inveniendæ : ponatur recta OV æquari A, et recta VM, ipsi OV ad rectos angulos, æquari E.

Ex priori æqualitate, qua

$$A\,q. \quad \text{æquatur} \quad B \text{ in } E,$$

constat per punctum O tanquam verticem describendam parabolen, cujus rectum latus sit B, diameter ipsi VM parallela, et applicatæ ipsi OV $<$ parallelæ $>$; transibit igitur hæc parabole per punctum M.

Ex secunda æqualitate, qua

$$B \text{ in } D \quad \text{æquatur} \quad A \text{ in } E,$$

sumatur punctum ubi libet in recta OV, ut N, a quo excitetur perpendicularis NZ, et fiat rectangulum ONZ æquale rectangulo B in D. Excitetur etiam perpendicularis OR. Circa asymptotos RO, OV describenda hyperbole per punctum Z, ex nostra methodo locali, dabitur positione et transibit per punctum M.

Sed parabole etiam quam supra descripsimus dabitur positione et per idem punctum M transit : datur igitur punctum M positione, a quo si demittatur perpendicularis MV, dabitur punctum V, et recta OV, major duarum continue proportionalium quas quærimus.

Inventæ igitur sunt duæ mediæ per intersectionem paraboles et hyperboles.

Si ad quadratoquadrata lubeat quæstionem extendere, omnia ducantur in A :

$$A\,qq. \quad \text{æquabitur} \quad B q.\ \text{in}\ D\ \text{in}\ A.$$

Æquentur singula homogenea, juxta superiorem méthodum, $B q.$ in $E q.$; fient duæ æqualitates, nempe

$$A q. \quad \text{æq.} \quad B\ \text{in}\ E \quad \text{et} \quad D\ \text{in}\ A \quad \text{æq.} \quad E q.,$$

quæ singulæ dabunt parabolen positione datam. Fiet igitur constructio mesolabii per intersectionem duarum parabolarum hoc casu.

Prior constructio et posterior sunt apud Eutocium in Archimedem ([1]), et huic methodo facile redduntur obnoxiæ.

Abeant igitur *climacticæ* illæ *parapleroses* Vietææ ([2]), quibus æquationes quadratoquadraticas reducit ad quadraticas per medium cubicarum abs radice plana. Pari enim elegantia, facilitate et brevitate solvuntur, ut jam patuit, perinde quadratoquadraticæ ac cubicæ quæstiones, nec possunt, opinor, elegantius.

Ut pateat elegantia hujus methodi, en *constructionem omnium problematum cubicorum et quadratoquadraticorum per parabolen et circulum.*

Ponatur

$$A qq. - Z s.\ \text{in}\ A \quad \text{æquari} \quad D pp.;$$

ergo

$$A qq. \quad \text{æquabitur} \quad Z s.\ \text{in}\ A + D pp.$$

([1]) Commentaire sur le Traité *de la sphère et du cylindre*, II, 2, dans les Œuvres d'Archimède; édition Torelli, page 142; édition Heiberg, vol. III, pages 93-99. Ces deux constructions sont attribuées par Eutocius à Ménechme, l'inventeur présumé des coniques.

([2]) *De emendatione æquationum,* Cap. VI, pages 140 et suivantes de l'édition de Schooten. Il s'agit de la solution algébrique des équations du quatrième degré.

Fingatur quadratum abs $Aq. - Bq.$ aut alio quovis quadrato : fiet quadratum

$$Aqq. + Bqq. - Bq. \text{ in } Aq. \text{ bis.}$$

Addantur ad supplementum singulis æqualitatis partibus

$$Bqq. - Bq. \text{ in } Aq. \text{ bis :}$$

fiet

$$Aqq. + Bqq. - Bq. \text{ in } Aq. \text{ bis} \quad \text{æquale}$$

$$Bqq. - Bq. \text{ in } Aq. \text{ bis} + Zs. \text{ in } A + Dpp.$$

Sit

$$Bq. \text{ bis} \quad \text{æquale} \quad Nq.,$$

et singulis homogeneis, sive partibus æqualitatis, æquetur $Nq.$ in $Eq.$:
fiet illinc, per subdivisionem quadraticam,

$$Aq. - Bq \quad \text{æquale} \quad N \text{ in } E,$$

ideoque punctum extremum E erit ad parabolen, ex nostra methodo ;
istinc fiet

$$\frac{Bqq.}{Nq.} - Aq. + \frac{Zs. \text{ in } A}{Nq.} + \frac{Dpp.}{Nq.} \quad \text{æquale} \quad Eq.,$$

ideoque, ex nostra methodo, punctum extremum E erit ad circulum.

Descriptione igitur paraboles et circuli solvitur quæstio.

Hæc methodus facillime ad omnes casus tam cubicos quam quadrato-
quadraticos extenditur. Curandum enim tantum ut ex una parte sit
$Aqq.$, ex altera quælibet homogenea, modo non afficiantur ab $Ac.$; at,
per expurgationem Vietæam, omnes æquationes quadratoquadraticæ
ab affectione sub cubo liberantur : ergo eadem erit in omnibus methodus.

Quum autem æquationes cubicæ liberentur ab affectione sub quadrato per methodum Vietæam (¹), homogeneis omnibus in A ductis,
fiet æquatio quadratoquadratica cujus nullum ex homogeneis afficietur
sub cubo, ideoque solvetur per superiorem methodum.

Id solum in secunda æqualitate curandum est ut $Aq.$ ex una parte,

____

(¹) *De emendatione æquationum*, Cap. I, pages 13o et suivantes de l'édition de Schooten.

ex altera $Eq.$, sub contraria affectionis nota reperiantur, quod est semper facillimum.

Sit enim in alio casu, ut omnia percurramus,

$$Aqq. \quad \text{æquale} \quad Zpl. \text{ in } Aq. - Zs. \text{ in } D.$$

Fingatur quodvis quadratum abs $Aq.$ — quovis quadrato dato, ut $Bq.$, fiet

$$Aqq. + Bqq. - Bq. \text{ in } Aq. \text{ bis.}$$

Adjiciatur utrique æqualitatis parti, ad supplementum,

$$Bqq. - Bq. \text{ in } Aq. \text{ bis}$$

fiet

$$Aqq. + Bqq. - Bq. \text{ in } Aq. \text{ bis} \quad \text{æquale} \quad Bqq. - Bq. \text{ in } Aq. \text{ bis} + Zpl. \text{ in } Aq. - Zs. \text{ in } D.$$

Ut igitur commoda fiat divisio, in secunda æqualitate sumenda differentia inter $Bq.$ *bis* et $Zpl.$, quæ sit, verbi gratia, $Nq.$, et utraque æqualitatis pars æquanda $Nq.$ in $Eq.$, ut illinc fiat

$$Aq. - Bq. \quad \text{æquale} \quad N \text{ in } E,$$

istinc,

$$\frac{Bqq.}{Nq.} - Aq. - \frac{Zs. \text{ in } D}{Nq.} \quad \text{æquale} \quad Eq.$$

Advertendum deinde $Bq.$ *bis* debere præstare Z *plano*, alioquin $Aq.$ non afficeretur signo defectus et pro circulo inveniremus hyperbolen. Cui promptum remedium : $Bq.$ enim ad libitum sumimus, ideoque ipsius duplum majus Z *plano* nullius est negotii sumere. Constat autem, ex methodo locali, circulum creari semper ex æqualitate, in cujus parte altera quadratum unum ignotum afficitur signo +, in altera aliud quadratum ignotum signo — .

Si sumas ad hoc exemplum inventionem duarum mediarum, erit

$$Ac. \quad \text{æqualis} \quad Bq. \text{ in } D,$$

et

$$Aqq. \quad \text{æquale} \quad Bq. \text{ in } D \text{ in } A.$$

Adjiciatur utrimque $Bqq. - Bq.$ in $Aq.$ bis :

$Aqq. + Bqq. - Bq.$ in $Aq.$ bis   æquabitur $Bqq. + Bq.$ in D in $A - Bq.$ in $Aq.$ bis.

Sit

$$Bq.\text{ bis}\quad\text{æquale}\quad Nq.,$$

et singulæ æqualitatis partes æquentur $Nq.$ in $Eq.$: fiet illinc

$$Aq. - Bq.\quad\text{æquale}\quad N\text{ in }E,$$

ideoque extremum E erit ad parabolen; istinc fiet

$$Bq.\tfrac{1}{2} + D\tfrac{1}{2}\text{ in }A - Aq.\quad\text{æquale}\quad Eq.,$$

ideoque extremum E erit ad circulum.

Qui hæc adverterit, frustra quæstionem mesolabii, trisectionis angularis et similes, tentabit deducere ex planis, hoc est, per rectas et circulos expedire.

ISAGOGE

AD LOCOS AD SUPERFICIEM,

Carissimo Domino de CARCAVI ([1]).

Isagogen ad locos planos et solidos perficit tradenda τόπων πρὸς ἐπιφάνειαν ἐπίδειξις. Hanc veteres indicarunt tantum, sed neque generalibus præceptis docuerunt, neque aliquo saltem nobili exemplo adumbrarunt, nisi in iis forsitan sepultæ jamdiu Geometriæ monumentis deliteant, in quibus tot præclara veterum inventa cum blattis et tineis colluctantur dudum aut omnino evanuerunt.

Generalem tamen huic materiæ methodum non defuturam brevissima dissertatio patefaciet : pluribus enim singulas, quas summatim tradidimus huc usque in Geometricis, inventiones aliquando, si suppetet otium, illustrabimus.

Quæ igitur in lineis topicis symptomata quæsivimus et demonstravimus, eadem in superficiebus planis, sphæricis, conicis, cylindricis et conoideôn aut sphæroideôn quorumlibet inquirere nihil vetat, si præmittantur lemmata singulorum hujusmodi locorum constitutiva ([2]).

([1]) Cet opuscule, jusqu'à présent inédit, et qui contient le premier essai connu sur la théorie générale des surfaces du second degré, est publié d'après une copie d'Arbogast, faite elle-même de seconde main.

([2]) Fermat, dont le point de départ est le Livre d'Archimède *De conoidibus et sphæroidibus,* a bien reconnu la nécessité de généraliser la notion de la surface cylindrique, ainsi que celles des conoïdes (paraboloïdes elliptiques et hyperboloïdes à deux nappes) et sphéroïdes (ellipsoïdes) d'Archimède, qui n'avait traité que des surfaces de révolution; mais il n'a pas soupçonné l'existence du paraboloïde hyperbolique ni de l'hyperboloïde à une nappe. Son erreur apparaît au lemme 5.

Proponatur ergo pro locis ad superficiem planam lemma sequens :

1. *Si superficies quæpiam planis quotlibet in infinitum secetur, et communis sectio omnium in infinitum secantium planorum $<$ et dictæ superficiei $>$ sit linea recta, superficies primum posita erit planum.*

Pro locis ad superficiem sphæricam :

2. *Si superficies quæpiam planis quotlibet in infinitum secetur, et communis sectio planorum omnium secantium et dictæ superficiei sit circulus, superficies illa erit sphæra.*

Pro locis ad superficiem sphæroidis :

3. *Si superficies quæpiam planis quotlibet in infinitum secetur, et communis sectio omnium secantium planorum et dictæ superficiei sit quandoque circulus, quandoque ellipsis, et nihil præterea, superficies illa erit sphærois.*

Pro locis ad conoides parabolicos aut hyperbolicos :

4. *Si superficies quæpiam planis quotlibet in infinitum secetur, et communes sectiones (ut supra) sint quandoque circulus, quandoque ellipsis, quandoque parabole aut hyperbole, et nihil præterea, superficies primum posita erit conois parabolicus aut hyperbolicus.*

Pro locis ad conicas superficies :

5. *Si superficies quæpiam planis quotlibet in infinitum secetur, et communes sectiones sint quandoque lineæ rectæ, quandoque circuli, quandoque ellipses, quandoque parabolæ aut hyperbolæ, et nihil præterea, superficies primum posita erit conus.*

Pro locis ad superficiem cylindricam :

6. *Si superficies quæpiam planis quotlibet in infinitum secetur, et communes sectiones sint quandoque lineæ rectæ, quandoque circuli, quandoque ellipses, et nihil præterea, superficies primum posita erit cylindrus.*

Quia tamen sæpissime occurrunt loci in quibus sectiones sunt lineæ rectæ, parabolæ aut hyperbolæ et nihil præterea (quod ipsa statim quæstionis analysis indicabit), conveniens $<$ est $>$ et necessaria omnino huic disputationi *nova cylindrorum constitutio, in quibus bases inter se parallelæ sint parabolæ aut hyperbolæ, et latera, bases hujusmodi connectentia, sint lineæ rectæ, inter se parallelæ,* ut accidit in cylindris communibus. Ita enim fiet ut nulla omnino cylindrorum hujusmodi per planum sectio det circulos aut ellipses, eruntque aut scaleni aut recti ad imitationem communium, prout analysis topica propositæ quæstionis exposcet.

Hos autem cylindros problemata ipsa topica necessarios innuunt : quod addendum, ne videatur otiosa hujusmodi σχήματος expositio et inventio.

Imo et priusquam ulterius pergas, non omnino satisfacit huic operi Archimedea sphæroideôn et conoideôn constructio ([1]) : scalenos enim, perinde ac rectos, quæstiones ipsæ repræsentabunt.

Ex præmissis sequuntur pulcherrimi primo *ad superficiem sphæricam* loci :

Si a quotcumque punctis datis in quibuslibet planis ad punctum unum inflectantur rectæ, et sint quadrata quæ ab omnibus fiunt dato spatio æqualia, punctum ad inflexionem erit ad superficiem sphæricam sive sphæram positione datam. — Sphæram enim vocare possumus, ad imitationem Euclidis et veterum Geometrarum qui κύκλον non ipsius circuli τὸ ἐμβαδόν, sed circumferentiam ipsam appellarunt : superficiem sane hujusmodi punctum quampiam describet.

Exponatur quodvis planum positione datum et in illo, juxta præcepta locorum planorum et solidorum alias tradita, quæratur locus ad quem a punctis datis inflexarum quadrata æquentur spatio dato.

Hoc autem est facile : sit factum et locus in plano exposito sit curva NJP (*fig.* 89). In illud planum, a punctis A, E, C datis ex hypothesi, demittantur normales AB, EF, CD. Quum igitur planum hoc sit positione datum, dabuntur in illud a punctis A, E, C datis demissæ

([1]) *Voir* la note 2 de la page 111 et la Préface du Traité d'Archimède *Des conoïdes et sphéroïdes* (éd. Torelli, pages 257 à 259 ; éd. Heiberg, vol. I, pages 274 et suiv.).

normales AB, EF, CD; dabuntur et puncta B, F, D in quibus dictæ
normales plano exposito occurrunt. Sumatur in quæsita linea locali
NIP quodvis punctum, ut I, et jungantur rectæ AI, BI, EI, IF, CI, DI.

Quum igitur a punctis datis A, C, E ad punctum I lineæ localis pertingant rectæ AI, EI, CI, earum quadrata comprehendunt spatium
datum. Si igitur ab eis quadratis auferas normalium AB, EF, CD quadrata, quæ jam probavimus data esse, supererunt quadrata BI, FI, DI,

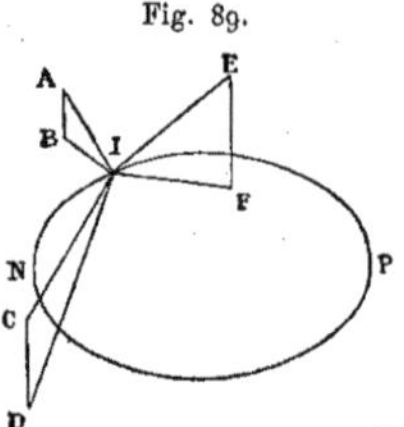

Fig. 89.

quorum summa proinde data est. Dantur etiam in exposito plano
puncta B, F, D, ut similiter probatum est. Quum itaque a punctis B,
F, D, datis in eodem plano, inflectantur rectæ ad locum in eodem
etiam plano, et sint quadrata inflexarum, ut BI, FI, DI, æqualia spatio
dato, patebit, ex Apolloniano (¹) pridem restituto theoremate, locum
NIP esse circulum positione datum, similisque omnino analysis in
quovis alio plano exposito locum habebit.

Quum igitur plana omnia exposita dent circulos locales in infinitum,
ergo superficies primum quæsita, ex vi secundi lemmatis, erit sphæra.

Quum enim superficiem localem proposito satisfacientem quæramus,
quid vetat imaginari superficiem quæsitam plano exposito sectam? At
sectio circulus esse duntaxat potest; quum enim circulus, ut jam demonstravimus, satisfaciat loco cui etiam superficies integra satisfacere
debet, patet circulum in dicta superficie locali necessario collocandum.
Constat igitur superficiem localem in specie proposita, dum planis
secatur, dare infinitos circulos ac proinde esse sphæram.

(¹) *Voir* plus haut *Apollonii de locis planis* Libr. II, prop. V, page 37.

Eàdem ratione demonstrabuntur et sequentes loci :

Si a quotcumque punctis in uno vel diversis planis ad punctum unum inflectantur rectæ, et quadrata, quæ ab aliquibus inflexarum fiunt, ad quadrata quæ a reliquis, sint vel in data ratione vel in data differentia vel dato majora aut minora quam in ratione, punctum ad inflexionem erit ad sphæram positione datam.

Non dissimili artificio pulcherrima in infinitum superficiei sphæricæ symptomata detegentur.

Si sint quotlibet plana positione data, et a puncto quodam in data plana demittantur rectæ in angulis datis, quarum quadrata omnia simul sumpta æquentur spatio dato, punctum erit ad superficiem sphæroidis positione dati.

Fiat analysis et exponatur, ut docet methodus, planum quodlibet positione datum, in quo (juxta præcepta locorum planorum et solidorum quæ in uno duntaxat plano olim expendebamus) quæratur linea localis a cujus puncto quolibet in plana data demissarum in angulis datis quadrata æquentur spatio dato.

Facillima statim evadet constructio : quum enim planum expositum detur positione non secus ac plana data, ergo et communes plani expositi et datorum sectiones similiter dantur. Commodam igitur in analyticis denominationem accipiunt rectæ a quovis puncto plani expositi in plana data demissæ. Harum quadrata si jungas et æques spatio dato, exhibebit analysis in plano exposito circulos tantum aut ellipses locales, neque in quovis alio plano positione dato alium methodus locum poterit exhibere, ut ipse analyseos progressus indicabit.

Patet itaque, ex tertio lemmate, locum quæsitum, quum circulos det tantum aut ellipses, esse sphæroiden.

Si quadratorum hujusmodi pars quævis assignata ad reliquam sit in data differentia vel in data ratione vel dato major aut minor quam in ratione, fient superficies aut sphæroidis aut conoidis aut conicæ aut cylindricæ etc., prout positio datorum planorum expostulabit, idque statim solerti analyseos filo deprehendetur.

Verbi gratia, si sint in data ratione, fient superficies, ut plurimum, conoideòn; si vero communes sectiones planorum datorum ad unum punctum concurrant, fient superficies mere conicæ; et, si sectiones planorum datorum sint inter se parallelæ, fient superficies mere cylindricæ, hoc est, vel nostrorum vel communium cylindrorum.

Usus omnia statim patefaciet : generalia quippe summatim tradenda sunt, nec frequentibus nimis exemplis methodi perspicuitas obruenda.

Ultimum plano locali destinavimus exemplum, quod primam fortasse sedem debuerat occupare.

Si sint quotlibet plana positione data, et a puncto quovis in dicta plana demittantur rectæ in datis angulis, et sit rectarum omnium demissarum summa æqualis rectæ datæ, punctum erit ad planum positione datum.

Secentur quippe, ex superiori methodo, plana data a plano quolibet positione dato, et in eo, juxta methodum locorum planorum jam traditam, quæratur locus propositioni satisfaciens. Erit illo linea recta, ut constabit ex analysi, et in quibuscumque per plana sectionibus idem continget. Patet igitur, ex primo lemmate, locum quæsitum esse superficiem planam.

Si hujusmodi rectarum pars quævis assignata ad reliquam sit in data differentia vel ratione, vel datâ major quam in ratione, punctum erit similiter ad superficiem planam positione datam.

Imo et in superioribus quæstionibus, si plana essent inter se parallela, superficies localis esset plana, quod vix erat ut admoneremus.

Coronidis loco addere libet et huic etiam aptare operi insigne illud, de loco ad tres $<$ et $>$ quatuor lineas Apollonii (^{1}), ἐπιχείρημα.

(^{1}) Pappi Alexandrini Collectionis quæ supersunt (éd. Hultsch, Berlin, 1876-1878), Livre VII, pages 674-681.

Pappus (p. 678, l. 15 à 25) définit le lieu à trois ou quatre lignes, à propos d'un passage de la Préface des *Coniques* d'Apollonius, qu'il reproduit et qu'il discute. Au reste, l'invention du problème est antérieure au géomètre de Perge et doit remonter au moins à Aristée l'ancien, qui en avait probablement abordé l'analyse dans ses Livres perdus *Des lieux*

Si sint tria plana positione data, et a puncto quodam in dicta plana demittantur rectæ in datis angulis, et sit quod fit a duabus ductis rectangulum ad quadratum reliquæ in ratione data, punctum erit vel ad planum vel ad sphæram vel ad sphæroiden vel ad conoides vel etiam ad superficies conicam aut cylindricam (veterem aut novam), prout plana data positionem sortita fuerint.

Nec absimilis *in quatuor planis* inventio, ut cuilibet obvium.

Casus, determinationes, infinita problemata localia seu mavis theoremata, quæ brevitatis causa omisimus, lemmatum præmissorum demonstrationes, et reliqua quæ diligentius forsan fuerant explicanda, sedulus et accuratus Geometra, cui hæc venerint in manus, facillime supplebit, neque latebit deinceps arduæ, ut videbatur, materiæ proclivis intelligentia.

Tolosæ, 6 januarii 1643.

solides; Apollonius reprochait à Euclide de n'avoir, dans ses *Coniques*, donné qu'une synthèse incomplète.

La question était redevenue célèbre depuis l'apparition de la *Géométrie* de Descartes, où elle joue un rôle capital; *voir* notamment pages 324 et suivantes de l'édition originale (*Discours de la Méthode pour bien conduire sa raison et chercher la vérité dans les sciences. Plus la Dioptrique, les Météores et la Géométrie qui sont des essais de cette méthode. A Leyde, de l'imprimerie de Jan Maire, CIɔ IɔC XXXVII. Avec privilège*); pages 21 à 28 de l'édition de Paris, Hermann, 1886. Mais Fermat avait lui-même abordé dès longtemps ce problème : *voir* plus haut, pages 87 à 89.

DE SOLUTIONE

PROBLEMATUM GEOMETRICORUM

PER CURVAS SIMPLICISSIMAS

ET UNICUIQUE PROBLEMATUM GENERI PROPRIE CONVENIENTES,

DISSERTATIO TRIPARTITA.

PARS I.

Ut constet Cartesium in Geometricis etiam hominem esse, quod paradoxum merito forsan quis dixerit, videant subtiliores Cartesiani an mendum contineat linearum curvarum iu certas classes aut gradus Cartesiana distributio, et an probabilior et commodior secundum veras Analyseos Geometricæ leges debeat assignari. Quod sine dispendio famæ tanti et tam celebris viri exsecuturos nos censemus, quum Cartesii et Cartesianorum omnium intersit veritatem, cujus fautores se non immerito jactant acerrimos, licet ipsorum placitis aliquantisper adversetur, omnibus aut (si generale hoc nimis) Geometris saltem et Analystis fieri manifestam.

Problematum geometricorum in certas classes distributio, non solum veteribus, sed et recentioribus necessaria visa est Analystis. Proponatur videlicet

$$A + D \text{ æquari } B,$$

aut

$$A \text{ quadratum} + B \text{ in } A \quad \text{æquari} \quad Z \text{ plano.}$$

Hæ duæ æquationes quarum prior radicem aut latus ignotum suis ter-

minis non excedit, posterior autem lateris ignoti secundam potestatem
sive quadratum continet, primum et simplicius problematum genus
constituunt. Ea vero sunt problemata quæ plana Geometris dici con-
sueverunt.

Secundum problematum genus illud est in quo quantitas ignota
ad tertiam vel ad quartam potestatem, hoc est ad cubum vel ad quadratoquadratum, pertingit. Ratio autem cur duæ potestates proximæ,
licet diversi gradus sint, unum tamen tantum constituant problematum genus, hæc est, quod æquationes quadraticæ reducuntur ad
simplices aut laterales facili, quæ et veteribus et novis cognita est,
methodo, ideoque per regulam et circinum nullo negotio resolvuntur.
Æquationes autem quarti gradus sive quadratoquadraticæ reducuntur
ad æquationes tertii gradus sive cubicas beneficio novæ, quam Vieta
et Cartesius prodiderunt, methodi. Huic enim operi Vieta subtilem
illam et sibi peculiarem climacticam paraplerosin destinavit, ut apud
eum videre est cap. 6 libelli *De emendatione æquationum,* nec absimili
in pari casu usus est artificio Cartesius (¹), licet aliis verbis illud
enunciet.

Similiter quoque cubocubicam æquationem ad quadratocubicam
sive æquationem sexti gradus ad æquationem quinti deprimet, licet
aliquanto difficilius, Vietæus aut Cartesianus Analysta (²). Ex eo
autem quod in prædictis casibus, in quibus una tantum ignota quantitas invenitur, æquationes graduum parium ad æquationes graduum
imparium proxime minorum deprimuntur, idem omnino contingere in
æquationibus in quibus duæ ignotæ quantitates reperiuntur confidenter pronunciavit Cartesius paginâ 323 Geometriæ linguâ gallicâ ab
ipso conscriptæ (³).

(¹) VIÈTE, édition Schooten, pages 140 et suivantes. — DESCARTES (*Géométrie*), édition de 1637, pages 383 et suivantes; édition de 1886 (Paris, Hermann), pages 65 et suivantes.

(²) Cette assertion est singulière : Fermat a-t-il cru, d'après le passage de Descartes
rapporté dans la note qui suit, que son rival possédait le secret d'une pareille réduction?

(³) DESCARTES (*Géométrie*, édition de 1637, p. 323) : « Au reste, je mets les lignes
courbes qui font monter cette équation jusqu'au quarré de quarré, au même genre que

Hujusmodi vero sunt æquationes omnes linearum curvarum constitutivæ : in his enim non solum prædicta reductio vel depressio non succedet, ut Cartesius affirmabat, sed eam omnino impossibilem Analystæ experientur. Proponatur, verbi gratia, æquatio paraboles quadratoquadraticæ constitutiva, in qua

$$A \text{ quadratoquadratum} \quad \text{æquatur} \quad Z \text{ solido in } E;$$

qua ratione æquatio hæc quarti gradus deprimetur ad tertium? quo utentur remedio climacticæ parapleroseos artifices?

Quantitatibus autem ignotis characteres vocalium juxta Vietam assignamus : hæc enim levia et prorsus arbitraria cur immutarit Cartesius (^{1}), non video.

Ut autem pateat disquisitionem hanc aut animadversionem non esse otiosam et inutilem, suppetit methodus universalis qua problemata quæcumque ad certum curvarum gradum reducimus.

Proponatur namque problema in quo quantitas ignota ad tertiam vel ad quartam potestatem ascendat, illud per sectiones conicas quæ sunt secundi gradus expediemus; sed si æquatio ad quintam vel ad sextam potestatem ascendat, tunc solutionem per curvas tertii gradus possumus exhibere; si æquatio ad septimam vel ad octavam potestatem ascendat, solutionem per curvas quarti gradus exhibebimus, et sic uniformi in infinitum methodo. Unde evidens fit non hic de nomine tantum, sed de re agitari quæstionem.

Proponatur in exemplum

$$A \, cub. \, cub. + B \, pl. \, sol. \text{ in } A \quad \text{æquari} \quad Z \, sol. \, sol.,$$

aut, si velis,

$$A \, qu. \, cub. + B \, pl. \, pl. \text{ in } A \quad \text{æquari} \quad Z \, pl. \, sol.;$$

celles qui ne la font monter que jusqu'au cube; et celles dont l'équation monte au quarré de cube, au même genre que celles dont elle ne monte qu'au sursolide, et ainsi des autres; dont la raison est qu'il y a règle générale pour réduire au cube toutes les difficultés qui vont au quarré de quarré, et au sursolide toutes celles qui vont au quarré de cube; de façon qu'on ne doit pas les estimer plus composées. » (Page 20 de l'édition de 1886.)

(^{1}) On sait que Descartes fut le premier à désigner les inconnues par les dernières lettres de l'alphabet; c'est également à lui que remonte l'emploi, en Algèbre, dans les Ouvrages imprimés, des minuscules italiques.

in utroque hoc casu problema solvemus per curvas tertii gradus seu
cubicas, quod et fecit Cartesius (^{1}). Sed si proponatur

$$A\,qu.\,cub.\,cub. + B\,pl.\,pl.\,sol.\ \text{in}\ A \quad \text{æquari} \quad Z\,pl.\,sol.\,sol.,$$

aut

$$A\,qu.\,qu.\,cub. + B\,sol.\,sol.\ \text{in}\ A \quad \text{æquari} \quad Z\,pl.\,pl.\,sol.,$$

tunc problema solvemus per curvas quarti gradus seu quadratoquadraticas, quod nec fecit nec fieri posse existimavit Cartesius (^{2}), quum in
hoc casu ad curvas quinti vel sexti gradus necessario recurrendum
crediderit. Puriorem certe Geometriam offendit qui ad solutionem
cujusvis problematis curvas compositas nimis et graduum elatiorum
assumit, omissis propriis et simplicioribus, quum jam sæpe et a
Pappo (^{3}) et a recentioribus determinatum sit non leve in Geometria
peccatum esse quando problema ex improprio solvitur genere. Quod
ne accidat, corrigendus est Cartesius et singula problemata suis, hoc
est propriis et naturalibus, sedibus restituenda.

Sed et pag. 322 (^{4}) idem Cartesius diserte asserit curvas ex intersectione regulæ et alterius aut rectæ aut curvæ oriundas esse semper ela-

---

(^{1}) *Géométrie de Descartes*, édition de 1637, pages 403 et suivantes; édition de 1886,
pages 80 et suivantes.

(^{2}) *Géométrie de Descartes*, édition de 1637, page 389 : « Si la quantité inconnue a trois
ou quatre dimensions, le problème pour lequel on la cherche est solide, et si elle en a cinq
ou six, il est d'un degré plus composé, et ainsi des autres. » (Page 71 de l'édition de
1886.)

Le reproche spécial adressé ici à Descartes par Fermat n'est certainement pas fondé :
Descartes a bien eu le tort de considérer comme d'un seul GENRE n les courbes de degré
$2n — 1$ et $2n$; mais, pour résoudre un problème de degré $2n — 1$ ou $2n$, il ne demandait
que des courbes de *degré n. Voir* page 308 de l'édition de la *Géométrie* de 1637, page 10
de l'édition de 1886. Fermat a été induit en erreur en croyant retrouver partout dans le
langage de Descartes les conséquences de l'idée erronée qu'il se proposait de relever.

(^{3}) PAPPUS, Livre IV, 59; édition Hultsch, page 270, lignes 27 et suivantes.

(^{4}) Édition de 1886, page 20 : « Mais si au lieu d'une de ces lignes courbes du premier
genre, c'en est une du second qui termine le plan CNKL, on en décrira par son moyen une
du troisième, ou si c'en est une du troisième, on en décrira une du quatrième, et ainsi à
l'infini. »

Descartes suppose que le plan CNKL se meut parallèlement à lui-même, le point L par-
courant la droite fixe AB. La courbe décrite est le lieu de l'intersection de la droite GL,
déterminée par le point fixe G et le point mobile L, avec une courbe CK donnée sur le
plan mobile. Si l'on suppose que les x soient parallèles à AB, les y à AG, que l'équation
de la courbe donnée, en prenant L pour origine des axes, soit $F(x, y) = 0$; si enfin l'on

tioris gradus aut generis, quam est recta aut curva in figura pag. 321 (*fig.* 90), ex qua derivantur. Intelligatur, si placet, in locum ipsius rectæ CNK, in dicta figura pag. 321, substitui parabolen cubicam cujus vertex sit punctum K et axis indefinitus KLBA, et cætera construantur

Fig. 90.

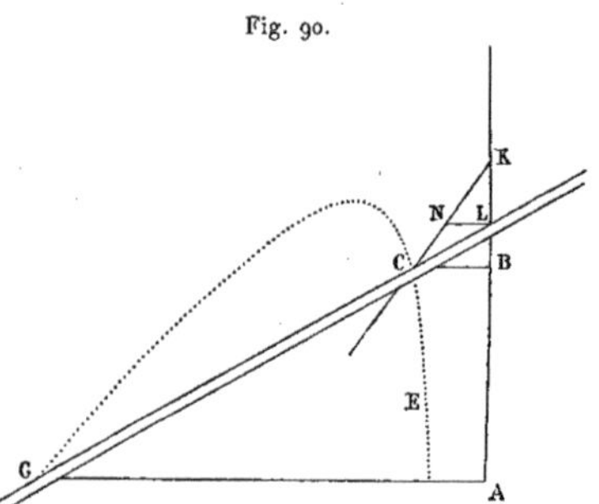

ad mentem Cartesii. Patet æquationem dictæ parabolæ cubicæ constitutivam esse sequentem

A cub. ex una parte,   et *B quad.* in *E* ex altera.

Experiere autem statim curvam EC ex hujusmodi positione provenientem ad æquationem tantum quadratoquadraticam ascendere : ergo curva quadratoquadratica est elatioris gradus aut generis quam curva cubica, secundum prædictam Cartesii definitionem, quum tamen contrarium pag. 323 (¹) expresse idem Cartesius definierit, curvam nempe

pose AG = *a*, il est aisé de voir que l'équation de la courbe décrite sera, en prenant A pour origine,

$$F\left(\frac{xy}{a-y}, y\right) = 0.$$

Or, l'assertion de Descartes revient à dire que, si l'équation de la courbe donnée est du degré 2*n* — 1 ou 2*n*, l'équation de la décrite sera du degré 2*n* + 1 ou 2*n* + 2. Il est singulier que, au lieu de relever ce *lapsus* évident, Fermat se soit au contraire attaché à montrer que, dans tel cas particulier, le degré de la courbe décrite pouvait être encore moins élevé que celui indiqué par Descartes.

(¹) *Voir* la note 3 de la page 119.

quadratoquadraticam et curvam cubicam esse unius et ejusdem gradus aut generis.

Methodum autem nostram qua omnia in infinitum problemata, ea nempe quorum æquationes tertiam et quartam potestatem continent, ad secundum curvarum gradum : quæ quintam et sextam potestatem, ad tertium : quæ septimam et octavam, ad quartum reducimus, et eo in infinitum ordine, exhibere non differemus quotiescumque id voluerint quibus piaculum videtur errores quoscumque vel etiam Cartesianos in præjudicium veritatis dissimulare.

Nec moveat problemata quæ ad secundam potestatem ascendunt et quæ ejusdem cum problematis primi gradus sint speciei et plana dicuntur, circulis, hoc est curvis secundi gradus, indigere; suum enim et proprium huic objectioni responsum non deerit, quum methodum nostram generalem omnia omnino problemata per curvas convenientes absolventem proferemus.

DISSERTATIONIS

PARS II.

Ut datæ publice fidei satisfiat, methodum generalem ad solvenda quæcumque problemata per curvas proprias et convenientes exhibemus. Prædictum est jam in prima Dissertationis parte problemata duorum graduum inter se proximorum, tertii verbi gratia et quarti, quinti et sexti, septimi et octavi, noni et decimi, etc., unicum tantum curvarum gradum respicere : problemata nempe quæ ad tertiam vel quartam potestatem ascendunt, solvi per curvas secundi gradus; ea vero quæ ad quintam vel ad sextam potestatem ascendunt, solvi per curvas tertii gradus; etc. in infinitum.

Modus autem operandi talis est : Data quævis æquatio, in qua unica tantum reperitur ignota quantitas, reducatur primo ad gradum elatiorem sive parem; deinde ab adfectione sub latere omnino liberetur. Quo peracto remanebit æquatio inter quantitatem cognitam vel homogeneum datum ex una parte, et aliquod homogeneum incognitum, cujus singula membra a quadrato lateris incogniti adficientur, ex altera. Homogeneum istud incognitum æquetur quadrato cujus latus effingendum eo artificio ut, in æquatione ipsius quadrati cum homogeneo incognito, elatiores quantum fieri poterit lateris ignoti gradus evanescant. Cavendum etiam ut singula lateris quadratici sic effingendi homogenea a radice vel latere ignoto adficiantur, et ultimum tandem ex illis a secunda etiam radice incognita adficiatur. Orientur tandem beneficio divisionis simplicis ex una parte, et extractionis lateris quadrati ex altera, duæ æquationes linearum curvarum problemati dato convenientium constitutivæ, et earum intersectio solutionem problematis exhibebit, eâ qua dudum usi sumus in solutione problematum per locos methodo.

Exemplum proponatur, si placet,

$$A\,cub.\,cub. + B \text{ in } A\,qu.\,cub. + Z\,pl. \text{ in } A\,qu.\,qu.$$
$$+ D\,sol. \text{ in } A\,cub. + M\,pl.\,pl. \text{ in } A\,qu. \qquad \text{æquari} \qquad N\,sol.\,sol. :$$

problemata quippe omnia quæ ad quintam vel ad sextam potestatem ascendunt ad hanc formam reduci possunt. Nihil enim hoc aliud est quam vel quintam potestatem ad sextam evehere vel eam deinde ab ultima adfectione sub A vel latere liberare, quæ omnia et Vieta [1] et Cartesius [2] abunde docuerunt.

Effingatur itaque quadratum a latere

$$A\,cub. + B \text{ in } A \text{ in } E$$

et æquetur priori primum illius æquationis parti. Fiet itaque

$$A\,cub.\,cub. + B \text{ in } A\,qu.\,qu. \text{ in } E \text{ bis} + B\,qu. \text{ in } A\,qu. \text{ in } E\,qu.$$
$$\text{æquale} \quad A\,cub.\,cub. + B \text{ in } A\,qu.\,cub. + Z\,pl. \text{ in } A\,qu.\,qu.$$
$$+ D\,sol. \text{ in } A\,cub. + M\,pl.\,pl. \text{ in } A\,qu.$$

et, deleto utrimque $A\,cub.\,cub.$ et reliquis per $A\,qu.$ divisis, quod ex

<hr>

[1] Viète, *De emendatione æquationum,* cap. I (éd. Schooten, p. 132).
[2] Descartes, *Géométrie,* page 383 de l'édition de 1637, page 65 de l'édition de 1886.

cautione adjecta methodo semper liberum est, remanebit æquatio inter

$$B \text{ in } A\,cub. + Z\,pl. \text{ in } A\,qu. + D\,sol. \text{ in } A + M\,pl.\,pl.$$ ex una parte,

et

$$B \text{ in } A\,qu. \text{ in } E \text{ bis } + B\,qu. \text{ in } E\,qu.$$ ex altera.

Hæc autem æquatio, ut patet, dat curvam tertii gradus.

Quia autem, ut constituatur duplicata æqualitas et commode ad solutionem problematis deveniatur, æquandum etiam est quadratum a latere $A\,cub. + B \text{ in } A \text{ in } E$ posteriori prioris æquationis parti, hoc est $N\,sol.\,sol.$, ergo, per extractionem lateris quadrati, latus quadraticum $N\,sol.\,sol.$, quod facile datur et dicatur, si placet, $N\,sol.$, æquabitur

$$A\,cub. + B \text{ in } A \text{ in } E,$$

quod est latus quadrati priori æquationis primum datæ parti æqualis. Habemus igitur hanc secundam æquationem

$$\text{inter } N\,sol. \quad \text{et} \quad A\,cub. + B \text{ in } A \text{ in } E,$$

quæ dabit pariter curvam tertii gradus. Quis deinde non videt intersectionem duarum curvarum jam inventarum dare valorem ipsius A, hoc est problematis propositi solutionem?

Si problema ad septimam vel ad octavam potestatem ascendat, statuetur primo sub forma octavæ potestatis, deinde ab adfectione sub latere omnino liberabitur. Hoc peracto, esto itaque, post legitimam ex jam præscripta methodo reductionem,

$$A\,qu.cub.cub. + B \text{ in } A\,qu.qu.cub. + D\,pl. \text{ in } A\,cub.cub.$$
$$+ N\,sol. \text{ in } A\,qu.\,cub. + M\,pl.\,pl. \text{ in } A\,qu.\,qu.$$
$$+ G\,pl.\,sol. \text{ in } A\,cub. + R\,sol.\,sol. \text{ in } A\,qu. \quad \text{æquale} \quad Z\,pl.\,sol.\,sol.$$

Effingetur quadratum cuilibet istius æquationis parti æquandum a latere

$$A\,qu.\,qu. + B\tfrac{1}{2} \text{ in } A\,cub. + D\,pl. \text{ in } A \text{ in } E.$$

Secundum autem hujus lateris quadratici homogeneum eo artificio effinximus ut duæ elatiores lateris vel radicis A potestates in æquatione omnino evanescant, quod perfacile est. Quadratum igitur illius lateris

si æques priori æquationis propositæ parti, deletis communibus et
reliquis per A *qu.* divisis, orietur æquatio curvæ quarti gradus constitutiva ex una parte.

Deinde, post extractionem lateris quadrati ex altera æquationis primum propositæ parte, latus Z*pl. sol. sol.*, quod P*pl. pl.* dicere licet,
æquabitur

$$\text{A } qu.\ qu.\ +\ \text{B } \tfrac{1}{2} \text{ in A } cub.\ +\ \text{D } pl.\ \text{in A in E;}$$

hæc vero æquatio dabit etiam aliam quarti gradus curvam, et harum
duarum curvarum intersectio dabit valorem A, hoc est problematis
propositi solutionem.

Notandum porro in problematis quæ ad nonam aut decimam potestatem ascendunt, ita effingendum latus quadrati ut in eo sint quatuor
ad minus homogenea quorum beneficio evanescant tres elatiores lateris
ignoti gradus; in problematis autem quæ ad undecimam aut duodeci-
mam potestatem ascendunt, latus effingendi quadrati constare debere
quinque ad minus homogeneis, ita formandis ut eorum beneficio quatuor elatiores lateris ignoti gradus evanescant. Perpetua autem et facillima methodo, hanc lateris quadrati effingendi formam per solam et
simplicem divisionem vel applicationem, ut verbis geometricis et in re
pure geometrica utamur, expediri Analystæ experiendo deprehendent,
et characterum + et — variatio nullum methodo præjudicium est alla-
tura.

Quum autem problemata quæ ad secundam potestatem ascendunt per
extractionem lateris quadrati reducantur ad primam, ut notum est, per
lineas primi gradus, hoc est rectas, expedientur, et vana evadet quam
in priore Dissertationis istius parte metueramus objectio, quum extractionem radicis quadraticæ tanquam notam et obviam in quolibet problematum genere ex nostra methodo usurpandam supposuerimus.

Non latebit igitur deinceps accurata et simplicissima problematum
geometricorum per locos proprios a curvis variæ, prout expedit, speciei oriundos, resolutio et constructio. Variare autem curvas salvo
semper et retento naturali problematis genere, liberum erit Analystis,
et semper problemata octavi aut septimi gradus per curvas quarti,

problemata decimi aut noni per curvas quinti, problemata duodecimi
et undecimi per curvas sexti et sic uniformi in infinitum methodo expedientur; quum contra per Cartesium problemata octavi aut septimi
gradus curvis quinti aut sexti indigeant, problemata decimi aut noni
curvis septimi aut octavi, problemata duodecimi aut undecimi curvis
noni aut decimi et sic in infinitum. Quod quam longe a simplicitate et
veritate geometrica absit, videant ipsi Cartesiani, aut, si ita visum
fuerit, contradicant.

Veritatem enim tantum inquirimus et, si in scriptis tanti viri alicubi
delitescat, eam libenti statim animo et amplectemur et agnoscemus.
Tanta me sane, ut verbis alienis utar, hujus portentosissimi ingenii in-
cessit admiratio, ut pluris faciam Cartesium errantem quam multos
κατορθοῦντας.

DISSERTATIONIS

PARS III.

Hæc ad generalem doctrinam fortasse sufficiant : quæ enim problemata Cartesius per gradus curvarum elatiores determinat expedienda,
ea nos generali methodo ad curvarum gradum duplo minorem feliciter
depressimus. Quod ita tamen intelligi debere pronunciamus, ut id saltem auxilium omnes omnino quæstiones admittant : majus quippe infiniti casus speciales non recusant. Juvat itaque ulterius exspatiari et
Analysin Cartesianam non solum ad terminos duplo minores, sed ad
quadruplo, sextuplo, decuplo, centuplo, etc. in infinitum aliquando
minores deprimere, ut tanto magis error Cartesianus detegatur et proprium statim ab Analysi remedium consequatur : potestates autem per
numeros ipsarum exponentes designare in gradibus elatioribus, deinceps commodius erit.

Proponatur invenire sex continue proportionales inter duas datas.

Sint duæ datæ B et D; prima inveniendarum ponatur A : fiet

æquatio inter A^7 et $B^6 D$.

Hæc æquatio secundum Cartesium per curvas quinti tantum aut sexti gradus solvi potest. Nos eam per curvas quarti gradus in secunda hujus Dissertationis parte, sicut reliquas etiam ejusdem naturæ, generaliter resolvimus. Sed nihil vetat quominus eam per curvas tertii gradus resolvamus.

Æquentur quippe singuli æquationis termini homogeneo sequenti $A^4 E^2 D$: æquabitur ex una parte A^7 et, divisis omnibus per A^4, manebit æquatio inter $E^2 D$ et A^3 quæ dat, ut patet, curvam tertii gradus. Ex altera vero parte $A^4 E^2 D$ æquabitur $B^6 D$, et, omnibus per D divisis et reliquis subquadratice depressis, manebit æquatio inter $A^2 E$ et B^3 quæ dabit etiam curvam tertii gradus. Harum autem duarum curvarum intersectio dabit valorem A, hoc est problematis propositi per curvas tertii gradus solutionem.

Sed proponatur *inter duas datas invenire duodecim medias proportionales continue*,

$$\text{æquatio erit inter } A^{13} \text{ et } B^{12} D;$$

eam autem Cartesius tantum per curvas undecimi aut duodecimi gradus solvi posse existimavit. Nos generaliter, ut similes quasvis ejusdem gradus, eam in secunda hujus Dissertationis parte per curvas septimi gradus solvi posse docuimus. Sed ulterius inquirenti occurrit statim elegans per curvas quinti gradus solutio, imo et datur per curvas quarti, ut infra videre est.

Æquentur primum singula hujus æquationis membra homogeneo $A^8 E^4 D$, ex una parte nempe A^{13}, et ex altera $B^{12} D$. In prima, omnibus per A^8 divisis, fiet æquatio inter A^5 et $E^4 D$ quæ dat curvam quinti gradus, ut patet. In secunda, omnibus per D divisis et per quartam potestatem sive quadratoquadratum depressis, remanebit æquatio inter $A^2 E$ et B^3, quæ dat curvam tertii gradus. Per duas itaque curvas quarum una est quinti gradus, altera tertii, problema propositum expedimus.

Sed idem etiam problema facilius, hoc est per curvas quarti gradus, construere possumus : æquentur singula æquationis membra $A^9 E^3 D$. Fiet illinc, post divisionem per A^9, A^4 æquale $E^3 D$, quæ æquatio dat curvam quarti gradus; istinc vero, omnibus per D divisis et deinde per tertiam potestatem sive cubum depressis, fiet æquatio inter $A^3 E$ et B^4 quæ dabit etiam curvam quarti gradus. Problema itaque per duas quarti gradus curvas facillime construimus.

Qui hæc exempla viderit, non poterit dubitare quin *inventio triginta mediarum continue proportionalium* per curvas septimi, imo et per curvas sexti possit expediri. Æquatio

$$\text{nempe inter } A^{31} \text{ et } B^{30} D$$

communi termino $A^{24} E^6 D$ æquabitur, unde problema per curvas septimi gradus expedietur; aut communi termino $A^{25} E^5 D$ æquabitur, unde manabit solutio per curvas sexti gradus.

Sic inventio 72 mediarum solvetur per curvas noni gradus, et patet ex præmissis posse assignari rationem, inter gradum problematis et gradum curvarum illud solventis, omni data ratione majorem. Quod quum viderint Cartesiani, non dubito quin necessitati et admonitionis et emendationis nostræ subscribant.

Advertendum autem immutandam sæpe esse ipsam æquationis formam, ut commodam per partes aliquotas divisionem homogenea ipsa recipiant, quod semel monuisse sufficiet.

Proponatur videlicet *inventio decem mediarum* et sit

$$\text{æquatio inter } A^{11} \text{ et } B^{10} D.$$

Ducatur quodlibet ex homogeneis in rectam datam, verbi gratia Z, ut sit

$$\text{æquatio inter } A^{11} Z \text{ et } B^{10} DZ;$$

ita enim ad numerum 12 pervenietur cujus ope facillima per partes aliquotas evadet reductio aut depressio. Æquetur videlicet quodlibet ex homogeneis $A^8 E^4$: illinc orietur

$$\text{æquatio inter } A^3 Z \text{ et } E^4,$$

quæ dat curvam quarti gradus; istinc vero, beneficio extractionis lateris quadratoquadratici, inter $A^2 E$ et latus quadratoquadraticum homogenei dati $B^{10} DZ$, quod, si placet, sit N solidum, quæ æquatio dat curvam tertii gradus, atque ita invenientur decem mediæ per duas curvas quarum altera est quarti, altera vero tertii gradus : quod per levem illam prioris æquationis immutationem facillime sumus exsecuti.

Nec moror infinita alia quæ Analystis ars ipsa abunde suppeditabit compendia ; hoc tantum adjungo ea omnia quæ superius diximus non solum locum habere, quum potestas ignota nullum aliud sub gradibus inferioribus adfectum continet homogeneum, sed etiam si aliqua ex homogeneis a gradibus potestati proximioribus adficiantur : ut, si

$$A^{13} + NA^{12} + MA^{11} + RA^{10} \text{ æquetur } B^{12}D,$$

solutio hujus quæstionis perinde facilis reddetur, communi adsumpto æquationis homogeneo quo supra usi sumus, nempe A^9E^3D, ac si inveniendæ duodecim mediæ inter duas datas proponerentur. Simili autem in æquationibus ab altioribus gradibus adfectis utemur artificio.

Notandum tamen, in æquationibus in quibus una tantum reperitur ignota quantitas ex una parte, exponentem potestatis illius puræ debere esse numerum primum ut ab eo gradus illius problematis designetur. Si enim exponens ille sit numerus compositus, problema ad gradus numerorum qui eum metiuntur statim devolvetur.

Quærantur, exempli gratia, octo mediæ continue proportionales inter duas datas, fiet

$$\text{æquatio inter } A^9 \text{ et } B^8D,$$

quo casu, quum numerus 9 sit compositus, a numero 3 bis mensuratus, inferetur problema esse tertii gradus : quod quidem ita se habet. Si enim inter duas datas reperiantur duæ mediæ, et rursus inter primam et secundam, secundam et tertiam, tertiam et quartam reperiantur similiter duæ mediæ, fient octo mediæ inter duas primum propositas lineas.

Si quærantur quatuordecim mediæ inter duas datas, æquatio, quæ est inter A^{15} et $B^{14}D$, indicabit problema devolvi ad alia duo problemata, quorum unum est tertii gradus, alterum quinti.

Unde apparet exponentem puræ potestatis debere esse numerum

primum ut vere gradum problematis exprimat et designet. Quum autem *numeros a binario quadratice in se ductos et unitate auctos esse semper numeros primos* (^{1}) apud me constet et jamdudum Analystis illius theorematis veritas fuerit significata, nempe esse primos 3, 5, 17, 257, 65 537, etc. in infinitum, nullo negotio inde derivabitur methodus cujus beneficio *problema* construemus *cujus gradus ad gradum curvarum ipsius solutioni inservientium rationem habeat data quavis majorem*.

Proponatur namque inter duas datas invenire 256 medias continue proportionales : fiet

$$\text{æquatio inter } A^{257} \text{ et } B^{256}D,$$

et singuli termini æquabuntur sequenti $A^{240}E^{16}D$, et mox quæstio per curvas 17^{i} gradus expedietur.

Si quærantur mediæ 65 536, quæstio per curvas 257^{i} gradus solvetur, et sic in infinitum gradus majoris numeri deprimetur ad gradum numeri proxime minoris. Inter duos autem proximos rationem in infinitum augeri quis non videt?

An vero errasse Cartesium ulterius Cartesiani dissimulabunt? ego sane ἐπέχω et quid statuendum hac de re sit sollicitus et tacitus exspecto.

(^{1}) C'est la célèbre proposition, que $2^{2^n}+1$ est un nombre premier, dont Euler a reconnu la fausseté pour $n = 5$, c'est-à-dire pour le nombre qui suit immédiatement le dernier donné par Fermat.

. I.

METHODUS

AD

DISQUIRENDAM MAXIMAM ET MINIMAM [1].

Omnis de inventione maximæ et minimæ doctrina duabus positionibus in notis innititur et hac unica præceptione :

Statuatur quilibet quæstionis terminus esse A (sive planum, sive solidum aut longitudo, prout proposito satisfieri par est) et, inventâ maximâ aut minimâ in terminis sub A, gradu $<$ aut gradibus $>$, ut libet, involutis, ponatur rursus idem qui prius terminus esse $A + E$, iterumque inveniatur maxima aut minima in terminis sub A et E gradibus, ut libet, coefficientibus. Adæquentur, ut loquitur Diophantus [2], duo homogenea maximæ aut minimæ æqualia et, demptis communibus (quo peracto, homogenea omnia ex parte alterutra ab E vel ipsius gradibus afficiuntur), applicentur omnia ad E vel ad elatiorem ipsius gradum, donec aliquod ex homogeneis, ex parte utravis,

---

[1] Cet écrit, envoyé, par l'intermédiaire de Mersenne, à Descartes, qui le reçut vers le 10 janvier 1638, devint dès lors, entre Fermat et l'auteur de la *Géométrie*, le principal thème de la polémique déjà ouverte à propos de la *Dioptrique*.

Le second alinéa se retrouve intégralement vers la fin de l'écrit IV suivant. Les additions entre crochets — *aut gradibus* (ligne 3 de l'alinéa); *sub* (page 134, ligne 2) — sont empruntées à cette seconde rédaction et ne doivent pas avoir figuré dans la première. Les seules autres divergences correspondent aux leçons suivantes du texte postérieur : page 134, lignes 1, 2, 3 « *Elisis.. homogeneis...... involutis, reliqua* » — ligne 4 : « *istius ultimæ* ».

[2] Diophante emploie (V, 14 et 17), dans un but spécial et pour désigner une égalité approximative, les termes de παρισότης et de πάρισον, que Xylander et Bachet ont traduits par *adæqualitas* et *adæquale*.

affectione sub E omnino liberetur. Elidantur deinde utrimque homogenea sub E aut $<$ sub $>$ ipsius gradibus quomodolibet involuta, et reliqua æquentur, aut, si ex una parte nihil superest, æquentur sane, quod eodem recidit, negata affirmatis. Resolutio ultimæ istius æqualitatis dabit valorem A, quâ cognitâ, maxima aut minima ex repetitis prioris resolutionis vestigiis innotescet.

Exemplum subjicimus : *Sit recta* AC (*fig.* 91) *ita dividenda in* E *ut rectangulum* AEC *sit maximum.*

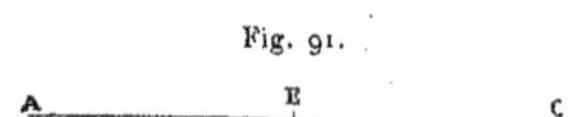

Fig. 91.

Recta AC dicatur B. Ponatur pars altera ipsius B esse A : ergo reliqua erit $B - A$, et rectangulum sub segmentis erit B in $A - Aq.$, quod debet inveniri maximum. Ponatur rursus pars altera ipsius B esse $A + E$: ergo reliqua erit $B - A - E$, et rectangulum sub segmentis erit

$$B \text{ in } A - Aq. + B \text{ in } E - A \text{ in } E \text{ bis} - Eq.,$$

quod debet adæquari superiori rectangulo

$$B \text{ in } A - Aq.$$

Demptis communibus,

$$B \text{ in } E \quad \text{adæquabitur} \quad A \text{ in } E \text{ bis} + Eq.,$$

et, omnibus per E divisis,

$$B \quad \text{adæquabitur} \quad A \text{ bis} + E.$$

Elidatur E,

$$B \quad \text{æquabitur} \quad A \text{ bis.}$$

Igitur B bifariam est dividenda ad solutionem propositi; nec potest generalior dari methodus.

DE TANGENTIBUS LINEARUM CURVARUM.

Ad superiorem methodum inventionem tangentium ad data puncta in lineis quibuscumque curvis reducimus.

Sit data, verbi gratia, *parabole* BDN (*fig.* 92), cujus vertex D, diameter DC, et punctum in ea datum B, ad quod ducenda est recta BE
tangens parabolen et in puncto E cum diametro concurrens.

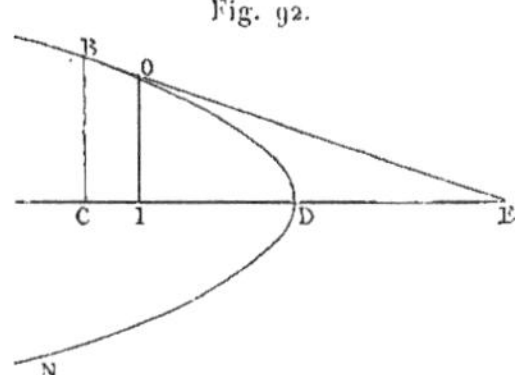

Fig. 92.

Ergo, sumendo quodlibet punctum in recta BE, et ab eo ducendo ordinatam OI, a puncto autem B ordinatam BC, major erit proportio

CD ad DI quam quadrati BC ad quadratum OI,

quia punctum O est extra parabolen; sed, propter similitudinem triangulorum,

ut BC quadratum ad OI quadratum, ita CE quadratum ad IE quadratum :

major igitur erit proportio

CD ad DI quam quadrati CE ad quadratum IE.

Quum autem punctum B detur, datur applicata BC, ergo punctum C;
datur etiam CD : sit igitur CD æqualis D datæ. Ponatur CE esse A :
ponatur CI esse E.

Ergo

D ad $D - E$ habebit majorem proportionem
quam $Aq.$ ad $Aq. + Eq. - A$ in E bis.

Et, ducendo inter se medias et extremas,

D in $Aq. + D$ in $Eq. - D$ in A in E bis   majus erit quam D in $Aq. - Aq.$ in E.

Adæquentur igitur juxta superiorem methodum : demptis itaque communibus,

D in $Eq. - D$ in A in E bis   adæquabitur $- Aq.$ in E, aut, quod idem est,

$$D \text{ in } Eq. + Aq. \text{ in } E \qquad \text{adæquabitur} \qquad D \text{ in } A \text{ in } E \text{ bis.}$$

Omnia dividantur per E : ergo

$$D \text{ in } E + Aq. \qquad \text{adæquabitur} \qquad D \text{ in } A \text{ bis.}$$

Elidatur D in E : ergo

$$Aq. \qquad \text{æquabitur} \qquad D \text{ in } A \text{ bis,}$$

ideoque

$$A \qquad \text{æquabitur} \qquad D \text{ bis.}$$

Ergo CE probavimus duplam ipsius CD, quod quidem ita se habet.

Nec unquam fallit methodus; imo ad plerasque quæstiones pulcher-rimas potest extendi; ejus enim beneficio centra gravitatis (¹) in figu-ris lineis curvis et rectis comprehensis et in solidis invenimus, et multa alia, de quibus fortasse aliàs, si otium suppetat.

De quadraturis spatiorum sub lineis curvis et rectis contentorum, imo et de proportionibus solidorum ab eis ortorum ad conos ejusdem basis et altitudinis, fuse jam cum Domino de Roberval egimus (²).

11.

CENTRUM GRAVITATIS PARABOLICI CONOIDIS,

EX EADEM METHODO (³).

Esto parabolicus conois CBAV (*fig.* 93), cujus axis IA, basis circu-lus circa diametrum CIV. Quæritur centrum gravitatis perpetuâ et con-

---

(¹) *Voir* ci-après sous le numéro 11.

(²) *Voir* les lettres de Fermat à Roberval des 22 septembre, 4 novembre et 16 dé-cembre 1636.

(³) Cet écrit paraît être celui que Fermat adressa, pour Roberval, à Mersenne, avec sa lettre du 20 avril 1638. Mersenne en envoya l'énoncé à Descartes, le 1er mai suivant, sans prendre soin de supprimer les derniers mots, malgré l'allusion directe qu'ils renfer-maient.

stanti, qua maximam et minimam et tangentes linearum curvarum investigavimus, methodo, ut novis exemplis et novo usu, eoque illustri, pateat falli eos qui fallere methodum existimant.

Ut posset parari analysis, axis IA dicatur B; ponatur centrum gravitatis esse O, et rectam AO ignotam dici A; secetur axis IA quovis plano, ut BN, et ponatur IN esse E : ergo NA erit $B - E$.

Fig. 93.

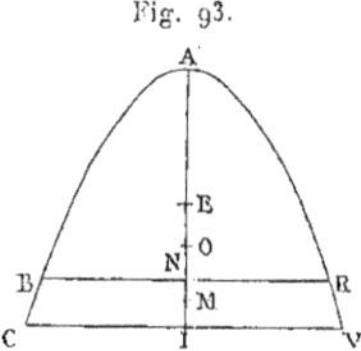

Constat in hac figura et similibus (parabolis aut parabolicis) centra gravitatum, in portionibus abscissis per parallelas basi, in eadem proportione dividere axes (quod, in parabole ab Archimede ([1]) demonstratum, porrigitur non dissimili ratiocinio ad parabolas omnes et parabolicos conoides, ut patet) : ergo centrum gravitatis portionis cujus axis NA, baseos semidiameter BN, ita dividet AN in puncto, verbi gratia, E,

ut ratio NA ad AE sit eadem rationi IA ad AO.

Erit igitur, in notis,

ut B ad A,   ita $B - E$ ad portionem axis AE,

quæ idcirco æquabitur

$$\frac{B \text{ in } A - A \text{ in } E}{B},$$

et ipsa OE, quæ est intervallum inter duo centra gravitatis, æquabitur

$$\frac{A \text{ in } E}{B}.$$

Ponatur portionis reliquæ CBRV centrum gravitatis esse M, quod

([1]) Archimède, *De æquiponderantibus*, II, prop. vii.

necessario debet esse inter puncta N et I, intra figuram, per petitionem 9 Archimedis *De æquiponderantibus* (¹), quum figura CBRV sit in easdem partes cava. Sed

$$\text{ut portio CBRV ad portionem BAR,} \quad \text{ita est EO ad OM,}$$

quum O sit centrum gravitatis totius figuræ CAV, et puncta E et M sint centra gravitatis partium; portio autem CAV ad portionem BAR est, in nostro conoide Archimedeo (²), ut quadratum IA ad quadratum NA, hoc est, in notis,

$$\text{ut } Bq. \quad \text{ad} \quad Bq. + Eq. - B \text{ in } E \text{ bis :}$$

ergo, dividendo,

$$\text{portio CBRV est ad portionem BAR}$$
$$\text{ut } B \text{ in } E \text{ bis} - Eq. \quad \text{ad} \quad Bq. + Eq. - B \text{ in } E \text{ bis.}$$

Demonstravimus autem

$$\text{ut portio CBRV ad portionem BAR,} \quad \text{ita esse OE ad OM :}$$

erit igitur in notis

$$\text{ut } B \text{ in } E \text{ bis} - Eq. \text{ ad } Bq. + Eq. - B \text{ in } E \text{ bis,} \quad \text{ita OE sive } \frac{A \text{ in } E}{B} \text{ ad OM,}$$

quæ proinde æquabitur

$$\frac{Bq. \text{ in } A \text{ in } E + A \text{ in } Ec. - B \text{ in } A \text{ in } Eq. \text{ bis}}{Bq. \text{ in } E \text{ bis} - B \text{ in } Eq.}.$$

Quum autem punctum M, ex demonstratis, sit inter puncta N et I, ergo recta OM erit minor rectâ OI; recta autem OI in notis est $B - A$:

(¹) « Pᴇᴛɪᴛ. IX. Cujuscumque figuræ si fuerit ambitus in easdem partes cavus, centrum » gravitatis figuræ intus esse », page 158 de l'édition Aʀᴄʜɪᴍᴇᴅɪs *Opera quæ extant, novis demonstrationibus commentariisque illustrata* per Davidem Rivaltum a Flurantia Cænomanum etc. — Parisiis, apud Claudium Morellum, via Jacobæa, ad insigne Fontis, M. DC. XV.

(²) Aʀᴄʜɪᴍᴇᴅᴇ, *De conoïdibus et sphæroïdibus*, prop. xxvi.

deducta est igitur quæstio ad methodum et adæquanda

$$B - A \text{ cum } \frac{Bq.\ \text{in } A \text{ in } E + A \text{ in } Ec. - B \text{ in } A \text{ in } Eq.\ \text{bis}}{Bq.\ \text{in } E \text{ bis} - B \text{ in } Eq.}$$

et, omnibus ductis in denominatorem et abs E divisis, adæquabuntur

$$Bc.\ \text{bis} - Bq.\ \text{in } A \text{ bis} - Bq.\ \text{in } E + B \text{ in } A \text{ in } E$$

et

$$Bq.\ \text{in } A + A \text{ in } Eq. - B \text{ in } A \text{ in } E \text{ bis}.$$

Quandoquidem nihil est utrimque commune, elidantur homogenea omnia abs E affecta, et æquentur reliqua : fiet

$$Bc.\ \text{bis} - Bq.\ \text{in } A \text{ bis} \quad \text{æqualis} \quad Bq.\ \text{in } A,$$

ideoque

$$A \text{ ter} \quad \text{æquabitur} \quad B \text{ bis}.$$

Erit igitur

$$1A \text{ ad } AO \text{ ut } 3 \text{ ad } 2$$

et

$$AO \text{ ad } O1 \text{ ut } 2 \text{ ad } 1.$$

Quod erat inveniendum ([1]).

Non dissimili methodo in quibuslibet parabolis in infinitum et parabolicis conoidibus inveniuntur centra gravitatum. Quemadmodum autem, verbi gratia, *in nostro conoide parabolico circa applicatam axi converso* indaganda sint centra gravitatis, non vacat in præsens indicare : sufficit aperuisse me in hoc nostro conoide centrum gravitatis dividere axem in portiones quæ servant proportionem 11 ad 5 ([2]).

([1]) Ces relations étaient connues, d'après Archimède, *De iis quæ vehuntur in aquá*, Livre II, prop. 2 et suivantes. Elles étaient d'ailleurs démontrées dans la proposition 29 de l'Ouvrage : *Federici Commandini Urbinatis liber de centro gravitatis solidorum. Cum privilegio in annos X. Bononiæ ex officina Alexandri Benacii.* M. D. LXV, publié en même temps que la restitution, par Commandin, du Traité précité d'Archimède, où elles sont seulement supposées.

([2]) Ce rapport avait déjà été indiqué à Roberval dans la lettre de Fermat du 4 novembre 1636.

III.

AD EAMDEM METHODUM.

Volo meâ methodo *secare lineam* AC (*fig.* 94) *datam ad punctum* B, *ita ut solidum contentum sub quadrato* AB *et linea* BC *sit maximum* omnium solidorum eodem modo descriptorum secando lineam AC in quovis alio puncto.

Fig. 94.

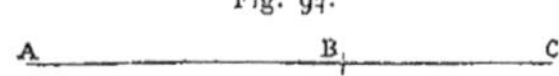

Ponamus in notis algebraicis lineam AC vocari B, et lineam AB incognitam A; BC erit $B - A$: oportet igitur solidum $Aq.$ in $B - Ac.$ satisfacere quæstioni.

Sumamus iterum, loco A, $A + E$: solidum, quod fiet ex quadrato $\overline{A + E}$ et ex $B - E - A$, erit

$$B \text{ in } Aq. + B \text{ in } Eq. + B \text{ in } A \text{ in } E \text{ bis}$$
$$- Ac. - A \text{ in } Eq. \text{ ter} - Aq. \text{ in } E \text{ ter} - Ec.$$

Id comparo primo solido

$$Aq. \text{ in } B - Ac.,$$

tanquam essent æqualia, licet revera æqualia non sint, et hujusmodi comparationem vocavi adæqualitatem, ut loquitur Diophantus (sic enim interpretari possum græcam vocem παρισότης (¹) qua ille utitur). Deinde e duobus solidis demo quod iis est commune, scilicet

$$B \text{ in } Aq. - Ac.;$$

quo peracto, nihil ex una parte superest, et superest ex alia

$$B \text{ in } Eq. + B \text{ in } A \text{ in } E \text{ bis} - A \text{ in } Eq. \text{ ter} - Aq. \text{ in } E \text{ ter} - Ec.$$

Comparanda sunt ergo homogenea notata signo $+$ cum iis quæ notan-

---

(¹) *Voir* la note 2 de la page 133.

tur signo —, et iterare comparationem [adæqualitatem] (¹) oportet inter

$$B \text{ in } Eq. + B \text{ in } A \text{ in } E \text{ bis} \quad \text{ex una parte,}$$
$$\text{et } A \text{ in } Eq. \text{ ter} + Aq. \text{ in } E \text{ ter} + Ec. \text{ ex altera.}$$

Totum dividamus per E : comparatio [adæqualitas] erit inter

$$B \text{ in } E + B \text{ in } A \text{ bis} \quad \text{et} \quad A \text{ in } E \text{ ter} + Aq. \text{ ter} + Eq.$$

Hac divisione peracta, si omnia homogenea dividi possunt per E, iteranda erit divisio per E, donec reperiatur aliquod ex homogeneis quod hujusmodi divisionem non admittat, id est, ut Vietæis (²) verbis utar, quod non afficiatur ab E. Sed quia, in exemplo proposito, comperimus divisionem iterari non posse, hic standum est.

Deinde utrimque deleo homogenea quæ afficiuntur ab E : superest

$$\text{ex una parte} \quad B \text{ in } A \text{ bis,} \quad \text{et ex alia} \quad Aq. \text{ ter,}$$

inter quæ non amplius facere oportet, ut antea, comparationes fictas et adæqualitates, sed veram æquationem. Dividamus totum per A : ergo

$$B \text{ bis erit} \quad \text{æqualis} \quad A \text{ ter,}$$

et

$$B \text{ erit ad } A \text{ ut 3 ad 2.}$$

Redeamus ad nostram quæstionem et dividamus AC in puncto B ita ut

$$\text{AC sit ad AB ut 3 ad 2 :}$$

dico solidum quadrati AB in BC esse maximum omnium quæ describi possunt in eadem linea AC, in qualibet alia sectione.

(¹) Le texte véritable est douteux : Fermat n'a dû écrire que l'un des deux mots, *comparationem* ou *adæqualitatem,* qu'il employait comme synonymes; l'autre serait une glose du copiste ou du possesseur de l'original. Même remarque pour *comparatio* et *adæqualitas*, quatre lignes plus bas.

(²) En réalité, Fermat étend singulièrement ici le sens donné au mot *affectio* par Viète (*voir* notamment *In Artem Analyticen Isagoge,* cap. III, 9, p. 3 de l'édition de Schooten). Viète en effet entend par là la présence, à la suite de la *potestas* (puissance de l'inconnue, sans coefficient), de termes de degré moins élevé. Ainsi, pour lui, x^n serait une *potestas pura* (si $x \geq 2$); tout polynôme entier en x (ayant l'unité pour coefficient du terme de degré le plus élevé) et s'annulant avec x, une *potestas affecta*.

Ut pateat hujus methodi certitudo, desumam exemplum e libro Apollonii *De determinata sectione*, qui, ut refert Pappus initio septimi libri, difficiles determinationes habebat (¹); et eam quæ sequitur difficillimam esse existimo, quam ut inventam supponit Pappus septimo libro, nec enim illam veram esse demonstrat, sed, ut veram supponens, alias inde consequentias deducit. Hoc loco Pappus vocat minimam proportionem μοναχὸν καὶ ἐλάχιστον, *minimam et singularem*, ideo scilicet quia, si proponatur quæstio circa magnitudines datas, duobus semper locis satisfit quæstioni, sed, in minimo aut maximo termino, unicus est qui satisfaciat locus : idcirco Pappus vocat *minimam et singularem*, id est unicam, proportionem omnium quæ proponi possunt minimam. Commandinus hoc loco dubitat quid per μοναχός intelligat Pappus, et veritatem quam modo explicui ignoravit (²). Sed ecce propositionem :

Sit recta data OMID (*fig.* 95), *et in ea quatuor puncta* O, M, I, D *data. Dividenda est portio* MI *in puncto* N *ita ut rectanguli* OND *sit ad rectangulum* MNI *proportio minor quam proportio cujuslibet rectanguli paris* OND *ad quodvis aliud par* MNI.

Fig. 95.

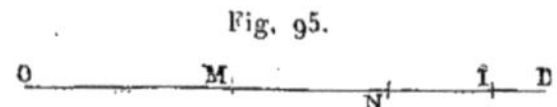

Supponamus in notis lineam OM datam vocari *B*, lineam DM datam *Z*, et MI datam *G*; fingamus nunc MN, quod quærimus, vocari *A* : ergo rectangulum OND in notis erit

$$B \text{ in } Z - B \text{ in } A + Z \text{ in } A - Aq.,$$

(¹) Pappus, éd. Commandin, fol. 159 recto, ligne 14; éd. Hultsch, page 644, ligne 3.

(²) Pappus, éd. Commandin (cf. éd. Hultsch, page 758, ligne 1), prop. 61 :

Fol. 196 recto : « lemm. XXI. Tribus datis rectis lineis AB BC CD, si fiat ut rectangu-
» lum ABD ad rectangulum ACD, ita quadratum ex BE ad quadratum ex EC, singularis
» proportio, et minima est rectanguli AED ad rectangulum BEC. »

Fol. 196 verso A : « commentarius. *Græcus codex* ὁ μοναχὸς λόγος καὶ ἐλάχιστός ἐστιν
» ὁ τοῦ ὑπὸ αεδ πρὸς τὸ ὑπὸ βεγ. *quibus verbis quid significetur, quidque per monachos,*
» *et epitagma in his lemmatibus intelliget, satis percipi non potest, cum Apollonii libris*
» *careamus, in quos ea conscripta sunt.* »

Les lettres A, B, E, C, D de Commandin correspondent respectivement aux lettres O, M, N, I, D de Fermat.

et rectangulum MNI

$$G \text{ in } A - Aq.$$

Oportet igitur proportionem

$$B \text{ in } Z - B \text{ in } A + Z \text{ in } A - Aq. \quad \text{ad} \quad G \text{ in } A - Aq.$$

esse minimam omnium quæ fieri possunt qualibet alia divisione lineæ MI.

Sumamus iterum, loco A, $A + E$, et habebimus proportionem

$$B \text{ in } Z - B \text{ in } A - B \text{ in } E + Z \text{ in } A + Z \text{ in } E - Aq. - Eq. - A \text{ in } E \text{ bis}$$
$$\text{ad} \quad G \text{ in } A + G \text{ in } E - Aq. - Eq. - A \text{ in } E \text{ bis,}$$

quam primæ comparare per adæqualitatem oportebit, id est : multiplicare primum terminum per quartum ex una parte, et secundum per tertium ex alia, et simul hæc duo producta comparare.

Productum

$$B \text{ in } Z - B \text{ in } A + Z \text{ in } A - Aq., \quad \text{qui prior est terminus,}$$

per

$$G \text{ in } A + G \text{ in } E - Aq. - Eq. - A \text{ in } E \text{ bis,} \quad \text{qui est ultimus terminus,}$$

facit

$$B \text{ in } Z \text{ in } G \text{ in } A - G \text{ in } B \text{ in } Aq. + G \text{ in } Z \text{ in } Aq. - G \text{ in } Ac.$$
$$+ B \text{ in } Z \text{ in } G \text{ in } E - B \text{ in } A \text{ in } G \text{ in } E + Z \text{ in } A \text{ in } G \text{ in } E - Aq. \text{ in } G \text{ in } E$$
$$- B \text{ in } Z \text{ in } Aq. + B \text{ in } Ac. - Z \text{ in } Ac. + Aqq.$$
$$- B \text{ in } Z \text{ in } Eq. + B \text{ in } A \text{ in } Eq. - Z \text{ in } A \text{ in } Eq. + Aq. \text{ in } Eq.$$
$$- B \text{ in } Z \text{ in } A \text{ in } E \text{ bis} + B \text{ in } Aq. \text{ in } E \text{ bis} - Z \text{ in } Aq. \text{ in } E \text{ bis} + Ac. \text{ in } E \text{ bis.}$$

Productum autem

$$G \text{ in } A - Aq., \quad \text{secundi termini,}$$

per

$$B \text{ in } Z - B \text{ in } A - B \text{ in } E + Z \text{ in } A + Z \text{ in } E - Aq. - Eq. - A \text{ in } E \text{ bis,}$$
$$\text{tertium terminum,}$$

facit

$$B \text{ in } Z \text{ in } G \text{ in } A - G \text{ in } B \text{ in } Aq. - G \text{ in } B \text{ in } A \text{ in } E + G \text{ in } Z \text{ in } Aq.$$
$$+ G \text{ in } Z \text{ in } A \text{ in } E - G \text{ in } Ac. - G \text{ in } A \text{ in } Eq. - G \text{ in } Aq. \text{ in } E \text{ bis}.$$
$$- B \text{ in } Z \text{ in } Aq. + B \text{ in } Ac. + B \text{ in } Aq. \text{ in } E - Z \text{ in } Ac.$$
$$- Z \text{ in } Aq. \text{ in } E + Aqq. + Aq. \text{ in } Eq. + Ac. \text{ in } E \text{ bis}.$$

Comparo hæc duo producta per adæqualitatem; demamus quod ipsis commune est, et residum dividamus per E : supererit,

ex una parte, $\quad B \text{ in } Z \text{ in } G - Aq. \text{ in } G - B \text{ in } Z \text{ in } E + B \text{ in } A \text{ in } E$
$\quad - Z \text{ in } A \text{ in } E - B \text{ in } Z \text{ in } A \text{ bis} - Z \text{ in } Aq. \text{ bis} + B \text{ in } Aq. \text{ bis},$

et

ex alia, $\quad - G \text{ in } A \text{ in } E - G \text{ in } Aq. \text{ bis} + B \text{ in } Aq. - Z \text{ in } Aq.$

Deleamus omnia homogenea inter quæ iterum reperitur E : supererit

$B \text{ in } Z \text{ in } G - Aq. \text{ in } G - B \text{ in } Z \text{ in } A \text{ bis} - Z \text{ in } Aq. \text{ bis} + B \text{ in } Aq. \text{ bis}$
$\quad$ æquale $\quad - G \text{ in } Aq. \text{ bis} + B \text{ in } Aq. - Z \text{ in } Aq.,$

et, transponendo,

$$- B \text{ in } Aq. + Z \text{ in } Aq. - G \text{ in } Aq. + B \text{ in } Z \text{ in } A \text{ bis}$$
$$\text{erit æquale} \quad B \text{ in } Z \text{ in } G.$$

Istius æquationis resolutione reperiemus valorem lineæ A, id est valorem MN, et consequenter punctum N, et inveniemus veritatem propositionis Pappi (¹), qui docet, ad reperiendum punctum N, oportere facere

ut rectangulum OMD ad rectangulum OID,
ita quadratum MN ad quadratum NI;

æquationis enim resolutio nos ad eamdem constructionem deducit.

Ut tandem *tangentibus* applicetur hæc methodus, sic procedere possum :

Sit, verbi gratia, *ellipsis* ZDN (*fig.* 96), cujus axis sit ZN et cen-

____

(¹) *Voir*, dans la note 2 de la page 142, la traduction par Commandin du texte de Pappus et la correspondance indiquée pour les lettres.

trum R. Sumamus punctum, ut D, in ejus circumferentia, a quo ducamus lineam DM quæ tangat ellipsin; ducamus præterea applicatam
DO et supponamus $<$ in $>$ notis algebraicis OZ datam vocari B, et ON
datam vocari G; fingamus OM, quam quærimus incognitam, vocari A

Fig. 96.

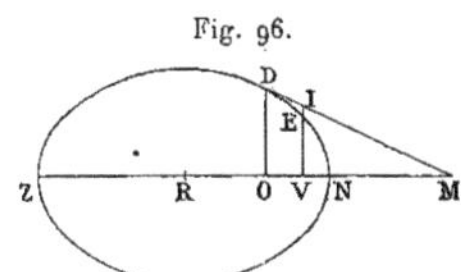

(intelligimus autem per OM portionem axis contentam inter punctum O et concursum tangentis).

Quoniam DM tangit ellipsin, si ducamus lineam IEV, parallelam DO,
per punctum V sumptum ad libitum inter O et N, certum est lineâ IEV
secari tangentem DM et ellipsin quoque, ut in punctis E et I; et, quia
linea DM tangit ellipsin, omnia puncta præter D erunt extra ellipsin :
ergo linea IV erit major lineâ EV. Erit igitur major proportio

quadrati DO ad quadratum EV quam quadrati DO ad quadratum IV ;

sed
ut quadratum DO ad quadratum EV,

ita, proprietate ellipsis,

rectangulum ZON est ad rectangulum ZVN,

et

ut quadratum DO ad quadratum IV,   ita quadratum OM ad quadratum VM :

major est igitur proportio

rectanguli ZON ad rectangulum ZVN
quam quadrati OM ad quadratum VM.

Fingamus $<$ OV $>$, sumptam ad libitum, æqualem E :

rectangulum ZON erit B in G;
rectangulum ZVN erit B in $G - B$ in $E + G$ in $E - Eq$.;
quadratum   OM   erit Aq.;
quadratum   VM   erit $Aq. + Eq. - A$ in E bis.

Erit igitur major proportio

$$B \text{ in } G \quad \text{ad} \quad B \text{ in } G - B \text{ in } E + G \text{ in } E - Eq.$$
$$\text{quam } Aq. \quad \text{ad} \quad Aq. + Eq. - A \text{ in } E \text{ bis,}$$

et consequenter, si multiplicetur prior terminus per ultimum et secundus per tertium,

$$B \text{ in } G \text{ in } Aq. + B \text{ in } G \text{ in } Eq. - B \text{ in } G \text{ in } A \text{ in } E \text{ bis,}$$

productum scilicet prioris termini per ultimum, erit majus

$$B \text{ in } G \text{ in } Aq. - B \text{ in } E \text{ in } Aq. + G \text{ in } E \text{ in } Aq. - Aq. \text{ in } Eq.$$

Oportet igitur, juxta meam methodum, comparare hæc duo producta per adæqualitatem; demamus quod iis commune est et dividamus residuum per E : supererit,

$$\text{ex una parte,} \quad B \text{ in } G \text{ in } E - B \text{ in } G \text{ in } A \text{ bis,}$$
$$\text{et, ex alia,} \quad - B \text{ in } Aq. + G \text{ in } Aq. - Aq. \text{ in } E.$$

Deleamus homogenea quæ aliquid habent lineæ E : supererit,

$$\text{ex una parte,} \quad - B \text{ in } G \text{ in } A \text{ bis,} \quad \text{et, ex alia,} \quad - B \text{ in } Aq. + G \text{ in } Aq.$$

Quos duos terminos juxta methodum æquare oportet; et, transponendo terminos, ut par est, inveniemus

$$B \text{ in } A - G \text{ in } A \quad \text{æquale} \quad B \text{ in } G \text{ bis.}$$

Vides hanc resolutionem eamdem esse cum Apolloniana (²) : nam, mea constructione, ad reperiendam tangentem, oportet facere

$$\text{ut } B - G \text{ ad } G, \quad \text{ita } B \text{ bis ad } A,$$

id est

$$\text{ut } ZO - ON \text{ ad } ON, \quad \text{ita } ZO \text{ bis ad } OM;$$

sed, Apolloniâ, oportet facere

$$\text{ut } ZO \text{ ad } ON, \quad \text{ita } ZM \text{ ad } MN :$$

duæ autem illæ constructiones, ut patet, in idem recidunt.

(¹) APOLLONIUS, *Coniques*, I, 34.

Plura possem alia exempla addere, tum primi, tum secundi casûs
meæ methodi, sed hæc sufficiunt et eam esse generalem ac nunquam
fallere satis probant. Demonstrationem regulæ non adjicio nec plerosque alios usus qui illius perfectionem confirmare possent, nec inventionem centrorum gravitatis, asymptotôn, quorum exemplum misi doc-
tissimo Domino de Roberval ([1]).

IV.

METHODUS DE MAXIMA ET MINIMA ([2]).

Dum *syncriseos* et *anastrophes* Vietææ ([3]) methodum expenderem,
earumque usum in deprehendenda æquationum correlatarum constitutione accuratius explorarem, subiit animum nova ad inventionem
maximæ et minimæ exinde derivanda methodus, cujus ope dubia quælibet ad διορισμόν pertinentia, quæ veteri et novæ molestiam exhibuere
Geometriæ, facillime profligantur.

Maximæ quippe et minimæ sunt unicæ et singulares, quod et
Pappus ([4]) monuit et jam veteres norunt, licet Commandinus quid

([1]) Fermat semble ne faire allusion ici qu'à l'Écrit II qui précède. Cet Écrit fut effectivement envoyé à Roberval, par l'intermédiaire de Mersenne, en avril 1638; il n'y a au
contraire, dans la correspondance connue de Fermat, aucun indice sur une application de
sa méthode à la recherche des asymptotes.

([2]) Cet important morceau a été conservé par une copie de Mersenne, aujourd'hui perdue
elle-même, mais dont il subsiste deux transcriptions de la main d'Arbogast : l'une au net
(Manuscrit du prince Boncompagni), l'autre en brouillon (Bibl. Nat., *Fonds français*, 3280,
nouv. acq.), qui a servi à M. Ch. Henry pour le texte qu'il a donné : *Recherches sur les
manuscrits de Pierre de Fermat* (Rome, 1880), pages 180-183.

([3]) VIÈTE, *De recognitione æquationum*, cap. 16, et *De emendatione æquationum*,
cap. 3 (éd. Schooten, p. 104 et suiv., 134 et suiv.). La *syncrisis* de Viète correspond à la
recherche de la composition des coefficients d'une équation en fonction des racines de
cette équation; l'*anastrophe* a pour objet l'abaissement du degré (impair) d'une équation,
quand on connaît une racine de la transformée obtenue en changeant le signe de l'inconnue.

Dans tout ce fragment, au reste, Fermat emploie les expressions techniques de Viète et
applique les procédés de ce dernier.

([4]) *Voir* plus haut, page 142.

per μοναχός intelligeret Pappus, ignorare se non diffitetur. Inde sequitur, ab utraque puncti determinationis constitutivi parte, posse sumi æquationem unam ancipitem et, ex duabus utrimque sumptis, effici duas æquationes ancipites correlatas æquales et similes.

Proponatur in exemplum *recta B ita secta ut rectangulum sub ipsius segmentis sit maximum* (¹). Punctum proposito satisfaciens rectam datam bifariam secat, ut patet, et maximum rectangulum æquatur quadranti B quadrati; nec ex alia quavis rectæ illius sectione orietur rectangulum æquale quadranti B quadrati.

At, si *recta eadem B* proponatur *secanda eâ conditione ut rectangulum sub ejus segmentis sit æquale Z plano* (quod supponendum minus quadrante B quadrati), tunc duo puncta proposito satisfacient, quæ quidem a puncto maximi rectanguli intercipiuntur.

Sit enim alicujus rectæ B segmentum A, fiet

$$B \text{ in } A - A \text{ quad.} \quad \text{æquale} \quad Z \text{ plano,}$$

quæ æquatio est anceps et rectam A de duobus lateribus explicari posse indicat. Sit igitur æquatio correlata

$$B \text{ in } E - E \text{ quad.} \quad \text{æquale} \quad Z \text{ plano;}$$

ex methodo Vietæa comparentur hæ duæ æquationes :

$$B \text{ in } A - B \text{ in } E \quad \text{æquabitur} \quad A \text{ quad.} - E \text{ quad.,}$$

et, omnibus per $A - E$ divisis, fiet

$$B \quad \text{æqualis} \quad A + E,$$

ipsæque A et E erunt inæquales.

Si sumatur aliud planum, loco Z plani, quod sit majus quam Z planum, sed minus quadrante B quadrati, tunc rectæ A et E minus inter se different quam superiores, quum puncta divisionis magis accedent ad punctum rectanguli maximi constitutivum, semperque, auctis divisionum rectangulis, ipsarum A et E differentia minuetur, donec per

(¹) *Voir* plus haut la même question traitée, page 134.

ultimam maximi rectanguli divisionem evanescat, quo casu μοναχή vel unica continget solutio, quum duæ æquales $<$ fient $>$ quantitates, hoc est, A æquabitur E.

Quum igitur, in duabus superioribus æquationibus correlatis, per methodum Vietæam, B æquabitur $A + E$, si E æquetur ipsi A (quod contingere semper in puncto maximæ vel minimæ constitutivo apparet), ergo, in casu proposito,

$$B \quad \text{æquabitur} \quad A \text{ bis :}$$

hoc est, si recta B bifariam secetur, rectangulum sub ipsius segmentis erit maximum.

Esto aliud exemplum : *Recta B ita secanda est, ut solidum sub quadrato unius ex segmentis in alterum sit maximum* (^{1}).

Ponatur unum segmentum esse A ; ergo

$$B \text{ in } A \text{ quad.} - A \text{ cub. erit maximum.}$$

Æquatio correlata æqualis et similis est

$$B \text{ in } E \text{ quad.} - E \text{ cub.}$$

Comparentur juxta methodum Vietæ : ergo

$$B \text{ in } A \text{ quad.} - B \text{ in } E \text{ quad.} \quad \text{æquabitur} \quad A \text{ cub.} - E \text{ cub.,}$$

et, omnibus per $A - E$ divisis,

$$B \text{ in } A + B \text{ in } E \quad \text{æquabitur} \quad A \text{ quad.} + A \text{ in } E + E \text{ quad.,}$$

quæ est constitutio æquationum correlatarum.

Ut quæratur maxima, fiat E æqualis ipsi A : ergo

$$B \text{ in } A \text{ bis} \quad \text{æquabitur} \quad A \text{ quad. ter,}$$

hoc est,

$$B \text{ bis} \quad \text{æquabitur} \quad A \text{ ter.}$$

Constat propositum.

Quia tamen operosa nimis et plerumque intricata est divisionum

___

(^{1}) *Voir* plus haut la même question traitée, page 140.

illa per binomia practice, conveniens visum est latera æquationum correlatarum inter se per ipsorum differentiam comparari ut, ea ratione,
unicà ad differentiam illam applicatione totum opus absolvatur.

Esto

$$Bq. \text{ in } A - Ac. \text{ æquandum maximo solido.}$$

Correlata, juxta superioris præcepta methodi, æquatio debuit sumi

$$Bq. \text{ in } E - Ec.$$

Sed, quoniam E (perinde atque A) est incerta quantitas, nihil vetat
quominus vocetur $A + E$: erit igitur

$$Bq. \text{ in } A + Bq. \text{ in } E - Ac. - Ec. - Aq. \text{ in } E \text{ ter} - Eq. \text{ in } A \text{ ter,}$$

ex una parte ; ex altera

$$Bq. \text{ in } A - Ac.$$

Demptis æqualibus, patet æquationem integram in homogenea ab
E adfecta iri devolutam, quia in utraque æquatione reperitur A :
nempe

$$Bq. \text{ in } E \quad \text{æquabitur} \quad Ec. + Aq. \text{ in } E \text{ ter} + Eq. \text{ in } A \text{ ter,}$$

et, omnibus ipsi E applicatis,

$$Bq. \quad \text{æquabitur} \quad Eq. + Aq. \text{ ter} + A \text{ in } E \text{ ter,}$$

quæ est constitutio duarum hujusmodi æquationum correlatarum.

Ad inveniendam maximam, latera duarum æquationum inter se
debent æquari, ut satisfiat methodi prædictæ præceptis, ex qua posterior hæc et modum et rationem ipsam operandi desumpsit.

Æquanda igitur sunt inter se A et $A + E$: ergo E dabit nihilum.
Quum igitur $Bq.$, ex jam inventa æquationum correlatarum constitutione, æquetur

$$Eq. + Aq. \text{ ter} + A \text{ in } E \text{ ter,}$$

ergo elidi debent homogenea omnia ab E adfecta, utpote nihilum re-
præsentantia : et manebit

$$Bq. \quad \text{æquale} \quad Aq. \text{ ter,}$$

quæ æquatio dabit maximum solidum quæsitum.

Ut autem plenius innotescat utriusque hujus nostræ methodi usum esse generalem, dispiçiamus novas æquationum correlatarum species de quibus < tacet > Vieta, ex libro Apollonii *De determinata sectione* (propositione apud Pappum 61 Libri VII), cujus determinationes ipse Pappus innuit et profitetur difficiles (¹).

Sit recta BDEF (*fig.* 97), *in quâ data puncta* B, D, E, F. *Intra puncta* D *et* E *sumendum punctum* N, *ut rectangulum* BNF *ad rectangulum* DNE *habeat minimam rationem.*

Fig. 97.

$$\text{B} \qquad \text{D} \qquad \text{E} \quad \text{F}$$
$$\text{N}$$

Recta DE vocetur B, DF vocetur Z, BD vocetur D; ponatur DN esse A : ergo

ratio D in $Z - D$ in $A + Z$ in $A - Aq.$ ad B in $A - Aq.$ est minima.

Ratio correlata similis et æqualis esto

$$D \text{ in } Z - D \text{ in } E + Z \text{ in } E - Eq. \quad \text{ad} \quad B \text{ in } E - Eq.,$$

juxta priorem methodum. Factum itaque sub mediis æquabitur facto sub extremis : hoc est, ex una parte,

$$D \text{ in } Z \text{ in } B \text{ in } E - D \text{ in } Z \text{ in } Eq. - D \text{ in } A \text{ in } B \text{ in } E + D \text{ in } A \text{ in } Eq.$$
$$+ Z \text{ in } A \text{ in } B \text{ in } E - Z \text{ in } A \text{ in } Eq. - Aq. \text{ in } B \text{ in } E + Aq. \text{ in } Eq.,$$

ex altera parte,

$$D \text{ in } Z \text{ in } B \text{ in } A - D \text{ in } Z \text{ in } Aq. - D \text{ in } E \text{ in } B \text{ in } A + D \text{ in } E \text{ in } Aq.$$
$$+ Z \text{ in } E \text{ in } B \text{ in } A - Z \text{ in } E \text{ in } Aq. - Eq. \text{ in } B \text{ in } A + Eq. \text{ in } Aq.$$

Demptis communibus et facta congrua metathesi,

$$D \text{ in } Z \text{ in } B \text{ in } A - D \text{ in } Z \text{ in } B \text{ in } E + D \text{ in } E \text{ in } Aq. - D \text{ in } A \text{ in } Eq.$$
$$- Z \text{ in } E \text{ in } Aq. + Z \text{ in } A \text{ in } Eq. + Aq. \text{ in } B \text{ in } E - Eq. \text{ in } B \text{ in } A$$
$$\text{æquabitur} \quad D \text{ in } Z \text{ in } Aq. - D \text{ in } Z \text{ in } Eq.$$

(¹) *Voir* plus haut la même question traitée, page 142.

Singulis æquationis partibus per $A - E$ divisis (quod quidem, bina ex homogeneis correlata sigillatim inter se conferendo, facillimum : ut puta

D in Z in B in $A - D$ in Z in B in E abs $A - E$ divisum   dat D in Z in B;

similiter

D in E in $Aq. - D$ in A in $Eq.$ abs $A - E$ divisum   dat D in A in E;

et sic de cæteris : homogenea enim inter se correlata satis facile disponuntur ad hujusmodi divisionem admittendam), fiet igitur, post divisionem,

$$D \text{ in } Z \text{ in } B + D \text{ in } A \text{ in } E - Z \text{ in } A \text{ in } E + B \text{ in } A \text{ in } E$$
$$\text{æquale} \quad D \text{ in } Z \text{ in } A + D \text{ in } Z \text{ in } E,$$

quæ tandem æqualitas æquationum correlatarum constitutionem exhibebit.

At, si ex hujusmodi constitutione quæratur minima, debet E, juxta methodum, æquari A : igitur

$$D \text{ in } Z \text{ in } B + D \text{ in } Aq. - Z \text{ in } Aq. + B \text{ in } Aq. \quad \text{æquabitur} \quad D \text{ in } Z \text{ in } A \text{ bis};$$

hujus æquationis resolutio dabit valorem A, ex quo minima ratio quæsita statim patebit.

Nec morabitur Analystam ultimæ istius æqualitatis ambiguitas : prodet quippe se, vel invito, latus utile. Imo et in æquationibus ambiguis quæ plura duobus habent latera, non deerit solitum ab utraque hac nostra methodo, sagaci tantisper Analystæ, præsidium.

Ex supradictæ quæstionis processu, patet priorem illam methodum intricatam nimis ut plurimum evadere, propter crebras illas divisionum per binomia iterationes. Recurrendum ergo ad posteriorem, quæ tamen, licet ex priori, ut jam dictum est, deducta, miram certe facilitatem et compendia innumera peritioribus abunde suppeditabit Analystis, imo et ad inventionem tangentium, centrorum gravitatis, asymptotôn, aliorumque id genus, longe expeditior alterâ illâ evadet et elegantior.

Confidenter itaque sicut olim, ita et nunc pronuntiamus semper et legitimam, non autem fortuitam (ut quibusdam visum) (¹), maximæ et minimæ disquisitionem hoc unico et generali contineri epitagmate :

Statuatur etc. (*voir* page 133, ligne 7, à page 134, ligne 6; *comparer* page 133, note 1) ... innotescet.

Si qui adhuc supersunt qui methodum hanc nostram debitam sorti pronuntiant,

Hos cupiam similes tentando excudere sortes (²).

Qui hanc methodum non probaverit, ei proponitur :

Datis tribus punctis, quartum reperire, a quo si ducantur tres rectæ ad data puncta, summa trium harum rectarum sit minima quantitas.

V.

AD METHODUM DE MAXIMA ET MINIMA APPENDIX (³).

Quia plerumque in progressu quæstionum occurrunt asymmetriæ, non dubitabit Analysta triplicatas aut ulterioris etiam, si libeat, gradûs positiones usurpare : earum quippe beneficio multiplices et intricati ut plurimum vitabuntur ascensus. Hujusce artificii methodus ita procedit ut exempla infra scripta declarabunt.

Sit semicirculus cujus diameter AB (*fig.* 98) *et in eam perpendicularis* DC. *Quæritur maximum rectarum* AC *et* CD *aggregatum.*

Diameter vocetur B; ponatur recta AC esse A : ergo

CD erit *latus* (B in $A - A$ quad.).

(¹) Allusion à la lettre de Descartes à Mersenne pour Fermat, du 18 janvier 1638 : « Car premièrement la sienne [la règle de Fermat] est telle que, sans industrie et par hasard, on peut aisément tomber dans le chemin qu'il faut tenir pour la rencontrer. »

(²) Ce vers latin n'est tiré d'aucun classique; peut-être est-il de Fermat lui-même.

(³) Morceau inédit, publié sur la copie d'Arbogast, qui porte la mention « *d'après le manuscrit de Fermat* ».

Eo itaque deducitur quæstio ut

$$A + lat.\,(B \text{ in } A - A \text{ quad.})$$

sit maxima quantitas.

Quia, ex præceptis methodi, æquationes adæquandæ nimium sunt

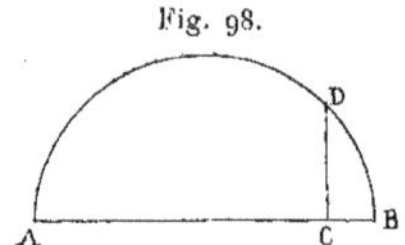

Fig. 98.

scansuræ, ponatur maxima illa quantitas esse O : Vietæam enim ignotarum quantitatum per vocales expressionem cur respuamus?

Ergo
$$A + lat.\,(B \text{ in } A - A \text{ quad.}) \qquad \text{æquabitur} \qquad O,$$
ideoque
$$O - A \qquad \text{æquabitur} \qquad lateri\,(B \text{ in } A - A \text{ quad.}),$$

et, omnibus in quadratum ductis,

$$O \text{ quad.} + A \text{ quad.} - O \text{ in } A \text{ bis} \qquad \text{æquabitur} \qquad B \text{ in } A - A \text{ quad.}$$

Hoc peracto, ita instituenda est transpositio ut maximus sub O gradus unam æquationis partem solus occupet, ut eâ nempe ratione possit de maxima determinari, quo tendit artificium. Per translationem hujus modi,
$$B \text{ in } A - A \text{ quad. bis} + O \text{ in } A \text{ bis} \qquad \text{æquabitur} \qquad O \text{ quad.}$$

Quum igitur, ex hypothesi, O sit maxima quantitas, ergo O quadratum erit quadratum maximæ quantitatis, ideoque maximum : ergo

$$B \text{ in } A - A \text{ quad. bis} + O \text{ in } A \text{ bis (quæ omnia æquantur } O \text{ quadrato)}$$

sunt maxima quantitas; quæ æquatio, quum vacet asymmetriâ, perinde ex methodo resolvatur ac si O quantitas esset nota. Ergo

$$B \text{ in } A - A \text{ quad. bis} + O \text{ in } A \text{ bis}$$
adæquabitur
$$B \text{ in } A + B \text{ in } E - A \text{ quad. bis} - E \text{ quad. bis}$$
$$- A \text{ in } E \text{ quater} + O \text{ in } A \text{ bis} + O \text{ in } E \text{ bis.}$$

Sublatis communibus, et reliquis ipsi E applicatis,

$$B + O \text{ bis} \quad \text{adæquabitur} \quad E \text{ bis} + A \text{ quater.}$$

Expungatur E *bis* ex methodo : ergo

$$B + O \text{ bis} \quad \text{æquabitur} \quad A \text{ quater,}$$

ideoque

$$A \text{ quater} - B \quad \text{æquabitur} \quad O \text{ bis,}$$

et

$$A \text{ bis} - \text{dimid.} B \quad \text{æquabitur} \quad O.$$

Hac æqualitate ex methodo stabilita, redeundum ad priorem, in qua ponebamus

$$A + lat.(B \text{ in } A - A \text{ quad.}) \quad \text{æquari} \quad O.$$

Quum igitur inventa sit

$$O \quad \text{æqualis} \quad A \text{ bis} - \text{dimid.} B,$$

ergo

$$A \text{ bis} - \text{dimid.} B \quad \text{æquabitur} \quad A + lat.(B \text{ in } A - A \text{ quad.}),$$

ideoque

$$A - \text{dimid.} B \quad \text{æquabitur} \quad lat.(B \text{ in } A - A \text{ quad.}),$$

omnibusque in quadratum ductis,

$$A \text{ quad.} + B \text{ quad.} \frac{1}{4} - B \text{ in } A \quad \text{æquabitur} \quad B \text{ in } A - A \text{ quad.,}$$

et tandem

$$B \text{ in } A - A \text{ quad.} \quad \text{æquabitur} \quad B \text{ quad.} \frac{1}{8};$$

quæ ultima æqualitas dabit valorem A in quæsita determinatione.

Hoc artificio uti possumus ad *inventionem coni maximi ambitûs sphæræ inscribendi* ([1]).

Sit sphæræ datæ diameter **AD** (*fig.* 99). Conus quæsitus habeat altitudinem AC, latus AB, semidiametrum baseos BC. Rectangulum AB

<hr>

([1]) Question proposée par Fermat à Mersenne dans sa lettre du 26 avril 1636.

in BC una cum BC quadrato continebit maximum spatium, ex Archimede ([1]).

Diameter vocetur B; recta AC, A : ergo

AB erit *latus* (B in A)   et   BC erit *latus* (B in A — A quad.).

Rectangulum AB in BC una cum BC quadrato erit

latus (B quad. in A quad. — B in A cub.) + B in A — A quad.

Hæc omnia æquantur maximo spatio : esto O *plano*. Ergo

O pl. + A quad. — B in A æquabitur   *lateri* (B quad. in A quad. — B in A cub.).

Omnia ducantur quadratice, etc. ; tandem devenietur, ex superiori methodo, ad æquationem O *plani*, cujus beneficio prima æqualitas jam exposita resolvetur.

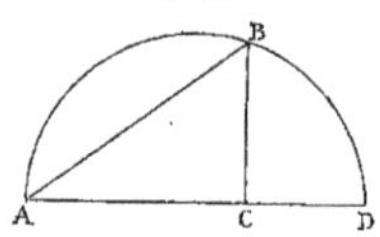

Fig. 99.

Non deerit tamen, hoc in exemplo, solutio ex methodo absque triplicata æqualitate : eo enim potest deduci quæstio ut, datà rectà AB in triangulo CBA, quæratur maxima proportio rectanguli CBA una cum CB quadrato ad quadratum AD, quo casu methodus vulgaris sufficit.

Recta AB data vocetur B; ponatur CB esse A : ergo AC erit potentià B quad. — A quad. Sed

ut AC quadratum ad AB quadratum,   ita AB quadratum ad AD quadratum;

ergo

$$\text{AD quad.}\quad\text{erit}\quad \frac{B\ \text{quad. quad.}}{B\ \text{quad.} - A\ \text{quad.}},$$

ad quæ rectangulum B in A + A quadrato debet habere maximam proportionem : hoc enim quærimus.

____

([1]) Archimède, *De sphæra et cylindro*, I, 15, donne la mesure de la surface latérale du cône.

Omnia ducantur in

$$B \text{ quad.} - A \text{ quad.};$$

ergo ratio

B quad. quad. ad B cub. in $A + B$ quad. in A quad. $- B$ in A cub. $- A$ quad. quad.

est minima. Sed B quad. quad. est quantitas data : rectæ enim B datæ potestas est : ergo

$$B \text{ cub. in } A + B \text{ quad. in } A \text{ quad.} - B \text{ in } A \text{ cub.} - A \text{ quad. quad.}$$

est maxima quantitas.

Ex methodo

B cub. $+ B$ quad. in A bis   æquabitur B in A quad. ter $+ A$ cub. quater,

quæ æquatio ad sequentem statim deprimitur

$$A \text{ quad. quater} - B \text{ in } A \quad \text{æquale} \quad B \text{ quad.},$$

ideoque patebit solutio quæstionis.

Nec pluribus in re perspicua immoramur : constat nempe, per triplicatas aut quadruplicatas, imo et ulterius etiam, si libeat, promotas hypostases, evanescere omnino asymmetrias et si quæ alia remorantur Analystam impedimenta.

Elegantius tamen et fortasse magis γεωμετρικῶς quæstiones de maxima et minima speciales tangentium beneficio resolvuntur, licet et ipsæ tangentes ab universali methodo deriventur.

Hujus rei unicum, quod multorum instar erit, proponatur exemplum :

In semicirculo FBD (*fig.* 100) *ductâ perpendiculari* BE, *quæritur maximum sub* FE $<$ *in* $>$ EB *rectangulum.*

Si quæratur rectangulum FEB æquale dato, ex nostra methodo, quærenda esset hyperbole sub angulo AFC eâ conditione ut rectangula similia FEB essent æqualia dato, punctaque intersectionum hyperboles et semicirculi quæsitum adimplerent; sed, quoniam rectangulum FEB maximum quærimus, quærenda hyperbole sub angulo AFC (asym-

ptotis AF, FC), quæ semicirculum non jam secet, sed tangat, ut in B :
puncta enim contactûs maximas et minimas determinant quantitates.

Sit factum. Quum igitur hyperbole in puncto B tangat semicirculum,
ergo recta, in puncto B semicirculum tangens, tanget et hyperbolen.

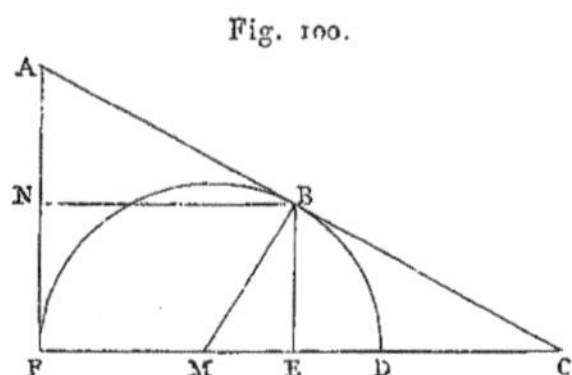

Fig. 100.

Sit illa recta ABC. Quum in hyperbole per B transeunte ducta sit tangens cum asymptotis in punctis A et C concurrens, ergo, ex Apollonio (¹),
rectæ AB, BC sunt æquales, ideoque æquales rectæ FE, EC, et AF dupla
BE sive AN. Est autem, propter circulum, BA æqualis AF : ergo BA est
dupla AN et, in triangulo simili, posito centro M, semidiameter MB
dupla ME. Datur autem semidiameter : ergo et punctum E.

Et generalis ad inventionem maximæ et minimæ geometrica est
quæstionum ad tangentes abductio; nec ideo minoris facienda universalis methodus, quum ejus ope et maxima et minima et ipsæ tangentes
indigeant.

VI.

AD EAMDEM METHODUM (²).

Doctrinam tangentium antecedit jamdudum tradita *Methodus de
inventione maximæ et minimæ*, cujus beneficio terminantur quæstiones

(¹) APOLLONIUS, *Coniques*, II, 3.
(²) Cette pièce, imprimée dans les *Varia* (p. 69 à 73), est la seule pour laquelle il
subsiste un original de Fermat (Bibl. Nat., *Fonds français*, n° 3280, nouv. acq., fol. 112
à 117), d'ailleurs sans titre.

omnes dioristicæ, et famosa illa problemata, quæ apud Pappum (¹),
in præfatione Libri VII, difficiles determinationes habere dicuntur,
facillime determinantur.

Lineæ curvæ, in quibus tangentes inquirimus, proprietates suas
specificas vel per lineas tantum rectas absolvunt, vel per curvas rectis
aut aliis curvis quomodo libet implicatas.

Priori casui jam satisfactum est præcepto quod, quia concisum
nimis, difficile sane, sed tamen $<$ legitimum $>$ (²) tandem repertum est.

Consideramus nempe in plano cujuslibet curvæ rectas duas positione
datas, quarum altera diameter, si libeat, altera applicata nuncupetur.
Deinde, jam inventam tangentem supponentes ad datum in curva
punctum, proprietatem specificam curvæ, non in curva amplius, sed
in invenienda tangente, per adæqualitatem consideramus et, elisis
(quæ monet doctrina de maxima et minima) homogeneis, fit demum
æqualitas quæ punctum concursûs tangentis cum diametro determinat,
ideoque ipsam tangentem.

Exemplis, quæ olim multiplicia dedimus, addatur, si placet *tangens
cissoidis* cujus Diocles (³) traditur inventor.

Esto circulus duabus diametris AG, BI (*fig.* 101) normaliter sectus,
et sit cissois IHG in qua, sumpto quolibet puncto, ut H, ducenda est a
puncto H tangens ad cissoidem.

Sit factum, et ducta tangens HF secet rectam CG in F. Ponatur recta
DF esse *A* et, sumpto quolibet puncto inter D et F, ut E, ponatur recta
DE esse *E*.

______

(¹) *Voir* plus haut, page 142, note 1.

(²) Le mot *legitimum* manque sur l'original de Fermat, ce qui prouve assez que cet original est lui-même défectueux. L'éditeur des *Varia* a restitué, pour l'adjectif manquant,
sufficiens, expression qui n'est guère de la langue de Fermat et dont l'omission s'explique
moins bien.

(³) La courbe connue sous le nom de *cissoïde* se trouve définie et donnée comme employée par Dioclès, dans le commentaire d'Eutocius sur la proposition d'Archimède, *De
sphæra et cylindro*, II, 2, éd. Torelli = II, 1, éd. Heiberg (Vol. ɪɪɪ, p. 78 et suiv.). Le nom
de *cissoïde* est emprunté à Proclus (*Commentaire sur le premier livre d'Euclide*), qui en
parle comme d'une courbe fermée et présentant des points de rebroussement.

Quum igitur, ex proprietate specifica cissoidis, recta

$$MD \text{ sit ad } DG \text{ ut } DG \text{ ad } DH,$$

fiat jam in terminis analyticis per adæqualitatem

$$\text{ut } NE \text{ ad } EG, \quad \text{ita } EG \text{ ad portionem rectæ } EN$$

quæ intercipitur inter punctum E et tangentem et est EO.
Vocetur

$$AD \text{ data, } Z; \quad DG \text{ data, } N; \quad DH \text{ data, } R;$$

$$DF \text{ quæsita, ut diximus, } A; \quad DE \text{ sumpta ad libitum, } E:$$

ergo

$$EG \text{ vocabitur } N - E;$$

$$EO \text{ vocabitur } \frac{R \text{ in } A - R \text{ in } E}{A};$$

$$EN \text{ vocabitur } latus\,(Z \text{ in } N - Z \text{ in } E + N \text{ in } E - Eq.).$$

Quum igitur, ex præcepto, proprietas specifica debeat considerari,

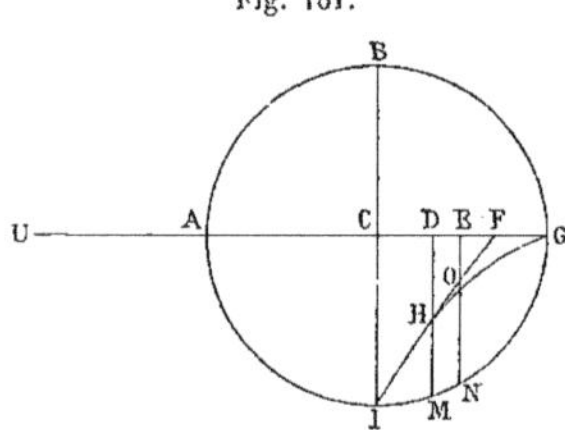

non amplius in curva, sed in tangente, ideoque faciendum sit

$$\text{ut } NE \text{ ad } EG, \quad \text{ita } EG \text{ ad } EO, \quad \text{quæ applicatur tangenti,}$$

ergo, in terminis analyticis, faciendum

$$\text{ut } latus\,(Z \text{ in } N - Z \text{ in } E + N \text{ in } E - Eq.) \text{ ad } N - E,$$

$$\text{ita } N - E \text{ ad } \frac{R \text{ in } A - R \text{ in } E}{A},$$

et, quadratis singulis terminis ad vitandam asymmetriam, fiet

$$\text{ut} \quad Z \text{ in } N - Z \text{ in } E + N \text{ in } E - Eq. \quad \text{ad} \quad Nq. + Eq. - N \text{ in } E \text{ bis,}$$

$$\text{ita } Nq. + Eq. - N \text{ in } E \text{ bis} \quad \text{ad} \quad \frac{Rq. \text{ in } Aq. + Rq. \text{ in } Eq. - Rq. \text{ in } A \text{ in } E \text{ bis}}{Aq.}.$$

Ducantur singula homogenea in A quadratum, et deinde quod fit sub extremis adæquetur, ex præceptis artis, ei quod fit a medio. Elisis deinde superfluis, ut monet methodus, tandem orietur æqualitas inter

$$Z \text{ in } A \text{ ter} + N \text{ in } A \quad \text{ex una parte,} \quad \text{et } Z \text{ in } N \text{ bis} \quad \text{ex altera.}$$

Construetur igitur tangens hoc pacto : Producatur semidiameter circuli dati CA ad punctum U, et fiat AU recta æqualis AC. Rectangulum ADG ad rectam UD applicetur et faciat latitudinem DF. Juncta FH tanget cissoidem.

Indicemus etiam *modum agendi in conchoide Nicomedea,* sed indicemus tantum, ne prolixior evadat sermo.

Esto conchois Nicomedea, ut construitur apud Pappum et Eutocium (¹) figura sequens (*fig.* 102). Polus est punctum I, recta KG est

Fig. 102.

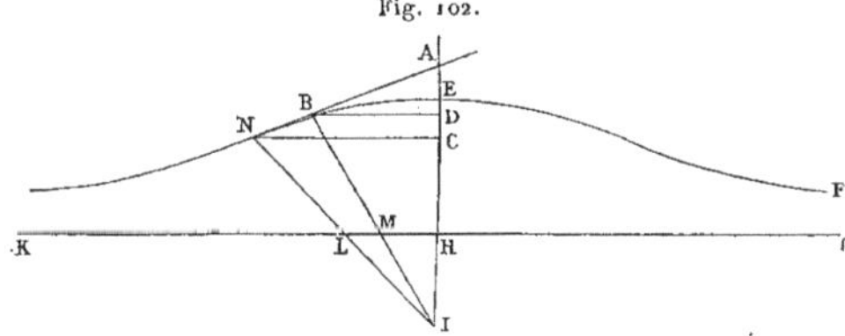

asymptotos curvæ, recta IHE perpendicularis ad asymptoton, punctum N datum in curva, ad quam ab eo puncto ducenda est tangens NBA, concurrens cum IE in puncto A.

Sit factum, ut supra. Ducatur NC parallela KG. Ex proprietate specifica curvæ, recta LN est æqualis rectæ HE. Sumatur quodlibet punc-

(¹) Pappus (éd. Hultsch), livre III, pages 58 et suivantes, livre IV, pages 242 et suivantes; Eutocius, Commentaire sur Archimède *De sph. et cyl.*, II (éd. Heiberg, vol. III, p. 117).

tum inter C et E, ut D, a quo rectæ CN parallela ducatur DB, occurrens
tangenti in puncto B. Quia igitur proprietas specifica debet considerari
in tangente, jungatur BI, occurrens rectæ KG in M et, ex præceptis
artis, recta MB adæquetur rectæ HE : orietur tandem quæsita æqualitas.

Quod ut procedat,

CA, ut supra, vocetur A;   recta CD vocetur E;   recta EH data vocetur Z,

et reliquæ datæ suis nominibus designentur.

Invenietur facillime recta MB in terminis analyticis, quæ si adæquetur, ut dictum, rectæ HE, solvetur quæstio.

Hæc de priore casu videntur sufficere. Licet enim praxes infinitæ
suppetant, quæ prolixitates evitant, ex iis tamen nullo negotio deduci
possunt.

Secundo casui, quem difficilem judicabat Dominus Descartes ([1]),
cui nihil difficile, elegantissimâ et non insubtili methodo fit satis.

Quamdiu rectis tantum lineis homogenea implicabuntur, quærantur
ipsa et designentur per præcedentem formulam. Imo et, vitandæ asymmetriæ causa, aliquando, si libuerit, applicatæ ad tangentes ex superiore methodo inventas pro applicatis ad ipsas curvas sumantur; et
demum (quod operæ pretium est) portiones tangentium jam inventarum pro portionibus curvæ ipsis subjacentis sumantur, et procedat
adæqualitas ut supra monuimus : proposito nullo negotio satisfiet.

Exemplum in curva Domini de Roberval assignamus.

Sit curva HRIC (*fig.* 103), cujus vertex C, axis CF; et, descripto
semicirculo COMF, sumatur punctum quodlibet in curva, ut R, a quo
ducenda est tangens RB.

Ducatur a puncto R recta RMD, perpendicularis in CDF, quæ secet
semicirculum in M. Ea igitur curvæ proprietas specifica est ut recta RD
sit æqualis portioni circuli CM et applicatæ DM. Ducatur in puncto M,

---

([1]) Comparer la lettre de Roberval à Fermat, du 4 août 1640, et celle de Descartes à
Fermat (éd. Clerselier, III, 64), du 25 septembre 1638.

ex præcedente methodo, tangens **MA** ad circulum : eadem nempe pro-
cederent si curva **COM** esset alterius naturæ.

Fig. 103.

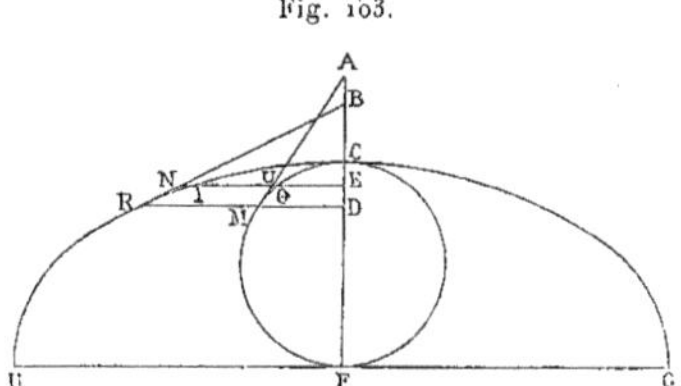

Ponatur factum quod quæritur, et sit :

recta **DB** quæsita æqualis A;

DA, inventa ex constructione, æqualis B;

MA, itidem inventa, vocetur D;

MD data vocetur R;   **RD** data vocetur Z;

CM, portio circumferentiæ data, vocetur N;

DE, recta utcumque assumpta, vocetur E,

et a puncto E ducatur **EOUIN** parallela rectæ **RMD**.

Fiat

$$\text{ut } A \text{ ad } A - E, \quad \text{ita } Z \text{ ad } \frac{Z \text{ in } A - Z \text{ in } E}{A},$$

quæ idcirco æquabitur rectæ **NIUOE**.

Igitur recta $\dfrac{Z \text{ in } A - Z \text{ in } E}{A}$ debet adæquari (propter proprietatem
specificam curvæ quæ in tangente consideranda est) rectæ **OE** una cum
curva **CO**; curva autem **CO** æquatur curvæ **CM** minus curva **MO** : ergo
recta $\dfrac{Z \text{ in } A - Z \text{ in } E}{A}$ debet adæquari rectæ **OE** et curvæ **CM** minus
curva **MO**. Ut autem hi tres termini ad terminos analyticos reducantur,
pro recta **OE**, ad vitandam asymmetriam ex superiori cautione, sumatur recta **EU** applicata tangenti, et pro curva **MO** sumatur portio tangentis **MU**, cui ipsa **MO** adjacet.

Ad inveniendam autem EU in terminis analyticis, fiet

$$\text{ut } B \text{ ad } B - E, \quad \text{ita } R \text{ ad } \frac{R \text{ in } B - R \text{ in } E}{B},$$

quæ idcirco æquabitur ipsi EU.

Ad inveniendam deinde MU, fiet

$$\text{ut } B \text{ ad } D, \quad \text{ita } E \text{ ad } \frac{D \text{ in } E}{B},$$

quæ idcirco, propter similitudinem triangulorum, ut supra, æquabitur ipsi MU.

Curva autem CM vocata est N : igitur in terminis analyticis fiet adæqualitas inter

$$\frac{Z \text{ in } A - Z \text{ in } E}{A} \text{ ex una parte}, \quad \text{et } \frac{R \text{ in } B - R \text{ in } E}{B} + N - \frac{D \text{ in } E}{B} \text{ ex altera}.$$

Ducantur omnia in B in A, consistet adæqualitas inter

$$Z \text{ in } B \text{ in } A - Z \text{ in } B \text{ in } E \quad \text{et} \quad R \text{ in } B \text{ in } A - R \text{ in } A \text{ in } E + B \text{ in } N \text{ in } A - D \text{ in } A \text{ in } E.$$

Quum autem, ex proprietate curvæ,

$$Z \quad \text{æquetur} \quad R + N,$$

ergo

$$Z \text{ in } B \text{ in } A \text{ ex una parte} \quad \text{æquatur} \quad R \text{ in } B \text{ in } A + B \text{ in } N \text{ in } A \text{ ex altera};$$

ideoque, ablatis communibus, reliqua comparentur,

$$Z \text{ in } B \text{ in } E \text{ nempe cum } R \text{ in } A \text{ in } E + D \text{ in } A \text{ in } E.$$

Fiat divisio per E; et, quia nullum est hoc casu homogeneum superfluum, nulla fieri debet elisio. Æquetur igitur

$$Z \text{ in } B \text{ cum } R \text{ in } A + D \text{ in } A :$$

fiet igitur

$$\text{ut } R + D \text{ ad } B, \quad \text{ita } Z \text{ ad } A.$$

Constructio : Ad construendum igitur problema, si fiat

$$\text{ut aggregatum rectarum MA, MD ad rectam DA,} \quad \text{ita RD ad DB,}$$

juncta BR tanget curvam CR.

Quia vero

ut summa rectarum MA, MD ad DA,   ita MD ad DC,

ut facile est demonstrare, ideo faciendum erit

ut MD ad DC,   ita RD ad BD,

sive, ut elegantior evadat constructio, junctæ rectæ MC ducenda erit parallela RB.

Eadem methodo species omnes illius curvæ tangentes suas nanciscentur : constructionem generalem olim dedimus ([1]).

Quoniam vero quæsitum est *de tangente quadratariæ sive quadratricis Dinostrati* ([2]), ita construimus ex præceptis præcedentibus.

Sit quadrans circuli AIB (*fig.* 104), quadrataria AMC in qua, ad datum punctum M, ducenda est tangens.

Fig. 104.

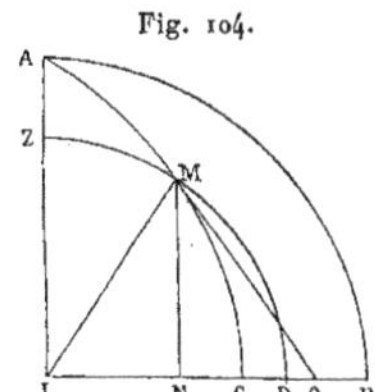

Junctâ MI, centro I, intervallo IM, quadrans ZMD describatur et, ductâ perpendiculari MN, fiat

ut MN ad IM,   ita portio quadrantis MD ad rectam IO ([3]);

juncta MO tanget quadratariam. Hæc sufficiant.

([1]) En 1638 (*voir* plus haut la note 1 de la page 162). Cette construction générale, applicable aux cycloïdes allongées ou raccourcies, est perdue.

([2]) PAPPUS (éd. Hultsch), livre IV, pages 250 et suivantes. Proclus (*Commentaire sur le premier livre d'Euclide*) attribue à Hippias l'invention de la quadratrice.

([3]) L'original, comme les *Varia,* donne :

« ut IM ad MN,   ita portio quadrantis MD ad rectam NO » ;

mais toute la ligne se trouve en surcharge d'une autre main, qui a corrigé le texte de Fermat, en sorte qu'on ne peut plus le discerner.

Quia tamen sæpius curvatura mutatur, ut in conchoide Nicomedea,
quæ pertinet ad priorem casum, et in omnibus speciebus curvæ Domini
de Roberval (primâ exceptâ) quæ pertinet ad secundum, ut perfecte
curva possit delineari, investiganda sunt ex arte puncta inflexionum,
in quibus curvatura ex convexa fit concava vel contra : cui negotio eleganter inservit doctrina de maximis et minimis, hoc præmisso lemmate generali :

Esto, in sequenti figura (*fig.* 105) (¹), *curva* AHFG, *cujus curvatura
in puncto* H, *verbi gratia, mutetur. Ducatur tangens* HB, *applicata* HC.
Angulus HBC *erit minimus omnium quos tangentes cum axe* ACD, *sive
infra, sive supra punctum* H, *efficiunt,* ut facile est demonstrare.

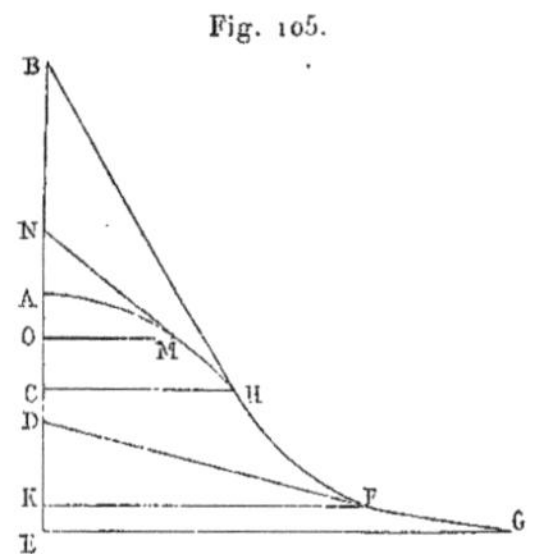

Fig. 105.

Sumatur enim, supra H punctum, punctum M; tangens occurret axi
inter A et B, ut in N : igitur angulus ad N major erit angulo ad B. Similiter, si infra punctum H sumatur punctum F, punctum D, in quo concurrit tangens FD cum axe, erit inferius puncto B, et tangens DF
occurret tangenti BH ad partes F et H : igitur angulus ad D erit major
angulo ad B.

Casus omnes non persequimur, sed modum tantum investigandi
indicamus, quum curvarum formæ infinitas species exhibeant.

Ut igitur, verbi gratia, in exposito diagrammate, punctum H inve-

____

(¹) La figure manque dans les *Varia.*

niatur, quæratur primum, ex superiore methodo, ad punctum quodlibet curvæ utcumque sumptum, proprietas tangentis. Hac inventa, quæratur, per doctrinam de maximis et minimis, punctum H a quo, ducendo perpendicularem HC et tangentem HB, recta HC ad CB habeat minimam proportionem : ea enim statione angulus ad B erit minimus. Dico punctum H, ita inventum, esse initium mutationis in curvatura.

Ex prædicta methodo de maximis et minimis derivantur artificio singulari inventiones centrorum gravitatis, ut alias indicavi Domino de Roberval (¹).

Sed et coronidis loco possunt etiam et, *datâ curvâ, inveniri ipsius asymptoti*, quæ in curvis infinitis miras exhibent proprietates. Sed hæc, si libuerit, fusius aliquando explicabimus et demonstrabimus.

VII.

PROBLEMA MISSUM AD REVERENDUM PATREM MERSENNUM

10ᵃ die Novembris 1642 (²).

Invenire cylindrum maximi ambitûs in data sphæra.

Detur sphæra cujus diameter AD (*fig.* 106), centrum C. Quæritur cylindrus maximi ambitûs in ea inscribendus.

Sit factum, et cylindri quæsiti basis esto DE, latus EA (huic enim positioni aptari potest cylindrus, propter angulum in semicirculo rectum). Ambitus cylindri similis est quadrato DE et rectangulo DEA bis :

(¹) *Voir* plus haut, page 136.

(²) Ce titre est tiré du manuscrit de la Bibliothèque Nationale, *Fonds latin*, 11197; il n'existe pas dans les manuscrits du prince Boncompagni, où l'on trouve une ancienne copie du morceau, en dehors de celle d'Arbogast. Fermat avait proposé à Mersenne ce problème, dès le 20 avril 1636, en même temps que celui du cône inscrit de surface maximum (*voir* ci-dessus, p. 155). La solution, envoyée six ans après, est d'ailleurs purement synthétique.

Tout le morceau a été publié par M. Ch. Henry (*Recherches sur les manuscrits de Pierre de Fermat*), pages 195-196, d'après la première source seulement.

Quærendum itaque maximum quadrati DE et rectanguli DEA bis aggregatum.

Quadratum DE æquatur rectangulo ADB (demissà perpendiculari EB), et rectangulum DEA æquatur rectangulo sub AD in BE. Quærimus igitur maximum rectanguli ADB et rectanguli sub AD in BE bis aggregatum et, omnibus ipsi AD rectæ datæ applicatis, quæritur maximum rectarum DB et BE bis aggregatum.

Hoc autem est facile : fiat enim CB dimidia BE aut, quod idem est, sit BC quinta pars potentià quadrati CE dati, punctum E satisfaciet proposito.

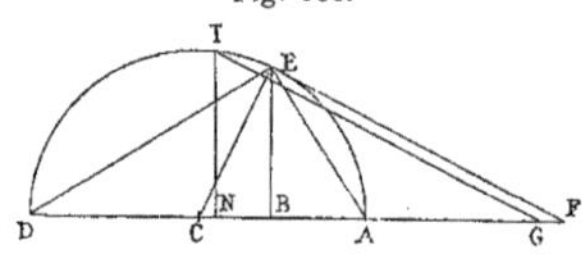

Fig. 106.

Ducatur enim tangens EF cum diametro productà in puncto F conveniens : Aio summam rectarum DB, BE bis esse maximam.

Quum enim CB sit dimidia BE, ergo BE erit dimidia BF; ergo BF erit æqualis duplæ BE : tota igitur DF rectis DB et BE bis erit æqualis. Sed et patet aggregatum rectarum DB, BE bis esse maximum.

Sumatur enim quodvis punctum in semicirculo, < ut > I, a quo demittatur perpendicularis IN.

A puncto autem I ducatur IG parallela tangenti, occurrens diametro in puncto G. Punctum G erit inter puncta F et D : alioqui parallela GI non occurret semicirculo.

Est

ut FB ad BE,   ita GN ad NI,

propter parallelismum; sed FB est dupla BE : ergo GN est dupla NI, ideoque GN est æqualis NI bis, et tota GD aggregato rectarum DN et NI bis. Quum igitur GD (cui æquatur aggregatum DN, NI bis) sit minor rectà DF (cui æquatur rectarum DB, BE bis aggregatum), ergo rectarum DB, BE bis aggregatum est maximum, et cylindrus quæsitus habet basim DE et latus EA.

Probabitur ex supra dictis rectam DE ad EA ita esse ut majus segmentum rectæ extremâ ac mediâ ratione sectæ ad minus.

Sed et *cylindrum dati ambitûs* eâdem viâ *invenire et construere* possumus.

Statim quippe deducetur quæstio ad quærendam rectarum DN, NI bis summam æqualem datæ rectæ. Sit recta data DG (quæ quidem ex superiori determinatione non potest esse major rectâ DF). Fiat rectæ FE parallela recta GI : punctum I satisfaciet quæstioni et quandoque duos cylindros exhibebit, quandoque unicum, propositioni satisfacientes.

Quum enim punctum G erit inter F et A, duo cylindri præstabunt propositum; si vero punctum G sit in A aut ulterius, unicus tantum cylindrus præstabit quæstionem (¹).

(¹) Le manuscrit *Fonds latin* 11197, seul des trois sources, ajoute à cette solution les trois corollaires suivants, qu'on doit attribuer à Mersenne plutôt qu'à Fermat :

« CoROLLARIUM PRIMUM. — *Tangens* EF *æqualis est diametro* AD.

» Quia enim, in triangulo CEF rectangulo ad E, ex angulo E deducta est ad basim CF perpendicularis EB, erunt similia triangula CEF, CEB et EFB; sed BC est dimidia ipsius BE, ex constructione : ergo CE dimidia est ipsius EF. Est autem et CE dimidia diametri AD : ergo EF æqualis est ipsi AD.

» CoROLLARIUM SECUNDUM. — Ex præcedente corollario deducitur elegans *constructio problematis* et multo facilior, quæ talis est.

» Sumatur in circumferentia circuli AED punctum quodcumque E, ex quo deducatur recta EF tangens circulum, quæ sit æqualis diametro circuli AED; et sic dabitur punctum F, ex quo per centrum C ducatur FCD secans circumferentiam in A et D punctis. Jungantur EA, ED; erit AE altitudo cylindri maximi quæsiti et DE diameter basis ipsius cylindri.

» Demonstratio facilis est.

» CoROLLARIUM TERTIUM. — Notatu dignum est DE *esse ad* EA *in ratione majoris segmenti ad minus rectæ mediâ ac extremâ ratione divisæ.*

» Fiat enim CN (*fig.* 107) æqualis CB : ergo ND æquabitur BA, et BN ipsi BE. Porro qua-

Fig. 107.

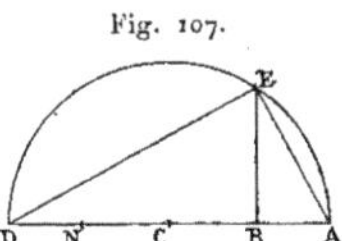

dratum ex DE æquale est rectangulo ADB sive duobus rectangulis : primo ADN (hoc est DAB), et rectangulo ex AD in NB (hoc est ex AD in BE); sed rectangulum DAB æquatur

VIII.

ANALYSIS AD REFRACTIONES (¹).

Esto circulus ACBI (*fig.* 108), cujus diameter AFDB separet duo media diversæ naturæ, quorum rarius sit ex parte ACB, densius ex parte AIB. Ponatur centrum circuli punctum D, in quod incidat radius CD a puncto C dato. Quæritur radius diaclasticus DI, hoc est punctum I ad quod vergit radius refractus.

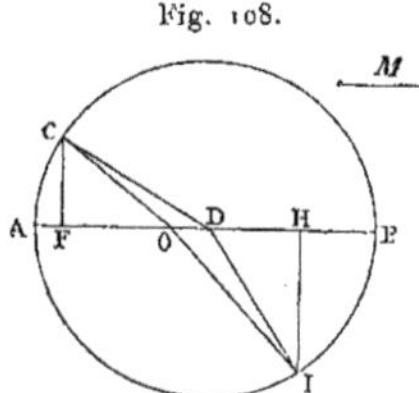

Ducantur ad diametrum perpendiculares rectæ CF, IH. Quum datum sit punctum C et diameter AB, necnon et centrum D, datur pariter punctum F et recta FD.

Sit ratio mediorum, sive ratio resistentiæ medii densioris ad resistentiam medii rarioris, ut recta data DF ad datam extrinsecus rectam *M*, quæ quidem minor erit rectà DF, quum resistentia medii rarioris sit minor resistentià medii densioris, ex axiomate plus quam naturali.

Mensurandi igitur veniunt motus, qui fiunt per rectas CD et DI, bene-

---

quadrato ex AE; rectangulum vero ex AD in BE æquatur rectangulo AED. Hoc est rectangulo ex linea composita AED in AE; erit igitur

ut tota linea AED ad DE, ita DE ad AE ;

ergo AED recta secta est in E in extrema ac media ratione, estque DE majus segmentum, AE vero minus. Quod erat probandum.

« De hoc problemate vide Tractatum Domini de Roberval *De conis et cylindris sphæræ inscriptis et circumscriptis :* ibi enim verus est ejus locus. »

Le titre du Traité, auquel il est ainsi renvoyé, se retrouve dans une Lettre de Roberval à Hevelius, de 1650, qu'a publiée M. C. Henry (*Huygens et Roberval*, Leyde, 1879, p. 38).

(¹) Ce morceau, tiré de la Correspondance de Descartes, fut envoyé par Fermat à M. de la Chambre, en même temps que la Lettre du 1er janvier 1662.

ficio rectarum M et DF : hoc est, motus, qui fit per duas rectas, repræsentatur comparative per summam duorum rectangulorum, quorum unum fit sub CD et recta M, et alterum sub DI et recta DF.

Eo itaque deducetur quæstio, ut ita secetur diameter AB in puncto H ut, ductâ ab eo perpendiculari HI et junctâ DI, summa duorum rectangulorum sub CD et M et sub DI et DF contineat minimum spatium.

Quod ut secundum nostram methodum, quæ jam apud Geometras invaluit et ab Herigono (^{1}) in *Cursu* suo *mathematico* ante annos plus minus viginti relata est, investigemus, radius CD datus vocetur N; radius DI erit item N; recta DF vocetur B et ponatur recta DH esse A. Oportet igitur N in $M + N$ in B esse minimam quantitatem (^{2}).

Intelligatur quævis recta DO, ad libitum sumpta, esse æqualis ignotæ E, et jungantur rectæ CO, OI.

Quadratum rectæ CO, in terminis analyticis, erit

$$Nq. + Eq. - B \text{ in } E \text{ bis};$$

(^{1}) Dans le *Supplementum Cursus mathematici* de Pierre Hérigone (Paris, 1642; deuxième édition, 1644), qui forme le sixième Volume de l'Ouvrage, on trouve en effet, comme proposition **XXVI** et sous le titre *De maximis et minimis*, l'application de la méthode de Fermat à la solution des questions suivantes :

1. *Invenire maximum rectangulum contentum sub duobus segmentis propositæ rectæ lineæ* (*voir* plus haut, p. 134).

2. *Indagare maximum rectangulum comprehensum sub media et differentia extremarum trium proportionalium.*

3. *Datam lineam secare in duo segmenta quæ habeant aggregatum suorum quadratorum omnium minimum.*

4. *Invenire maximum conorum rectorum sub æqualibus conicis superficiebus contentum.*

En outre de ces solutions, dans lesquelles Hérigone emploie d'ailleurs, comme dans tout son Ouvrage, son système particulier de notations algébriques, il donne, toujours d'après Fermat, la construction de la tangente en un point donné de la *parabole* (*voir* plus haut, p. 135), de l'*ellipse* (*voir* p. 145) et de l'*hyperbole*. Il ajoute enfin (p. 68) :

« Nec unquam fallit methodus, ut asserit ejus inventor, qui est doctissimus Fermat, consiliarius in parlamento Tolosano, excellens geometra nec ulli secundus in arte analytica : qui optime etiam restituit omnia *loca plana Apollonii Pergæi*, quæ in hac urbe vidimus manu scripta in manibus plurimorum, quibus subnexa est etiam ab eodem auctore *Ad locos planos et solidos Isagoge*. »

Ce passage d'Hérigone a été reproduit par Samuel Fermat dans l'édition des *Varia* (à la dernière des pages non numérotées du commencement); mais, dans sa préface, il lui assigne à tort la date de 1634, qui est celle du premier Volume du *Cursus mathematicus*.

(^{2}) Dans tout ce morceau, on a rétabli la notation de Viète au lieu de celle de Descartes suivie par Clerselier.

quadratum vero rectæ OI erit

$$Nq. + Eq. + A \text{ in } E \text{ bis} :$$

ergo rectangulum sub CO in M erit in iisdem terminis

$$latus\ quad. (Mq. \text{ in } Nq. + Mq. \text{ in } Eq. - Mq. \text{ in } B \text{ in } E \text{ bis});$$

rectangulum vero sub IO in B erit

$$latus\ quad. (Bq. \text{ in } Nq. + Bq. \text{ in } Eq. + Bq. \text{ in } A \text{ in } E \text{ bis}).$$

Hæc duo rectangula debent, ex præceptis artis, adæquari duobus rectangulis M in N et B in N.

Ducantur omnia quadratice, ut tollatur asymmetria; deinde, ablatis communibus et termino asymmetro ex una parte collocato, fiat novus ductus quadraticus. Quo peracto, demptis communibus et reliquis per E divisis, ac tandem elisis homogeneis ab E affectis, juxta præcepta methodi quæ dudum omnibus innotuit, et facto parabolismo, fit tandem simplicissima æquatio inter A et M : hoc est, a primo ad ultimum abruptis omnibus asymmetriarum obicibus, recta DH in figura fit æqualis rectæ M.

Unde patet punctum diaclasticum ita inveniri si, ductis rectis CD et CF, fiat ut resistentia medii densioris ad resistentiam medii rarioris, sive

$$ut\ B \text{ ad } M, \quad ita\ recta \text{ FD ad rectam DH,}$$

et a puncto H excitetur recta HI ad diametrum perpendicularis et circulo occurrens in puncto I, quo refractio verget : ideoque radius a medio raro ad densum pertingens frangetur versus perpendicularem, quod congruit omnino et generaliter invento theoremati Cartesiano, cujus accuratissimam demonstrationem a principio nostro derivatam exhibet superior analysis.

IX.

< SYNTHESIS AD REFRACTIONES > [1].

Proposuit doctissimus Cartesius refractionum rationem experientiæ, ut aiunt, consentaneam; sed, eam ut demonstraret, postulavit et necesse omnino fuit ipsi concedi, luminis motum facilius et expeditius fieri per media densa quam per rara, quod lumini ipsi naturali adversari videtur.

Nos itaque, dum a contrario axiomate — motum nempe luminis facilius et expeditius per media rara quam per densa procedere — veram refractionum rationem deducere tentamus, in ipsam tamen Cartesii proportionem incidimus. An autem contrariâ omnino viâ eidem veritati occurri possit ἀπαραλογίστως, videant et inquirant subtiliores et severiores Geometræ; nos enim, missâ matæotechniâ, satius existimamus veritate ipsa indubitanter potiri, quam superfluis et frustatoriis contentionibus et jurgiis diutius inhærere.

Demonstratio nostra unico nititur postulato : *naturam operari per modos et vias faciliores et expeditiores.* Ita enim αἴτημα concipiendum censemus, non, ut plerique, *naturam per lineas brevissimas semper operari.*

Ut enim Galilæus [2], dum motum naturalem gravium speculatur, rationem ipsius non tam spatio quam tempore metitur, pari ratione non brevissima spatia aut lineas, sed quæ expeditius, commodius et breviori tempore percurri possint, consideramus.

[1] Ce second morceau sur la loi de la réfraction, confondu avec le précédent dans la Correspondance de Descartes, en est évidemment distinct : c'est le travail que Fermat promet à M. de la Chambre à la fin de sa lettre du 1er janvier 1662, si celui-ci le lui réclame, et c'est également à cette pièce que se réfère particulièrement Clerselier, dans sa lettre à Fermat du 20 mai 1662. D'après la copie de Clerselier, l'envoi à M. de la Chambre aurait eu lieu en février 1662.

[2] *Discorsi e dimostrazioni matematiche intorno à due nove scienze attenenti alla Mecanica ed i movimenti locali,* del Sig.r Galileo Galilei (Leyde, Elzévirs, 1638). — Les nouvelles pensées de Galilée, etc., traduit de l'italien en français (Paris, Pierre Rocolet ou Henry Guenon, 1639).

Hoc supposito, supponantur duo media diversæ naturæ in prima figura (*fig.* 109), in qua circulus AHBM, cujus diameter ANB separat illa duo media, quorum unum a parte M est rarius, alterum a parte H est densius; et a puncto M versus H inflectantur quælibet rectæ MNH, MRH occurrentes diametro in punctis N et R.

Fig. 109.

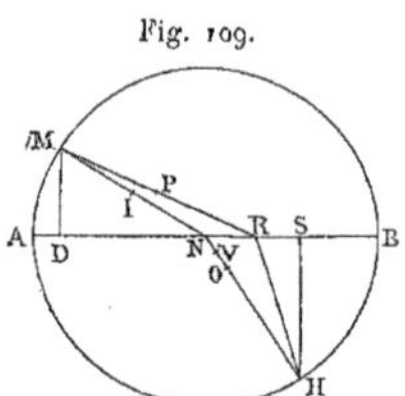

Quum velocitas mobilis per MN, quæ est in medio raro, sit major, ex axiomate aut postulato, velocitate ejusdem mobilis per NH, et motus supponantur uniformes in quolibet videlicet medio, ratio temporis motûs per MN ad tempus motûs per NH componitur, ut notum est omnibus, ex ratione MN ad NH et ex reciproca ratione velocitatis per NH ad velocitatem per MN.

Si fiat igitur

ut velocitas   per MN ad velocitatem   per NH,   ita recta MN ad NI,
tempus motûs per MN ad tempus motûs per NH   erit ut   IN ad NH.

Pari ratione demonstrabitur, si fiat

ut velocitas per medium rarius ad velocitatem per medium densius,
ita   MR ad RP,
tempus motûs per MR ad tempus motûs per RH esse ut PR ad RH.

Unde sequitur

tempus motûs per duas MN, NH esse ad tempus motûs per duas MR, RH
ut summa duarum   IN, NH   ad summam duarum   PR, RH.

Quum igitur natura lumen a puncto M versus punctum H dirigat, debet investigari punctum, ut N, per quod *per inflexionem aut refrac-*

tionem brevissimo tempore a puncto M ad punctum H perveniat : probabile namque est naturam, quæ operationes suas quam citissime urget, eo sponte collimaturam. Si itaque summa rectarum IN, NH, quæ est mensura motûs per inflexam MNH, sit minima quantitas, constabit propositum.

Hoc autem ex theoremate Cartesiano deduci vera, non fucata, Geometria statim demonstrabit; proposuit quippe Cartesius :

Si a puncto M *ducatur radius* MN, *et ab eodem puncto* M *demittatur perpendicularis* MD, *fiat autem*

ut velocitas major ad minorem,   *ita* DN *ad* NS,

a puncto autem S *excitetur perpendicularis* SH *et jungatur radius* NH, *lumen a medio raro in punctum* N *incidens refringi in medio denso versus perpendicularem ad punctum* H.

Huic vero theoremati Geometria nostra, ut constabit ex sequenti propositione pure geometrica, non refragatur.

Esto circulus AHBM, cujus diameter ANB, centrum N, in cujus circumferentia sumpto quovis puncto M, jungatur radius MN et demittatur in diametrum perpendicularis MD. Detur pariter ratio DN ad NS et sit DN major ipsâ NS. A puncto S excitetur ad diametrum perpendicularis SH occurrens circumferentiæ in puncto H, a quo jungatur centro N radius HN. Fiat

ut DN ad NS,   ita radius MN ad rectam NI :

Aio summam rectarum IN, NH esse minimam : hoc est, si sumatur, exempli gratia, quodlibet punctum R ex parte semidiametri NB, et jungantur rectæ MR, RH, fiat autem

ut DN ad NS,   ita MR ad RP,

summam rectarum PR et RH esse majorem summâ rectarum IN et NH.

Quod ut demonstremus, fiat

ut radius MN ad rectam DN,   ita recta RN ad rectam NO,

et

$$\text{ut DN ad NS,} \quad \text{ita fiat NO ad NV.}$$

Ex constructione patet rectam NO minorem esse rectâ NR, quia recta DN est minor radio MN; patet etiam rectam NV minorem esse rectâ NO, quum recta NS sit minor rectâ ND.

His positis, quadratum rectæ MR æquatur quadrato radii MN, quadrato rectæ NR et rectangulo sub DN in NR bis, ex Euclide; sed, quum sit, ex constructione,

$$\text{ut MN ad DN,} \quad \text{ita NR ad NO,}$$

ergo rectangulum sub MN in NO æquatur rectangulo sub DN in NR, ideoque rectangulum sub MN in NO bis æquatur rectangulo sub DN in NR bis : quadratum igitur rectæ MR æquatur quadratis MN et NR et rectangulo sub MN in NO bis.

Quadratum autem rectæ NR est majus quadrato rectæ NO, quum recta NR sit major rectâ NO : ergo quadratum rectæ MR est majus quadratis rectarum MN, NO et rectangulo sub MN in NO bis. At hæc duo quadrata, MN, NO, una cum rectangulo sub MN in NO bis, sunt æqualia quadrato quod fit ab MN, NO tanquam ab una recta : ergo recta MR est major summâ duarum rectarum MN et NO.

Quum autem, ex constructione, sit

$$\text{ut DN ad NS,} \quad \text{ita MN ad NI} \quad \text{et} \quad \text{ita NO ad NV,}$$

ergo erit

$$\text{ut DN ad NS,}$$
$$\text{ita summa rectarum MN, NO ad summam rectarum IN et NV.}$$

Est autem etiam

$$\text{ut DN ad NS,} \quad \text{ita MR ad RP :}$$

ergo

$$\text{ut summa rectarum MN, NO ad summam rectarum IN, NV,}$$
$$\text{ita recta MR ad RP.}$$

Est autem recta MR major summâ rectarum MN, NO : ergo et recta PR est major summâ rectarum IN, NV.

Superest probandum rectam RH esse majorem rectâ HV; quo peracto, constabit summam rectarum PR, RH esse majorem summâ rectarum IN, NH.

In triangulo NHR, quadratum RH æquatur quadratis HN, NR mulctatis rectangulo sub SN in NR bis, ex Euclide. Quum autem sit, ex constructione,

      ut **MN** radius (sive NH ipsi æqualis) ad **DN**,   ita **NR** ad **NO**,

      ut autem **DN** ad **NS**,   ita **NO** ad **NV**,

ergo, ex æquo, erit

        ut **HN** ad **NS**,   ita **NR** ad **NV**.

Rectangulum ergo sub HN in NV æquale est rectangulo sub NS in NR,
ideoque rectangulum sub HN in NV bis æquatur rectangulo sub SN
in NR bis : quare quadratum HR æquatur quadratis HN, NR mulctatis
rectangulo $<$ sub $>$ HN $<$ in $>$ NV bis.

Quadratum vero NR probatum est majus esse quadrato NV : ergo
quadratum HR majus est quadratis HN, NV mulctatis rectangulo
$<$ sub $>$ HN $<$ in $>$ NV bis. Sed quadrata HN, NV mulctata rectangulo $<$ sub $>$ HN $<$ in $>$ NV bis æqualia sunt, ex Euclide, quadrato
rectæ HV : ergo quadratum HR quadrato HV majus est, ideoque recta
HR major rectâ HV. Quod secundo loco fuit probandum.

Quod si punctum R sumatur ex parte semidiametri AN, licet rectæ MR,
RH sint in directum et rectam lineam constituant, ut in secunda figura
(*fig.* 110), — demonstratio enim est generalis in quolibet casu —
idem continget : hoc est, rectarum PR, RH summa erit major summâ
rectarum IN, NH.

Fiat, ut supra,

        ut **MN** radius ad **DN**,   ita **RN** ad **NO**,

et

        ut **DN** ad **NS**,   ita **NO** ad **NV** :

patet rectam RN esse majorem rectâ NO, rectam vero NO esse majorem
rectâ NV.

Quadratum MR æquatur quadratis MN, NR mulctatis rectangulo DNR bis sive, ex superiori ratiocinio, rectangulo MNO bis. Quum
autem quadratum NR sit majus quadrato NO, ergo quadratum MR
erit majus quadratis MN, NO mulctatis rectangulo MNO bis; sed quadrata MN, NO, mulctata rectangulo MNO bis, æquantur quadrato

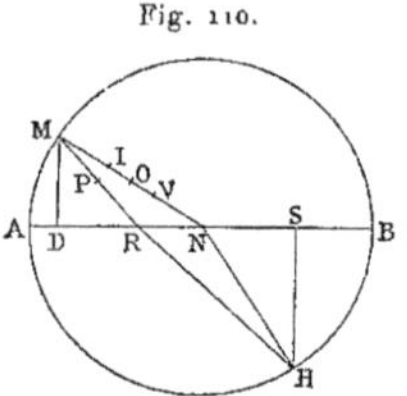

Fig. 110.

rectæ MO : ergo quadratum rectæ MR quadrato rectæ MO majus erit,
ideoque recta MR erit etiam major rectâ MO.

Quum autem sit, ex constructione,

        ut DN ad NS,   ita MN ad IN   et   ita NO ad NV,

ergo
                ut MN ad IN,   erit NO ad NV,

et, vicissim,
                ut MN ad NO,   ita erit NI ad NV,

et, dividendo,
                ut MO ad ON,   ita IV ad VN,

et, vicissim,

    ut MO ad IV,   ita ON ad NV,   sive DN ad NS,   sive MR ad RP.

Probatum est autem MR ipsâ MO esse majorem : ergo PR rectâ IV
major erit. Superest ergo probandum, ut ex omni parte constet propositum, rectam RH esse majorem summâ duarum rectarum HN et NV;
quod ex prædictis est facillimum.

Quadratum enim RH æquatur quadratis HN, NR una cum rectangulo sub SN in NR bis sive, ex prædemonstratis, una cum rectangulo
sub HN in NV bis; quadratum autem NR est majus quadrato NV : ergo

quadratum HR majus est quadratis HN, NV una cum rectangulo sub HN
in NV bis. Unde sequitur rectam RH, ex superius demonstratis, esse
majorem summâ rectarum HN, NV.

Patet itaque rectas PR, RH (sive unicam rectam PRH quando id contingit) esse semper majores duabus rectis IN, NH. Quod erat demonstrandum.

NOVUS SECUNDARUM

ET

ULTERIORIS ORDINIS RADICUM

IN ANALYTICIS USUS.

Reductio secundarum et ulterioris ordinis radicum ad primas, quæ maximi est in Algebraicis momenti, unicam pro fundamento agnoscit duplicatæ æqualitatis analogiam, eamque, quoties opus fuerit, iterandam progressus ipse quæstionis ostendit.

Proponatur
$$A \text{ cubus} + E \text{ cubo} \quad \text{æquari} \quad Z \text{ solido};$$
item
$$B \text{ in } A + E \text{ quad.} + D \text{ in } E \quad \text{æquari} \quad N \text{ quad.}$$

Ut secunda radix devolvatur ad primam, hæc sunto præcepta :

Quæcumque a secunda radice adficientur homogenea in unam æquationis partem transeunto : ut, in superiori exemplo, quum
$$A c. + E c. \quad \text{æquetur} \quad Z s.,$$
ergo
$$Z s. - A c. \quad \text{æquabitur} \quad E c.$$
Similiter, quum
$$B \text{ in } A + E q. + D \text{ in } E \quad \text{æquetur} \quad N q.,$$
ergo
$$N q. - B \text{ in } A \quad \text{æquabitur} \quad E q. + D \text{ in } E.$$

In utraque igitur æquatione homogenea abs E (sive abs secunda radice) adfecta unam æquationis partem constituunt; si igitur duplicata ejusmodi æqualitas ad analogiam revocetur, erit

$$\text{ut } Zs. - Ac. \text{ ad } Ec., \text{ ita } Nq. - B \text{ in } A \text{ ad } Eq. + D \text{ in } E.$$

Quum itaque factum sub extremis comparabitur facto sub mediis, tanquam ipsi æquale, omnia homogenea divisionem admittent per E (sive per secundam radicem); ut patet, quia secundus et quartus terminus abs E adficiuntur.

Erit nempe

$$Zs. \text{ in } Eq. - Ac. \text{ in } Eq. + Zs. \text{ in } D \text{ in } E - Ac. \text{ in } D \text{ in } E$$
$$\text{æquale} \quad Nq. \text{ in } Ec. - B \text{ in } A \text{ in } Ec.$$

Omnia dividantur toties per E, donec aliquod ex homogeneis adfectione sub E omnino liberetur : erit

$$Zs. \text{ in } E - Ac. \text{ in } E + Zs. \text{ in } D - Ac. \text{ in } D$$
$$\text{æquale} \quad Nq. \text{ in } Eq. - B \text{ in } A \text{ in } Eq.$$

Quo peracto, nova hæc æquatio uno ad minus gradu depressior erit (quoad secundam radicem) quam elatior ex duabus primum propositis : patet nempe elatiorem ex duabus primum propositis adfici sub cubo E, istius vero nullam abs E adfectionem excedere Eq.

Nec tamen sic quiescendum, sed iteranda duplicatæ æqualitatis analogia, donec adfectio secundæ radicis fiat tantum sub latere, ut asymmetria omnis evanescat.

Præparetur itaque ultima hæc æquatio juxta modum præscriptum, ut homogenea sub E quomodocumque adfecta unam æquationis partem faciant. Erit itaque

$$Zs. \text{ in } D - Ac. \text{ in } D \quad \text{æquale}$$
$$Nq. \text{ in } Eq. - B \text{ in } A \text{ in } Eq. - Zs. \text{ in } E + Ac. \text{ in } E.$$

Sed, ex duabus primum propositis, quæ depressior est, exhibet æquationem sequentem, ut diximus :

$$Nq. - B \text{ in } A \quad \text{æquale} \quad Eq. + D \text{ in } E.$$

Revocetur rursum ad analogiam duplicata ista æqualitas : erit itaque

$Zs.$ in D — A$c.$ in D   ad N$q.$ in E$q.$ — B in A in E$q.$ — $Zs.$ in E + A$c.$ in E
ut N$q.$ — B in A   ad E$q.$ + D in E.

Quum itaque factum sub extremis æquabitur facto sub mediis, tanquam ipsi æquale, omnia homogenea poterunt dividi per E, ut supra demonstratum est : erit nempe

$Zs.$ in D in E$q.$ + $Zs.$ in D$q.$ in E — A$c.$ in D in E$q.$ — A$c.$ in D$q.$ in E
æquale   N$qq.$ in E$q.$ — N$q.$ in B in A in E$q.$ — N$q.$ in $Zs.$ in E
         + N$q.$ in A$c.$ in E — B in A in N$q.$ in E$q.$.
         + B$q.$ in A$q.$ in E$q.$ + B in $Zs.$ in A in E — B in A$qq.$ in E,

et, omnibus abs E divisis, fiet tandem

$Zs.$ in D in E + $Zs.$ in D$q.$ — A$c.$ in D in E — A$c.$ in D$q.$.
æquale   N$qq.$ in E — N$q.$ in B in A in E — N$q.$ in $Zs.$ + N$q.$ in A$c.$.
         — B in A in N$q.$ in E + B$q.$ in A$q.$ in E + B in $Zs.$ in A — B in A$qq.$.

Quo peracto, nova hæc æquatio unius adhuc gradûs depressionem (quoad secundam radicem) lucrata est, ut hîc patet : quum enim homogenea sub E adfecta in unam æquationis partem transierint, fiet

$Zs.$ in D$q.$ — A$c.$ in D$q.$ + N$q.$ in $Zs.$ — N$q.$ in A$c.$ — B in $Zs.$ in A + B in A$qq.$.
æquale   N$qq.$ in E — N$q.$ in B in A in E — B in A in N$q.$ in E
         + B$q.$ in A$q.$ in E — $Zs.$ in D in E + A$c.$ in D in E.

Neque ulterius progrediendum, quum jam secunda radix sub latere tantum appareat, ideoque, solo applicationis beneficio, ipsius E relatio ad primam radicem manifestabitur : ut hîc

$$\frac{Zs.\ \text{in D}q. - \text{A}c.\ \text{in D}q. + \text{N}q.\ \text{in }Zs. - \text{N}q.\ \text{in A}c. - \text{B in }Zs.\ \text{in A} + \text{B in A}qq.}{\text{N}qq. - \text{N}q.\ \text{in B in A} - \text{N}q.\ \text{in B in A} + \text{B}q.\ \text{in A}q. - Zs.\ \text{in D} + \text{A}c.\ \text{in D}}$$

æquabitur E,

quo tendendum erat.

Ut igitur duæ primum propositæ radices in unam transeánt, resu-

matur ex duabus prioribus æquationibus quam volueris; depressior
tamen idonea magis, ne altius ascendat æquatio.

Quum itaque in una ex æquationibus primum propositis

$$\text{B in A} + \text{E}q. + \text{D in E} \qquad \text{æquetur} \qquad \text{N}q.,$$

loco ipsius E subrogetur jam agnitus ejus valor per relationem vel ad
terminos cognitos vel ad priorem radicem, quæ in exemplo proposito
est A; et rursum sub hac nova specie ordinetur æquatio. Manifestum
est evanuisse omnino secundam radicem et in æquationem ab omni
asymmetria liberam itum esse, methodumque esse generalem.

Si enim plures duobus terminis proponantur incogniti, methodus
iterata tertias, si opus fuerit, radices ad primas et secundas, deinde
secundas ad primas, etc., eodem prorsus artificio reducet.

APPENDIX AD SUPERIOREM METHODUM ([1]).

Superiori methodo debetur perfecta et absoluta asymmetriarum in
Algebraicis expurgatio; neque enim symmetrica climactismus Vietæa ([2]), quæ unicum hactenus ad asymmetrias fuit remedium, efficax
satis et sufficiens inventa est.

Proponatur quippe

$$\text{lat. cub. (B in A}q. - \text{A}c.) + \text{lat. quad.(A}q. + \text{Z in A)}$$
$$+ \text{lat. quad. quad.(D}c. \text{ in A} - \text{A}qq.) + \text{lat. quad. (G in A} - \text{A}q.)$$
$$\text{æquari} \qquad \text{rectæ N.}$$

Qua ratione ab asymmetriis hujusmodi extricabit se et quæstionem
suam analysta Vietæus? An non potius, dum crescet labor, crescet dif-

---

([1]) *Voir* la lettre de Fermat à Carcavi, du 20 août 1650, lettre qui accompagnait l'envoi
de tout le Traité. *Voir* également le billet de Fermat dans la lettre de Descartes (éd. Clerselier, III, 83) du 18 décembre 1648, billet qui semble aussi avoir été adressé primitivement à Carcavi.

([2]) VIÈTE, *De emendatione æquationum*, cap. V (éd. Schooten, p. 140).

ficultas, et tandem, fatigatus et delusus, novum ab Analytice lumen exposcet?

Hoc sane luculenter superior methodus subministrat : unicum exemplum, idque brevissimum, adjungimus; recluso enim semel fundamento, cætera apertissime manifestantur.

Proponatur

$$\text{lat. cub.}(Z \text{ in } Aq. - Ac.) + \text{lat. cub.}(Ac. + Bq. \text{ in } A) \quad \text{æquari} \quad D.$$

Ita primum ordinetur æquatio ut unica ex asymmetriis unam illius
partem faciat : fiat nempe

$$D - \text{lat. cub.}(Ac. + Bq. \text{ in } A) \quad \text{æqualis} \quad \text{lat. cub.}(Z \text{ in } Aq. - Ac.).$$

Hoc peracto, omnes termini asymmetri a secundis et ulterioribus, si
opus fuerit, radicibus denominentur, excepto eo quem unicum in
unam æquationis partem rejecimus : fingatur, verbi gratia,

$$\text{lat. cub.}(Ac. + Bq. \text{ in } A) \text{ esse } E.$$

Hac enim via ad eam, quam injungit superior methodus, duplicatæ
æqualitatis analogiam deveniemus : erit nempe

$$D - E \quad \text{æqualis} \quad \text{lat. cub.}(Z \text{ in } Aq. - Ac.),$$

et, omnibus in cubum ductis,

$$Dc. + D \text{ in } Eq. \text{ ter} - Dq. \text{ in } E \text{ ter} - Ec. \quad \text{æquabitur} \quad Z \text{ in } Aq. - Ac.$$

Sed, ex hypothesi,

$$Ec. \quad \text{æquatur} \quad Ac. + Bq. \text{ in } A.$$

Ergo oritur duplicata æqualitas et in utraque, juxta methodum, termini abs secunda radice adfecti in unam æquationis partem sunt con-
jiciendi : erit nempe

$$Z \text{ in } Aq. - Ac. - Dc. \quad \text{æqualis} \quad D \text{ in } Eq. \text{ ter} - Dq. \text{ in } E \text{ ter} - Ec.;$$

item

$$Ac. + Bq. \text{ in } A \quad \text{æqualis} \quad Ec.$$

Iteretur toties operatio donec secunda radix ad primam revocetur;

quo peracto, loco ipsius E, novus ipsius valor usurpetur et sub hac nova specie quævis ex prioribus æqualitatibus ordinetur : omnia constabunt.

Nec inutilia adjungo, aut moror in superfluis : quis enim non videt singulos terminos asymmetros posse eadem ratione, si non sufficiant secundæ radices, tertiis, quartis, etc. in infinitum insigniri? Quo casu, quartam, sive ultimam, radicem tanquam secundam considerabis ; reliquas vero tantisper vel pro primis vel pro terminis cognitis habebis, donec ultima illa omnino evanuerit sive ad primas, secundas et tertias reducta fuerit. Simili prorsus artificio tertias reduces ad secundas et primas, ac denique secundas ad primas, ut jam sæpius inculcavimus.

Nulla est ergo asymmetria quam non cogat exsulare hæc methodus, cujus usus præsertim eximius, imo et necessarius, in numerosa potestatum resolutione. Statim enim nempe atque asymmetriæ evanuerint, non deerit Vietæum (¹) in arithmeticis quæstionibus artificium et, si veris explicari numeris quæstio non possit, proximæ quantumvis libuerit suppetent solutiones, quum tamen proximas veris solutiones nullo pacto, quamdiu duraverint asymmetriæ, consequi possis.

Sed et ulterius inquirenti obtulit se mira ad locorum superficialium plenam et perfectam notitiam exinde derivanda methodus, quæ et iis problematis inservit, in quibus dantur ab initio plura quam requirat ipsa problematis construendi determinatio.

Quod ut clarius intelligas, sunt quædam problemata quæ unicam tantum agnoscunt positionem ignotam, quæ vocari possunt determinata, ad differentiam inter ipsa et problemata localia constituendam. Sunt alia quædam quæ duas positiones ignotas habent et ad unicam tantum nunquam possunt reduci : ea problemata sunt localia.

In prioribus illis unicum tantum punctum inquirimus, in istis lineam; sed, si problema propositum tres ignotas positiones admittat,

---

(¹) Fermat fait allusion au Traité *De numerosa potestatum purarum atque adfectarum ad exegesin resolutione* de Viète (éd. Schooten, p. 162-228).

problema hujusmodi non jam punctum duntaxat, aut lineam tantum, sed integram superficiem quæstioni idoneam investigat : indeque oriuntur loci ad superficiem, etc. in reliquis. Sicut autem in prioribus data ipsa sufficiunt ad determinationem quæstionis, ita in secundis unum datum deest ad determinationem, in tertiis vero duo tantum data determinationem possunt complere.

At contra potest fieri ut, quemadmodum in his casibus data aut sufficiant aut desint, ita in plerisque aliis data ipsa superflua sint et abundent : exemplo res fiet evidens.

In recta AC (*fig.* 94) data, datur rectangulum ABC ; datur etiam differentia quadratorum AB et BC.

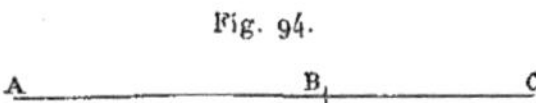

Fig. 94.

In hoc casu plura patet offerri data quam determinatio ideoque solutio ipsius quæstionis exposcat. Frequentissimus tamen horum problematum, in Physicis præsertim et apud artifices, est usus, eaque ·omnia per applicationem simplicem beneficio nostræ methodi expediuntur, neque recurrendum ad extractionem radicum, licet æquationes ad quasvis potestates ascendant.

Proponatur, verbi gratia, in quadam quæstione,

A *cub.* + B *quad.* in A   æquari   Z *quad.* in D ;

item etiam, quum ex hypothesi quæstio supponatur esse abundans (has enim quæstiones *abundantes,* sicut locales *deficientes,* appellare consuevimus),

G *sol.* in A — A *quad. quad.*   æquari . B *quad.* in N *pl.*

Duplicata hæc æqualitas ad analogiam revocetur et, ex præscripta methodo, consideretur unica nostra radix ignota, quæ in hoc exemplo est A, sicut in præcedentibus secundam aut ulterioris ordinis radicem consideravimus, et toties, juxta methodum, iteretur operatio donec adfectio sub A per simplicem applicationem possit expediri, sive non tam ad primas radices quam ad terminos omnino notos reduci. Patebit solutio problematis simplicissima, nec analystam deinceps æquationes quadraticæ, cubicæ, quadratoquadraticæ, etc. remorabuntur.

Lubet et, coronidis loco, famosi illius problematis :

Datis ellipsi et puncto extra ipsius planum, superficiem conicam, cujus vertex sit punctum datum et basis ellipsis data, ita plano secare ut sectio sit circulus,

solutionem, quæ huic methodo debetur, indicare, eamque simplicissimam.

Eo deducunt quæstionem Geometræ ut, sumptis quinque punctis ad libitum in ellipsi et junctis rectis a vertice conicæ superficiei ad puncta illa, per junctas quinque rectas circulum describant; inveniuntque problema hoc pacto esse solidum. Sed, quum puncta in ellipsi sint infinita, si loco quinque punctorum sumantur sex, fiet problema abundans et orietur necessario duplicata æqualitas, quæ tandem ignotam quantitatem per simplicem applicationem patefaciet.

Eadem ratione, si detur quæcumque linea curva in plano aut etiam superficies localis, cujuscumque tandem gradûs sint, invenientur diametri et axes figurarum; imo et in superficie locali exhibebuntur omnes omnino curvæ loci superficialis constitutivæ, etc.

Exponatur, verbi gratia, superficies conica, cujus vertex sit punctum datum, basis vero parabole aut ellipsis cubica aut quadratoquadratica aut ulterioris in infinitum gradus. Potest hujusmodi superficies conica, beneficio istius methodi, ita secari ut in ea exhibeatur quælibet curva quæ, ex constitutione figuræ, in ea superficie potest describi, et problematis solutio semper evadet simplicissima.

Nihil addimus de tangentibus curvarum (¹) et plerisque aliis hujus methodi usibus : fient quippe obvii nec sedulam indagatoris analytici meditationem effugient.

(¹) *Voir* plus haut, page 153.

⟨ AD ADRIANI ROMANI PROBLEMA ⟩ [1].

Viro Clarissimo Christiano HUGGENIO P. F. S. T. [2].

Dum Francisci Vietæ [3] celebre illud *Ad problema Adriani Romani responsum* accuratius anno superiore examinarem, et in verba capitis sexti incidissem quibus profitetur subtilis ille mathematicus haud scire se « an ipsemet » Adrianus « ejus quam proposuit æquationis genesim et symptomata pernoverit », subvenire cepit an ipsemet quoque Vieta æquationis illíus famosæ satis generalem tradiderit aut invenerit solutionem.

Proponentis quippe Adriani Romani verba hæc sunt, emendante Vieta [4] :

Detur in numeris algebricis

$$
\begin{aligned}
& 45\,(1) - 3795\,(3) + 9\,5634\,(5) - 113\,8500\,(7) \\
& + 781\,1375\,(9) - 3451\,2075\,(11) + 1\,0530\,6075\,(13) - 2\,3267\,6280\,(15) \\
& + 3\,8494\,2375\,(17) - 4\,8849\,4125\,(19) + 4\,8384\,1800\,(21) - 3\,7865\,8800\,(23) \\
& + 2\,3603\,0652\,(25) - 1\,1767\,9100\,(27) + 4695\,5700\,(29) - 1494\,5040\,(31) \\
& + 376\,4565\,(33) - 74\,0259\,(35) + 11\,1150\,(37) - 1\,2300\,(39) \\
& + 945\,(41) - 45\,(43) + 1\,(45)\ \textit{æqualis numero dato;}
\end{aligned}
$$

quæritur valor radicis.

[1] Ce morceau, qui, comme le précédent, concerne les travaux de Fermat sur Viète, a été publié par M. Ch. Henry (*Recherches*, etc., p. 211-213) d'après le manuscrit Huygens 30 de l'Université de Leyde.

[2] *Lisez :* Petrus Fermatius, senator Tolosanus.

[3] Viète, édition Schooten ou des Elzévirs, pages 3o5-3a4.

[4] De fait, Fermat ne cite exactement ici ni l'énoncé d'Adrien Romain, dont il a toutefois conservé les notations, ni la formule adoptée par Viète, page 3o8.

Sane perquam eleganter et doctissime, suo more, quæstionem propositam abduxit Vieta ad sectiones angulares et tabulam feliciter construxit, pag. 318 editionis Elzevirianæ (¹), ad quotlibet in infinitum terminos, methodo qua usus est, facile extendendam, cujus beneficio dignoscitur quænam æquationes ad speciales angulorum sectiones pertineant.

Si enim, in sedibus numerorum imparium, sumatur primo

$$1C - 3N \quad \text{æqualis} \quad \text{numero dato}$$

qui non sit major binario, reducitur quæstio ad trisectionem anguli. Si deinde

$$1QC - 5C + 5N \quad \text{æquetur} \quad \text{numero dato}$$

qui non sit etiam binario major, reducitur quæstio ad quintusectionem anguli. Si

$$1QQC - 7QC + 14C - 7N \quad \text{æquetur} \quad \text{numero dato}$$

qui non sit item binario major, reducitur quæstio ad septusectionem; et si tabulam in infinitum extendas, juxta methodum a Vieta præscriptam, terminus æquationis ab Adriano propositæ erit quadragesimus quintus tabulæ, et quæstionem ad inveniendam quadragesimam quintam anguli dati partem deducet.

Verùm observandum est in his omnibus æquationibus contingere, ut iis solum ipsarum casibus inserviant sectiones angulares et methodus Victæ, in quibus numerus datus, cui proponitur æquandus quilibet in numeris algebricis tabulæ terminus, binarium non excedit, ut jam diximus : si enim numerus datus sit binario major, silet statim omne sectionum angularium mysterium et ad quæstionis propositæ solutionem inefficax dignoscitur.

Proposuerat tamen generaliter Adrianus *dato termino posteriore, inve-*

(¹) Théorème V du Traité de Viète : la Table, poussée seulement jusqu'au neuvième terme, et qui se trouve à la page 319, donne en fait le développement de $2\cos nx$ suivant les puissances de $2\sin x$, si n est pair, ou de $2\cos x$, si n est impair. Le premier membre de l'équation d'Adrien Romain est précisément le développement de $2\cos 45x$ suivant les puissances de $2\cos x$.

niendum esse priorem : aliunde igitur quam a Vieta et a sectionibus an-
gularibus petendum auxilium.

Proponatur, in primo casu, $1C - 3N$ æquari numero qui non sit
binario major, reducitur quæstio ad trisectionem, ut jam indicavimus. Sed, si $1C - 3N$ æquetur 4 vel alteri cuilibet numero binario
majori, tunc æquationis propositæ solutionem per methodum Cardani
analystæ expediunt. An autem, in ulterioribus in infinitum casibus,
solutiones per radicum extractionem fieri possint, nondum ab analystis tentatum fuit; quidni igitur in hac parte Algebram liceat promovere, tuis præcipue, Huggeni Clarissime, auspiciis, quem in his
scientiis adeo conspicuum eruditi omnes merito venerantur (¹)?

Proponatur itaque

$$1QC - 5C + 5N \quad \text{æquari} \quad \text{numero } 4$$

vel alteri cuilibet binario majori. Obmutescet in hoc casu methodus
Vietæ; hoc itaque, ut generaliter Adriano proponenti satisfiat, confidenter pronuntiamus : in omnibus omnino tabulæ prædictæ casibus,
quoties numerus datus est binario major, solutiones propositæ quæstionis per extractionem radicum commodissime dari posse.

Observavimus quippe, imo et demonstravimus, in omnibus illis
casibus, quæstiones posse deduci, sicut in cubicis ad quadraticas a
radice cubica, ex methodo Cardani et Vietæ (²), sic in quadratocubicis
ad quadraticas a radice quadratocubica, in quadratoquadratocubicis
ad quadraticas a radice quadratoquadratocubica, et ita uniformi in
infinitum progressu.

Sit

$$1C - 3N \text{ æqualis } 4,$$

(¹) Lors de l'envoi par Fermat de ce travail (en 1661?), Huygens était déjà célèbre,
non seulement pour ses découvertes astronomiques et son application du pendule aux
horloges, mais pour ses travaux de Mathématique pure, quoiqu'on n'eût imprimé de lui
que les *Theoremata de quadratura hyperboles, ellipsis et circuli* (1651) et le Traité *De
ratiociniis in ludo aleæ* (1657).

(²) On sait qu'en fait la méthode de Viète (*De emendatione æquationum*, cap. VI) n'est
pas précisément identique à celle de Cardan ou plutôt de Ferrari (*Hieronymi Cardani Ars
magna sive de regulis algebraicis*, 1545).

verbi gratia. Norunt omnes radicem quæsitam, ex methodo prædicta, æquari

$$\text{radici cubicæ binomii } 2 + \sqrt{3} \ + \text{radice cubica apotomes } 2 - \sqrt{3}.$$

Sed proponatur, in exemplo Vietæ et Adriani,

$$1\,QC - 5\,C + 5\,N \quad \text{æquari} \quad 4,$$

vel alteri cuilibet numero binario majori.

Fingemus, perpetuâ et ad omnes tabulæ casus producendâ in infinitum methodo, radicem quæsitam esse $\dfrac{1\,Q + 1}{1\,N}$, cujus beneficio resolvendo hypostases, evanescent semper homogenea simplici per extractionem radicum quæstionis resolutioni contraria; et, in hoc casu ad exemplum præcedentis, radix proposita æquabitur

$$\text{radici quadratocubicæ binomii} \quad 2 + \sqrt{3}$$
$$+ \text{radice quadratocubica apotomes } 2 - \sqrt{3},$$

Si

$$1\,QQC - 7\,QC + 14\,C - 7\,N,$$

qui est numerus tabulæ septimus apud Vietam (ad exponentem namque maximæ potestatis, qui est in hoc casu 7, respicimus), æquetur similiter numero 4, fingatur, ut supra, radix quæsita esse $\dfrac{1\,Q + 1}{1\,N}$: evanescent pariter in hoc casu homogenea omnia solutioni per extractiones radicum adversa, et radix quæsita æquabitur

$$\text{radici quadratoquadratocubicæ binomii} \quad 2 + \sqrt{3}$$
$$+ \text{radice quadratoquadratocubica apotomes } 2 - \sqrt{3};$$

et sic in infinitum.

Quod tu, Vir Eruditissime, non solum experiendo deprehendes, sed et demonstrando, quandocumque libuerit, assequeris : ea enim est æquationum ex tabula Vietæ derivandarum specifica proprietas, ut semper ipsarum solutiones, in iis casibus in quibus homogeneum comparationis est binario majus, simplices omnino extractionis radicum beneficio evadant.

Vel igitur numerus datus, termino tabulæ analyticæ æquandus, est binarius vel minor binario vel eodem binario major.

Primo casu semper radix proposita est ipse binarius.

Secundo devolvitur quæstio proposita secundum Vietam ad angulares sectiones.

Tertio per nostram methodum jam expositam, hoc est per extractionem radicum, facile expeditur.

Sit itaque numerus ille analyticus Adriani superius expositus

$$45 \text{ ① } - 3795 \text{ ③ } \text{ etc.} \qquad \text{æqualis} \qquad \text{numero } 4,$$

radix quæsita erit

radix quadragesimæ quintæ potestatis binomii $2 + \sqrt{3}$
+ radice quadragesimæ quintæ potestatis apotomes $2 - \sqrt{3}$.

Nec amplius in re perspicua et jam satis exemplificata immorandum, nisi quod monendum superest : extractionem radicis quadragesimæ quintæ potestatis, sive inventionem quadraginta quatuor mediarum proportionalium inter duas quantitates datas, expediri facillime per extractionem radicis cubicæ bis factam et extractionem radicis quadratocubicæ semel : quod numeri 5 et 9, qui numerum 45 metiuntur, satis indicant : 5 enim ad radicem quadratocubicam refertur et 9 ad radicem cubicam bis sumptam : ternarius enim, qui est cubi exponens, bis ductus novenarium producit.

Ideoque, per inventionem duarum mediarum proportionalium inter duas bis factam et inventionem quatuor mediarum inter duas semel, inveniuntur quadraginta quatuor mediæ et quæstioni nostræ satisfit, quemadmodum Vieta inventionem sectionis anguli in 45 partes, quæ est quæstio vel æquatio Adriani, ad æquationem cubicam bis factam et ad quadratocubicam semel, sive ad duplicem trisectionem et ad unicam quintusectionem, abduxit.

Nihil de multiplicibus æquationis vel quæstionis propositæ solutionibus adjungimus; primogenitam tantum repræsentamus, de reliquis, quarum operosior est disquisitio, aliàs fortasse, si otium suppetat, fusius acturi.

Vale, Vir Clarissime, et me ama.

⟨ AD BON. CAVALIERII QUÆSTIONES RESPONSA ⟩ [1].

Dudum est ex quo, ad similitudinem *paraboles* Archimedeæ, *reliquas in infinitum quadravimus in quibus abscissæ a diametro sunt inter se ut quævis applicatarum potestates.* Hanc scientiam, primis jam olim a nobis adinventam, Domino de Beaugrand aliisque communicavimus; fatendum tamen Dominum de Roberval, qui nobis indicantibus hujusmodi quæstiones est aggressus, earum solutiones suopte ingenio, quod perspicax et in his scientiis felicissimum habet, reperiisse.

Sed et pariter quoque centra gravitatum in his figuris et ab ipsis compositis deteximus, idque methodo nobis peculiari ([2]), cujus etiam beneficio tangentes in lineis quibuscumque curvis, ipsarumque

---

([1]) Inédit, d'après deux copies, sans titre (l'une ancienne, l'autre d'Arbogast), dans les manuscrits du prince Boncompagni. — Ce morceau, adressé à Cavalieri par l'intermédiaire de Mersenne avant 1644, résume les premiers travaux de Fermat sur les quadratures et cubatures, travaux dont il n'a d'ailleurs développé plus tard qu'une partie dans son dernier Traité : *De æquationum localium transmutatione, etc.*

Mersenne a reproduit presque textuellement la plus grande partie de ce morceau dans la *Præfatio ad Mechanica,* IV, de ses *Cogitata Physicomathematica,* où, venant de parler des quadratures obtenues par Roberval, qu'il appelle *noster Geometra,* il s'exprime ainsi sur les travaux de Fermat :

« Generalem etiam regulam vir alius summus invenit quâ prædicta solvit, non solùm quando partes diametri cum applicatarum potestatibus conferuntur, sed etiam cùm quælibet partium diametri potestates cum quibuslibet potestatibus applicatarum comparantur : quæ quia satis commodè figurâ præcedenti possunt eo modo intelligi quo ipse voluit, me requirente, Bonaventuræ Cavalliero Geometræ subtilissimo innotescere, iisdem Lector noster perfruatur. »

Il termine comme suit la reproduction du texte de Fermat (d'ailleurs sur la même figure) :

« Si vero figura circumvolvatur circa EF, solidum quæratur, non simplex, uti superiora, sed compositum, cujus rationem ad cylindrum ambiens, et centrum gravitatis vir idem summus, et noster Geometra dudum eruère : a quibus tam omnium curvarum tangentes, quàm areas, solida, et centra gravitatis omnium figurarum curvis, et rectis comprehensarum, posses accipere. »

([2]) *Voir* plus haut, page 136.

asymptotos, imo et quæcumque ad inventionem maximæ et minimæ pertinent problemata, feliciter construximus.

Sed ad rem : quærit eruditissimus Bonaventura Cavalieri *quid de prædictis quadrationibus sit definiendum*. Huic operi regulam generalem aptavimus, cujus ope non tantum quando partes diametri cum potestatibus applicatarum conferuntur, solutionem damus, sed et quum quælibet partium diametri potestates cum quibuslibet applicatarum potestatibus comparantur : ita enim generaliter pronuntiamus.

Sit figura quævis parabolica, si placet, EAF (*fig.* 111), sitque, exempli causa,

ut cubus CA ad cubum BA,
ita quadratoquadratum EC ad quadratoquadratum DB.

Sumo exponentes potestatum tam in applicatis quam in diametro. Exponens quadratoquadrati est 4 in applicatis, exponens cubi in diametro est 3.

Aio igitur parallelogrammum EH esse ad figuram EAF ut summa

Fig. 111.

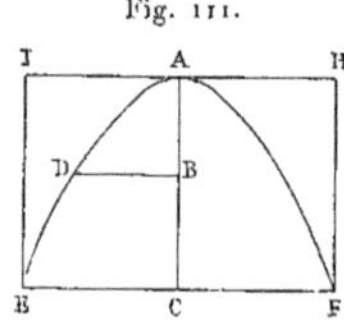

exponentium ambarum potestatum ad exponentem potestatis applicatarum. Erit igitur in hoc exemplo

parallelogrammum ambiens ad figuram EAF ut 7 ad 4.

Hinc patet, si sit, verbi gratia,

ut quadratoquadratum EC ad quadratoquadratum DB,
ita CA simpliciter ad AB,

quum exponens lateris sit unitas, ideo

parallelogrammum ad figuram hoc casu esse ut 5 ad 4.

Nec est dissimilis in omnibus omnino hujusmodi figuris in infinitum progressus.

Verum igitur est quod dubitanter proponebat Vir doctissimus, nempe quum potestates applicatarum cum longitudine tantum portionum diametri, sive, ut loquuntur analystæ, cum latere conferuntur :

$$
\text{parallelogrammum esse}
\begin{cases}
\text{trianguli duplum,} \\
\text{ad parabolen ut 3 ad 2,} \\
\text{ad parabolen cubicam ut 4 ad 3,} \\
\text{ad quadratoquadraticam ut 5 ad 4,} \\
\text{etc., in infinitum.}
\end{cases}
$$

Sed *si, manente recta* CA, *figura circumducatur ut fiat solidum, invenietur proportio cylindri* EH *ad hujusmodi solidum*, hoc pacto :

Summa dupli exponentis potestatis in diametro et exponentis potestatis in applicatis semel sumpti, ad exponentem potestatis in applicatis est ut cylindrus ad solidum.

Exemplum : esto

ut cubus EC ad cubum DB,   ita quadratum CA ad quadratum BA.

Exponens quadrati in diametro est 2, cujus duplum 4; junctum 3, exponenti potestatis in applicatis semel sumpto, facit 7 : est igitur

ut 7 ad 3 (exponentem potestatis in applicatis),   ita cylindrus ad solidum.

Quo posito, secundæ quæstioni fit satis.

Centra gravitatum, in omnibus hujusmodi figuris, tam planis quam solidis, secant diametros in proportione vel parallelogrammi ad figuram planam, vel cylindri ad solidum.

Sed, *si figura circumvolvatur circa* EF, fit jam solidum non simplex, ut superiora, sed compositum. Ejus tamen proportio ad cylindrum ambientem facillime ex simplicibus accuratus Geometra derivabit, imo et ipsam centri gravitatis positionem. Quæ tamen omnia, si placeat Domino Bonaventuræ, demonstrative et prolixius exsequemur.

Dum quærit *an curvæ ultra triangulum et parabolen* (¹) *possint esse conicæ sectiones,* non videtur meminisse singularum proprietatis : tam enim hoc $<$ est $>$ impossibile quam sectionem sphæræ per planum dare parabolas aut hyperbolas aut ellipses.

Ut, horum vice, problemata quædam ex Italia communicet, ex animo rogamus.

(¹) Cavalieri n'avait sans doute posé la question que sur les courbes dont il est parlé plus haut.

⟨ AD LALOVERAM PROPOSITIONES ⟩ [1].

I.

Sit (*fig.* 112) parabole BAD, cujus axis AC, applicata BC, rectum latus AE. Quæritur ratio curvæ AB ad rectam BC.

Fig. 112.

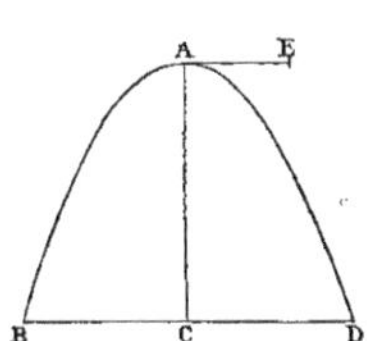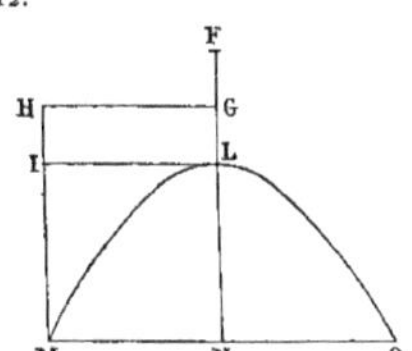

Esto hyperbole MLO, cujus centrum G, transversum latus FL æquale rectæ AE quæ est rectum datæ paraboles latus; axis hyperboles sit LN,

[1] Ce morceau figure comme *Pars prior* de l'*Appendix secunda* (p. 391 à 395) dans l'Ouvrage : *Veterum Geometria promota in septem de Cycloide libris, et in duabus adjectis Appendicibus.* — *Autore* ANTONIO LALOVERA *Societatis Jesu.* — *Tolosæ, apud Arnaldum Colomerium, Regis et Academiæ Tolosanæ Typographum.* M.DC.LX. *Cum privilegio.*

L'attribution à·Fermat est justifiée par le préambule ci-après de l'*Appendix secunda* (p. 390-391) :

« Quod olim fecit Conon ille apud Archimedem laudatissimus, cùm aliquot reconditæ tunc Geometriæ theorematum à se primùm repertorum nudam propositionem ad Amicos privatim misit demonstratioue penes se pressâ; fortasse quia (quod sæpe evenit) illam è mentis arcano in adversaria nondum transtulerat : hoc ipsum alter seculi nostri Conon D. de Fermat cùm sæpe aliàs, tum nuperrimè de argumento summè arduo·præstitit. Postremas ego istas propositiones, quoniam mirificè illustrant ea quæ de quadraticibus ungularibus in quinto, et de spiralibus lineis in sexto libro scripsi, huic operi attexere (quod singulari ejus modestiæ inopinatum profectò accidet) non dubito : fieri enim nequit quin iis inspectis, quilibet alius meis ausis faveat et de publicâ hac ad Geometrica inventa acces-

rectum vero illius latus sit æquale lateri transverso, ut nempe rectangulum quodvis FNL sit æquale quadrato applicatæ MN. Ad punctum G excitetur perpendicularis GH æqualis rectæ BC in parabola; deinde, ductis rectis HM et LI, ipsis GN et GH parallelis, per punctum M, in quo recta HM occurrit hyperbolæ, ducatur applicata MN.

Aio quadrilaterum MHGL, cujus tria latera sunt rectæ MH, HG, GL, quartum vero latus curva hyperboles ML, esse ad rectangulum IG ut curva parabolica AB est ad rectam BC.

II.

Data sit (*fig.* 113) parabole BAD, cujus axis AC, applicata BC, rectum latus AE; circa applicatam BC volvatur spatium parabolicum BAC. Quæritur dimensio superficiei curvæ illius solidi.

Exponatur hyperbole MNH, cujus axis HI, transversum latus HF æquale quartæ parti lateris recti paraboles, sive rectæ AE; rectum vero illius hyperboles latus sit æquale transverso, ut nempe rectangulum

sione non summopere gaudeat. Ista si pro meis evulgare decrevissem, Vir quidem modestissimus, qui non sibi sed Geometriæ famam quærit, æquissimo rem tulisset animo : id tamen alienissimum à me semper fuit; nec existimo Geometræ gravius quicquam objici posse, quàm quod alicui exprobari aliquando audivi, *totus non es tuus, totus es alienus; et hac ipsa ratione qua Geometra es,*

Calvus cùm fueris, eris comatus.

Hunc autem jamdiu esse morem Viro Clariss. ut sua per Amicorum manus Geometrica tacitè spargat, luculenter testatur R. P. Mersenn. prop. 47. Hydr., pag. 193 : *taceo,* inquit, *varios illos* περὶ ἐπαφῶν, *de maximis et minimis, de tangentibus, de locis planis, solidis et ad sphœram, quos Clariss. Senator Tolosanus D. Fermatius huc ad nos misit.* Plura alia ejus inventa commemorat in præfat. ad Mechanica n. 4, in Ballisticis pag. 57, in Analysi pag. 385. Hinc factum est ut in ore summorum etiam in Itália Geometrarum Torricellii et Cavalerii semper fuerit, quod testatur doctissimus Bullialdus in præfatione opusculi *de Porismatibus* (ª). Cæterùm non res tantum, sed verba etiam ipsa sunt integerrimi Senatoris; quibus omnibus de meo adjicio in posteriore parte innumeras curvilinearum figurarum, in quibus est Nicomedea conchoides, quadraturas : quæ omnia si vera esse comprobabuntur, ex totâ istâ appendice confirmabitur illud, quod quidam dixit : *hac tempestate in Geometricis inventum et superatum feliciter esse Bonæ Spei promontorium illud, unde expedita existat navigatio ad inaccessas antè tetragonismorum præsertim regiones.* »

(ª) *Voir* plus haut (p. 78) la note 2 de la page 77.

quodvis FIH sit æquale quadrato applicatæ IM. Fiat recta HI æqualis
rectæ AC axi paraboles, et ducatur applicata IM. A rectangulo sub CA

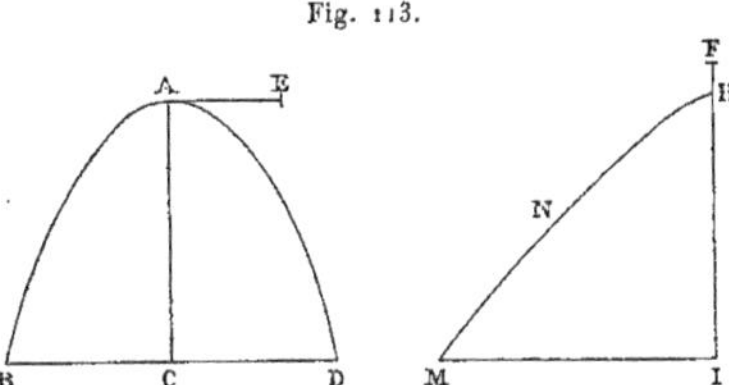

Fig. 113.

in curvam parabolicam BA auferatur spatium hyperbolicum IMH; reliquum quadretur.

Diagonia illius quadrati erit radius circuli < æqualis > superficiei
curvæ solidi quod fit a rotatione spatii ABC circa applicatam BC.

III.

Sit semiparabole quævis AC (*fig.* 114), cujus vertex A, axis AB; ab
ea curva formentur aliæ curvæ infinitæ, ut AF, AE, AD, etc.

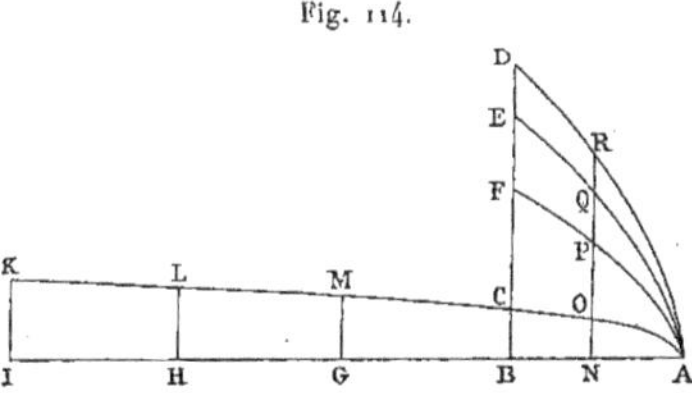

Fig. 114.

Ita autem formantur : in curva AF, applicata BF est æqualis curvæ
parabolicæ CA et, sumpto similiter quovis puncto N, a quo ducatur
applicata NP, applicata NP est etiam æqualis curvæ parabolicæ AO. In
curva EA, applicata EB æquatur curvæ secundi gradûs FA, et illius
applicata QN æquatur portioni < ejusdem curvæ > secundi gradûs PA.
Item in curva AD, applicata BD æquatur curvæ tertii gradûs EA, appli-

cata vero NR portioni ejusdem curvæ tertii gradùs QA : et sic in infinitum.

Aio omnes hujusmodi in infinitum curvas rationem habere datam ad
parabolas primarias, hoc est simplices; enuntiari quippe potest generale theorema hoc pacto :

Continuetur parabole primaria AC in infinitum per puncta, verbi
gratia, M, L, K, et illius axis similiter ad puncta quotlibet G, II, I producatur; fiant rectæ BG, GH, HI singulæ æquales axi AB, et ducantur
applicatæ GM, HL, IK.

Curva parabolica AM est ad curvam secundi gradùs AF ut applicata
GM ad applicatam BC.

Curva parabolica AL est ad curvam tertii gradùs AE ut recta HL ad
BC rectam.

Curva parabolica AK est ad curvam quarti gradùs AD ut applicata KI
ad rectam BC.

Et sic in infinitum.

Si vero intelligantur AMG, AFB circa applicatas GM, BF rotari, superficies curva ex rotatione spatii AMG circa rectam GM erit ad superficiem ex rotatione spatii AFB circa rectam BF ut cubus rectæ GM ad
cubum rectæ BC.

Similiter superficies curva ex rotatione spatii ALH circa HL erit ad
superficiem curvam ex rotatione spatii AEB circa rectam BE ut cubus
rectæ HL ad cubum rectæ BC.

Et sic in infinitum.

IV.

Esto figura semicycloides BA (*fig.* 115, 116), a qua formetur alia
curva DA eâ conditione ut applicatæ BC, CD; FO, EO sint inter se
semper in eadem ratione data. Demonstrarunt Geometræ (¹) semicy-

---

(¹) Fermat et Roberval sur l'énoncé de Wren (*Histoire de la Roulette* dans les *OEuvres
de Pascal*, t. V, p. 172-173). La démonstration de Fermat est perdue; Lalouvère (p. 183)
en dit : « Hujus rei demonstrationem more antiquorum à Geometra celeberrimi nominis
Tolosano subtilissimè elaboratam legi. »

cloidem BA esse duplam rectæ AC, quæ est diameter circuli cycloidem
producentis. Quæritur relatio curvarum AD ad alias lineas aut curvas
aut rectas.

Ita autem generaliter definimus : Si hæ novæ curvæ sint intra cycloidem et diametrum circuli generantis, ut contingit in figura quarta
(*fig.* 115), omnes hæ curvæ AD earumque portiones erunt æquales

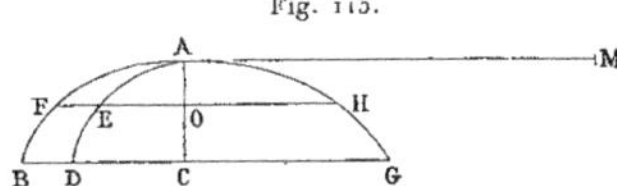

curvis parabolicis; quod si novæ curvæ sint exteriores cycloidi, ut in
figura quinta (*fig.* 116), omnes hæ curvæ AD earumque portiones
datam habebunt rationem ad summam rectarum et circumferentiarum
circularium.

Enuntiari potest in figura quarta (*fig.* 115) generalis propositio hoc
pacto : Fiat

ut differentia quadratorum BC et CD ad quadratum CD,
ita quadrupla rectæ AC ad rectam AM,

et per punctum A tanquam verticem describatur parabole cujus rectum latus sit AM et axis AC; occurrat autem parabole rectæ BDC productæ in puncto G, rectæ vero FEO in puncto H. Ratio curvæ AG
parabolicæ ad curvam AD erit data, eadem nempe potestate quæ est
quadrati BC ad differentiam quadratorum BC, CD.

Eadem vero erit ratio portionum AH et AE.

Ratio vero superficierum curvarum quæ oriuntur ex rotatione spatii
ACG circa applicatam CG et ex rotatione spatii ADC circa rectam DC
eadem est quæ curvarum AG et AD. Similiter in portionibus AOH,
AEO circa rectas OH et OE rotatis.

In figura autem quinta (*fig.* 116), in qua curva AD est exterior cycloidi AB, fiat

ut differentia quadratorum CB, CD ad quadratum CD,
ita recta AC ad AM

rectæ AC in directum positam; super rectà AM describatur semicirculus, quem rectæ DBC, EFO secent in punctis G et H. Ratio curvæ

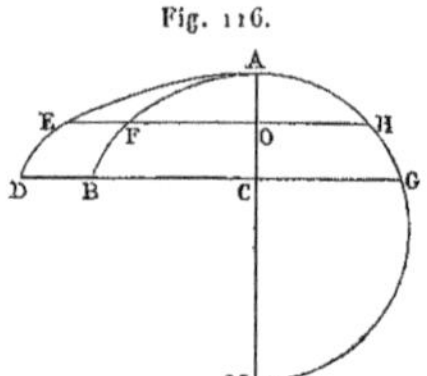

Fig. 116.

AD $<$ ad $>$ summam curvæ circularis AG et rectæ GC dabitur : erit
nempe

ut quadratum BC ad differentiam quadratorum DC, CB,
ita potestate summa lineæ circularis AG et rectæ GC ad curvam AD,

et similiter summa lineæ circularis AH et rectæ HO in eadem erit ratione ad curvam AE.

V.

Sit in figura sexta (*fig.* 117) parabole AC, cujus vertex A, axis AB,

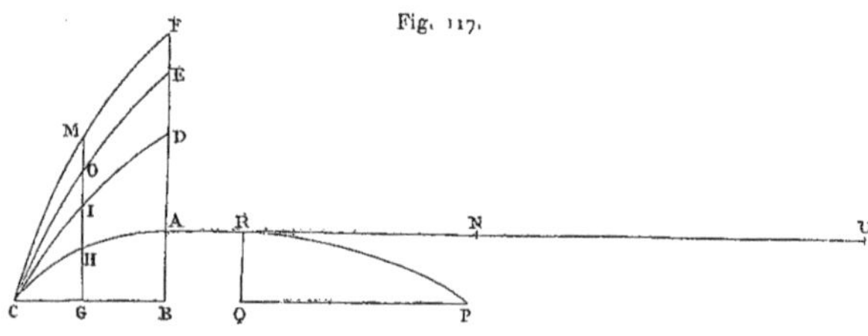

Fig. 117.

applicata CB; a curva parabolica CA deriventur aliæ in infinitum curvæ
CD, CE, CF, simili qua in figura tertia (*fig.* 114) usi sumus methodo,
nisi quod in hac terminum applicatæ servamus, in illa vero terminum
axis eumdem semper retinemus.

Ducatur nempe GHIOM (*fig.* 117) axi AB parallela : ea erit natura

curvarum hujus speciei, ut recta BD, quæ secat in D curvam CID secundi
gradûs, sit æqualis curvæ parabolicæ AC, recta item GI sit æqualis CH
portioni parabolicæ; recta autem BE quæ secat $<$ in E $>$ curvam tertii
gradûs COE, sit æqualis curvæ DIC secundi gradùs; et sic de cæteris in
infinitum, earumque portionibus.

Aio omnes hujusmodi curvas, CD, EC, FC in infinitum, æquales esse
curvis parabolicis primariis seu simplicibus, diversis tamen a parabolis quæ æquantur curvis juxta methodum tertiæ figuræ generatis. En
itaque theorema generale :

Exponatur parabole RP, cujus axis RQ æqualis axi AB prioris paraboles, rectum vero latus RU sit duplum recti lateris AN : Aio parabolen RP ita descriptam æqualem esse curvæ CID.

Si vero, manente axe RQ æquali AB, rectum latus RU fiat triplum
recti lateris AN, tunc curva parabolica RP erit æqualis curvæ COE.

Si vero, manente semper axe RQ æquali axi AB, rectum latus RU
fiat quadruplum recti lateris AN, tunc curva parabolica RP erit æqualis
curvæ CMF.

VI.

Si autem circa rectas AB, BD, BE, BF rotentur spatia ACB, DCB, ECB,
FCB in infinitum, dantur circuli æquales omnibus et singulis superficiebus curvis solidorum inde oriundorum, eàdem omnino facilitate
qua in conoide parabolico, ex parabola AC circa axem AB descripto,
circulum curvæ ipsius superficiei æqualem repræsentamus. Ejus vero
constructionem non adjungeremus, quum jam ab aliis (¹) inventam
audierimus (licet eorum scripta hac de re ad nos non pervenerint),
nisi quod nostra hæc constructio ad methodum generalem in omnibus
conoidibus circa axes BD, BE, BF novarum istarum curvarum in infinitum producendis facillime producitur.

(¹) Roberval (d'après Mersenne, *Cogitata physico-mathematica*, 1644, p. 99); Huygens,
dans une Lettre à Carcavi du 16 janvier 1659 (comparer *OEuvres de Pascal*, édition de 1779,
t. V, p. 403 et 455; *Lettre de A. Dettonville à Monsieur Hugguens de Zulichem, en luy
envoyant la dimension des Lignes de toutes sortes de Roulettes, lesquelles il montre estre
égales à des Lignes Éliptiques*. A Paris, M.DC.LIX). .

In figura sexta (*fig.* 117) circa rectam BD rotetur curva CD, superficies curva inde oriunda hoc pacto invenitur :

Fiat, ex superiore methodo, curva parabolica RP æqualis curvæ CID ;
circa rectam RQ rotetur parabole RP. Superficies conoidis parabo-
lici RPQ ad superficiem conoidis DICB erit ut applicata PQ ad applicatam CB.

Si PR parabole juxta præcedentem methodum fiat æqualis curvæ COE,
conoides parabolicum RPQ dabit superficiem curvam quæ ad superficiem curvam conoidis EOCB erit ut applicata PQ ad applicatam CB.

Et sic in infinitum.

VII.

Sit in figura septima (*fig.* 118) parabole FBAD, cujus axis EA, applicata FE. Quæritur dimensio superficiei curvæ solidi quod fit a spatio
ABFE circa axem AE rotato.

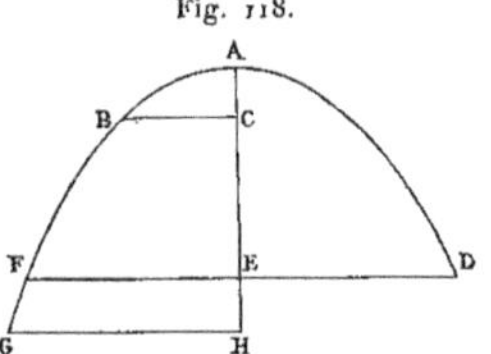

Fig. 118.

Fiat AC æqualis quartæ parti recti lateris et applicetur CB ; fiat EH
æqualis AC et applicetur GH ; quadretur CBGH (hoc autem est facile ex
Archimede).

Diagonia quadrati spatio CBGH æqualis est radius circuli æqualis
superficiei curvæ conoidis FAD circa axem AE.

VIII.

Videat subtilis ille Geometra (¹), qui nuper æqualitatem helicis et
paraboles demonstravit, an potuerit universalius concipi theorema et

(¹) *Lettre de A. Dettonville à Monsieur A. D. D. S., en lui envoyant la démonstration
à la manière des anciens de l'égalité des lignes Spirale et Parabolique.* A Paris, M.DC.LVIII.
— *OEuvres de Pascal*, t. V, pages 426 à 452.

helices infinitæ cum infinitis parabolis eleganter comparari, sequentis
propositionis beneficio generaliter, si libuerit, enuntiandæ et exempli-
ficandæ.

Proponatur (*fig.* 119) helix cujuscumque in infinitum speciei in
figura 38 libelli Dettonvillani ('), in qua potestas quævis radii AB ad

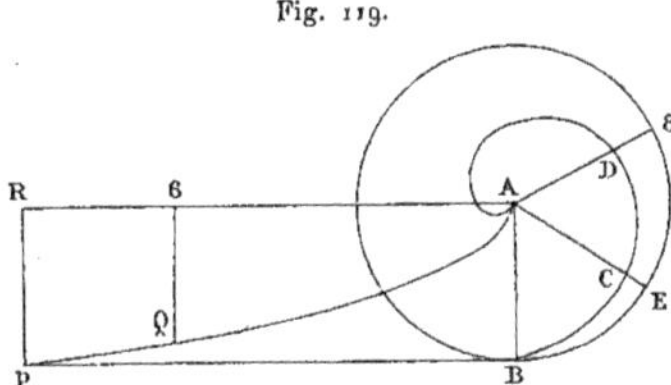
Fig. 119.

potestatem similem rectæ AC sit in ratione potestatis cujuslibet circumferentiæ totius BE8B ad potestatem similem portionis periphericæ E8B.

Exponatur separatim parabole cujus semibasis sive ultima applicatarum RP æquetur radio AB, axis vero AR portioni circumferentiæ
totius BE8B, cujus numerator æquetur exponenti potestatis diametri
AB, denominator verò æquetur aggregato exponentium potestatum diametri AB et circumferentiæ BE8B; denique potestates applicatarum in
parabola, quarum exponens æquatur aggregato exponentium potestatum diametri AB et circumferentiæ BE8B, sint inter se ut potestates
portionum axis, quarum exponens est æqualis exponenti circumferentiæ BE8B.

Aio helicem ita effictam parabolæ ita constructæ fore semper et in
quocumque casu æqualem.

Exempli gratia, proponatur primum helix Archimedea et parabole

<hr>

(') La figure que nous reproduisons d'après Lalouvère ne présente pas toutes les com-
plications de celle de Pascal. Fermat cite d'ailleurs le Volume : *Lettres de A. Dettonville
contenant quelques-unes de ses Inventions de Géométrie*, — à Paris, chez Guillaume Des-
prez, rue Saint–Jacques, à l'Image Saint-Prosper, M.DC.LIX, — Volume qui réunit, sous
neuf paginations successives, mais avec des planches de figures formant une seule série,
les différents écrits publiés sous le nom de Dettonville.

simplex et sit

ut radius AB ad rectam AC,
ita circumferentia tota BE8B ad ejusdem portionem E8B.

Construatur separatim parabole AQP, cujus ultima applicatarum sive basis RP sit æqualis radio AB; axis autem AR sit æqualis portioni circumferentiæ BE8B, cujus numerator sit æqualis exponenti potestatis diametri AB, qui in hoc casu est 1; denominator verò æquetur summæ exponentium potestatum diametri et circumferentiæ, hoc est binario : nam exponens potestatis periphericæ in hoc casu est etiam 1. Sit itaque AR axis æqualis dimidio circumferentiæ helicis constitutivæ; sit autem in parabola ut potestas applicatæ RP, cujus exponens æquatur summæ exponentium diametri et circumferentiæ, hoc est, in hoc casu, numero 2, ad potestatem similem applicatæ 6Q, ita potestas rectæ AR, cujus exponens æquatur exponenti circumferentiæ BE8B, sive 1 in hoc casu, ad similem potestatem rectæ A6, hoc est : sit

ut quadratum rectæ RP ad quadratum rectæ 6Q,
ita recta RA ad rectam 6A.

Curva parabolica PQA erit æqualis helici BCDA.

Esto jam

ut quadratum AB ad quadratum AC,
ita tota circumferentia BE8B ad portionem E8B :

exponens potestatis diametri AB in hoc casu est 2, circumferentiæ vero, 1. Parabole ita construetur juxta prædictum canonem :

Applicata RP æquabitur radio AB, axis AR æquabitur bessi vel duobus trientibus circumferentiæ BE8B et erit

ut cubus RP ad cubum 6Q,   ita recta RA ad rectam 6A.

Hujusmodi vero parabole helici correlatæ æqualis erit.

Esto deinde

ut recta AB ad rectam AC,
ita cubus circumferentiæ BE8B ad cubum portionis E8B.

In parabola, applicata RP æquabitur radio AB, axis vero AR æquabitur quadranti circumferentiæ BE8B, et erit

> ut quadratoquadratum RP ad quadratoquadratum 6Q,
> ita cubus RA ad cubum 6A.

Hæc autem parabole huic helici erit æqualis.

Denique sit in helice

> ut quadratum radii AB ad quadratum rectæ AC,
> ita cubus circumferentiæ BE8B ad cubum portionis E8B.

In parabola huic helici correlata et æquali, applicata RP erit æqualis, ut semper, radio AB, recta vero RA erit æqualis duabus quintis partibus circumferentiæ BE8B, et erit in parabola

> ut quadratocubus applicatæ RP ad quadratocubum applicatæ 6Q,
> ita rectæ AR cubus ad cubum rectæ 6A.

Nec dissimilis in helicibus et parabolis cujuslibet speciei invicem comparandis in infinitum erit methodus. Helicis autem, sive deminutæ sive auctæ, portiones cum portionibus paraboles correlatæ nullo negotio comparabuntur. Unde sequitur dari intra circulum infinitas numero helices specie et quantitate diversas; imo dantur infinitæ ipsâ circumferentiâ majores : quod inter miracula geometrica potest numerari. Nulla tamen datur quæ non sit minor aggregato circumferentiæ et radii, et nulla etiam quæ non sit radio major ([1]).

([1]) Après ce fragment, le texte de Lalouvère continue par un *Scholium* commençant par ces mots : « *Hactenus Viri Clarissimi propositiones non minus arduæ quam novæ* » et finissant par ceux-ci : « *nisi nefas putaremus quicquam hocce in loco demere vel addere tam præclaris Viri doctissimi inventis* ».

On lit encore dans le même Ouvrage (Livre II) :

Page 21 : « *Cyclocylindricam figuram primi nominis* vocamus eam quæ intelligitur in superficie cylindri recti describi eo modo quo circulus in plano, nempe si, pede circini extremo manente in dato superficiei cylindricæ puncto, ipse circinus circumducatur notans in superficie cylindricâ lineam donec ad idem punctum circuitu peracto redeat, quoties iste reditus fuerit possibilis. Circini autem crura si deducta fuerint intervallo diametri baseos cylindri, vocetur *cyclocylindrica primaria* et antonomasticè *cyclocylindrica;* si alio quovis intervallo, dicatur *cyclocylindrica secundaria.* Quod si figatur extra illam superficiem, *nominis secundi* appellabitur…. »

Page 29 : « De hac figurâ quadrandâ ut cogitarem fecit Clarissimus D. de Fermat; postea

enim quàm primum hujus operis librum vulgavi (ᵃ), nescio qua se dante occasione signi-
ficavit mihi invenisse se solidi, motu cujuslibet cyclocylindricæ primi nominis circa basim
geniti, proportionem cum cylindro circa eandem basim genito motu rectanguli cujus
unum latus sit eadem basis, alterum æquet axem cyclocylindricæ. Ubi primùm solus fui,
cœpi mecum cogitare quid istud rei foret, reperique tandem post aliquot dies non tantùm
proportionem illam, quam mihi vir optimus non expresserat, sed etiam quadraturam cyclocylindricæ primariæ primi nominis. Hoc, cùm iterum illum alloquerer, ipsi denuntiavi,
deque meo invento pro sua qua me licet immorentem complectitur benevolentia, et pro
studio illo quo artium omnium incrementa mirificè fovet, mihi amplè gratulatus est. Aliquot post diebus literis ad D. Carcavi datis inserui quantum hac in re deberem integerrimo illi Senatori, quanti facerem subtilissimam quam mihi tunc communicarat demonstrationem circa proportionem cylindri et solidi... »

Et toujours sur le même sujet, page 34 : « Doctissimus D. de Fermat, methodo subtilitatis
prorsus mirabilis, istam proportionem in quacunque primi nominis cyclocylindricâ mihi
demonstravit : quam quidem methodum suis in operibus, quæ totâ Europâ enixè expetun-
tur, edet, uti spes est, Amicorum omnium precibus tandem victus. »

(ᵃ) C'est-à-dire après le 22 juillet 1658, mais avant le 4 septembre 1658, date de la réponse faite par Pascal a la lettre
Lalouvère à Carcavi. Il faut entendre au reste, pour la question imaginée par Fermat, que la surface du cylindre est
développée sur un plan.

DE LINEARUM CURVARUM

CUM LINEIS RECTIS COMPARATIONE

DISSERTATIO GEOMETRICA (¹).

Nondum, quod sciam (²), lineam curvam pure geometricam rectæ datæ geometræ adæquarunt. Quod enim a subtili illo mathematico Anglo nuper inventum et demonstratum est : *cycloidem nempe primariam diametri circuli ipsam generantis esse quadruplam*, hoc suam, ex sententia doctissimorum geometrarum (³), videtur habere limitatio-

---

(¹) Cette Dissertation, comme l'Appendice qui suit, a été imprimée du vivant de Fermat, sous le même titre, suivi des indications « Autore M.P.E.A.S. — Tolosæ, apud Arnaldum Colomerium, Regis et Academiæ Tolosauæ Typographum, MDCLX. » et avec une pagination spéciale, à la suite du Traité de Lalouvère sur la cycloïde (*voir* plus haut, p. 199, note 1). La réimpression des *Varia* ne diffère que par la correction des fautes indiquées par les errata de l'édition anonyme et par la substitution de majuscules aux minuscules pour les lettres des figures.

(²) On ne peut mettre en doute l'assertion de Fermat; au moment de l'impression de cet Écrit, il connaît donc la rectification de la cycloïde par Wren, rendue publique en 1658 à l'occasion des problèmes proposés sur cette courbe par Pascal; au contraire, il ignore, non seulement, bien entendu, la découverte de William Neil (reportée à l'année 1657, mais publiée en 1673 seulement par Wallis, *Philosophical Transactions,* p. 6146-6149), mais encore, ce qui peut surprendre réellement, la Lettre de Henri Van Heuraet insérée pages 517-520 de l'édition latine de la *Géométrie* de Descartes par Schooten (Amsterdam, Elzévirs, 1659). Il n'est guère douteux que Fermat n'ait eu bientôt après connaissance de cette Lettre et qu'il ne soit alors applaudi d'avoir caché son nom en publiant un travail pour lequel il avait incontestablement été devancé. Il ne s'agit pas d'ailleurs ici d'une ancienne découverte que Fermat aurait tenue secrète plus ou moins longtemps; sa Dissertation est de fait une réplique au petit Traité de Pascal (Dettonville), de l'*Égalité des lignes spirale et parabolique,* du 10 décembre 1658. Cependant Fermat n'en semble pas moins être le premier qui ait considéré la courbe $y^3 = ax^2$, en généralisant la notion de parabole. *Voir* plus haut, page 195.

(³) *Lettre de A. Dettonville à Monsieur Hugguens de Zulichem;* Paris, 1659. — *OEuvres de Pascal* (éd. de 1779), tome V, page 413 : « A quoi M. de Sluze ajouta cette belle re-

nem : ii quippe hanc esse legem et ordinem naturæ pronuntiant ut non
sinat inveniri rectam curvæ æqualem, quin prius supposita fuerit alia
recta alteri curvæ æqualis. Quod quidem in exemplo cycloidis ab ipsis
allato ita se habere deprehendunt, nec nos diffitemur, quum constet
descriptionem cycloidis indigere æqualitate alterius curvæ cum recta,
hoc est, circumferentiæ circuli cycloidem generantis cum recta quæ
est basis ipsius cycloidis. Sed quam vera sit hæc, quam statuunt, lex
naturæ, et quam periculosum ab uno aut altero experimento statim ad
axioma properare, infra patebit : nos enim *curvam vere geometricam,
et ad cujus constructionem nulla talis alterius curvæ cum recta æqualitas
præcessisse supponatur, rectæ datæ æqualem esse* demonstrabimus et
paucis, quantum fieri potuerit, totum negotium absolvemus.

PROPOSITIO I.

Sit, in figura prima (fig. 120), curva quævis AHMG *in easdem partes
cava, exempli causa, una ex parabolis infinitis in qua tangentes extra*

Fig. 120 (1).

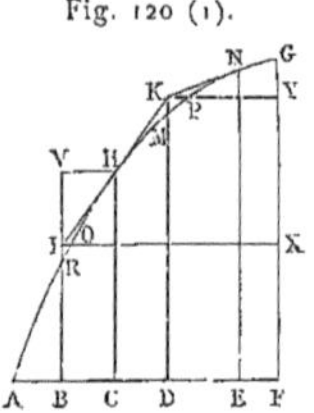

curvam cum base AF *et axe* FG *concurrant, et sumatur in hujusmodi
curvâ quodvis punctum* H *per quod ducatur tangens* IHK, *in qua sumptis
ex utraque parte punctis* K *et* I, *demittantur perpendiculares* IB, KD *in
basim* AF, *quæ secent curvam in punctis* R *et* M : *Aio portionem tangentis*
HI *portione curvæ* RH *esse minorem, portionem autem ejusdem tangentis* HK *portione curvæ* HM *esse majorem.*

marque dans sa réponse du mois de septembre dernier, qu'on devoit encore admirer sur
cela l'ordre de la nature, qui ne permet point qu'on trouve une droite égale à une courbe,
qu'après qu'on a déjà supposé l'égalité d'une droite à une courbe. »

Quum enim, ex hypothesi, tangens KI occurrat basi AF extra curvam, ergo angulus CHI, qui fit ab intersectione perpendicularis in
basim HC et tangentis HI, erit minor recto, ideoque a puncto H demissa
perpendicularis in rectam BI cadet in punctum V supra puncta B,
R, I. Patet itaque rectam HV minorem esse rectâ HI; item rectam HI
minorem esse rectâ quæ puncta H et R conjungit : ergo, a fortiori,
recta HI minor erit portione curvæ HR, quam recta ab H ad R ducta
subtendit. Quod primo loco fuit demonstrandum.

. Aio jam portionem KH portione curvæ HM esse majorem.

A puncto K ducatur ad eamdem curvam tangens KN, et demittatur
perpendicularis NE. Ex prædemonstratis, probatum est rectam KN esse
minorem portione curvæ NM; sed, ex Archimede (^{1}), summa tangentium HK, KN est major totâ portione curvæ HN : ergo portio tangentis
HK portione curvæ HM major erit. Quod secundo loco fuit ostenden-
dum.

Nec moveat tangentem a puncto K ultra punctum G aliquando occurrere curvæ : hoc enim casu aliud punctum inter K et M sumi poterit,
et omnia ad præcedentem demonstrationem aptari.

Inde sequitur, si a punctis K et I ducantur perpendiculares ad axem,
curvam in punctis O et P secantes, hoc casu tangentem HI curvâ HO
esse majorem, tangentem vero HK curvâ HP esse minorem.

Si enim imaginemur inverti figuram ita ut axis in locum baseos,
basis in locum axis transferatur, non solum similis in hoc casu, sed
eadem omnino erit demonstratio.

Patet autem, ex ipsa constructione, si rectæ BC et CD sint æquales,
portiones tangentis HI et HK esse item inter se æquales, quod tamen
summopere notandum.

Propositio II.

Ad dimensionem linearum curvarum non utimur inscriptis et cir-

(¹) Archimède, *De sphæra et cylindro,* 1, λαμβανόμενον 2 : édition Heiberg, volume I,
pages 8-10.

cumscriptis more Archimedeo (¹), sed circumscriptis tantum ex portionibus tangentium compositis : duas enim series tangentium exhibemus, quarum una major est curvâ, altera minor. Demonstrationes autem multo faciliorem et elegantiorem per circumscriptas solas evadere
analystæ experientur.

Possibile igitur, ut vult methodus Archimedea, *pronuntiamus cuilibet
ex curvis jam prædictis circumscribere duas figuras ex rectis constantes,
quarum una superet curvam intervallo quovis dato minore, altera autem
superetur a curva intervallo etiam dato minore.*

Exponatur curva aliqua ex prædictis in secunda figura (*fig.* 121).
Secetur basis AG in quotlibet portiones æquales AB, BC, CD, DE, EF,

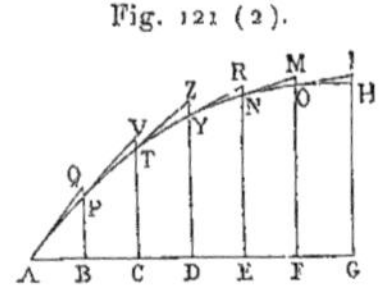

Fig. 121 (2).

FG, et a punctis B, C, D, E, F erigantur perpendiculares BQ, CV, DZ,
ER, FM, quæ occurrant curvæ in punctis P, T, Y, N, O; ducantur item
tangentes AQ, PV, TZ, YR, NM, OI.

Ex prima propositione patet tangentem AQ portione curvæ AP esse
majorem; item tangentem PV portione curvæ PT esse majorem, et sic
de reliquis, tandemque etiam ultimam OI portione curvæ OH esse majorem. Ergo figura, constans ex omnibus istis tangentium AQ, PV, TZ,
YR, NM, OI portionibus, curvâ ipsâ major erit.

At exponatur eadem curva in tertia figura (*fig.* 122), cujus basis AG
in eumdem portionum æqualium numerum dividatur in punctis B, C,
D, E, F; a punctis B, C, D, E, F, ut supra, erigantur perpendiculares
BR, CQ, DO, EL, FI, quæ occurrant curvæ in punctis S, P, N, M, K; a
puncto autem S (in hac tertia figura) ducatur tangens ST, occurrens

<hr>

(¹) ARCHIMÈDE, *Circuli dimensio,* prop. 1; mais la méthode d'Archimède est surtout
développée dans le Traité *De sphæra et cylindro,* où elle est appliquée à la mesure des
surfaces du cône, du cylindre et de la sphère.

perpendiculari AT; deinde a punctis P, N, M, K, H ducantur tangentes
PR, NQ, MO, KL, HI, occurrentes perpendicularibus BS, CP, DN, EM,
FK in punctis R, Q, O, L, I.

Ex prima propositione patet tangentem ST portione curvæ AS esse
minorem; item tangentem PR portione curvæ PS esse minorem, et sic
deinceps, tandemque ultimam IH (quæ parallela est basi) portione
curvæ KH esse minorem. Ergo figura, constans ex omnibus istis tangentium ST, PR, NQ, MO, KL, HI portionibus, curvâ ipsâ minor erit.

Quum autem, ex corollario propositionis primæ, partes tangentium
ab eodem puncto curvæ utrimque productarum et portionibus baseos
hinc inde æqualibus oppositarum sint inter se æquales, patet (quum

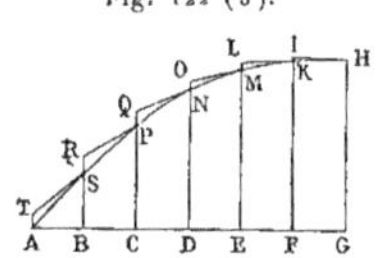

Fig. 122 (3).

secundæ et tertiæ figuræ curvæ supponantur æquales aut eadem
potius, licet vitandæ confusionis causâ duas figuras descripserimus)
tangentem ST *tertiæ figuræ* æqualem esse tangenti PV *secundæ figuræ*.
Quum enim punctum S in tertia figura idem omnino sit cum puncto P
secundæ figuræ et portiones baseos AB, BC in utraque figura sint inter
se æquales, portiones tangentium ex utraque parte ipsis oppositarum,
nempe recta ST in tertia figura et recta PV in secunda, inter se æquales
erunt.

Probabitur similiter tangentem PR tertiæ figuræ æqualem esse tangenti TZ secundæ, et sic de cæteris; quo peracto, constabit primam
tantum secundæ figuræ et ultimam tertiæ nulli ex portionibus figuræ
contrariæ æqualem esse : excessus igitur, quo figura secunda superat
tertiam, est idem quo tangens AQ secundæ figuræ superat tangentem
IH tertiæ figuræ. Sed recta IH, propter parallelas, æquatur portioni
baseos FG sive AB (supponuntur enim omnes baseos portiones æquales
in utraque figura) : ergo figura secunda, ex tangentibus curvâ majori-

bus composita, superat figuram tertiam, ex tangentibus curvâ minori-
bus compositam, eo ipso quo in secunda figura tangens AQ superat
portionem baseos AB, ipsius oppositam intervallo.

Si igitur velimus duas figuras curvæ circumscribere, alteram majorem curvâ, alteram verò minorem, quæ se invicem excedant intervallo
minore quocumque dato, facillima erit constructio. Quum enim, ex *Methodo tangentium* jam cognita, detur tangens ad punctum A (*fig.* 121),

Fig. 121 (2).

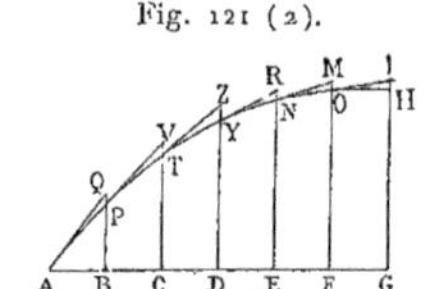

dabitur angulus QAB; sed angulus QBA est rectus : ergo datur triangulum QAB specie, datur itaque ratio rectæ AQ ad AB. Cavendum
itaque est ut divisio baseos ita instituatur ut differentia rectarum AQ et
AB sit minor quâcumque rectâ datâ : quod ita assequemur, si quæramus duas rectas in data ratione quæ se invicem excedant rectâ datâ
quæ sit minor eâ quæ data est. Hoc autem problema est facile, et curandum deinde ut portio quælibet baseos, AB, non sit major minore
duarum quæ dicto problemati satisfaciunt.

Quum igitur hac ratione invenerimus duas figuras curvæ circumscriptas, alteram majorem, alteram minorem dictâ curvâ, quæ se invicem excedunt intervallo minore quocumque dato, a fortiori major ex
circumscriptis superabit curvam intervallo adhuc minore, et minor ex
circumscriptis superabitur a curva intervallo adhuc minore.

Patet itaque ex nostra hac methodo per duplicem circumscriptionem
commodum præberi aditum ad methodum Archimedeam, quum agitur
de dimensione linearum curvarum. Quod semel monuisse et demon-
strasse sufficiet.

His positis, secure pronuntio inveniri posse curvam vere geometricam
datæ rectæ æqualem : ea vero est una ex infinitis parabolis, quas olim spe-

culati sumus (¹), illa nempe in qua cubi applicatarum ad axem sunt inter
se ut quadrata portionum axis. De quo ne dubitent geometræ, ita breviter
demonstro.

Propositio III (²).

*Sit in quarta figura (fig. 123) parabole, quam jam indicavimus,
MIVA, cujus vertex A, axis AN, et in qua, sumpto quovis puncto I et ductis*

Fig. 123 (4).

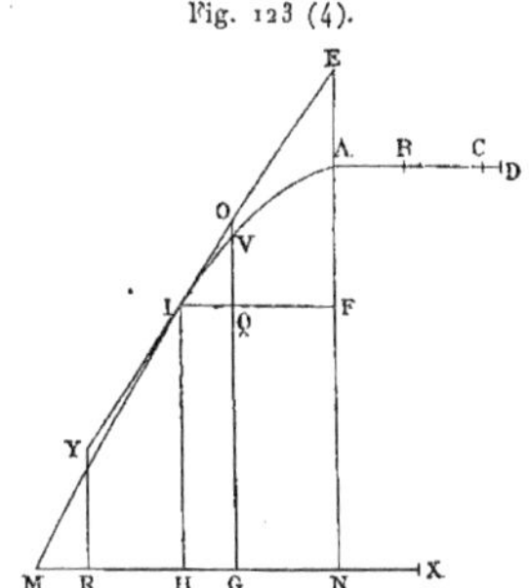

*perpendicularibus seu applicatis ad axem rectis MN, IF, cubus rectæ MN
sit ad cubum rectæ IF ut quadratum rectæ NA ad quadratum rectæ FA,
idque semper contingat; probandum est curvam MIA rectæ datæ æqualem
esse.*

Fiat

ut quadratum axis **AN** ad quadratum applicatæ **NM**,
ita recta **NM** ad rectam **AD** ipsi **AN** perpendicularem.

Patet rectam **AD** esse rectum dictæ paraboles latus, hoc est :

solidum sub **AD** in quadratum rectæ **AN**   æquari   cubo applicatæ **NM**,

item, sumpto quovis alio puncto, ut I,

solidum sub **AD** in quadratum **AF**   æquari   cubo applicatæ **IF**;

quod non eget demonstratione : in facilibus enim non immoramur.

(¹) *Voir* plus haut, page 195.
(²) L'énoncé qui suit est en réalité celui de la proposition IV ; l'objet de la proposition III
se borne à un lemme déterminant la longueur de la tangente dans la parabole $y^3 = a x^2$.

Ducatur tangens ad punctum I, et sit illa IOE, quæ cum axe AN in puncto E concurrat. Ex *Methodo tangentium* constat rectam FA rectæ AE esse duplam, ideoque

rectam FE   ad rectam AF esse   ut 3 ad 2,
quadratum vero rectæ EF esse ad quadratum rectæ AF ut 9 ad 4.

A recta AD abscindatur nona ipsius pars CD, et reliqua CA bisecetur in B : erit igitur

DA ad AB ut 9 ad 4,   sive ut quadratum EF ad quadratum AF.

Solidum itaque sub AD in quadratum AF æquale erit solido sub quadrato FE in rectam AB; sed solidum sub AD in quadratum AF est æquale cubo rectæ IF : ergo solidum sub recta AB in quadratum EF est æquale eidem cubo rectæ IF. Est ergo

ut quadratum EF ad quadratum IF,   ita recta IF ad rectam AB,

et, componendo, summa quadratorum EF et FI, hoc est unicum

quadratum tangentis IE est ad quadratum IF,
ut summa rectarum IF et AB ad AB.

Si autem ducatur a puncto I perpendicularis ad basim, recta IH et alia quævis perpendicularis GQVO occurrens applicatæ IF in Q, curvæ in V et tangenti in O, propter similitudinem triangulorum, erit

ut IO ad IQ sive ipsi æqualem HG,
ita tangens IE ad applicatam IF,
et

ut quadratum IO ad quadratum HG,   ita quadratum IE ad quadratum IF.

Ut autem
quadratum IE ad quadratum IF,
ita summa rectarum IF et AB ad rectam AB.
Ergo
quadratum IO *ad quadratum* HG *erit semper*
ut summa rectarum IF *et* AB *ad rectam* AB.

Quod demonstrare oportuit.

Inde sequitur, si rectæ MN ponatur in directum recta NX rectæ AB æqualis, esse semper

ut quadratum tangentis IO ad quadratum rectæ HG,

vel ut quadratum tangentis IY ex altera parte ad quadratum rectæ oppositæ RH (utrobique enim, propter parallelas, eadem est ratio),

ita rectam HX ad rectam NX.

Recta enim HX æqualis est summæ rectarum IF et AB, et recta NX est æqualis AB. Hoc autem patet ex constructione : recta enim HN, propter parallelas, æqualis est rectæ IF, et reliqua NX facta est æqualis rectæ AB.

PROPOSITIO IV.

Exponatur in quinta figura (*fig.* 124) nostra hæc parabole AXE, cujus sit ea, ut diximus, natura ut cubi applicatarum sint inter se in ratione quadratorum portionum axis. Sit ejus axis AI, basis aut semibasis EI.

Fig. 124 ⁀ 5).

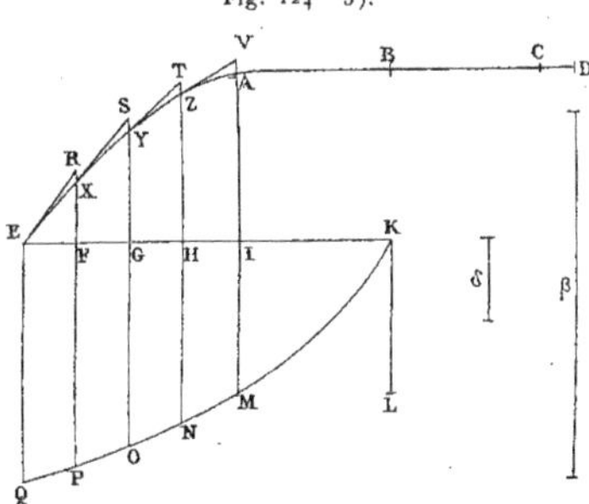

Ex datis axe AI et applicatâ IE invenitur, ut superius diximus, rectum latus AD, a quo abscissâ nonâ ipsius parte CD, et reliquâ AC bifariam divisâ in B, secetur basis EI in quotlibet libuerit portiones æquales EF, FG, GH, HI, et a punctis F, G, H excitentur perpendiculares FX, GY, HZ, curvæ occurrentes in punctis X, Y, Z. Ad puncta autem E, X,

Y, Z ducantur tangentes ER, XS, YT, ZV, occurrentes perpendicularibus FX, GY, HZ, IA productis, in punctis R, S, T, V. Ponatur rectæ EI
in directum recta IK æqualis rectæ AB.

Patet, ex præcedente propositione et ipsius corollario,

quadratum tangentis ZV ad quadratum rectæ IH
esse ut rectam HK ad rectam KI;

similiter

ut quadratum tangentis YT ad quadratum rectæ GH,
ita rectam GK ad rectam KI;

item

quadratum tangentis XS ad quadratum rectæ FG
ut rectam FK ad rectam KI;

denique

ut quadratum tangentis ER ad quadratum rectæ EF,
ita rectam EK ad rectam KI.

His positis, a puncto K excitetur KL perpendicularis ad rectam EK,
et fiat recta KL æqualis rectæ KI sive AB; intelligatur jam per punctum K, tanquam verticem, axem autem KE, describi parabole simplex
sive Archimedea, cujus rectum latus sit KL, et sit illa parabole KMQ,
ad quam excitentur perpendiculares EQ, FP, GO, HN, IM, quæ erunt,
ut patet, applicatæ paraboles et in directum positæ perpendicularibus
FX, GY, etc.

Quadratum tangentis ZV, ut jam diximus, est ad quadratum rectæ
IH,

ut recta HK ad rectam KI;

sed, ut recta HK ad rectam KI, ita, singulis in rectam KL ductis,

rectangulum sub HK in KL ad rectangulum sub IK in KL;

rectangulum verò sub HK in KL, ex natura paraboles Archimedcæ,
æquatur quadrato applicatæ HN, et rectangulum sub IK in KL æquatur
quadrato rectæ KL, quum rectæ IK, KL factæ fuerint æquales. Erit
igitur

ut quadratum HN ad quadratum KL,
ita quadratum tangentis ZV ad quadratum rectæ HI,

ideoque

ut recta HN ad KL,   ita tangens ZV ad rectam III.

Similiter probabimus esse

ut tangentem YT ad rectam GH,   ita applicatam GO ad KL;

item

ut tangentem XS ad rectam FG,   ita applicatam FP ad KL;

denique

ut tangentem ER ad rectam EF,   ita esse applicatam EQ ad KL.

Quum igitur sit

ut tangens ZV ad rectam III,   ita applicata HN ad KL,

rectangulum sub extremis æquabitur rectangulo sub mediis, ideoque

rectangulum sub NH in III   æquabitur
rectangulo sub KL in tangentem ZV.

Similiter

rectangulum sub OG in GH   æquabitur
rectangulo sub KL in tangentem YT;

item

rectangulum sub PF in FG   æquabitur
rectangulo sub KL in tangentem XS;

denique

rectangulum sub EQ in EF   æquabitur
rectangulo sub KL in tangentem ER.

Quid autem pluribus in re proclivi et jam ad methodum Archimedeam sponte sua vergente immoramur? Per inscriptas enim et circumscriptas in segmento parabolico figuras, rectangula omnia QEF, PFG, OGH, NHI segmentum ipsum parabolicum EQMI designabunt. Omnes autem tangentes ER, XS, YT, ZV, per iteratam secundum nostræ præcepta methodi circumscriptionem, curvam ipsam EXYZA etiam designabunt : ergo segmentum parabolicum EQMI æquatur rectangulo sub KL in curvam EXA. Datur autem in rectilineis segmentum parabolicum

EQMI (quadravit enim parabolen Archimedes (¹), ideoque ipsius segmenta) : ergo rectangulum sub KL in curvam EXA etiam datur. Datur
autem recta KL : ergo datur curva EXA et ipsi alia recta potest consti-
tui æqualis. Quod erat demonstrandum.

**Si quibusdam tamen hæc demonstratio brevitate nimiâ laborare vi-
deatur, eam integram, insistendo vestigiis Archimedeis, non gravamur
separatim adjungere, ut eam legant et examinent qui superiora non sufficere existimabunt.**

Probandum est segmentum parabolicum EQMI rectangulo sub data
KL in curvam EXA æquale esse.

Fiat, ex Archimede, segmentum illud parabolicum EQMI æquale
rectangulo sub data recta KL in datam rectam β. Si probaverimus rectam β æqualem esse curvæ EXA, constabit propositum.

Aio itaque rectam β curvæ EXA esse æqualem : si enim æqualis non
est, erit vel major vel minor.

Sit primo recta β major quam curva EXA, et sit earum excessus, si
fieri potest, recta δ.

Ex propositione secundâ hujus, possumus curvæ EXA circumscribere figuram ex portionibus tangentium compositam, quæ superet
curvam intervallo minore rectâ δ. Fiat igitur illa circumscriptio et in
figura separata (*fig.* 125), quam etiam quintam romano charactere
notavimus, circumscripta illa constet ex portionibus tangentium ER,
XS, YT, ZV.

Circumscripta illa, ex prædemonstratis, est major curvâ EXA; sed
et recta β posita est major eâdem curvâ : quum ergo circumscripta superet curvam minore intervallo quam recta β superet eamdem curvam,
ergo circumscripta minor est rectâ β. Rectangulum itaque sub recta
KL in circumscriptam est minus rectangulo sub KL in rectam β; at
rectangulum sub KL in β factum est æquale segmento parabolico
EQMI : ergo rectangulum sub KL in circumscriptam est minus dicto
segmento parabolico EQMI.

(¹) Archimède, *Quadratura paraboles*, prop. 17; édition Heiberg, vol. II, page 334.

Probavimus autem rectangulum sub KL in portionem tangentis ER
æquari rectangulo sub QE in EF; item rectangulum sub KL in XS
æquari rectangulo sub PF in FG; item rectangulum sub KL in YT
æquari rectangulo sub OG in GH; denique rectangulum sub KL in ZV

Fig. 125 (V).

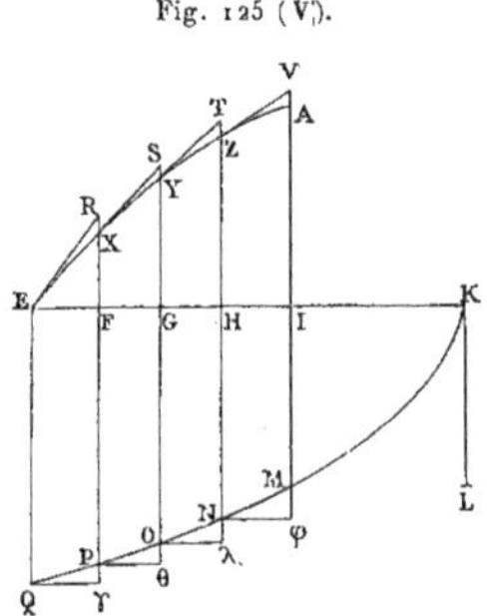

æquari rectangulo sub NH in HI : ergo rectangulum sub KL in totam
circumscriptam est æquale summæ rectangulorum sub QE in EF, sub
PF in FG, sub OG in GH et sub NH in HI. Si autem in rectas FP, GO,
HN, IM (quæ sensim decrescunt quo propius accedunt ad verticem
paraboles) continuatas demittantur perpendiculares (seu parallelæ
basi) a punctis Q, P, O, N rectæ Qγ, Pθ, Oλ, Nφ, patet

rectangulum QEFγ	æquale esse	rectangulo sub QE in EF;
item rectangulum θF	æquari	rectangulo sub PF in FG,
rectangulum λG	æquari	rectangulo sub OG in GH,
denique rectangulum φH	æquari	rectangulo sub NH in HI.

Ergo rectangulum sub KL in circumscriptam est æquale rectangulis
γE, θF, λG, φH.

Sed probavimus rectangulum sub KL in circumscriptam esse minus
segmento parabolico EQMI : ergo summa rectangulorum γE, θF, λG,
φH erit minor dicto segmento parabolico EQMI. Quod est absurdum :
illa enim rectangula constituunt figuram ex rectangulis compositam

et segmento parabolico, ut patet, circumscriptam, idcoque ipso segmento majorem.

Recta itaque β non est major curvâ EXA; sed neque minorem esse
probabimus.

Sit enim recta β minor curvâ EXA, si fieri potest, et curva superet
rectam β intervallo δ.

Circumscribatur in figura separata (*fig.* 126), quam etiam quin-

Fig. 126 (σχῆμα ε).

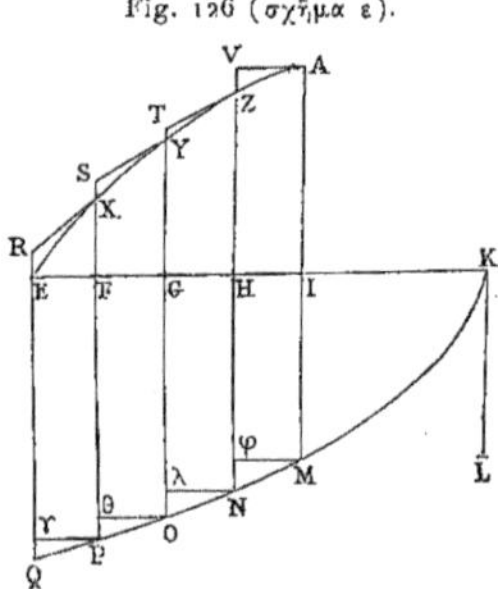

tam charactere græco notavimus, figura constans ex portionibus tangentium curvâ EXA minor, sed quam tamen ipsa curva superet intervallo
minore ipso δ; et sit illa figura constans ex portionibus tangentium
XR, YS, ZT, AV.

Quum itaque curva sit major β intervallo δ, et eadem curva superet
circumscriptam intervallo minore ipso δ, ergo circumscripta erit major
rectâ β, idcoque rectangulum sub KL in circumscriptam erit majus
segmento parabolico EQMI.

Sed rectangulum sub KL in circumscriptam æquatur, ex prædemonstratis, rectangulis sub PF in FE, sub OG in GF, sub NH in HG et sub
MI in IH : est enim

ut XR ad FE,   ita FP ad KL,
ideoque

rectangulum sub KL in XR   æquatur   rectangulo sub PF in FE,
et sic de reliquis.

Quum igitur rectangulum sub KL in circumscriptam sit majus segmento parabolico EQMI, ergo summa rectangulorum, sub PF in FE,
sub OG in GF, sub NH in HG et sub MI in HI, est major dicto segmento
parabolico. Sed omnia illa rectangula, ductis perpendicularibus (seu
basi parallelis) rectis Pγ, Oθ, Nλ, Mφ, quæ omnes cadent in applicatas intra parabolen (prout enim applicatæ magis distant a vertice,
eo magis semper augentur), erunt æqualia rectangulis PE, OF, NG,
MH; ergo summa omnium illorum rectangulorum, PE, OF, NG, MH,
erit major segmento parabolico. Quod est absurdum : rectangula enim
illa, PE, OF, NG, MH, componunt figuram ex rectangulis compositam
et ipsi segmento parabolico inscriptam, ideoque ipso minorem.

Recta itaque β non est minor curvâ EXA; quum igitur nec sit major,
nec minor, erit ipsi curvæ æqualis. Quod prolixius, ut omnis remo-
veatur scrupulus, fuit demonstrandum.

Ex jam demonstratis patet câdem facilitate demonstrari posse segmentum parabolicum quodvis EQPF, a priore abscissum, rectangulo
sub data KL in curvam EX æquale esse; ideoque, si detur in basi
quodvis punctum, ut F, quum ex Archimede segmentum parabolicum EQPF in rectilineis detur, dari etiam et rectangulum sub KL
data in portionem curvæ EX; datur autem recta KL : ergo et curva EX.
Dato itaque quovis puncto in base, ut F, dari portionem curvæ ipsi
oppositam, et rectam posse assignari huic æqualem, manifestum est.

Nec moveat, ad rectam illam curvæ EXA æqualem inveniendam,
construendam videri parabolen simplicem, quo casu problema solidum
evaderet. Quum enim supponatur ad veritatem tantum inquirendam et
demonstrationem rite conficiendam paraboles illius descriptio, nihil
vetat quominus calculum ipsum, dissimulatâ illâ imaginariâ paraboles
descriptione, per rectas et circulos et expediamus et exhibeamus. Is
autem calculus, nisi fallor, talis est :

Esto in figura sexta (*fig.* 127) curva parabolica DAC, ejus naturæ
ut cubi applicatarum DB et NM sint inter se ut quadrata portionum
axis BA et AM; dentur autem altitudo AB et semibasis BD, aut

tota DBC : Aio dari rectam curvæ DAC æqualem (quod jam probatum
est) in calculo vere geometrico.

Sit rectum istius paraboles latus recta AO, quam datam esse ex datis
axe et applicatâ, ex supra dictis, constat. A recta AO auferatur nona
ipsius pars EO ; reliquæ vero AE fiat æqualis recta YK, cui in directum
ponatur KX æqualis semibasi (seu applicatæ) DB. Super recta YX tanquam diametro describatur semicirculus YTX et, rectâ YK bisectâ in
puncto R, excitetur perpendicularis RT, semicirculum secans in T.

Fig. 127 (6).

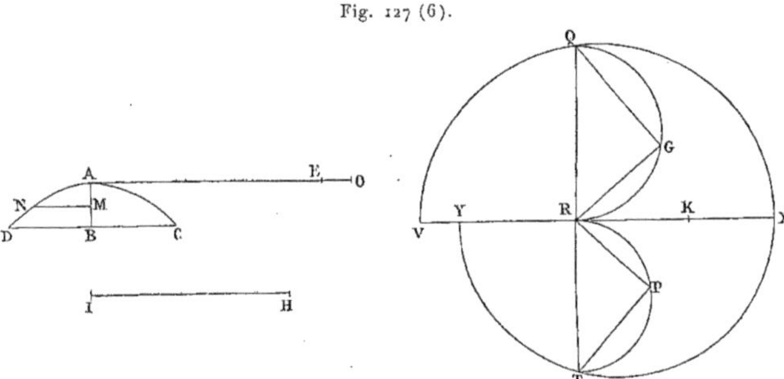

Rectæ RT fiat æqualis recta RV, et super recta VX tanquam diametro
describatur semicirculus VQX, ad cujus circumferentiam a puncto R
excitetur perpendicularis RQ. Super rectis TR, RQ describantur semicirculi TPR, RGQ, et ipsis applicentur rectæ TP, RG, quæ singulæ sint
ipsi RY æquales. Junctis autem rectis RP, QG, aio rationem curvæ
parabolicæ DAC ad basim DBC esse eamdem quæ est dupli quadrati
rectæ QG ad triplum quadratum rectæ RP, ideoque esse datam.

Fiat itaque ut triplum quadratum rectæ RP ad duplum quadratum
rectæ QG, ita recta DC ad rectam IH; recta illa IH, quæ data est ex
constructione, æqualis erit curvæ parabolicæ DAC.

Quod si cum præcedente demonstratione non conveniat, ab ipsa erit
emendandum.

Si hæc non sufficiant ad obtinendum a geometris ut nostra hæc curva parabolica inter admiranda Geometriæ collocetur, illud fortassc ab ipsis quæ mox sequentur impetrabunt. Quid enim mirabilius quam ex una hac curva derivari et formari alias numero infinitas, non solum ab ipsa, sed inter se, specie differentes, quæ tamen singulæ rectis datis æquales esse demonstrentur? Propositio generalis hæc est :

Sit, in septima figura (fig. 128), *curva nostra parabolica* CMA, *cujus altitudo* AB, *semibasis* CB, *et ab ea curva formentur aliæ in infinitum*

Fig. 128 (7).

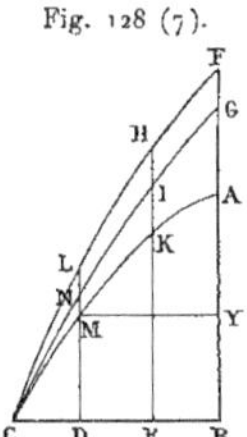

hac ratione ut, ductis perpendicularibus ad basim rectis DMNL, EKIH *ut- cumque, secantibus curvam in punctis* M, K, *nova curva* CNIG, *ex hac formanda, sit ejus naturæ ut recta* DN *sit semper æqualis portioni prioris curvæ, nempe* CM, *ipsam respicienti; item recta* EI *sit æqualis portioni prioris curvæ* CMK *et sic in omnibus aliis quibuslibet perpendicularibus : hæc nova curva* CNIG *erit diversæ a priore speciei* ([1]).

Formetur pariter ab ipsâ tertia curva CLHF, *in qua rectæ* DL, EH *sint semper æquales portionibus curvis* CN *et* CNI *secundæ curvæ; et a tertia pari ratione formetur quarta, a quarta quinta, a quinta sexta, et eo pro- grediantur in infinitum ordine.*

Aio omnes istas curvas CNIG, CLHF *et reliquas in infinitum, perinde ac primam parabolicam* CMKA, *rectis datis æquales esse.*

Notandum autem istas omnes in infinitum curvas esse pure geome-

---

([1]) Fermat n'a pas reconnu que, loin d'être différentes de la parabole primitive, toutes les courbes qui en sont ainsi dérivées successivement peuvent lui être superposées à la suite d'une simple translation.

tricas, nec in illis itaque ad legem illam et ordinem naturæ de quibus initio hujus Dissertationis locuti sumus recurrendum. Licet enim rectæ DN et EI curvis CM et CMK supponantur æquales, cædem tamen ipsæ non tam suppositæ sunt quam ex prædictis demonstratæ esse pariter rectis æquales : dato quippe quolibet puncto D, quum ex præcedentibus detur recta æqualis portioni curvæ CM, ergo recta DN, quæ curvæ CM ex constructione ponitur æqualis, ut recta vere data, non ut æqualis curvæ, considerari debet; et sic de reliquis. Curva igitur supra descripta CNIG vere geometrica est; quam postquam æqualem esse rectæ datæ demonstraverimus, sequetur tertiam curvam ab ea formandam, nempe CLHF, esse quoque pure geometricam, et sic omnes alias in infinitum.

Demonstratio difficilis non erit, si prius præmiserimus generalem, quæ huic operi omnino inservit, propositionem :

Proposttio VI.

Esto, in figura octava (fig. 129), quælibet curva, ejusdem cum præcedentibus naturæ, ONR, cujus vertex O, axis vel applicata OVI (eadem

Fig. 129 (8).

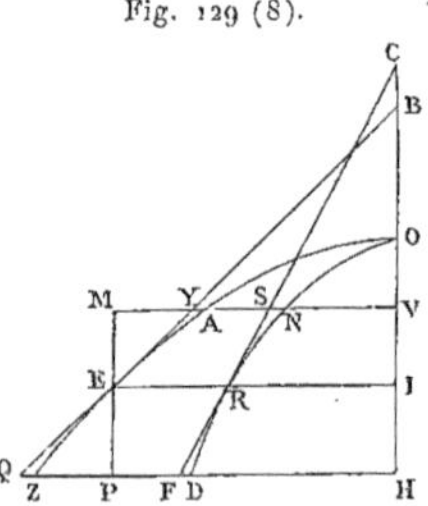

enim semper est demonstratio); et ab ea formetur alia curva OAE, cujus ea sit proprietas ut applicatæ sint æquales portionibus abscissis a priore curva : exempli gratia, applicata VA sit æqualis curvæ ON, applicata IE sit æqualis curvæ OR, et sic de reliquis. Ad datum punctum, in nova hac curva, ducetur tangens hoc pacto : sit datum punctum E; ducatur appli-

cata EI, *secans priorem curvam in* R; *ducatur recta* RC *tangens in dicto puncto* R *priorem curvam et occurrens axi in puncto* C; *fiat*

ut RC ad CI,   ita recta IE ad rectam IB,

et jungatur EB : *Aio rectam* EB *tangere novam curvam* EAO *in puncto* E.

Sumpto enim quovis puncto in axe, ut V, et ductâ applicatâ VNA, quæ secet priorem curvam in N, tangentem RC in S, secundam curvam in A, rectam vero EB in Y, si probaverimus rectam VY semper esse majorem applicatâ VA, recta EB non secabit novam curvam a parte verticis. .

Hoc autem facillime probamus : Recta VA est æqualis curvæ ON sive differentiæ inter curvas OR, NR; at recta RS est minor curvâ RN, per consectarium primæ propositionis : ergo differentia inter curvam OR et rectam RS est major differentiâ inter eamdem curvam OR et curvam RN. Sed recta VY est æqualis differentiæ inter curvam OR et rectam RS, *ut mox probabimus :* ergo recta VY, occurrens rectæ EB, erit major rectâ VA, occurrente curvæ OAE. Unde patet omnia puncta rectæ EB versus verticem esse extra curvam, ideoque recta EB curvam ab ea parte non secabit.

Imo nec inferius : Sumatur enim quodvis punctum, ut H, a quo ducatur applicata HZ, secans priorem curvam in D, tangentem RC productam in F, secundam curvam in Z, et rectam EB productam in Q. Si probemus rectam HQ, in quocumque casu, majorem esse rectâ HZ, patebit omnia puncta rectæ EB, etiam inferius sumpta, extra curvam jacere, unde patebit dictam rectam EB tangere secundam curvam in dicto puncto E.

Recta HZ est æqualis, ex constructione, curvæ OD, hoc est summæ curvarum OR, RD; quum autem recta RF sit portio tangentis RC inferius sumpta, erit, ex consectario primæ hujus, recta RF major curvâ RD, ideoque summa curvæ OR et rectæ RF erit major summâ ejusdem curvæ OR et curvæ RD. Summa autem curvæ OR et rectæ RF est æqualis, *ut mox probabimus,* rectæ HQ; summa vero curvarum OR, RD est æqualis rectæ HZ, ex constructione : ergo recta HQ semper

et in omni casu major erit applicatâ HZ, ideoque recta EB in dicto
puncto E tanget secundam curvam.

Probandum autem reliquimus differentiam curvæ OR et rectæ RS
æquari rectæ VY.

Ducatur recta EM parallela axi et occurrat rectæ VY productæ in M.
Ex constructione est

$$\text{ut EI ad IB,}\quad \text{ita RC ad CI;}$$

sed

$$\text{ut EI ad IB,}\quad \text{ita YV ad VB,}\quad \text{et ita YM ad ME;}$$
$$\text{ut autem RC ad CI,}\quad \text{ita RS ad VI :}$$

ergo

$$\text{ut YM ad ME,}\quad \text{ita RS ad VI.}$$

Sunt autem rectæ ME, VI æquales, propter parallelas : ergo rectæ YM,
RS erunt æquales. Sunt autem æquales etiam rectæ EI, VM : ergo differentia inter rectas EI et MY erit recta VY. Sed recta EI, ex constructione, æquatur curvæ OR : ergo differentia inter curvam OR et rectam MY (sive ipsi æqualem RS) æquabitur rectæ YV. Quod primo erat
probandum.

Nec dissimili ratiocinio procedet demonstratio infra applicatam EI :
Ductâ enim rectâ EP parallelâ axi, probabimus rectam QP æqualem
esse rectæ RF.

Est enim

$$\text{ut EI ad IB,}\quad \text{hoc est QH ad HB,}\quad \text{hoc est QP ad PE,}$$
$$\text{ita recta RC ad CI,}\quad \text{hoc est RF ad IH;}$$

sunt autem æquales PE, IH : ergo et rectæ QP, RF. Recta autem HQ
æquatur rectis HP, PQ, quarum prior HP æquatur rectæ IE sive curvæ
OR, posterior autem PQ æquatur, ex demonstratis, rectæ RF : ergo
summa curvæ OR et rectæ RF est æqualis rectæ HQ. Quod secundo
loco fuit probandum.

Patet itaque rectam EB in puncto E secundam curvam tangere, quod
erat demonstrandum.

Sɪᴛ ᴊᴀᴍ (¹), in nona figura (*fig.* 13o), curva nostra parabolica GKA, cujus altitudo AE, semibasis GE, rectum latus AD, cujus nona pars, ut supra, sit CD, et recta AC bifariam secetur in B. A priori hac curvâ formetur alia, versus punctum G, quæ sit GNS, occurrens axi prioris in S, et novæ hujus curvæ proprietas hæc sit ut, sumpto quovis puncto,

Fig. 13o (9).

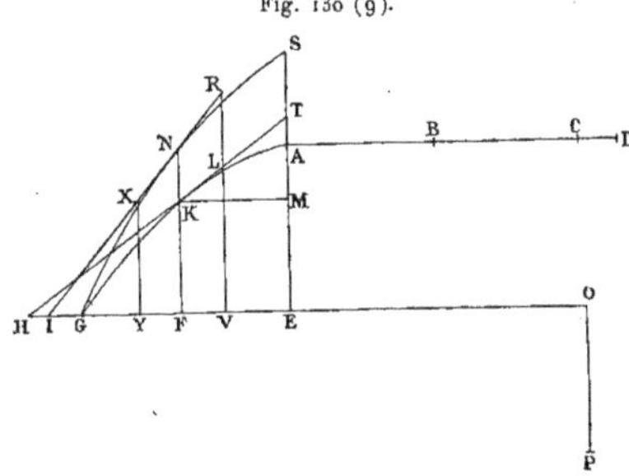

ut F, et erectâ perpendiculari FKN occurrente duabus curvis in K et N, recta FN sit semper æqualis curvæ prioris portioni GK. Ducatur parallela basi KM, et ad idem punctum K ducatur recta TKH tangens priorem et occurrens axi in T et basi in H; per punctum vero N, in secunda curva, ducatur tangens RNXI occurrens basi in I, et a punctis quibuslibet, in ea ex utraque parte sumptis, ut R et X, demittantur in basim perpendiculares XY et RV.

Ex præcedentibus patet quadratum tangentis KT in priore curva ad quadratum FE, sive

> quadratum **KL** ad quadratum **FV** esse semper
> ut rectam **FE**, una cum recta **AB**, ad ipsam **AB**;

sed

> ut quadratum **KT** ad quadratum **FE** sive ad quadratum **KM**,
> ita quadratum **KH** ad quadratum **HF** (propter parallelas) :

(¹) Ici commence la démonstration d'un nouveau lemme qui devrait être compté comme proposition VII, ce qui figure ci-après sous ce dernier titre n'étant, en fait, que la démonstration ajournée de la proposition V (page 227), dont le numérotage a été omis.

ergo

quadratum KH est ad quadratum HF ut recta FE, una cum AB, ad AB.

Ut autem quadratum KH ad quadratum HF,

ita, ex præcedente propositione,

quadratum rectæ FN ad quadratum rectæ FI :

quum enim latera, ex vi illius propositionis, sint proportionalia, erunt proportionalia et quadrata. Ergo

quadratum NF ad quadratum FI est ut recta FE, una cum AB, ad AB,

et componendo, quadrata duo NF et FI, sive unicum

quadratum NI erit ad quadratum FI ut FE, una cum AB bis, ad AB.

Sed

ut quadratum NI ad quadratum FI,
ita quadratum RN ad quadratum rectæ FV   ex una parte,
et ita quadratum rectæ NX ad quadratum rectæ FY ex altera :

ergo, sumpto quovis puncto in secunda hac curva, ut N, erit semper

ut quadratum portionis tangentis ad illud punctum ductæ ex alterutra parte
ad quadratum portionis basis ipsi oppositæ,
ita summa rectæ FE, una cum AB bis, ad AB.

Si igitur basi GE ponatur in directum recta EO rectæ AB dupla, et ad punctum O erigatur perpendicularis OP ipsi AB æqualis, erit semper ut quadratum portionis NR, in hac secunda curva, ad quadratum portionis basis FV, vel ut quadratum portionis tangentis NX ad quadratum portionis basis FY, ita recta FO ad rectam OP.

His ita se habentibus, patet cæteras in infinitum curvas, modo quem supra indicavimus describendas, ejus esse naturæ ut :

In tertia, verbi gratia, quadratum portionis tangentis ad quadratum portionis basis ipsi oppositæ sit ut portio basis FE initium sumens a puncto F, in quo cadit perpendicularis a puncto contactûs in basim demissa, una cum recta AB *ter* sumptâ, ad ipsam AB;

In quarta curva, erit ut quadratum portionis tangentis ad quadratum portionis basis ipsi oppositæ ut recta FE, una cum AB *quater* sumptà, ad ipsam AB;

Et sic de reliquis in infinitum.

Eadem enim semper demonstratio, ut evidens est, in omnibus casibus locum habet.

Nec difficilis, hoc supposito, ad theorema generale erit aditus.

Propositio VII.

Esto, in figura decima (*fig.* 131), curva nostra parabolica EA, cujus axis AI, semibasis IE. Ab ea formetur secunda curva EXYZθ, cujus ea

Fig. 131 (10).

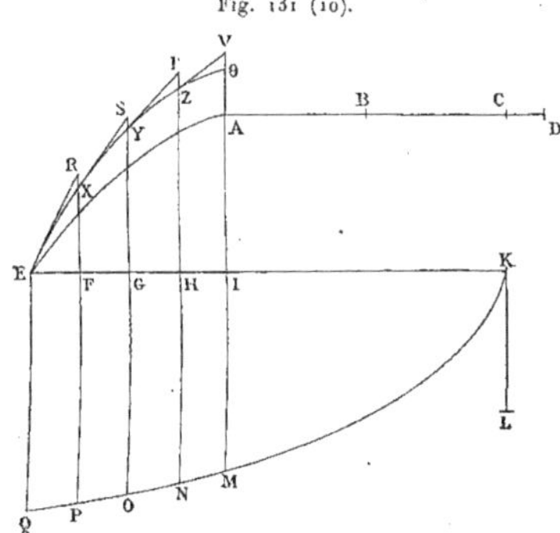

sit natura, ut supra diximus, ut quævis applicata FX sit æqualis portioni prioris curvæ ab applicata illa, seu mavis vocare perpendicularem, abscissæ. Dividatur basis in quotlibet partes æquales EF, FG, GH, HI, et ducantur a punctis F, G, H perpendiculares secantes novam hanc secundam curvam in punctis X, Y, Z. Sit prioris curvæ rectum latus AD, a quo abscindatur nona pars CD, et reliqua AC bisecetur in B. Rectæ AB bis sumptæ fiat æqualis recta IK quæ sit in directum basi, et ad punctum K erigatur perpendicularis KL æqualis rectæ AB.

Per punctum K et axem KE intelligatur describi parabole simplex
(sive Archimedea), cujus rectum latus KL, et sit illa parabole KMOQ.
A punctis E, F, G, H, I ducantur perpendiculares ad axem et occurrentes huic parabolæ in punctis Q, P, O, N, M.

Ex corollario præcedentis, quum curva EXO sit secunda curva a
priore derivata seu formata eâ ratione quam jam sæpius explicuimus,
sequitur, sumpto in ea quolibet puncto, ut Y, et ductâ portione tangentis YT, esse

> ut quadratum YT ad quadratum GH,   ita rectam KG ad rectam KL.

Sed, ut recta GK ad rectam KL, ita, singulis in rectam KL ductis,

> rectangulum GKL ad quadratum KL;

ex natura autem paraboles simplicis, rectangulum GKL æquatur quadrato applicatæ GO : ergo

quadratum YT est ad quadratum GH ut quadratum GO ad quadratum KL,

ideoque

> ut recta YT ad rectam GH,   ita recta GO ad rectam KL.

Rectangulum itaque sub extremis æquatur rectangulo sub mediis :
rectangulum ergo sub GO in GH æquatur rectangulo sub KL in YT.

Si igitur ducantur aliæ tangentes ER, XS et ZV, occurrentes perpendicularibus in punctis R, S, V, probabitur similiter

> rectangulum sub QE in EF   æquari   rectangulo sub KL in ER;

item

> rectangulum sub PF in FG   æquari   rectangulo sub KL in XS;

et sic de reliquis in infinitum.

Unde tandem, per abductionem ad methodum Archimedeam pari
quod, in quarta propositione hujus, indicavimus artificio, conficietur
et concludetur segmentum parabolicum EQMI æquari rectangulo sub

KL in secundam curvam EXθ; sicut et singula segmenta parabolica,
EQPF verbi gratia, rectangulo sub KL in portionem curvæ EX, vel segmentum EQOG rectangulo sub KL in portionem curvæ EXY, et sic in
infinitum.

Dantur autem in rectilineis hæc omnia segmenta parabolica, ex vi
quadraturæ paraboles ab Archimede demonstratæ, et datur etiam recta
KL : ergo dantur tam tota secunda curva EXθ quam ipsius portiones
EX, EY etc., per rectas perpendiculares ad puncta F, G < etc. > data
abscissæ.

Ad tertiæ curvæ cum rectâ datâ æqualitatem, similis fiet constructio, nisi quod recta IK ponetur *tripla* rectæ AB; in quarta curva, eadem
IK ponetur *quadrupla* rectæ AB, et tandem generalis inter omnes istas
in infinitum curvas a priore derivandas ita statuetur ratio : erunt
nempe singulæ inter se ut segmenta parabolica ejusdem paraboles et
ejusdem altitudinis, quæ a vertice paraboles distabunt per rectum
latus toties sumptum quotæ erunt in ordine curvæ inter se compa-
randæ.

Exempli gratia, sit, in undecima figura (*fig.* 132), curva nostra

Fig. 132 (11).

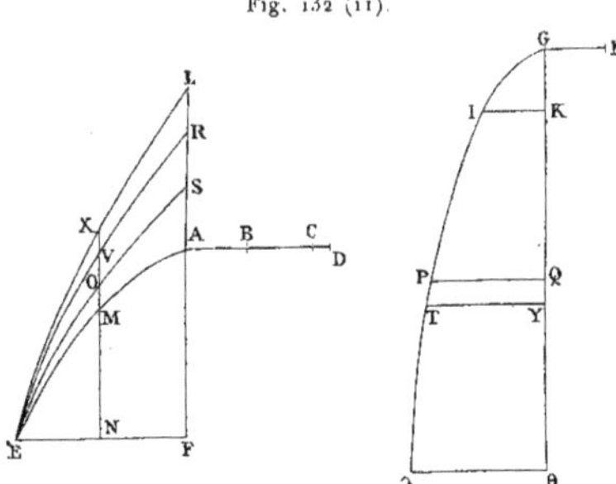

parabolica EMA, cujus axis AF, semibasis EF, rectum latus AD, a quo
demptâ nonâ parte CD, reliqua AC bisecetur in B; et a primâ illâ curvâ
formetur secunda EOS ejus naturæ ut, sumpto quolibet puncto in

base N, recta NO, perpendicularis ad basim et occurrens curvis in M
et O, sit æqualis portioni prioris curvæ EM. A secunda formetur tertia
EVR, in qua recta NV sit æqualis portioni secundæ curvæ EO; item a
tertia EVR formetur quarta EXL, in qua recta NX sit æqualis portioni
tertiæ curvæ EV. Exponatur separatim parabole simplex sive Archimedea, cujus axis infinitus GKQY, vertex G, rectum latus GH æquale
rectæ AB. Quæritur ratio, verbi gratia, quartæ curvæ EXL ad
primam EMA.

Quia prior ex ipsis est quarta ordine, ab axe abscindenda est GY
quadrupla recti lateris GH, deinde ponenda ipsi in directum recta YΘ
æqualis semibasi EF, et ducendæ applicatæ rectæ YT, Θλ. Quia verò
posterior ex duabus comparandis est prima ordine, abscindenda est ab
axe recta GK recto lateri semel tantum æqualis, deinde ipsi ponenda
in directum recta KQ semibasi etiam EF æqualis, et ducendæ applicatæ KI, QP.

Erit, ex demonstratis et canone generali ab illis deducto, ut segmentum parabolicum YTλΘ ad segmentum parabolicum KIPQ, ita
quarta curva EXL ad primam EMA. Sed ratio segmentorum parabolicorum inter se data est, ex Archimede : ergo et ratio curvarum inter se
data erit. Data est autem prima, ex demonstratis : datur igitur et
quarta, et ipsi recta data æqualis assignari potest, et perpetua illa
ratio, remotâ, si libet, parabolâ, ad phrasim geometricam ope regulæ
tantum et circini accommodari.

Quod autem de totis jam probatum et in canonem deductum est,
idem de portionibus illarum curvarum inter se comparandis contingere, beneficio segmentorum parabolicorum portiones semibasis ipsis
curvarum portionibus oppositas pro altitudine habentium, quis non
videt?

Nihil autem nec de solidis ex dictis in infinitum curvis conficiendis,
nec de superficiebus ipsorum curvis, nec de centris gravitatum aut
linearum istarum aut dictorum solidorum aut superficierum curvarum,
adjungimus, quum methodi hac de re generales a summis et insignibus

geometris (¹) jam vulgatæ ista omnia, post cognitam specificam curvæ
datæ proprietatem, ignorari non sinant, licet in multis casibus pro-
priam ab unoquoque adjungi operi industriam non inutile futurum
existimemus.

Sed antequam manum de tabula tollam, succurrit examinanda sequens propositio :

Sit, in figura duodecima (fig. 133), curva nostra parabolica COA,
cujus vertex A, *axis* AB, *semibasis* CB. *Ab ea formentur aliæ curvæ infinitæ, modo quem jam explicuimus, non ex parte baseos ut supra, sed ex*

Fig. 133 (12).

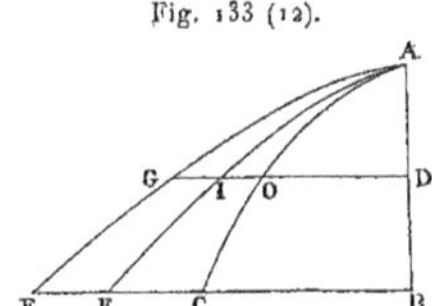

parte verticis. Sint illæ curvæ a prima effingendæ AIF, AGE *etc. in infinitum eâ conditione ut, sumpto quovis puncto in axe* D *et ductâ ad axem
perpendiculari* DOIG *secante curvas in punctis* O, I, G, *recta* DI *sit in secunda curva semper æqualis portioni primæ curvæ* AO, *item recta* DG *in
tertia curva sit semper æqualis portioni secundæ curvæ* AI, *et sic in infinitum. Hujusmodi omnes curvæ non solum specie inter se et a prima* AOC
*different, sed etiam ab iis quas ex parte baseos supra effinximus. Quæri-
tur ergo an curvæ illæ omnes* AIF, AGE *etc., sic in infinitum effingendæ,
datis rectis an vero aliis curvis sint æquales.*

Inquirant illud Geometræ et miraculum augeri experientur : sane,
si methodi, quibus utuntur ad dimensionem curvarum, sint generales

---

(¹) Fermat fait ici allusion aux travaux de Pascal et de Roberval, aussi bien qu'aux siens
propres. Quant aux courbes dont il va parler désormais, elles diffèrent bien de la parabole
$y^3 = ax^2$ (développée de la parabole ordinaire), mais elles peuvent encore toutes être superposées à une seule d'entre elles par une simple translation. En tout cas, la rectification
de cette nouvelle courbe, qui est la développée de l'hyperbole équilatère, appartient sans
conteste à Fermat.

et sufficientes, quod ipsis affirmantibus in dubium revocare non ausim,
primo statim obtutu rem factam habebunt et a labore superfluo geo-
metram jam fatigatum liberabunt.

Si quid autem in superioribus demonstrationibus concisum nimis
invenerint, id aut suppleant rogo, aut condonent.

APPENDIX AD DISSERTATIONEM

DE LINEARUM CURVARUM CUM LINEIS RECTIS COMPARATIONE.

Ut ultimæ, quam in Dissertatione proposuimus, quæstioni satisfiat,
præmittendæ videntur propositiones sequentes :

Propositio I.

Sint, in figura prima (*fig.* 134), *duæ curvæ* AIF, 3Z8, *quarum axes*
AE, 3 7 *sint inter se æquales. Ducantur autem ad axes applicatæ quotlibet quæ, in utraque figura, æquali a vertice intervallo distent.*

Fig. 134 (1).

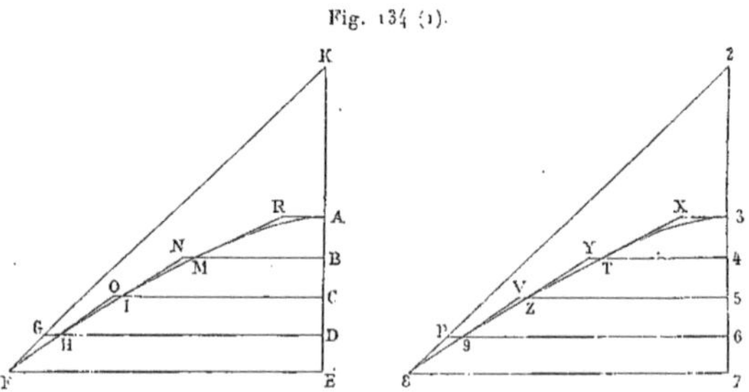

Sint, exempli gratia, applicatæ prioris BM, CI, DH, EF ; posterioris
verò applicatæ sint 4T, 5Z, 6 9, 7 8 ; et sit rectæ AB, quæ designat intervallum applicatæ BM a vertice, æqualis recta 4 3, quæ designat inter-

vallum etiam applicatæ 4T a vertice. Sit pariter CA æqualis 5 3 ; item DA æqualis 6 3 ; denique EA, quod jam supposueramus, æqualis 7 3.

Si singulæ ex applicatis sint semper ad abscissas per tangentes ab axe in ratione correlatarum,

hoc est : si, ductis tangentibus ad puncta F, H, I, M ex una parte et ad puncta 8, 9, Z, T ex altera, semper contingat ut applicata FE, verbi gratia, sit ad rectam KE, quam tangens FK abscindit ab axe, in eadem ratione quæ est applicatæ 8 7 ad rectam 7 2, quam tangens 8 2 ab axe pariter abscindit; item applicata DH sit ad abscissam ab axe per tangentem quæ ducitur ad punctum H ut applicata 6 9 ab abscissam ab axe per tangentem ad punctum 9 ductam; et sic de reliquis ;

aio duas istas curvas AIF, 3Z8 *esse inter se æquales, imo et similes ideoque easdem, et applicatas unius figuræ applicatis alterius quæ a vertice æqualiter distant esse pariter æquales.*

Ductis enim ad puncta H, I, M, in prima figura, portionibus tangentium HO, IN, MR, quæ occurrant applicatis in punctis O, N, R; item, ductis portionibus tangentium, in secunda figura, 9V, ZY, TX, quæ occurrant applicatis in punctis V, Y, X, ex suppositione

ut FE ad EK (in prima figura),   ita est 8 7 ad 7 2 (in secunda).

Sed anguli ad puncta E et 7 sunt recti : ergo triangula FEK, 8 7 2 sunt similia;

ut ergo FK ad KE,   ita 8 2 ad 7 2.

Sed

ut FK ad KE,

ita (productâ applicatâ DH ad punctum G) recta FG ad rectam DE,

et

ut 8 2 ad 7 2,

ita (productâ applicatâ 6 9 ad punctum P) recta 8P ad 6 7 :

ergo

ut recta FG ad rectam DE,   ita recta 8P ad 6 7.

Sunt autem rectæ DE, 6 7 æquales, quum rectæ EA et 7 3, item rectæ

DA et 6 3 sint inter se æquales : ergo et portiones tangentium FG, 8P
erunt inter se æquales.

Similiter probabimus portionem tangentis HO æqualem esse portioni tangentis 9V; item portionem tangentis IN æqualem esse portioni
tangentis ZY; denique portionem tangentis MR æqualem esse portioni
tangentis TX.

Quum ergo series tangentium in prima figura sit æqualis seriei tangentium in secunda, per abductionem ad impossibile more Archimedeo facile concluditur curvam AIF curvæ 3Z8 æqualem esse, quod
primo loco fuit probandum ; imo et pariter concluditur portiones curvæ
correlatas esse inter se æquales : portionem nempe FH portioni 8 9,
portionem curvæ HI portioni 9Z, et sic de reliquis.

Superest probandum applicatas pariter unius figuræ applicatis alterius esse æquales.

Quum, ex suppositione, applicatæ sint semper ad abscissas ab axe
per tangentes in eadem utrobique ratione, ergo anguli GFE, P 8 7, qui
fiunt ab intersectione tangentium et applicatarum, erunt inter se
æquales; item anguli OHD et V9 6; item anguli NIC et YZ5; denique
anguli RMB et XT4. Quum ergo portiones omnes prioris curvæ, FH,
HI, IM, MA, sint æquales portionibus posterioris, 8 9, 9Z, ZT, T3, singulæ singulis, imo et earumdem portionum sit eadem utrobique inclinatio (inclinationem enim curvarum metiuntur tangentes, quæ in
utraque figura æquales semper, ut probavimus, conficiunt angulos),
ergo curvæ AMIHF, 3TZ9 8 non solum sunt inter se æquales, sed etiam
similes : unde, si intelligantur altera alteri superponi, congruent omnino, ideoque non solum axes sed applicatas æquales, aut easdem
potius, habebunt. Quod secundo loco fuit demonstrandum.

Propositio II.

Sint duæ, in secunda figura (*fig.* 135), *parabolæ ejusdem naturæ* AOD,
XIG, quarum axes sint AC, XF, semibases DC, GF, et sit, verbi gratia,

ut cubus DC ad cubum applicatæ BO,
ita quadratum CA ad quadratum BA,

et similiter

ut cubus GF ad cubum applicatæ IY,
ita quadratum FX ad quadratum YX

(licet enim propositio sit generalis, a parabola nostra non discedimus);
sit autem ut axis unius ad semibasem, ita etiam axis alterius ad semiba-
sem, nempe

ut axis CA ad semibasem DC,   ita axis XF ad semibasem GF :

Aio duas hasce parabolas esse inter se in ratione axium vel semibasium,
hoc est

curvam AOD esse ad curvam XIG ut est axis AC ad axem XF,
vel ut semibasis CD ad semibasem GF :

hæ quippe duæ rationes, ex suppositione, sunt cædem.

Demonstratio est in promptu.

Secetur enim uterque axis in quotlibet partes æquales. Duas tan-

Fig. 135 (2).

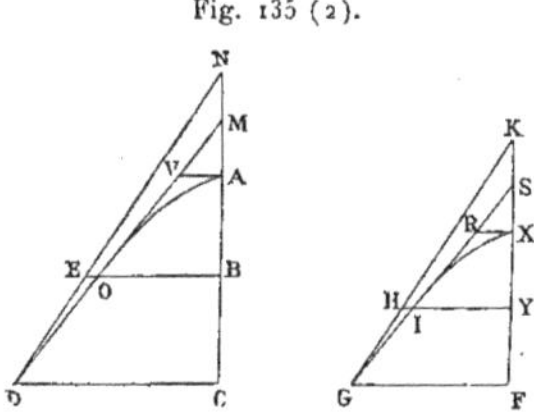

tum, ad vitandam confusionem et prolixitatem, assumemus : secetur
ergo bifariam axis AC in B et axis FX in Y et, ductis applicatis BO,
YI, ducantur ad puncta D, O tangentes DN, OM, quarum prior occurrat
applicatæ BO in puncto E, posterior vero rectæ AV, applicatis parallelæ, in puncto V; item, in altera figura, ducantur ad puncta G, I tangentes GK, IS, occurrentes applicatæ YI et ipsi parallelæ XR in punctis
H, R.

Ex suppositione est

$$\text{ut DC ad CA,} \quad \text{ita GF ad FX;}$$

sed, ex natura istius paraboles,

$$\text{recta CA est ad CN abscissam per tangentem ut 2 ad 3;}$$

item

$$\text{recta FX est etiam ad rectam FK per tangentem abscissam ut 2 ad 3 :}$$

ergo, ex æquo, est

$$\text{ut DC ad CN,} \quad \text{ita GF ad FK.}$$

Sunt ergo æquiangula triangula DNC, GKF : ergo

$$\text{ut DN ad NC,} \quad \text{ita GK ad KF.}$$

Sed

$$\text{ut DN ad NC,} \quad \text{ita DE ad CB,}$$

et

$$\text{ut GK ad KF,} \quad \text{ita GH ad FY :}$$

ergo

$$\text{ut DE ad CB,} \quad \text{ita GH ad FY.}$$

Similiter probabitur esse

$$\text{ut OV ad BA,} \quad \text{ita IR ad XY.}$$

Quum ergo portiones axium, AB, BC ex una parte et XY, YF ex altera, sint inter se æquales, ergo

$$\text{ut omnes tangentium portiones DE, OV ad totum axem AC,}$$
$$\text{ita omnes tangentium portiones GH, IR ad totum axem XF.}$$

Omnes autem portiones tangentium DE et OV et plures, si opus sit, beneficio abductionis ad impossibile, ut jam sæpius et indicatum et probatum est, designant totam curvam DOA; item omnes portiones tangentium GH, IR et plures etiam, si opus sit, designant totam curvam GIX : ergo

$$\text{ut curva DOA ad axem AC,} \quad \text{ita curva GIX ad axem XF,}$$

et, vicissim et convertendo, erit

> axis AC ad axem XF sive basis DC (ex suppositione) ad basim GF
> ut curva DOA ad curvam GIX.

Quod erat demonstrandum.

PROPOSITIO III.

Esto, in tertia figura (*fig.* 136), *curva* AO, cujus axis AC, basis CO, *et ab ea intelligatur formari alia curva ejusdem et axis et verticis, in qua applicatæ sint semper in ratione applicatarum prioris curvæ :* sit nempe

> ut basis CO ad basim CV,
> ita applicata BP prioris curvæ ad applicatam BR posterioris curvæ
> et ita applicata DE   ad applicatam DN,

et sic in infinitum; *si ad punctum quodlibet prioris curvæ, ut* O, *ducatur tangens* OH *cum axe conveniens in puncto* H, *et continuetur* CO *donec occurrat secundæ curvæ in* V, *aio rectam, quæ puncta* V *et* H *conjungit, tangere secundam curvam, et semper contingere ut tangentes correlatæ in utraque curva ad idem punctum axi occurrant.*

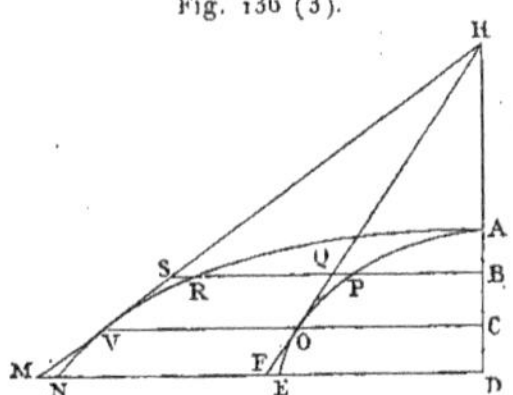
Fig. 136 (3).

Ducantur enim applicatæ BPR, DEN, occurrentes curvis in punctis P, R, E, N et rectis OH, VH productis in punctis Q, S, F, M.

Si probaverimus rectam BS, supra rectam CV ductam, semper majorem esse rectâ BR, item rectam DM, inferius ductam, esse etiam semper majorem applicatâ DN, patebit rectam MVSH tangere secundam curvam in puncto V.

Ex constructione

ut CO ad CV,   ita est applicata BP ad applicatam BR;

sed, propter parallelas COV, BQS, quæ secantur a tribus rectis CH, OH, VH ad idem punctum vergentibus, est etiam

ut CO ad CV,   ita recta BQ ad rectam BS :

ergo

ut recta BP ad rectam BR,   ita est recta BQ ad rectam BS,

et, vicissim,

ut recta BP ad rectam BQ,   ita est recta BR ad rectam BS.

Quum autem recta OQH tangat priorem curvam in puncto O, recta BQ erit major rectâ BP : ergo etiam recta BS erit major rectâ BR. Quod primo loco fuit probandum.

Nec dissimilis in applicata inferius sumptâ erit demonstratio : ex suppositione enim est

ut CO ad CV,   ita DE ad DN,

et, propter parallelas, est etiam

ut CO ad CV,   ita DF ad DM :

ergo

ut DE ad DN,   ita est DF ad DM.

Est autem DE minor DF : ergo et DN ipsâ DM minor erit.

Recta itaque MVSH in puncto V tangit secundam curvam.

<h3 style="text-align:center">Lemma ad id quod sequitur.</h3>

Sit, in quarta figura (*fig.* 137), parabole nostra GIA, cujus axis AE, semibasis EFG, tangens GH. Constituatur ad eumdem axem AE alia parabole ejusdem naturæ FNA, cujus semibasis EF sit potestate *subdupla* prioris semibasis EG, et semper contingat applicatam quamvis, ut NO, applicatæ OI ad priorem curvam esse pariter potestate subduplam. Sit rectum prioris GIA paraboles latus recta AD, cujus nona pars sit CD, et reliqua AC bisecetur in B. Ducatur ad secundam parabolen tangens ad punctum F recta FH, quæ in eodem puncto H cum axe conveniet, non solum ex vi propositionis præcedentis, sed quia, ex natura

Fig. 137 (4).

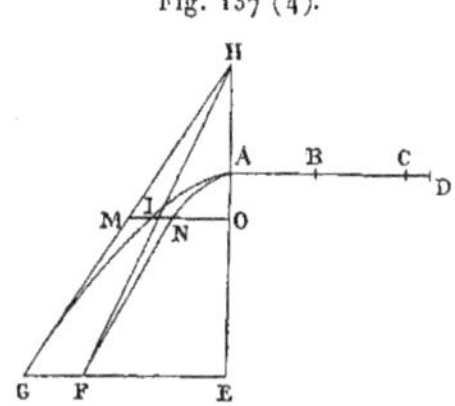

istarum parabolarum, in utrâque recta EA est ad rectam EH ut 2 ad 3, ex superius demonstratis.

Aio

quadratum FE esse ad quadratum EH
ut est dimidia rectæ AB ad rectam EG.

Jam enim, in propositione III Dissertationis, demonstratum est

quadratum GE esse ad quadratum EH ut est recta AB ad rectam EG :

ergo, sumptis antecedentium dimidiis, erit

ut quadratum EF,

quod supposuimus esse dimidium quadrati GE,

ad quadratum EH,   ita dimidia rectæ AB ad rectam GE

Probabimus pariter, si recta FE sit potestate subtripla rectæ GE, hoc est, si quadratum FE sit subtriplum quadrati GE, esse

ut quadratum FE ad quadratum EH,
ita tertiam partem rectæ AB ad rectam GE;

et sic de subquadruplo, subquintuplo et reliquis in infinitum.

Quum autem, in ratione *subdupla*, probaverimus esse

ut quadratum FE ad quadratum EH,   ita dimidiam AB ad rectam GE,

ergo, componendo, erit ut summa quadratorum FE, EH, sive ut unicum

quadratum FH ad quadratum EH,
ita dimidia AB una cum GE ad ipsam GE.

Si vero recta EF sit potestate *subtripla* rectæ GE, erit

ut quadratum FH ad quadratum EH,
ita tertia pars AB una cum GE ad ipsam GE.

Si recta EF sit potestate *subquadrupla* rectæ GE, erit

ut quadratum FH ad quadratum EH,
·ita quarta pars AB una cum EG ad ipsam EG ;

et sic in infinitum et in quacumque applicata idem continget.

Pʀoᴘosɪᴛɪo IV.

His præmissis, theorema generale haud difficulter detegimus.

Sit, in figura quinta (*fig.* 138), parabole nostra AC, cujus axis AB,
semibasis BC, et ab ea formentur aliæ in infinitum curvæ AD, AE, AF,

Fig. 138 (5).

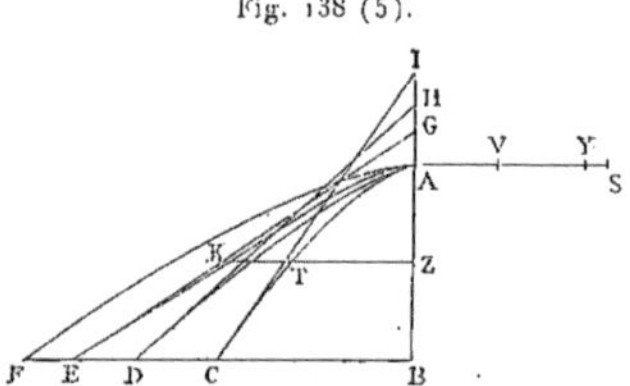

quarum ea sit proprietas ut, ductâ quâlibet applicatâ BCDEF, recta BD
sit semper æqualis priori curvæ CA, recta BE æqualis secundæ curvæ
AD, recta BF æqualis tertiæ curvæ AE, idque semper in omnibus ad
illas curvas applicatis contingat : Aio omnes illas et singulas in infinitum curvas AD, AE, AF etc. esse semper datis lineis rectis æquales,
perinde ac curvas quas in Dissertatione, diversâ et dissimili ex parte
baseos methodo, construximus.

Theorema generale ita se habet :

Exponatur separatim (*fig.* 139) eadem parabole O 3 M æqualis omnino et similis ipsi AC, cujus ideo axis MN æquàlis est axi AB et semibasis ON semibasi BC (separatim enim, ad vitandam confusionem, figuram construendam duximus). Fiat recta NP rectæ NM potestate dupla,
recta NQ ejusdem NM potestate tripla, recta NR ejusdem NM potestate
quadrupla, et sic in infinitum. Manente autem eadem semibasi ON,

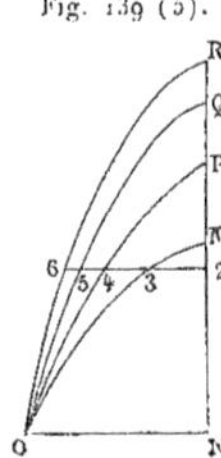

Fig. 139 (5).

construantur parabolæ per vertices P, Q, R ejusdem cum parabola
O 3 M vel AC naturæ, et sint illæ O 4 P, O 5 Q, O 6 R etc. Aio parabolen O 4 P curvæ AD esse æqualem, parabolen vero O 5 Q curvæ AE esse
æqualem, denique parabolen O 6 R curvæ AF esse æqualem, et sic in
infinitum.

Quum in nostris parabolis O 4 P, O 5 Q, O 6 R, ductà applicatà
2 3 4 5 6, sit semper, ex natura dictarum parabolarum,

ut cubus rectæ ON ad cubum rectæ 4 2,
ita quadratum rectæ sive axis NP ad quadratum P 2;

item

ut cubus ON ad cubum 5 2,   ita quadratum NQ ad quadratum Q 2;

denique

ut cubus ON ad cubum 6 2,   ita quadratum NR ad quadratum R 2,

patet, ex prædemonstratis in Dissertatione, singulas ex istis parabolis
rectis datis æquales esse : ergo, post demonstrationem theorematis

nostri generalis, constabit singulas quoque ex curvis AD, AE, AF rectis datis æquales esse.

Demonstratio autem theorematis generalis hæc est :

Sit rectum paraboles istius latus recta AS (*fig.* 138), a qua si demas nonam partem SY, reliquam biseces in puncto V, et ad puncta C, D, E

Fig. 138 (5).

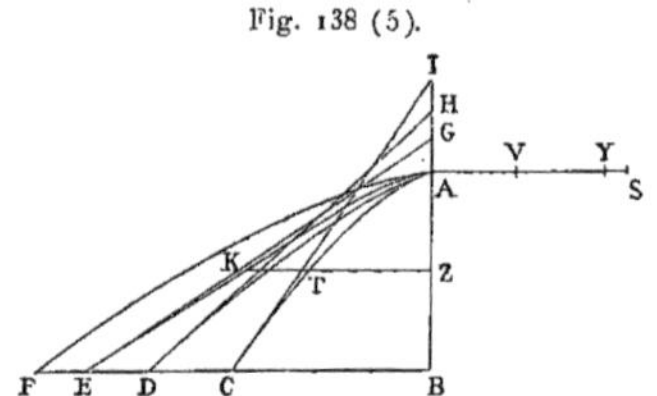

ducantur tangentes ad novas curvas, CI, DH, EG, quæ occurrant axi in punctis I, H, G.

Ex demonstratis in tertia Dissertationis propositione,

  quadratum BC est ad quadratum BI ut recta AV ad rectam BC,

et, componendo,

  quadratum CI est ad quadratum BI ut recta AV una cum BC ad BC.

Sed ex propositione VI Dissertationis,

  ut est quadratum tangentis CI ad quadratum BI,
  ita quadratum rectæ BD se habet ad quadratum rectæ BH,

quam abscindit tangens DH : ergo

 ut quadratum BD ad quadratum BH, ita recta AV una cum BC ad BC,

et, componendo,

  ut quadratum tangentis DH ad quadratum BH,
  ita recta AV una cum BC bis sumptâ ad ipsam BC.

Sed

  ut quadratum tangentis DH ad quadratum HB, ita,

ex eadem Dissertationis propositione,

quadratum BE est ad quadratum rectæ BG a tangente EG abscissæ :

ergo

ut quadratum rectæ BE ad quadratum rectæ BG,
ita est recta AV una cum BC bis sumptâ ad ipsam BC.

Similiter probabitur, si ducatur ad curvam EA applicata ZTK secans curvam AC in T, et intelligatur ad punctum K duci tangens ad curvam AKE, esse pariter

ut quadratum KZ ad quadratum rectæ

quam tangens per punctum K ducta ab axe abscindit,

ita rectam AV una cum ZT bis sumptâ ad ipsam ZT,

et sic semper continget.

Exponàtur separatim ad vitandam confusionem eadem curva AKE, quæ sit in figura separata (*fig.* 140) βφλ. Basis λδ sit itaque æqualis

Fig. 138 (5).
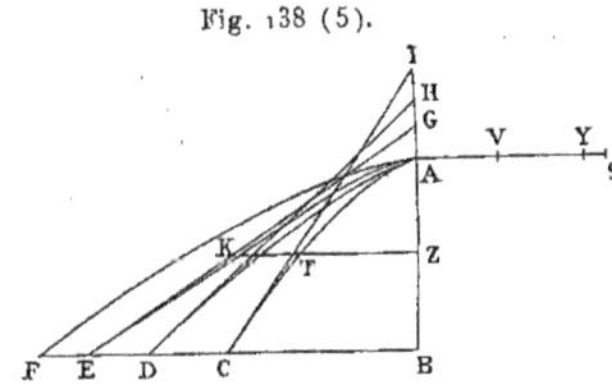
Fig. 140 (5).
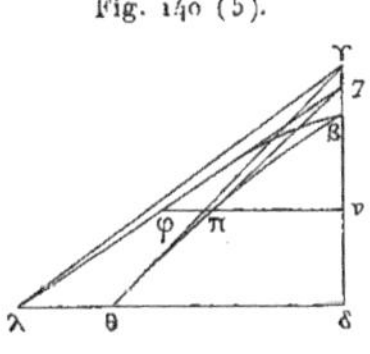

basi EB, tangens λγ tangenti EG, axis δβ axi BA, abscissa per tangentem ab axe δγ abscissæ BG, applicata νφ applicatæ ZK. Ab hac curva λφβ formetur alia ipsâ minor θπβ, ea conditione ut applicatæ novæ istius curvæ sint semper subduplæ potestate applicatarum prioris : verbi gratia, recta δθ sit subdupla potestate rectæ δλ; item applicata νπ sit subdupla potestate rectæ νφ; et sic de reliquis. Ducantur in hac nova curva, tangentes ad puncta θ, π, rectæ θγ, π7.

Ex præcedente tertia propositione patet tangentes θγ, λγ ad idem punctum γ cum axe concurrere; item tangentes ad puncta φ, π ductas ad idem etiam punctum, verbi gratia 7, cum axe concurrere, quum applicatæ utriusque figuræ sint in eadem semper inter se ratione.

Exponatur adhuc separatim (*fig.* 141) parabole ejusdem cum para-

Fig. 139 (5).

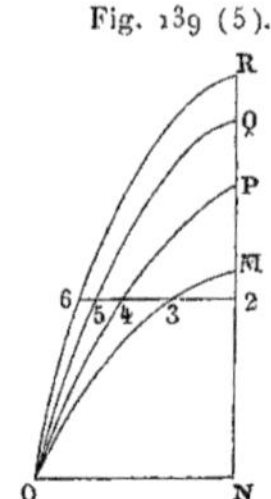

Fig. 141 (5).

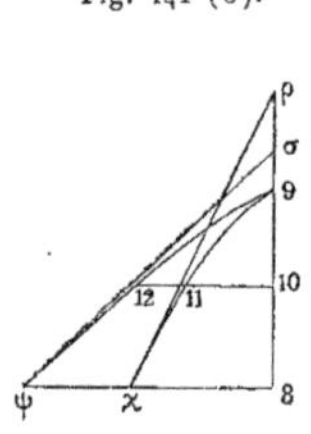

bolis OM, OP etc. (*fig.* 139) naturæ, cujus axis 9 8 sit æqualis axi MN sive AB sive βδ, semibasis autem 8 χ sit subdupla potestate semibaseos NO sive BC; et sit illa χ 11 9, a qua formetur alia 9 12 ψ, cujus idem sit axis 9 8, applicata vero 8 ψ sit æqualis curvæ χ 11 9, item applicata 10 11 12 sit æqualis curvæ 11 9, et sic de reliquis.

Probandum primo curvas θπβ et ψ 12 9 esse easdem, hoc est, omnino æquales et similes. Quod sic demonstrabitur :

Probavimus

quadratum BE esse ad quadratum BG,

sive quadratum λδ ad quadratum δγ,

ut rectam AV una cum CB bis sumptà ad rectam CB :

ergo, sumptis antecedentium dimidiis, quum posuerimus rectam θδ esse potestate subduplam rectæ δλ, quadratum rectæ θδ erit dimidium quadrati λδ, ideoque

ut quadratum θδ ad quadratum δγ,

ita dimidia AV una cum CB erit ad ipsam CB.

Similiter probabimus in alia qualibet applicata, ut πν, esse

quadratum πν ad quadratum ν 7

ut dimidiam AV una cum ZT ad ipsam ZT ;

et sic de reliquis.

Disquirendum jam an eadem proprietas curvæ ψ 12 9 conveniat.
Quod ita fiet :

In curva χ 11 9, cujus semibasis χ 8 est potestate subdupla semiba-

Fig. 138 (5).

Fig. 140 (5).

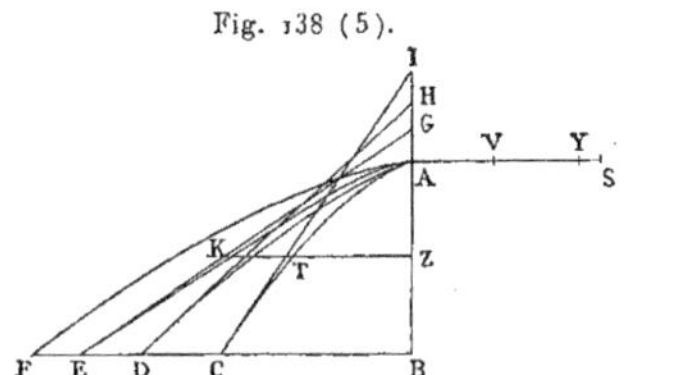

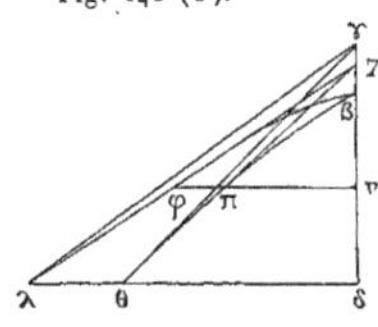

seos BC et axis 8 9 æqualis axi AB, ex lemmate superiori, ductis tangentibus ad puncta χ, ψ rectis $\chi\rho$, $\psi\sigma$,

quadratum χ 8 est ad quadratum 8 ρ ut dimidia rectæ AV ad rectam CB ;

recta enim χ 8 est potestate subdupla rectæ CB : ergo, componendo,

quadratum $\chi\rho$ est ad quadratum 8 ρ
ut dimidia AV una cum CB ad ipsam CB.

Similiter, si intelligatur recta 9 10 æqualis rectæ AZ, hoc est si
puncta 10 et Z æqualiter a vertice distent,

quadratum tangentis ad punctum 11 ductæ erit ad quadratum abscissæ ab axe
ut dimidia AV una cum recta ZT ad ipsam ZT.

Sed,

ut quadratum $\chi\rho$ ad quadratum 8ρ,   ita,

ex propositione VI Dissertationis, est

quadratum applicatæ ψ 8 ad quadratum a tangente abscissæ 8 σ,

(et, similiter,

ut quadratum tangentis ad punctum 11 ductæ
ad quadratum abscissæ ab axe,
ita quadratum applicatæ 12 10
ad quadratum abscissæ ab axe per tangentem ad punctum 12 ductam) :

ergo

ut quadratum ψ 8 ad quadratum 8 σ,   ita dimidia AV una cum BC ad BC.

Sed in alia figura (*fig.* 140) probavimus

quadratum applicatæ θδ esse ad quadratum abscissæ a tangente δγ
ut est dimidia AV una cum BC ad CB :

ergo, in duabus curvis ψ 12 9, θπβ, erit

ut ψ8 ad abscissam 8 σ,   ita applicata θδ ad abscissam δγ,

et in omnibus aliis punctis idem semper continget, et eodem modo probabimus nempe applicatam, verbi gratia,

10 12 esse ad abscissam a tangente ad punctum 12 ducta ut est πν ad ν ζ,

et sic de reliquis.

Per primam itaque propositionem hujus Appendicis, quum curvæ
9 12 ψ, θπβ habeant eumdem axem, et applicatæ sint ad abscissas ab
axe per tangentes utrobique in eadem correlatarum ratione, illæ curvæ
erunt inter se æquales, et ipsæ etiam ipsarum semibases, et omnes

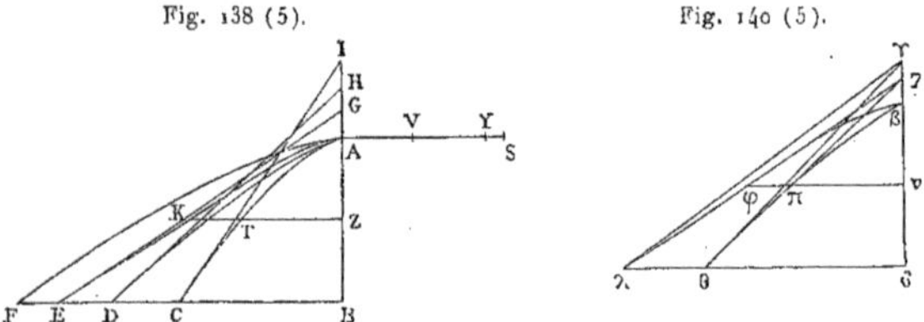

similiter applicatæ a vertice æquidistantes. Ex constructione autem
semibasis ψ8 est æqualis curvæ χ 11 9 : ergo curva χ 11 9 est æqualis
rectæ θδ. Recta autem θδ est potestate subdupla rectæ δλ ex constructione : ergo curva parabolica χ 11 9 est potestate subdupla rectæ δλ.
Recta autem δλ est æqualis rectæ BE et recta BE supposita est, in constructione curvarum a primaria AC derivatarum, æqualis esse curvæ
AD : ergo parabole χ 11 9 est subdupla potestate curvæ AD. Sed eadem
curva χ 11 9 est subdupla potestate paraboles O 4 P : basis enim χ 8 est
facta potestate subdupla baseos BC sive NO, et similiter axis 8 9 sive
AB sive NM est potestate subduplus axis NP ; quum ergo parabolæ

O 4 P, χ 1 1 9 sint ejusdem naturæ et tam axis quam basis paraboles
χ 1 1 9 sint potestate subduplæ axis et baseos paraboles O 4 P, ergo et
ipsa parabole χ 1 1 9, ex propositione II hujus Appendicis, erit subdupla paraboles O 4 P. Quum ergo, ut jam probavimus, eadem parabole
χ 1 1 9 sit subdupla tam paraboles O 4 P quam curvæ AD, curva AD
et ipsa parabole O 4 P erunt inter se æquales. Quod erat demonstrandum.

Nec dissimili, ad probandum curvam AE æqualem esse parabolæ
O 5 Q, utendum artificio.

Quum enim

quadratum BE esse ad quadratum BG
ut est recta AV una cum BC bis sumptâ ad ipsam BC

probatum fuerit, ergo, componendo et ulterius progrediendo, erit

quadratum tangentis EG ad quadratum rectæ BG
ut recta AV una cum BC ter sumptâ ad ipsam BC.

Est autem, ex prædemonstratis in sexta propositione Dissertationis,

ut quadratum EG ad quadratum BG,   ita quadratum BF
ad quadratum abscissæ ab axe per tangentem ad punctum F ductam :

ergo

quadratum BF erit ad quadratum illius abscissæ
ut est recta AV una cum BC ter ad BC.

In reliquis imitabimur omnino et sequemur vestigia demonstrationis

Fig. 139 (5).   Fig. 141 (5).

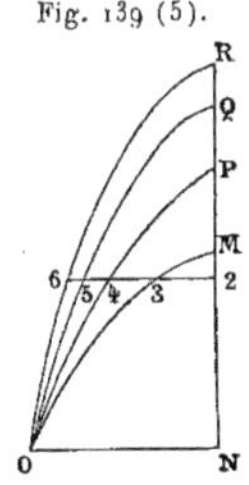
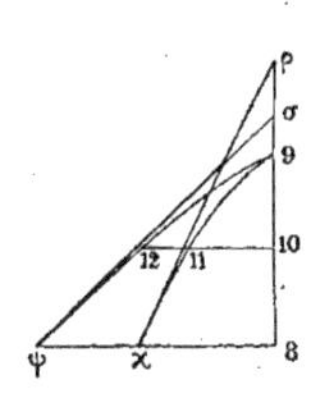

præcedentis, nisi quod in figura separata (*fig.* 140), postquam λδ

fuerit facta æqualis ipsi BF, recta δθ fiet subtripla potestate ipsius BF
vel δλ, curva λφβ curvæ FA fiet æqualis, curva θπβ ejus erit naturæ ut
omnes applicatæ sequantur rationem basium λδ, θδ. In alia autem
figura separata (*fig.* 141) in qua curvæ 9 11 χ et 9 12 ψ, recta 9 8 erit
æqualis, ut supra, rectæ MN vel AB vel βδ, basis vero 8 χ fiet subtripla
potestate baseos ON vel CB, et fiet χ 11 9 parabole ejusdem cum parabolis CTA vel O 3 M naturæ; a qua quum formabitur curva ψ 12 9,
cujus applicatæ 8 ψ, 10 12 sint, ut supra, æquales curvis χ 9, 11 9, probabimus, ut supra, curvam βπθ et curvam 9 11 χ esse inter se æquales
et similes, hoc est, easdem.

Unde concluditur bases θδ et ψ 8 esse æquales, ideoque basim ψ 8
sive curvam 9 11 χ esse potestate subtriplam rectæ δλ sive BF sive
curvæ AE; est autem etiam, ex prædemonstratis, parabole χ 11 9 subtripla potestate paraboles O 5 Q : ergo curva AE et parabole O 5 Q
erunt inter se æquales.

Eodem ratiocinio in ulterioribus casibus utemur et generalem nostri
theorematis veritatem evincemus.

Qui autem superiorem Dissertationem et hanc ad ipsam Appendi-
cem accuratius legerint, præcipua methodi nostræ fundamenta statim
agnoscent, et ex eis deduci facillimam curvarum dimensionem deprehendent.

DE ÆQUATIONUM LOCALIUM

TRANSMUTATIONE ET EMENDATIONE

AD MULTIMODAM

CURVILINEORUM INTER SE VEL CUM RECTILINEIS COMPARATIONEM,

CUI ANNECTITUR

PROPORTIONIS GEOMETRICÆ

IN QUADRANDIS INFINITIS PARABOLIS ET HYPERBOLIS

USUS.

In unica paraboles quadratura proportionem geometricam usurpavit
Archimedes ([1]); in reliquis quantitatum heterogencarum comparatio-
nibus, arithmeticæ duntaxat proportioni sese adstrinxit. An ideo quia
proportionem geometricam minus τετραγωνίζουσαν est expertus? An
vero quia peculiare ab illa proportione petitum artificium, ad quadran-
dam primariam parabolen, ad ulteriores derivari vix potest? Nos certe
hujusmodi proportionem quadrationum feracissimam et agnoscimus
et experti sumus, et inventionem nostram, quæ eàdem omnino methodo et parabolas et hyperbolas quadrat, recentioribus geometris
haud illibenter impertimur.

Unico, quod notissimum est, proportionis geometricæ attributo tota
hæc methodus innititur; theorema hoc est :

*Datâ quâvis proportione geometricâ, cujus termini decrescant in infini-
tum, est ut differentia terminorum progressionem constituentium ad*

([1]) ARCHIMÈDE, *Quadratura paraboles*, prop. 23 et 24.

minorem terminum, ita maximus progressionis terminus ad reliquos omnes in infinitum sumptos.

Hoc posito, proponantur primo hyperbolæ quadrandæ.

Hyperbolas autem definimus infinitas diversæ speciei curvas, ut DSEF (*fig.* 142), quarum hæc est proprietas ut, positis in quolibet

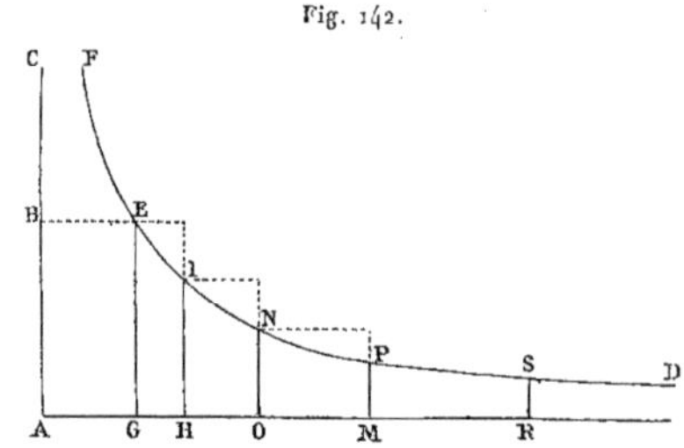

Fig. 142.

angulo dato RAC ipsarum asymptotis rectis AR, AC, in infinitum, si placet, non secus ac ipsa curva extendendis, et ductis uni asymptotôn parallelis rectis quibuslibet GE, HI, ON, MP, RS etc., sit ut potestas quædam rectæ AH ad potestatem similem rectæ AG, ita potestas rectæ GE, vel similis vel diversa a præcedente, ad potestatem ipsi homogeneam rectæ HI. Potestates autem intelligimus, non solum quadrata, cubos, quadratoquadrata etc., quarum exponentes sunt 2, 3, 4 etc., sed etiam latera simplicia, quorum exponens est unitas.

Aio itaque omnes in infinitum hujusmodi hyperbolas, unicâ demptâ quæ Apolloniana (¹) est sive primaria, beneficio proportionis geometricæ, uniformi et perpetua methodo quadrari posse.

Exponatur, si placet, hyperbole cujus ea sit proprietas ut sit semper

ut quadratum rectæ HA ad quadratum rectæ AG,
ita recta GE ad rectam HI,

(¹) Le nom d'*hyperbole,* comme ceux d'*ellipse* et de *parabole,* n'a pas été adopté avant Apollonius.

et

ut quadratum OA ad quadratum AH,   ita recta HI ad rectam ON,

etc. Aio spatium infinitum cujus basis GE, et curva ES ex uno latere,
ex alio verò asymptotos infinita GOR, æquari spatio rectilineo dato.

Fingantur termini progressionis geometricæ in infinitum exten-
dendi, quorum primus sit AG, secundus AH, tertius AO, etc. in infinitum, et ad sese per approximationem tantum accedant quantum satis
sit ut, juxta methodum Archimedeam, parallelogrammum rectilineum
sub GE in GH quadrilineo mixto GHIE adæquetur, ut loquitur Diophantus (^{1}), aut fere æquetur; item, ut priora ex intervallis rectis proportionalium, GH, HO, OM et similia, sint fere inter se æqualia, ut
commode per ἀπαγωγὴν εἰς ἀδύνατον, per circumscriptiones et inscrip-
tiones, Archimedea demonstrandi ratio institui possit : quod semel
monuisse sufficiat, ne artificium quibuslibet geometris jam satis notum inculcare sæpius et iterare cogamur.

His positis, quum sit

       ut AG ad AH,   ita AH ad AO,   et ita AO ad AM,

erit pariter

ut AG ad AH,   ita intervallum GH ad HO,   et ita intervallum HO ad OM,

etc.
             Parallelogrammum autem sub EG in GH erit
                 ad parallelogrammum sub HI in HO
                 ut parallelogrammum sub HI in HO
                 ad parallelogrammum sub NO in OM :

quum enim ratio parallelogrammi sub GE in GH ad parallelogrammum sub HI in HO componatur ex ratione rectæ GE ad rectam HI et ex
ratione rectæ GH ad rectam HO, sit autem

          ut GH ad HO,   ita AG ad AH,

ut præmonuimus, ergo ratio parallelogrammi sub EG in GH ad paral-

(^{1}) *Voir* plus haut, page 133, note 2.

lelogrammum sub HI in HO componitur ex ratione GE ad HI et ex ratione AG ad AH. Sed

ut GE ad HI,   ita, ex constructione, HA quadratum ad quadratum GA,

sive, propter proportionales,

ita recta AO ad rectam GA :

ergo ratio parallelogrammi sub EG in GH ad parallelogrammum sub
HI in HO componitur ex ratione AO ad AG et AG ad AH. Sed ratio AO
ad AH componitur ex illis duabus : ergo parallelogrammum sub GE in
GH est ad parallelogrammum sub HI in HO ut OA ad HA, sive ut HA
ad AG.

Similiter probabitur parallelogrammum sub HI in HO esse ad parallelogrammum sub ON in OM ut AO ad HA.

Sed tres rectæ quæ constituunt rationes parallelogrammorum, rectæ
nempe AO, HA, GA, sunt proportionales ex constructione : ergo parallelogramma in infinitum sumpta, sub GE in GH, sub HI in HO, sub ON
in OM, etc., erunt semper continue proportionalia in ratione rectæ
HA ad GA. Est igitur, ex theoremate hujus methodi constitutivo,

ut GH, differentia terminorum rationis,
ad minorem terminum GA,
ita primus parallelogrammorum progressionis terminus,
hoc est parallelogrammum sub EG in GH,
ad reliqua in infinitum parallelogramma,

hoc est, ex adæquatione Archimedea, ad figuram sub HI, asymptoto HR
et curva IND in infinitum extendenda, contentam.

Sed ut HG ad GA, ita, sumptâ communi latitudine rectâ GE, parallelogrammum sub GE in GH ad parallelogrammum sub GE in GA : est
igitur

ut parallelogrammum sub GE in GH
ad figuram illam infinitam cujus basis HI,
ita idem parallelogrammum sub GE in GH
ad parallelogrammum sub GE in GA.

Ergo parallelogrammum sub GE in GA, quod est spatium rectilineum
datum, adæquatur figuræ prædictæ; cui si addas parallelogrammum
sub GE in GH, quod propter minutissinos τεμαχισμοὺς evanescit et
abit in nihilum, superest verissimum et Archimedeâ (licet pro-
lixiore) demonstratione facillime firmandum : parallelogrammum AE,
in hac hyperboles specie, æquari figuræ sub base GE, asymptoto GR et
curva ED in infinitum producenda, contentæ.

Nec operosum ad omnes omnino hujusmodi hyperbolas, unà, ut
diximus, demptâ, inventionem extendere. Sit enim ea *alterius*, si placet, *hyperboles* proprietas,

> ut sit GE ad III ut cubus rectæ HA ad cubum rectæ GA,

et sic de reliquis.

Expositâ ex more infinità proportionalium, ut supra, serie, fient proportionalia parallelogramma EH, IO, MN, ut supra, in infinitum : in
hoc verò casu, parallelogrammum primum erit ad secundum, secundum ad tertium, etc. ut recta AO ad GA; quod statim compositio proportionum manifestabit. Erit igitur

> ut parallelogrammum EH ad figuram,   ita recta OG ad GA

et, sumptâ communi latitudine GE,

> ita parallelogrammum sub OG in GE ad parallelogrammum sub GE in GA :

est igitur

> ut parallelogrammum sub OG in GE ad parallelogrammum sub GE in GA,
> ita parallelogrammum sub GE in GH ad figuram,

et, vicissim,

> ut parallelogrammum sub OG in GE ad parallelogrammum sub GE in GH,
> ita parallelogrammum sub GE in GA ad figuram.

Ut autem

> parallelogrammum sub OG in GE ad parallelogrammum sub HG in GE,
> ita OG ad GH, sive 2 ad 1, ex adæquatione :

intervalla enim basi proxima facta sunt, ex constructione, fere æqualia
inter se. Ergo, in hac hyperbole, parallelogrammum EGA, quod est
æquale spatio rectilineo dato, est duplum figuræ sub base GE, asymptoto GR, curva ESD in infinitum producenda, contentæ.

Similis in quibuslibet aliis casibus habebit locum demonstratio,
nisi quod in primaria (sive Apolloniana et simplici) hyperbole deficit
eâ solâ ratione methodus, quia in hac parallelogramma EH, IO, NM
sunt semper inter se æqualia; atque ideo, quum termini progressionis
constitutivi sint inter se æquales, nulla inter eos est differentia quæ
totum in hoc negotio conficit mysterium.

Demonstrationem, qua probatur spatia in hyperbole communi paral-
lelogrammis contenta esse semper inter se æqualia, non adjungimus,
quum statim per se ipsa se prodat et ex hac unica proprietate, quæ asserit in ea specie esse

ut GE ad HI,   ita HA ad GA,

facillime derivetur.

*Eadem ratione parabolæ omnes omnino quadrantur, nec est ulla quæ
ab artificio nostræ methodi, ut fit in hyperbolis, possit esse immunis.*

Unicum in parabole, si lubet, primariâ et Apollonianâ adjiciemus
exemplum, cujus exemplo reliquæ omnes, in quibuslibet in infinitum
parabolis, demonstrationes expedientur.

Sit semiparabole primaria AGRC (*fig.* 143), cujus diameter CB, semibasis AB; sumptis autem applicatis IE, ON, GM etc., sit semper

ut quadratum AB ad quadratum IE,   ita recta BC ad CE,

et

ut quadratum IE ad quadratum ON,   ita recta CE ad CN,

et sic in infinitum ex proprietate specifica paraboles Apollonianæ.

Intelligantur, ex more methodi, rectæ BC, EC, NC, MC, HC, etc. in
infinitum continue proportionales : erunt etiam, ut superius probatum
est, proportionalia parallelogramma AE, IN, OM, GH, etc. in infinitum.
Ut cognoscatur ratio parallelogrammi AE ad parallelogrammum IN,
recurrendum ex methodo ad compositionem proportionum.

Componitur autem

ratio parallelogrammi AE ad parallelogrammum IN
ex ratione AB ad IE et ex ratione BE ad EN.

Quum autem sit

ut AB quadratum ad IE quadratum,   ita BC ad CE,

si inter BC et CE sumatur media proportionalis CV, item inter EC et

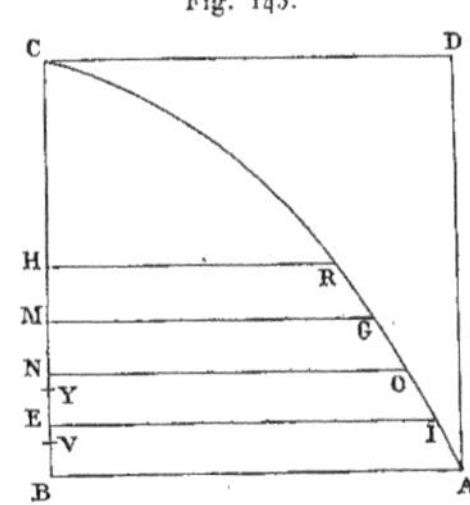

Fig. 143.

NC media proportionalis YC, erunt continue proportionales rectæ BC,
VC, EC, YC, NC et

ut BC ad EC,   ita erit BC quadratum ad VC quadratum;
sed
ut BC ad EC,   ita quadratum AB ad quadratum EI :
ergo
ut AB quadratum ad EI quadratum,
ita erit BC quadratum ad VC quadratum,
et
ut AB ad IE,   ita erit BC ad VC.

Ratio igitur parallelogrammi AE ad parallelogrammum IN componetur
ex ratione BC ad VC, sive VC ad CE, sive EC ad YC,
et ex ratione BE ad EN, sive, ex superius demonstratis (¹), BC ad CE.

____

(¹) *Voir* plus haut la démonstration pour les hyperboles.

ratio autem quæ componitur ex his duabus rationibus,

BC nempe ad CE, et CE ad CY

est eadem quæ ratio BC ad CY : igitur

parallelogrammum AE est ad parallelogrammum IN ut BC ad YC,

ideoque, ex theoremate methodi constitutivo,

parallelogrammum AE erit ad figuram IRCHE ut recta BY ad rectam YC,

ideoque

ut idem parallelogrammum AE ad totam figuram AIGRCB,
ita recta BY ad totam diametrum BC.

Ut autem BY ad totam diametrum BC, ita, sumptâ communi latitudine AB,

parallelogrammum sub AB in BY ad parallelogrammum sub AB in BC,

sive parallelogrammum BD (ductâ AD, diametro parallelà, occurrente tangenti CD in D) : ergo

ut parallelogrammum AE ad totam figuram semiparabolicam ARCB,
ita parallelogrammum sub AB in BY ad parallelogrammum BD,

et, vicissim,

ut parallelogrammum AE ad parallelogrammum sub AB in BY,
 ita figura ad parallelogrammum BD.

Ut autem

parallelogrammum AE ad parallelogrammum sub AB in BY,

ita, propter communem latitudinem,

recta BE ad BY;

ergo

ut BE ad BY,   ita figura ad parallelogrammum < BD >,

et, convertendo,

ut BY ad BE,   ita parallelogrammum BD ad figuram ARCB.

Est autem BY ad BE (propter adæqualitatem et sectiones minutissimas, quod rectas BV, VE, EY, intervalla proportionalium repræsentantes, fere inter se supponit æquales) ut 3 ad 2 : ergo

parallelogrammum BD ad figuram est ut 3 ad 2,

quæ ratio congruit τετραγωνισμῷ paraboles Archimedeo, licet ab eo geometrica proportio aliâ ratione fuerit usurpata; methodum autem variare et diversam ab Archimede viam sectari necessum habuimus, quia sterilem proportionis geometricæ ad quadrandas cæteras in infinitum parabolas applicationem deprehensam iri, insistendo vestigiis tanti viri, non dubitamus.

Demonstratio autem et regulæ generales ex nostra methodo fere in omnibus omnino parabolis statim patebunt : sit enim, ut nullus amplius supersit dubitandi locus, parabole ea de qua mentionem fecit *Dissertatio* nostra *de linearum curvarum cum lineis rectis comparatione* (¹), curva AIGC (*fig.* 144), cujus basis AB, diameter BC, et sit

ut cubus applicatæ AB ad cubum applicatæ IE,

ita quadratum rectæ BC ad quadratum rectæ EC,

et reliqua ponantur ut supra, series nempe proportionalium rectarum

Fig. 144.

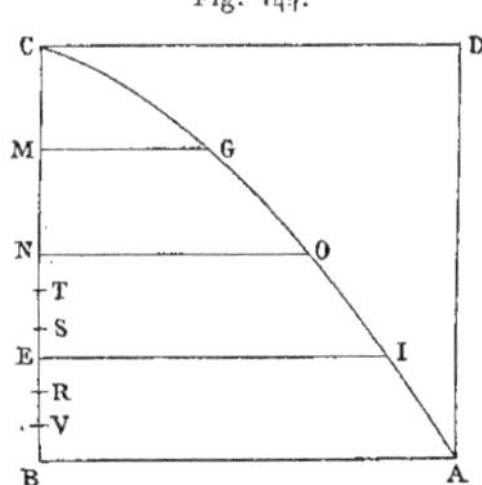

BC, EC, NC, MC, etc., item series proportionalium parallelogrammorum AE, IN, OM, etc. in infinitum.

(¹) *Voir* plus haut, page 217, ligne 1.

Inter BC et EC sumantur duæ mediæ proportionales VC, RC; item inter EC et CN sumantur etiam duæ mediæ proportionales SC, TC.

Constat, ex constructione, quum

ratio BC ad CE sit eadem rationi EC ad NC,

fore quoque continue proportionales rectas BC, VC, RC, EC, SC, TC, NC. Est autem

ut AB cubus ad cubum IE,   ita BC quadratum ad EC quadratum,
sive recta BC ad rectam NC;

quum autem sint, ut supra probavimus, septem continue proportionales, BC, VC, RC, EC, SC, TC, NC, ergo prima, tertia, quinta et septima erunt etiam continue proportionales, ideoque erit

BC ad RC   ut RC ad SC   et   ut SC ad NC :

ut igitur

prima BC ad quartam NC,   ita cubus primæ BC ad cubum secundæ RC.

Sed

ut BC ad NC,   ita probavimus esse cubum AB ad cubum IE :

ergo

ut cubus AB ad cubum IE,   ita cubus BC ad cubum RC,

ideoque

ut AB ad IE,   ita BC ad RC.

Quum igitur ratio parallelogrammi AE ad parallelogrammum IN componatur

ex ratione AB ad IE   et   ex ratione BE ad EN, sive BC ad EC,

ergo eadem parallelogrammorum ratio componetur

ex ratione BC ad RC   et   BC ad EC.

Ut autem

BC, prima proportionalium, ad EC quartam,
ita RC tertia   ad TC sextam :

ergo parallelogrammi AE ad parallelogrammum IN ratio componitur

ex ratione BC ad RC   et   RC ad TC,

hoc est

parallelogrammum AE est ad parallelogrammum IN ut BC ad TC.

Parallelogrammum igitur AE, ex præmonstratis, est ad figuram IGCE

ut recta BT ad TC,

ideoque

ut parallelogrammum AE ad totam figuram AICB,

ita recta BT ad rectam BC,

sive, sumpta communi latitudine AB,

ita parallelogrammum sub AB in BT ad parallelogrammum sub AB in BC;

et, vicissim et convertendo,

parallelogrammum BD est ad figuram AICB

ut parallelogrammum sub AB in BT ad parallelogrammum sub AB in BE,

sive, propter communem latitudinem AB,

ut recta BT ad rectam BE.

Recta autem BT continet quinque intervalla : TS, SE, ER, RV, VB, quæ inter se, propter nostram methodum logarithmicam, censentur æqualia; recta autem BE continet tria ex iis intervallis, nempe ER, RV, VB : ergo

parallelogrammum BD est ad totam figuram in hoc casu ut 5 ad 3.

Canon vero *universalis* inde nullo negotio elicietur : *patet nempe fore semper parallelogrammum* BD *ad figuram* AICB *ut aggregatum exponentium potestatum applicatæ et diametri ad exponentem potestatis applicatæ :* ut in hoc exemplo videre est, in quo potestas applicatæ AB est cubus, cujus exponens 3; potestas autem diametri est quadratum, cujus exponens 2 : ergo debet esse, ut jam demonstravimus et per-

petuo constabit, ut summa 3 et 2, hoc est 5, ad 3 exponentem applicatæ.

In *hyperbolis* autem canon non minori facilitate invenietur universalis : erit enim semper in quacumque hyperbole, si recurras ad primam figuram (*fig.* 142), *parallelogrammum* BG *ad figuram in infinitum
protensam* RGED *ut differentia exponentium potestatum applicatæ et diametri ad exponentem potestatis applicatæ.*

Fig. 142.

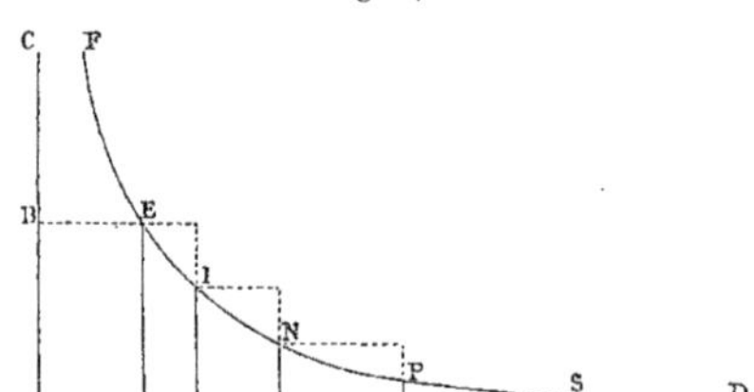

Sit enim, exempli gratia,

ut cubus HA ad cubum GA,   ita quadratum GE ad quadratum HI.

Differentia exponentium cubi et quadrati (hæc est 3 et 2) erit 1; exponens autem potestatis applicatæ, hoc est quadrati, est 2 : ergo, in
hoc casu, parallelogrammum erit ad figuram ut 1 ad 2.

Quod attinet ad centra gravitatis et tangentes tam hyperbolarum
quam parabolarum, inventio dudum, ex nostra *Methodo de maximis et
minimis* derivata, geometris recentioribus innotuit, hoc est ante viginti, plus minus, annos (¹); quod celebriores totius Galliæ mathematici non gravabuntur fortasse exteris indicare, ne hac de re in posterum dubitent.

Ex SUPRADICTIS mirum quantam opus tetragonismicum consequatur
accessionem : infinitæ enim exinde figuræ, curvis contentæ de quibus

(¹) *Voir* plus haut, page 171, note 1.

nihil adhuc nec veteribus nec novis geometris in mentem venit, facillimam sortiuntur quadraturam; quod in quasdam regulas breviter contrahemus.

Sit curva cujus proprietas det æquationem sequentem :

$$Bq. - Aq. \quad \text{æquale} \quad Eq.$$

(apparet autem statim hanc curvam esse circulum); certum est potestatem ignotam, $Eq.$, posse reduci, per applicationem seu parabolismum, ad latus.

Possumus enim supponere

$$Eq. \quad \text{æquari} \quad B \text{ in } U,$$

quum sit liberum quantitatem ignotam U, in notam B ductam, æquare quadrato E etiam ignotæ.

Hoc posito,

$$Bq. - Aq. \quad \text{æquabitur} \quad B \text{ in } U;$$

homogeneum autem B *in* U ex tot quantitatibus homogeneis componi potest quot sunt in parte æquationis correlativà; iisdemque signis hujusmodi homogenea debent notari. Supponatur igitur

$$B \text{ in } U \quad \text{æquari} \quad B \text{ in } I - B \text{ in } Y;$$

ex more enim Vietæo, vocales semper pro quantitatibus ignotis sumimus; ergo

$$Bq. - Aq. \quad \text{æquatur} \quad B \text{ in } I - B \text{ in } Y.$$

Æquentur singula membra partis unius singulis membris partis alterius : sit nempe

$$Bq. \quad \text{æquale} \quad B \text{ in } I;$$

ergo dabitur

$$I \quad \text{æqualis} \quad B.$$

Æquetur deinde

$$- Aq., \quad - B \text{ in } Y,$$

hoc est

$$Aq., \quad B \text{ in } Y;$$

erit extremum punctum rectæ Y ad parabolen primariam. Omnia igitur in hoc casu ad quadratum reduci possunt, ideoque, si omnia E *quadrata* ad rectam lineam datam applices, fiet solidum rectilineum datum et cognitum (').

Proponatur deinde curva cujus hæc sit æquatio :

$$A\,c. + B \text{ in } A\,q. \qquad \text{æqualis} \qquad E\,c.$$

$E\,c.$ applicetur ad planum datum et sit, verbi gratia, æqualis $B\,q.$ in U. Quia autem recta U ex pluribus quantitatibus ignotis componi potest, sit

$$A\,c. + B \text{ in } A\,q. \qquad \text{æqualis} \qquad B\,q. \text{ in } I + B\,q. \text{ in } Y.$$

Æquentur singula inter se membra, hoc est

$$A\,c. \qquad \text{æquetur} \qquad B\,q. \text{ in } I;$$

orietur inde parabole sub cubo et latere.

Æquetur deinde

$$B \text{ in } A\,q. \qquad \text{secundo membro} \qquad B\,q. \text{ in } Y;$$

orietur inde parabole sub quadrato et latere, hoc est primaria.

Quadrantur autem singulæ ex his parabolis; ergo aggregatum E *cuborum* ad rectam datam applicatorum producit planoplanum quantitatibus ejusdem gradus rectilineis commode æquandum.

Si sint plura in æquationibus membra, imo et sub plerisque utriusque quantitatis ignotæ gradibus involuta, ad eamdem ut plurimum methodum, reductionum legitimarum ope, poterunt aptari.

Ex his patet, si in priori æquatione, in qua

$$B\,q. - A\,q. \qquad \text{æquavimus} \qquad E\,q.,$$

(') C'est-à-dire que, si l'on a

$$e^2 = b^2 - a^2,$$

et que b, par exemple, soit la *recta linea data*, $\int_0^b e^2\, da$ est une quantité (du troisième degré) que l'on sait déterminer. C'est dans le même sens qu'il faut interpréter les expressions analogues qui suivent.

loco ipsius $Eq.$, ponamus $B\,in\,U$, posse nos aggregatum omnium U, ad rectam datam applicatarum, considerare tanquam planum et quadrare : omnes enim U nihil aliud sunt quam omnia $E\,quadrata$ divisa per B rectam datam.

Item, in secunda æquatione, omnes U nihil aliud sunt quam omnes $E\,cubi$ divisi per $B\,quadratum$ datum.

Igitur, tam in prima quam in secunda figura, omnes U faciunt figuram æqualem spatio rectilineo dato.

Hoc autem opus fit per synæresim et expeditur, ut patet, per parabolas; sed non minus quadrationum ferax est opus per diæresim, quod per hyperbolas, aut solas aut parabolis mixtas, commode pariter expeditur.

Proponatur, si placet, curva ab æquatione sequenti oriunda :

$$\frac{Bcc. + Bqc.\,in\,A + Acc.}{Aqq.} \quad \text{æqualis} \quad Eq.$$

Ex jam suppositis $Eq.$ potest fingi æquale $B\,in\,U$, sive, ut tria hinc et inde membra sint in utraque parte æquationis,

$$B\,in\,U \quad \text{potest æquari} \quad B\,in\,O + B\,in\,I + B\,in\,Y.$$

Quo peracto,

$$\frac{Bcc. + Bqc.\,in\,A + Acc.}{Aqq.} \quad \text{æquabitur} \quad B\,in\,O + B\,in\,I + B\,in\,Y,$$

et, æquando singula membra singulis,

$$\frac{Bcc.}{Aqq.} \quad \text{æquabitur} \quad B\,in\,O;$$

et, omnibus in $Aqq.$ ductis,

$$Bcc. \quad \text{æquabitur} \quad Aqq.\,in\,B\,in\,O;$$

et, omnibus abs B divisis,

$$Bqc. \quad \text{æquabitur} \quad Aqq.\,in\,O, \quad .$$

quæ est æquatio ad unam ex hyperbolis, ut patet : æquationes enim hyperbolarum constitutivæ continent, ex una parte, quantitatem datam; ex alia vero, id quod fit sub potestatibus duarum quantitatum ignotarum.

Secundum membrum æquationis dat

$$\frac{Bqc. \text{ in } A}{Aqq.} \quad \text{sive} \quad \frac{Bqc.}{Ac.} \quad \text{æqualis} \quad B \text{ in } I,$$

et, omnibus in $Ac.$ ductis et abs B divisis, fit

$$Bqq. \quad \text{æquale} \quad Ac. \text{ in } I,$$

quæ est æquatio alterius hyperboles a priore diversæ.

Denique tertium membrum est

$$\frac{Acc.}{Aqq.}, \quad \text{hoc est} \quad Aq. \quad \text{æquale} \quad B \text{ in } Y,$$

quæ est æquatio ad parabolen.

Patet itaque in præcedente æquatione omnes U ad rectam datam applicatas æquari spatio rectilineo dato : summa enim duarum hyperbolarum quadrationi obnoxiarum et unius paraboles dat spatium æquale rectilineo vel quadrato dato.

Nihil autem vetat quominus singula membra numeratoris separatim denominatori applicemus, ut jam factum est : eodem enim res recidit quo si integrum numeratorem ex tribus membris compositum eidem denominatori semel applicemus. Ita enim singula æquationis membra singulis homogenei correlati possunt commode comparari.

Proponatur etiam

$$\frac{Bqc. \text{ in } A - Bcc.}{Ac.} \quad \text{æquari} \quad Ec.$$

Fingatur $Ec.$ æquari $Bq.$ in U, sive, propter duo membra homogenei correlati,

$$Bq. \text{ in } I - Bq. \text{ in } Y.$$

Fiet

$$\frac{Bqc. \text{ in } A}{Ac.} \quad \text{sive} \quad \frac{Bqc.}{Aq.} \quad \text{æqualis} \quad Bq. \text{ in } I,$$

et, omnibus in $Aq.$ ductis et abs $Bq.$ divisis, fiet

$$Bc. \quad \text{æqualis} \quad Aq. \text{ in } I,$$

quæ est æquatio ad unam ex hyperbolis quadrandis.

Ponatur deinde secundum homogenei membrum

$$\frac{Bcc.}{Ac.} \quad \text{æquari} \quad Bq. \text{ in } Y.$$

Igitur, omnibus in $Ac.$ ductis et abs $Bq.$ divisis, fiet

$$Bqq. \quad \text{æquale} \quad Ac. \text{ in } Y,$$

quæ est æquatio unius ex hyperbolis quadrationi obnoxiis constitutiva.

Datur igitur, recurrendo ad primam æquationem, in rectilineis
summa omnium E *cuborum* in hac specie ad certam rectam datam applicatorum.

Sed et ulterius progredi et opus tetragonismicum promovere nihil
vetat (¹).

Sit in quarta figura (*fig.* 145) curva quælibet ABDN, cujus basis HN,

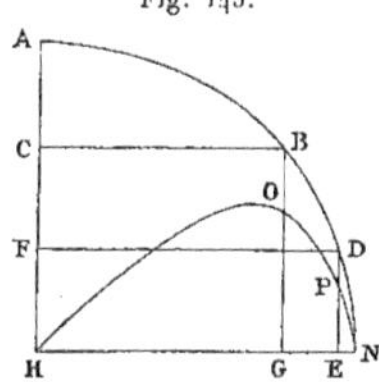

Fig. 145.

diameter HA, applicatæ ad diametrum CB, FD, et applicatæ ad basim
BG, DE; et decrescant semper applicatæ a base ad verticem, ut hic HN
est major FD et FD major est CB et sic semper.

(¹) Ce qui suit correspond à l'enseignement de l'intégration par parties et de l'intégration par changement de variable.

Figura composita ex quadratis HN, FD, CB ad rectam AH applicatis
(hoc est solidum sub CB quadrato in CA et sub FD quadrato in FC et
sub NH quadrato in HF) æqualis est semper figuræ sub rectangulis BG
in GH, DE in EH, bis sumptis et ad basim HN applicatis (hoc est solido
sub BG in GH bis in GH et sub DE in EH bis in EG) etc. utrimque in
infinitum.

In reliquis autem in infinitum potestatibus, eâdem facilitate fit reductio homogeneorum ad diametrum ad homogenea ad basim. Quæ
observatio curvarum infinitarum hactenus ignotarum detegit quadra-
tionem.

Omnes enim cubi HN, FD, CB, ad rectam AH similiter applicati,
æquales sunt aggregato productorum ex BG in GH quadratum et ex DE
in EH quadratum, ad rectam HN, similiter ut supra, applicatorum et
ter sumptorum : hoc est planoplanum sub CB cubo in CA et sub DF
cubo in FC et sub HN cubo in HF æquatur summæ planoplanorum ex
BG in GH quadratum in HG et ex DE in EH quadratum in EG, ter
sumptæ.

Aggregatum vero quadratoquadratorum HN, FD, CB ad rectam AH
applicatorum æquatur quadruplo summæ planoplanorum sub BG in
GH cubum et sub DE in EH cubum, ad rectam HN, similiter ut supra,
applicatorum.

Inde emanant infinitæ, ut statim patebit, quadraturæ.

Esto enim, si placet, curva illa ABDN ejus naturæ ut, data base HN
et diametro HA, diameter data AH vocetur in terminis analyticis B,
ipsa verò HN, basis data, vocetur D, quælibet applicata FD vocetur E
et quælibet HF vocetur A; et sit, verbi gratia, æquatio curvæ constitutiva

$$Bq. - Aq. \quad \text{æquale} \quad Eq.,$$

quod in circulo ita se habet.

Quum ergo, ex prædicto theoremate universali, omnia E *quadrata*
ad rectam B applicata sint æqualia omnibus productis ex HG in GB
$<$ bis sumptis et $>$ ad basim HN sive ad D applicatis; sint autem

omnia *E quadrata,* ad *B* applicata, æqualia [spatio] (¹) rectilineo dato,
ut superius probatum est : ergo omnia producta ex HG in GB, bis
sumpta et ad basim *D* applicata, continent [spatium] rectilineum datum. Ergo, sumendo dimidium, omnia producta ex HG in GB ad
basim *D* applicata erunt æqualia [spatio] rectilineo dato.

Ut autem facillima et nullis asymmetriis involuta fiat translatio prioris curvæ ad novam, ita constanti artificio, quæ est nostra methodus,
operari debemus.

Sit quodlibet ex productis ad basim applicandis, HE in ED. Quum
igitur FD sive HE, ipsi parallela, vocetur in analysi *E*, et FH sive DE,
ipsi parallela, vocetur *A*, ergo productum sub HE in ED vocabitur *E*
in *A*. Ponatur illud productum *E* in *A*, quod sub duabus ignotis et inde-
finitis rectis comprehenditur, æquari *B* in *U*, sive producto ex *B* data
in *U* ignotam, et intelligatur EP, in directum ipsi DE posita, æquari *U*.
Ergo

$$\frac{B \text{ in } U}{E} \quad \text{æquabitur} \quad A,$$

Quum autem *Bq.* — *Aq.* æquetur, ex proprietate specifica prioris
curvæ, ipsi *Eq.*, ergo subrogando, in locum *A*, ipsius novum valorem

$$\frac{B \text{ in } U}{E},$$

fiet

$$Bq. \text{ in } Eq. - Bq. \text{ in } Uq. \quad \text{æquale} \quad Eqq.,$$

sive, per antithesim,

$$Bq. \text{ in } Eq. - Eqq. \quad \text{æquale} \quad Bq. \text{ in } Uq.,$$

quæ est æquatio novæ HOPN curvæ ex priore oriundæ constitutiva, in
qua, quum omnia producta ex *B* in *U* dentur, ut jam probatum est, si
omnia ad *B* applicentur, dabitur summa omnium *U* ad basim applicatarum, hoc est, dabitur planum HOPN $<$ in $>$ rectilineis, ideoque
ipsius quadratura.

(¹) Il faudrait *solido*. Le mot *spatio* a pu être écrit par inadvertance ou ajouté à tort sur
l'original. De même pour les répétitions *spatium* et *spatio* qui suivent.

Sit, secundi exempli gratia, æquatio prioris curvæ constitutiva

$$B \text{ in } A q. - A c. \quad \text{æquale} \quad E c.$$

Summa omnium E *cuborum* ad diametrum B applicatorum dabitur, ideoque summa omnium productorum ex quadratis HE in ED ad basim applicatorum. Productum autem ex HE quadrato in ED fit, in terminis analyticis, $E q.$ *in* A, quod fingatur æquari $B q.$ *in* U, et recta EP, ut supra, æquatur U. Ergo

$$\frac{B q. \text{ in } U}{E q.} \quad \text{æquabitur} \quad A.$$

Si igitur, in locum A, subrogemus jam agnitum illius valorem

$$\frac{B q. \text{ in } U}{E q.},$$

et omnia juxta Analyseos præcepta exsequamur, fiet

$$B q c. \text{ in } U q. \text{ in } E q. - E c c c. \quad \text{æquale} \quad B c c. \text{ in } U c.,$$

quæ est æquatio novæ HOPN curvæ ex priore oriundæ constitutiva, in qua, quum omnia producta $B q.$ *in* U ad basim D applicata dentur, omnibus per $B q.$ datum divisis, dabitur summa omnium U ad basim D applicatarum, ideoque quadratura figuræ HOPN.

Et est generalis, ad omnes omnino casus extendenda in infinitum, methodus. Notandum porro et accurate advertendum in translationibus curvarum, quarum applicatæ ad diametrum versus basim decrescunt, aliam omnino viam analystis ineundam, a præcedenti diversam.

Sit enim in quinta figura (*fig.* 146) prior curva IVCBTYA, cujus diameter AI, applicatæ MV, NC, OB, PT, QY, et ejus curvæ ea sit natura ut applicatæ versus basim semper decrescant, donec ad basim perveniant, ita ut MV sit minor quam NC; rursus autem ita curva versus A, per tramitem CBYA, inflectatur, ut CN sit major quam BO, BO major quam PT, PT major quam QY, etc.; ita ut omnium applicatarum maxima sit CN.

Si in hoc casu quæramus translationem quadratorum MV, NC ad

basim, ea non comparabimus productis sub IR in RV, ut supra, quia
jam, ex theoremate generali, suppositum est omnia quadrata MV, NC
æquari productis sub VG in GN, quum CN, maxima applicatarum,
possit et debeat considerari ut basis respectu curvæ cujus vertex I.

Fig. 146.

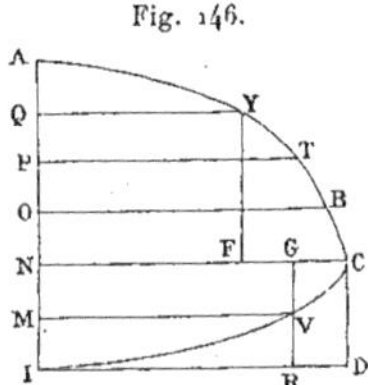

Quadrata igitur MV, NC, in curva quarum applicatæ decrescunt versus basim, comparabuntur in hoc casu productis $<$ ex $>$ GV in GN,
hoc est, ut ad terminos analyticos æquatio in hac figura perveniat, si
MI vel RV vocetur A, et ipsa MV sive RI vocetur E, ipsaque CD sive GR
(quæ ductæ, per terminum maximæ applicatarum, ipsi diametro parallelæ, est æqualis ideoque facile ex nostris methodis invenienda)
rectæ datæ Z æqualis supponatur, fiet

productum ex GV in GN   æquale   producto ex Z in $E - A$ in E,

ideoque omnia quadrata MV, NC, usque ad maximam applicatam,
comparabuntur productis

$$Z \text{ in } E - A \text{ in } E$$

ad basim ID applicandis.

Reliqua vero quadrata CN, BO, PT comparabuntur productis ex YF
in FN, quæ in terminis analyticis æquivalebunt

$$A \text{ in } E - Z \text{ in } E.$$

Quibus ita stabilitis, facillime ex priore curva nova versus basim derivabitur, idemque in aliis omnino applicatarum potestatibus erit
observandum.

Ut autem pateat novas ex nostra hac methodo emergere quadraturas,

de quibus nondum recentiorum quisquam est aliquid subodoratus,
proponatur præcedens curva, cujus æquatio

$$\frac{Bqc.\ \text{in}\ A - Bcc.}{A\,c.} \qquad \text{æqualis} \qquad E\,c.$$

Dantur omnes E *cubi* in rectilineis, ut jam probatum est. Quibus ad
basim translatis, fiet, ex superiori methodo,

$$\frac{Bq.\ \text{in}\ U}{E\,q.} \qquad \text{æquale} \qquad A,$$

et, omnibus secundum artem novo ipsius A valori accommodatis, evadet tandem nova æquatio quæ dabit curvam ex parte basis; cujus
æquatio dabit

$$E\,c. + U\,c. \qquad \text{æqualis} \qquad B\ \text{in}\ E\ \text{in}\ U,$$

quæ est curva Schotenii (¹), cujus constructionem tradit in Sectione 25
Miscellanearum, pag. 493. Figura itaque curvæ AKOGDLA (*fig.* 147)
quæ apud illum autorem delineatur, ex superioribus præceptis qua-
drationem suam commode nanciscetur.

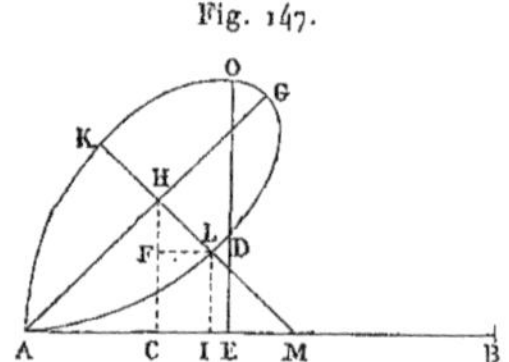

Fig. 147.

Notandum autem ex curvis, in quibus aggregatum potestatum applicatarum datur, formari non solum curvas ad basim quadrationi
obnoxias, sed etiam alias curvas ad diametrum facile quadrandas.

(¹) FRANCISCI A SCHOOTEN *Exercitationum Mathematicarum libri quinque* (Leyde, Joan
Elzevir, 1657). La *fig.* 147 est reproduite d'après Schooten, qui donne sur cette courbe,
d'après J. Hudde, une construction de la plus grande largeur KL. Il est singulier que ni
Schooten ni Fermat n'aient fait mention de Descartes comme ayant proposé le premier
cette courbe, à laquelle Roberval donna le nom de *galand* (nœud de ruban) et qui est
ordinairement désignée maintenant sous celui de *folium de Descartes*.

Si enim in quarta figura (*fig.* 145) supponatur æquatio curvæ constitutiva, ut superius diximus,

$$Bq. - Aq. \quad \text{æquale} \quad Eq.,$$

non solum ex ea derivabitur nova curva ad basim, cujus æquatio est

$$Bq. \text{ in } Eq. - Eqq. \quad \text{æquale} \quad Bq. \text{ in } Uq.,$$

sed etiam nova curva ad diametrum, æquando potestatem applicatæ, quæ est $Eq.$, producto B *in* U.

Dabuntur enim omnia producta B *in* U ad diametrum applicata et, omnibus per B divisis, dabuntur omnes U diametro applicatæ, ideoque quadratura curvæ novæ ex priore versus diametrum oriundæ, cujus æquatio erit

$$Bq. - Aq. \quad \text{æquale} \quad B \text{ in } U;$$

unde statim apparet novam illam curvam versus diametrum esse parabolen.

Hujusmodi autem transmutationum beneficio, non solum ex prioribus curvis oriuntur novæ, sed itur, nullo negotio, a parabolis ad hyperbolas et ab hyperbolis ad parabolas, ut experientiâ constabit.

Sicut autem a curvis, in quibus dantur potestates applicatarum, fit, præcedentis ope analyseos, translatio ad curvas, in quibus latera applicatarum in rectilineis dantur, ita ex curvis in quibus dantur latera applicatarum, devenitur facile ad curvas, in quibus potestates applicatarum dantur.

Cujus rei exemplum esto curva, cujus æquatio

$$Bq. \text{ in } Eq. - Eqq. \quad \text{æquale} \quad Bq. \text{ in } Uq.$$

In hac enim æquatione, ut jam probatum est, dantur omnes U. Ponatur

$$U \quad \text{æqualis esse} \quad \frac{A \text{ in } E}{B},$$

et, subrogando in locum ipsius U, novum ipsi assignatum valorem, $\frac{A \text{ in } E}{B}$, fiet

$$Bq. \text{ in } Eq. - Eqq. \quad \text{æquale} \quad Aq. \text{ in } Eq.$$

et, omnibus abs $Eq.$ divisis, remanebit

$$Bq. - Eq. \quad \text{æquale} \quad Aq.$$

sive

$$Bq. - Aq. \quad \text{æquale} \quad Eq.$$

Dabuntur igitur in hac nova curva, quam apparet esse circulum, omniâ E *quadrata.*

Quod si, ex prima curva in qua dantur latera applicatarum, quæratur nova in qua dentur cubi applicatarum, eâdem methodo utendum, modo potestates ignotarum conditionarias usurpemus.

Proponatur enim curva quam superius ex alia deduximus, et sit illius æquatio

$$Bqc. \text{ in } Uq. \text{ in } Eq. - Eccc. \quad \text{æqualis} \quad Bcc. \text{ in } Uc.$$

Probatum est in illa dari aggregatum omnium U, hoc est, latera applicatarum. Ut itaque ex eâ nova curva derivetur, in qua omnes cubi applicatarum dentur, ponatur

$$U \quad \text{æquari} \quad \frac{Eq. \text{ in } A}{Bq.},$$

et in locum U substituatur novus iste quem ipsi assignavimus valor, fiet tandem, operando secundum præcepta artis, æquatio

$$\text{inter} \quad B \text{ in } Aq. - Ac. \quad \text{et} \quad Ec.,$$

quæ dabit curvam in qua omnes $Ec.$, cubos applicatarum repræsentantes, dabuntur.

Ex hac autem methodo non solum dantur et inveniuntur quadrationes infinitæ, nondum geometris cognitæ, sed multæ etiam pariter infinitæ deteguntur curvæ, quarum quadraturæ, supponendo simpliciores quadraturas, ut circuli, ut hyperboles, ut aliarum, expediuntur.

Exempli gratia, in æquatione circuli, in qua

$$Bq. - Aq. \quad \text{æquatur} \quad Eq.,$$

dantur quidem in rectilineis omnes applicatarum potestates, quarum exponentes signantur numero pari, ut omnia quadrata, omnia quadratoquadrata, omnes cubocubi, etc.; sed potestates applicatarum, qua-

rum exponentes signantur numero impari, ut omnes E *cubi*, omnes
E *quadratocubi*, dantur tantum in rectilineis, supponendo ipsam circuli quadraturam. Quod non est operosum demonstrare et in praxin
redigere, tanquam corollarium methodi præcedentis.

Plerumque autem usuvenit ut iterandæ vel bis vel etiam sæpius sint
operationes ad inquirendam curvæ propositæ dimensionem.

Proponatur, exempli gratia, curva cujus æquatio sequens speciem
determinet :

$$Bc. \quad \text{æqualis} \quad Aq. \text{ in } E + Bq. \text{ in } E.$$

Si dantur omnes E, ergo dantur omnia sub recta data (B videlicet)
in E rectangula. Rectangulum B *in* E, invertendo superiorem, de qua
egimus in principio Dissertationis, methodum, æquetur quadrato,
Oq. Ergo

$$\frac{Oq.}{B} \quad \text{æquabitur} \quad E$$

et, substituendo, in locum E, novum hunc ipsi assignatum valorem,
fiet

$$Bqq. \quad \text{æquale} \quad Aq. \text{ in } Oq. + Bq. \text{ in } Oq.$$

Et hæc sit prima operatio, quæ est inversa ejus quam initio hujus
Dissertationis præmisimus, et quæ novam curvam exprimit, in qua
inquirendum restat an dentur omnia Oq. Recurrendum igitur ad secundam methodum, cujus beneficio ex quadratis applicatarum latera
novæ curvæ inquirimus.

Ponatur $\dfrac{B \text{ in } U}{O}$, ex superiore quam secundo loco exhibuimus methodo, æquari A et, substituendo, in locum A, ipsi jam assignatum ex
nostra methodo valorem, fiet

$$Bqq. - Bq. \text{ in } Oq. \quad \text{æquale} \quad Bq. \text{ in } Uq.$$

et, omnibus per Bq. divisis, evadet tandem

$$Bq. - Oq. \quad \text{æquale} \quad Uq.,$$

quæ æquatio dat circulum, et in ea omnes U dantur, supponendo quadraturam circuli.

Recurrendo igitur ad priorem curvam, in qua

$$Bc. \quad \text{ponitur æquari} \quad Aq.\,\text{in}\,E + Bq.\,\text{in}\,E,$$

patet spatium ab ea curva oriundum per quadraturam circuli posse quadrari, idque per duas curvas a priore diversas analysis nostra breviter et facile expedivit.

Hæc vero omnia et ad inventionem rectarum curvis æqualium et ad pleraque alia non satis hactenus indagata problemata inservire statim experiendo ἀγχίνους analysta deprehendet.

Sit in sexta figura (*fig.* 148) parabole primaria ADB, cujus axis CB,

Fig. 148.

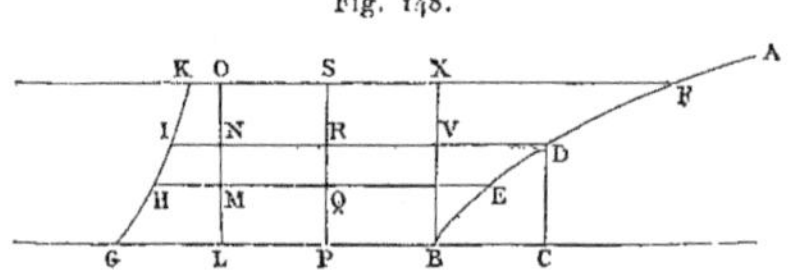

applicata CD æqualis axi CB et recto lateri BV, fiantque BP, PL, LG singulæ æquales axi CB et ipsi in directum. Sumatur in curva quodvis punctum, ut F, et, datis infinitis BX, PS, LO ipsi CD parallelis, ducatur FXSOK parallela axi, occurrens rectis $<$ BX $>$, PS, LO in punctis $<$ X $>$, S et O; et fiat ut summa rectarum FX, XS sive

$$\text{ut tota FS ad SO,} \quad \text{ita SO ad OK;}$$

et, sumptis similiter punctis D, E, fiat

$$\text{ut DR ad RN,} \quad \text{ita RN ad NI,}$$

et

$$\text{ut EQ ad QM,} \quad \text{ita QM ad MH;}$$

et intelligatur curva infinita per puncta G, H, I, K etc. incedens, cujus asymptotos erit recta infinita LO.

Curva hæc GHIK est ea cujus species a superiori æquatione determinatur, in qua

$$Bc. \quad \text{æquatur} \quad Aq.\,\text{in}\,E + Bq.\,\text{in}\,E.$$

Aio itaque, ex jam tradita operationum analytica iteratione, spatium KIHGLMNO, in infinitum versus puncta K, O extendendum, æquale esse circulo, cujus diameter est axis BC, $<$ bis sumpto $>$.

Hanc vero quæstionem, ab erudito geometra nobis propositam, ita statim expedivimus : eadem methodo spatium a Dioclea comprehensum quadravimus, vel ad circuli quadraturam reduximus (¹).

Sed elegans imprimis operationum iteratio evadit, quum ab altioribus applicatarum potestatibus ad depressiores, vel contra a depressioribus ad altiores, analysis ipsa transcurrit : cui methodo præsertim debeatur inquisitio summæ applicatarum in quacumque curvâ propositâ, et multa alia problemata tetragonismica.

Proponatur, verbi gratia, curva cujus æquatio

$$Bq. - Aq. \quad \text{æquale} \quad Eq.,$$

quam statim apparet esse circulum. Quæritur summa cuborum applicatarum, hoc est, summa *E cuborum*.

Si dantur omnes *E cubi*, ergo, per præcedentes secundum potestatis conditionem methodos, ex ea curva potest alia ad basim derivari, in qua dabitur summa applicatarum. Ponatur igitur ex methodo

$$\frac{Bq. \text{ in } O}{Eq.} \quad \text{æquari} \quad A :$$

ergo, substituendo, in locum *A*, jam assignatum ipsi valorem, fiet ex methodo

$$Bq. \text{ in } Eqq. - Ecc. \quad \text{æquale} \quad Bqq. \text{ in } Oq.,$$

quæ est æquatio curvæ, in qua omnes *O* dantur ex suppositione quam fecimus, in prima curva dari omnes *E cubos*. .

Quum igitur in hac nova curva omnes *O* dentur, ex ea derivetur tertia, in qua quærantur quadrata applicatarum, non vero cubi, ut in priore curva jam suppositum est. Fingatur igitur ex nostra, quæ in

---

(¹) *Voir* le fragment qui suit le présent Traité. Quant à la question qui précède, on ignore quel géomètre l'a proposée à Fermat.

quadratis, ut jam supra diximus, usurpatur, methodo,

$$\frac{E \text{ in } U}{B} \quad \text{aequari} \quad O:$$

ergo

$$Bq. \text{ in } Eqq. - Ecc. \quad \text{aequabitur} \quad Bq. \text{ in } Eq. \text{ in } Uq.$$

et, omnibus abs $Eq.$ divisis, fiet

$$Bq. \text{ in } Eq. - Eqq. \quad \text{aequale} \quad Bq. \text{ in } Uq.;$$

et in hac curva omnia E *quadrata* dantur.

Si igitur ex hac curva quæramus aliam in qua omnes applicatæ dentur, ponatur, si placet,

$$Eq. \quad \text{aequale} \quad B \text{ in } Y:$$

ergo, in ultima hac æquatione,

$$B \text{ in } Y - Yq. \quad \text{aequabitur} \quad Uq.$$

et, quum in superiore dentur omnia E *quadrata*, dabuntur in ista
omnia rectangula B in Y, ideoque omnes Y.

Quum ergo omnes Y dentur in hac ultima curva, quæ est circulus,
ut patet (igitur eâ tantum conditione dantur, si supponas dari circuli
quadraturam), regrediendo igitur ab hac ultimà, in qua desinit nostra
analysis, curvâ ad priorem, patet omnes applicatarum ad circulum
cubos dari, supponendo circuli quadraturam.

Idem de quadratocubis, de quadratoquadratocubis et cæteris in infinitum gradûs imparis potestatibus demonstrare est in promptu; sed
multiplicatur numerus curvarum, prout altior est, de qua inquirimus,
potestas.

Nec est difficilis ab analysi ad synthesin et ad verum quadrandæ
figuræ calculum regressus.

Sæpius autem contingit et miraculi instar est per plurimas numero
curvas incedendum et exspatiandum esse analystæ, ut ad simplicem
æquationis localis propositæ dimensionem perveniatur.

Proponatur, exempli causa ([1]),

$$\frac{B^7 \text{ in } A - B^8}{A^6} \quad \text{æquari} \quad E q.$$

Quum supponatur dari quadratura figuræ ex hac æquatione oriundæ, dabuntur omnes A, ergo omnia $B \text{ in } A$, quæ si æques quadrato ignoto, $Oq.$, dabuntur omnia $Oq.$, et

$$A \quad \text{æquabitur} \quad \frac{Oq.}{B},$$

ideoque fiet æquatio

$$\text{inter} \cdot \frac{B^{12} \text{ in } Oq. - B^{14}}{O^{12}} \quad \text{et} \quad Eq.$$

Ex hac nova curva, aliâ methodo de qua toties egimus, deducetur tertia in qua, quia dantur omnia O *quadrata*, ponatur

$$\frac{B \text{ in } U}{O} \quad \text{æquari} \quad E :$$

ergo fiet æquatio

$$\text{inter} \quad \frac{B^{10} \text{ in } Oq. - B^{12}}{O^{10}} \quad \text{et} \quad Uq.,$$

unde deducetur *tertia* curva ([2]), in qua dabuntur omnes O, ideoque omnes U.

Si dantur omnes U, ergo ex prima methodo dantur omnia sub $B \text{ in } U$ rectangula. Sit

$$B \text{ in } U \quad \text{æquale} \quad Yq.,$$

([1]) Pour ce qui suit, jusqu'à la fin du Traité, on a reproduit la notation exponentielle telle qu'elle se trouve dans les *Varia*, où d'ailleurs elle n'apparaît pas plus tôt. Il est cependant douteux que Fermat, après avoir affecté jusque-là de conserver la notation de Viète, l'ait abandonnée sans faire une remarque analogue à celle qu'il a inscrite dans un Traité de la même époque (*voir* plus haut, p. 127, lignes 4 à 6 en remontant) pour une occasion où l'emploi des exposants s'imposait davantage à lui; il est surtout douteux qu'il ait appliqué ici la nouvelle notation aussi systématiquement que l'indiqueraient les *Varia*. En outre, dans cette fin du Traité, on peut soupçonner d'autres remaniements du texte. *Voir* la note qui suit.

([2]) Les *Varia*, au lieu de *tertia*, portent *quarta;* tous les noms de nombre qui suivent, et qui sont inscrits en *italiques* dans le texte, sont de même augmentés d'une unité. On peut admettre une inadvertance de Fermat; mais il est également possible que son texte ait été corrigé à tort et même défiguré par l'addition de gloses dont l'auteur aura voulu numéroter successivement les différentes courbes dont il est question.

ideoque

$$\frac{Yq.}{B} \quad \text{æquabitur} \quad U,$$

et fiet æquatio

$$\text{inter} \quad \frac{B^{12} \text{ in } Oq. - B^{14}}{O^{10}} \quad \text{et} \quad Y^4,$$

unde orietur *quarta* curva, in qua dabuntur omnia Y *quadrata*.

Ex illâ, solitâ methodo, deducatur alia curva et fiat

$$\frac{B \text{ in } I}{Y} \quad \text{æqualis} \quad O.$$

Omnibus secundum præcepta Analyseos peractis, fiet

$$B^4 \text{ in } Y^4 \text{ in } Iq. - B^4 \text{ in } Y^6 \quad \text{æquale} \quad I^{10},$$

unde orietur *quinta* curva, in quâ dabuntur omnes Y, ideoque omnes I.

Ex ea, contrariâ quam jam sæpius inculcavimus methodo, quæratur alia curva in qua dentur quadrata applicatarum, et sit

$$\frac{I \text{ in } A}{B} \quad \text{æqualis} \quad Y$$

(nihil enim vetat defectu vocalium ad priores supra usurpatas recurrere); fiet

$$Bq. \text{ in } A^4 - A^6 \quad \text{æquale} \quad Bq \text{ in } I^4,$$

unde orietur curva *sexta* in qua omnia I *quadrata* dabuntur.

Reducantur ad latera, notâ et sæpius iteratâ superius methodo, et fiat

$$Iq. \quad \text{æquale} \quad B \text{ in } E :$$

ergo omnia $B \text{ in } E$ dabuntur et inde deducetur *septima* curva, in qua

$$Bq. \text{ in } A^4 - A^6 \quad \text{æquabitur} \quad B^4 \text{ in } Eq.,$$

in eaque dabuntur omnes E, ideoque omnes A.

Ex ea deducatur alia curva, in qua dentur quadrata applicatarum, et ex methodo ponatur

$$\frac{A \text{ in } O}{B} \quad \text{æquari} \quad E :$$

ergo

$$Bq. \text{ in } A^4 - A^6 \quad \text{æquabitur} \quad Bq. \text{ in } Aq. \text{ in } Oq.$$

et, omnibus abs Aq. divisis, fiet æquatio

$$\text{inter} \quad Bq. \text{ in } Aq. - A^4 \quad \text{et} \quad Bq. \text{ in } Oq.,$$

in qua omnia A *quadrata* dabuntur et erit *octava* curva ab ea æquatione determinata.

Quum igitur in ea omnia A *quadrata* dentur, deducatur ex câ alia tandem curva, in qua dentur latera, et sit

$$Aq. \quad \text{æquale} \quad B \text{ in } U;$$

fiet

$$B \text{ in } U - Uq. \quad \text{æquale} \quad Oq,$$

quæ ultima æqualitas dabit *nonam* curvam, in qua omnes U dabuntur.

At hæc ultima curva est circulus, ut patet, et in ea omnes U non dantur, nisi supposita circuli quadratura : ergo recurrendo ad primam curvæ propositæ constitutionem, dabitur illius quadratura, supponendo ipsam ultimæ istius curvæ sive circuli quadraturam. Beneficio igitur *novem* curvarum inter se diversarum ad notitiam prioris pervenimus.

< DE CISSOIDE FRAGMENTUM > [1].

Esto cissois EAPS (*fig.* 149) in semicirculo LVABE, cujus centrum H, diameter LE, perpendicularis ad diametrum radius HA, asymptotos infinita cissoidis recta LR ad diametrum perpendicularis.

Aio spatium contentum sub EL, cissoide infinita EAPS et asymptoto

---

(1) Fragment publié par M. Ch. Henry (*Pierre de Carcavy etc.*, p. 38-40), d'après le manuscrit de la Bibliothèque de Leyde, fonds Huygens, n° 30. Il suit la lettre de Carcavi à Huygens du 1er janvier 1662, et porte comme titre : *De M. de Carcavy, qui l'avoit de M. de Fermat,* avec la remarque de Huygens : « *J'ay demonstré cette Proposition 4 ans auparavant.* » La copie ne paraît pas très fidèle.

infinita LR, esse triplum semicirculi LAE, ideoque, si alterâ semicirculi
parte eadem fiat constructio, ambo spatia culminantia in puncto E esse
tripla totius circuli.

Demonstratio non est operosa, imo satis elegans.

Sumantur duo puncta I et G in diametro, utcumque æqualiter a
centro distantia, ita ut rectæ HI, HG sint æquales, ideoque rectæ LI,
GE. A punctis I et G excitentur perpendiculares occurrentes cissoidi

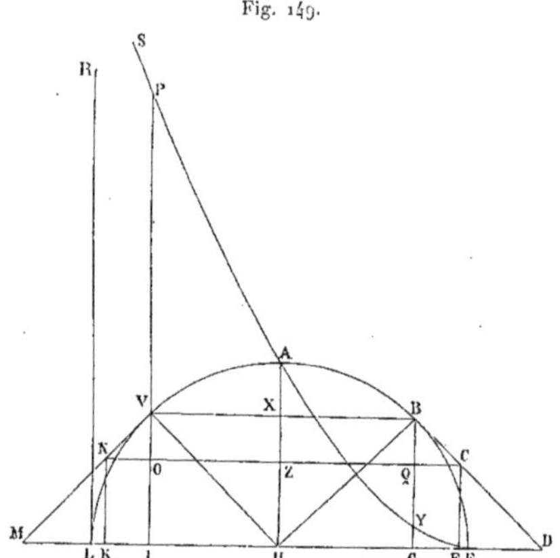

in punctis P, Y et circulo in punctis V et B. Jungantur radii HV, HB et
a punctis V et B ducantur tangentes VM, BD, occurrentes diametro in
punctis M et D. Sumatur minima quævis, ultra punctum I, recta IK et,
ultra punctum G, recta GF ipsi IK æqualis, et a punctis K et F excitentur perpendiculares ad diametrum rectæ KN, FC occurrentes tangentibus in punctis N et C, a quibus demittantur perpendiculares NO,
CQ in rectas VI, BG.

His ita constitutis, patet spatium cissoidale æquari omnibus rectangulis sub PI < in > IK et sub YG < in > GF, utcumque ubilibet
sumptis, bases ipsis KI, GF æquales habentibus et altitudines an-

gulis rectis ad cissoidem similiter applicatas. Est autem, ex natura cissoidis,

ut VI ad IE,   ita   IE ad IP;

sed IE est æqualis rectis IH et HE sive HV : ergo est

ut IV ad summam rectarum IH, HV,   ita   IE ad IP.

Sed, propter similitudinem triangulorum HVI, VMI, VNO, est

ut IV ad summam rectarum HI, HV,
ita recta NO ad summam rectarum NV, VO :

ergo

ut NO sive KI est ad NV plus VO,   ita est recta IE ad rectam IP.

Rectangulum igitur sub IP $<$ in $>$ IK æquatur rectangulo sub IE in NV plus rectangulo sub IE in VO.

Ex alia autem parte, est, ex natura cissoidis,

ut BG ad GE,   ita GE ad GY;

sed GE est æqualis rectæ HE sive HB minus HG : ergo est

ut BG ad BH minus HG,   ita   GE ad GY.

Ut autem BG ad BH minus HG, ita, propter similitudinem triangulorum, ex jam demonstratis,

recta QC sive GF est ad BC minus BQ,

ideoque rectangulum sub YG in GF æquabitur rectangulo sub GE in BC minus rectangulo sub GE in BQ.

Ex constructione autem, quum rectæ HI, HG sint æquales, item rectæ KI, GF, patet reliquas æquari, nempe VN ipsi BC, VO ipsi BQ; unde patet duo rectangula correlativa, sub PI in IK et sub YG in GF sive in eamdem IK, æqualia esse rectangulis sub IE in NV, plus GE in BC sive LI in NV, plus IE in VO, minus GE in BQ sive in VO. Rectangula autem duo sub IE in NV et sub LI in NV æquantur unico rectangulo sub diametro LE in NV; rectangulum vero IE in VO minus GE in VO æquatur rectangulo sub IG in VO sive rectangulo sub IH sive VX in VO bis : ergo summa rectangulorum sub PI in IK et sub GY in eamdem IK æquatur rectangulo sub diametro EL in VN et rectangulo sub VX in VO bis.

Rectangula autem omnia sub diametro et portionibus tangentium VN in quadrante circuli LVA ductarum repræsentant rectangulum sub diametro in quadrantem LVA, hoc est duplum semicirculi LAE; rectangula autem omnia sub VX in VO bis sive, ductâ OZQ parallelâ diametro, rectangula omnia sub VX in XZ bis repræsentant totum semicirculum LAE.

Ergo spatium cissoidale, quod æquatur duobus illis rectangulorum seriebus, æquatur triplo semicirculi, ut patet.

OBSERVATIONS SUR DIOPHANTE.

OBSERVATIONES DOMINI PETRI DE FERMAT.

I (p. 54).

(Ad definitionem VI Cl. Gasparis Bacheti Porismatum Libr. III.)

A duobus quibuscumque numeris formari dicitur triangulum rectangulum, quum ex aggregato et ex intervallo quadratorum ab ipsis et ex duplo plani sub ipsis numeris contenti constant latera trianguli.

A tribus numeris in proportione arithmetica possumus formare triangulum, si secundum hanc definitionem sextam formemus illud a medio et differentia. Nam solidum sub tribus ductum in differentiam faciet aream dicti trianguli, atque ideo, si differentia sit unitas, solidum sub tribus erit area trianguli.

II (p. 61).

(Ad quæstion. VIII Diophanti Alexandrini Arithmeticorum Libr. II.)

Propositum quadratum dividere in duos quadratos.

Cubum autem in duos cubos, aut quadratoquadratum in duos quadratoquadratos, et generaliter nullam in infinitum ultra quadratum potestatem in duas ejusdem nominis fas est dividere : cujus rei demonstrationem mirabilem sane detexi. Hanc marginis exiguitas non caperet.

III (p. 65).

(Ad quæstion. X Libr. II.)

Datum numerum, qui ex duobus componitur quadratis, in alios < duos > quadratos partiri.

Num verò numerum ex duobus cubis compositum dividere poterimus in alios duos cubos? Hæc quæstio difficilis sane nec Bacheto aut Vietæ

cognita, fortasse nec ipsi Diophanto ; ejus tamen solutionem dedimus
infra in notatis (¹) ad quæstionem secundam Libri IV.

IV (p. 107).

(Ad quæstion. X Libr. III.)

Dato aliquo numero, invenire tres alios, ut compositus ex binis quibuslibet adsumpto
dato numero faciat quadratum, sed et summa trium dato numero adjecto faciat quadratum.

Quomodo inveniendi sint quatuor numeri ut compositus ex binis
quibuslibet adsumpto dato numero conficiat quadratum, invenimus ad
propositionem 30 Libri V.

V (p. 108).

(Ad quæstion. XI Libr. III.)

Dato aliquo numero, invenire tres alios, ut compositus ex duobus quibuslibet dempto
dato numero faciat quadratum, sed et trium summa detracto dato numero faciat quadratum.

Quæ notavimus ad 31^{am} Libri V, docebunt quomodo inveniendi sint
quatuor numeri, quorum bini quilibet sumpti dempto dato numero
conficiant quadratum.

VI (p. 118).

(Ad quæstion. XVII Libr. III.)

Invenire tres numeros ut productus ex binorum multiplicatione, adsumptâ eorumdem
summâ, quadratum faciat.

Exstat hujus quæstionis Diophanti problema (²) in Libro V quæstione 5. Num verò problema sequens ipse Diophantus sciens prætermisit, an potius in aliquo tredecim librorum constructum erat, nesci-
mus :

(¹) *Voir* ci-après l'observation IX.
(²) *Dioph.*, p. 216 : « Invenire tres quadratos, ut quem bini faciunt planum, sive ad-
sciscat amborum summam, sive reliquum, faciat quadratum. »

Invenire tres quadratos ut productus ex binorum multiplicatione, adsumptâ eorumdem summâ, quadratum faciat.

Hujus tamen quæstionis infinitas solutiones dare possumus. En, verbi gratia, sequentem solutionem : satisfaciunt nempe problemati tres quadrati sequentes

$$\frac{3\,504\,384}{203\,401}, \qquad \frac{2\,019\,241}{203\,401}, \qquad 4.$$

Primus quadratus,   Secundus quadratus,   Tertius quadratus.

Imo et ulterius progredi et Diophanteam quæstionem promovere nihil vetat. Sequens enim problema generaliter et infinitis modis construximus :

Invenire quatuor numeros sub quibus binis quod fit planum, adscitâ amborum summâ, faciat quadratum.

Inveniantur, per 5^{am} propositionem Libri V, tres quadrati ut quem bini faciunt planum adsciscens amborum summam faciat quadratum, et sunto illi numeri quadrati

$$\frac{25}{9}, \quad \frac{64}{9}, \quad \frac{196}{9}.$$

Sunt ergo tres isti quadrati tres primi nostræ quæstionis. Ponatur quartus I N ; fient tria producta unà cum summis æqualia

$$\frac{34}{9}N + \frac{25}{9}, \quad \frac{73}{9}N + \frac{64}{9}, \quad \frac{205}{9}N + \frac{196}{9}.$$

Primum,   Secundum,   Tertium.

Hæc igitur tria æquanda quadrato, et oritur triplicata æqualitas, cujus explicationem dedimus ad quæstionem 24 Libri VI.

VII (p. 127-128).

Ad commentarium (in quæstion. XXII Libr. III), præcipue ad locum illum :
Adverte tertio etc. (¹).

Numerus primus, qui superat unitate quaternarii multiplicem, semel

---

(¹) Ce renvoi, indiqué par Samuel Fermat, n'est pas exact ; l'observation de Fermat porte surtout sur la fin du commentaire de Bachet, à partir de « Cæterum animadversione

tantum est hypotenusa trianguli rectanguli, ejus quadratus bis, cubus ter, quadratoquadratus quater, etc. in infinitum.

Idem numerus primus et ipsius quadratus componuntur semel ex duobus quadratis; ejus cubus et quadratoquadratus, bis; quadrato-cubus et cubocubus ter; etc. in infinitum.

Si numerus primus ex duobus quadratis compositus ducatur in alium primum etiam ex duobus compositum quadratis, productum componetur bis ex duobus quadratis; si ducatur in quadratum ejusdem primi, productum componetur ter ex duobus quadratis; si ducatur in cubum ejusdem primi, productum componetur quater ex duobus quadratis; et sic in infinitum.

Hinc facile est determinare *quoties numerus datus sit hypotenusa trianguli rectanguli.*

Sumantur omnes primi, quaternarii multiplicem unitate superantes, qui datum numerum metiuntur : verbi gratia, 5, 13, 17.

Quod si potestates dictorum primorum metiantur datum numerum,

quoque dignum est, etc. (p. 127, l. 7) ». En fait, le problème de Diophante consiste à trouver quatre nombres tels que la somme de leurs carrés, augmentée ou diminuée de chacun de ces nombres, fasse toujours un carré. Dans son commentaire, Bachet remarque :

1° Comment Diophante ramène ce problème à celui de trouver quatre triangles rectangles en nombres ayant une même hypoténuse;

2° Comment ce nouveau problème se résout en nombres entiers par le choix de deux triangles rectangles non semblables, et en multipliant les côtés de chacun d'eux par l'hypoténuse de l'autre.

C'est-à-dire que si l'on a

$$a^2 + b^2 = c^2 \qquad \text{et} \qquad a_1^2 + b_1^2 = c_1^2,$$

on aura

$$(1) \qquad \overline{cc_1}^2 = \overline{ac_1}^2 + \overline{bc_1}^2 = \overline{a_1 c}^2 + \overline{b_1 c}^2.$$

3° Si d'ailleurs les hypoténuses sont, chacune respectivement, somme de deux carrés, leur produit peut être décomposé en deux carrés de deux manières différentes.

Si l'on a

$$c = \alpha^2 + \beta^2 \qquad \text{et} \qquad c_1 = \alpha_1^2 + \beta_1^2,$$

on aura

$$(2) \qquad \begin{cases} cc_1 = (\alpha^2 + \beta^2)(\alpha_1^2 + \beta_1^2) = (\alpha\alpha_1 + \beta\beta_1)^2 + (\alpha\beta_1 - \alpha_1\beta)^2 \\ \qquad = (\alpha\alpha_1 - \beta\beta_1)^2 + (\alpha\beta_1 + \alpha_1\beta)^2. \end{cases}$$

Bachet ajoute que, toutefois, les deux carrés composant chaque hypoténuse doivent être inégaux, et qu'il ne doit pas y avoir de proportion entre les quatre.

4° Comme maintenant, si un nombre est décomposé en deux carrés (soit p^2 et q^2), on en

disponantur unà cum reliquis loco laterum : verbi gratia, metiantur datum numerum

5 per cubum,   13 per quadratum,   et 17 per latus simpliciter.

Sumantur exponentes omnium divisorum : nempe numeri 5 exponens est 3 propter cubum; numeri 13 exponens est 2 propter quadratum et numeri 17 unitas tantum.

Ordinentur igitur, ut volueris, dicti omnes exponentes : ut, si velis, 3.2.1.

Ducatur primus in secundum bis et producto adjiciendo summam primi et secundi, fit 17. Ducatur jam 17 in tertium bis et producto adjiciendo summam 17 et tertii, fit 52. Datus igitur numerus erit hypotenusa 52 triangulorum rectangulorum; nec est dissimilis in quotcumque divisoribus et ipsorum potestatibus methodus.

Reliqui numeri primi qui quaternarii multiplicem unitate non supe-

déduit qu'il est l'hypoténuse d'un triangle rectangle en nombres, car

$$(p^2 + q^2)^2 = (p^2 - q^2)^2 + (2pq)^2,$$

on aura ainsi le moyen de construire deux nouveaux triangles rectangles ayant cc_1 pour hypoténuse, et le problème sera résolu, sous la réserve que les opérations ne seront pas illusoires, comme cela arriverait si, dans la double décomposition (2), on tombait sur une somme de deux carrés égaux; on doit en conséquence exclure le cas où $\dfrac{\alpha_1}{\beta_1} = \dfrac{\alpha + \beta}{\alpha - \beta}$.

5° Bachet indique les corrections qu'il a apportées au texte grec.

6° Il montre comment le procédé de Diophante peut être généralisé, en prenant deux nombres sommes de deux plans semblables; le produit de ces nombres peut en effet, s'il n'y a pas proportion entre les composants, être divisé en deux carrés de quatre manières différentes.

Enfin, il soulève la question que Fermat a complètement résolue dans son observation, à savoir de trouver un nombre décomposable en deux carrés de tant de manières que l'on voudra. Si, dit-il, on multiplie un nombre qui est 1 fois seulement somme de deux carrés par un nombre jouissant de la même propriété, le produit sera somme de deux carrés 2 fois seulement. Un tel nombre, multiplié par un autre décomposable 1 seule fois, donnera un produit décomposable 3 ou 4 fois seulement (3 fois si le multiplicateur a un facteur commun avec le multiplicande, 4 fois dans le cas contraire). Un nombre décomposable 3 fois seulement, multiplié par un qui ne l'est que 1 fois seulement, donnera (en excluant le cas de facteurs communs) un produit décomposable 6 fois seulement.

On peut continuer ainsi indéfiniment : Un nombre décomposable 4 fois et un qui l'est 1 fois, ou bien deux décomposables 2 fois seulement donneront un produit 8 fois décomposable. Un nombre 6 fois décomposable par un 2 fois décomposable donnera un produit 24 fois décomposable. Bachet donne des exemples sans démonstration.

rant, nihil aut addunt quæstioni aut detrahunt neque ipsorum potestates.

Invenire numerum qui quoties quis velit sit hypotenusa.

Quæratur numerus qui sit septies hypotenusa.

Numerus 7 datus dupletur : fit 14. Adjice unitatem : fit 15. Sume omnes primos qui mensurant 15 : sunt hi 3 et 5. Ab unoquoque demptâ unitate, sume reliqui dimidium : fiunt 1 et 2. Quærantur tot primi diversi quot hîc sunt numeri, nempe duo, et secundum exponentes 1 et 2 inter se multiplicentur, nempe unus in quadratum alterius; in hoc casu satisfiet quæstioni, modò primi quos sumis superent quaternarium ([1]) unitate.

Ex his constat facile posse inveniri numerum minimum qui quoties quis velit sit hypotenusa.

Invenire numerum qui quoties quis velit componatur ex duobus quadratis.

Sit datus numerus 10. Ejus duplum 20, cujus omnes partes primæ sumantur : 2.2.5. Ab unaquaque tolle unitatem : fiunt 1.1.4. Sumantur igitur tres numeri primi, qui nempe unitate superent quaternarium ([1]) : verbi gratia, 5, 13, 17; et quadratoquadratus unius, propter exponentem 4, ducatur in reliquos duos, fiet numerus quæsitus.

Ex his facile potest inveniri minimus numerus qui quoties quis velit componatur ex duobus quadratis ([2]).

Ut autem dignoscatur *quoties datus numerus ex duobus quadratis componitur :*

Sit datus numerus 325. Numeri primi qui eum componunt, nempe quaternarium ([1]) unitate superantes, sunt : 5, 13, hic semel, ille per quadratum. Exponentes disponantur : 2.1. Productum multiplicatione jungatur summæ : fit 5, cui adjunctâ unitate, fit 6, cujus dimidium 3. Toties igitur numerus datus componitur ex duobus quadratis.

____

([1]) Lisez « quaternarii multiplicem ».

([2]) Dans l'édition de Samuel Fermat, le texte de cet alinéa se trouve après celui des trois suivants.

Si essent tres exponentes, ut 2.2.1, ita procedendum : Productum sub prioribus adjunctum summæ facit 8. Ducatur 8 in tertium et jungatur productum summæ : fit 17, cui junge unitatem : fit 18, cujus dimidium dat 9. Toties iste secundus numerus componetur ex duobus quadratis.

Si ultimus numerus bifariam dividendus esset impar, tunc, demptà unitate, reliqui dimidium sumi debet.

Sed proponatur, si placet, sequens quæstio : *Invenire numerum in integris qui adsumpto dato numero conficiat quadratum et sit hypotenusa quotlibet triangulorum rectangulorum.*

Hæc quæstio ardua est. Proponatur, verbi gratia, inveniendus numerus qui sit bis hypotenusa et adsumpto binario conficiat quadratum.

Erit quæsitus numerus 2023, et sunt alii infiniti idem præstantes, ut 3362, etc.

VIII (p. 133).

(Ad commentarium in quæstion. II Libr. IV.)

Quæstio Diophanti : Invenire duos numeros, ut illorum intervallum datum faciat numerum et cuborum quoque ab ipsis ortorum sit quod præscribitur intervallum.

Quæstio prima Bacheti : Datis duobus cubis, invenire duos alios, quorum summa æqualis sit datorum intervallo. Oportet autem dūplum minoris cubi non superare majorem.

Canon : Utrumque datorum cuborum ducito ter in latus alterius, productos divide per summam cuborum, a majore quotiente aufer minus latus, et minorem quotientem aufer a majore latere; relinquentur cuborum quæsitorum latera.

Determinationem operationis iteratione facillime tollimus et generaliter tum hanc quæstionem, tum sequentes quæstiones construimus, quod nec Bachetus nec ipse Vieta (¹) expedire potuit.

Sint dati cubi 64 et 125, inveniendi alii duo quorum summa æqualis sit datorum intervallo.

(¹) Viète avait déjà traité comme Bachet les trois questions sur lesquelles portent cette observation de Fermat et la suivante. *Voir* Zetetic. IV, 18, 19, 20 (pages 74-75 de l'édition de Schooten).

Ex quæstione tertia, folio sequenti (¹), quærantur duo alii cubi
quorum differentia æquet differentiam datorum. Illos Bachetus invenit
et sunt

$$\frac{15\ 252\ 992}{250\ 047} \quad \text{et} \quad \frac{125}{250\ 047}.$$

Isti duo cubi ex constructione habent intervallum æquale intervallo
datorum; sed isti duo cubi, inventi per quæstionis tertiæ operationem,
possunt jam transferri ad quæstionem primam, quum duplum minoris
non superet majorem. Datis itaque his duobus cubis quærantur alii
duo quorum summa æquetur intervallo datorum; id quidem licet per
determinationem hujus quæstionis primæ. At intervallum datorum
horum cuborum est per quæstionem tertiam æquale intervallo cuborum prius sumptorum 64 et 125; igitur construere nihil vetat duos
cubos quorum summa æqualis sit intervallo datorum 64 et 125,
quod sane miraretur ipse Bachetus.

Imo, si tres istæ quæstiones eant in circulum et iterentur in infinitum, dabuntur duo cubi in infinitum idem præstantes; ex inventis
enim ultimo duobus cubis quorum summa æquet differentiam datorum, per quæstionis secundæ operationem quæremus duos alios quorum differentia æquet summam ultimorum, hoc est intervallum prio-
rum, et ex hac differentia rursum quæremus summam et sic in
infinitum.

IX (p. 135).

(Ad eumdem commentarium.)

Quæstio secunda Bacheti : Datis duobus cubis, invenire duos alios, quorum differentia
æquet summam datorum.

Canon : Utrumque datorum cuborum ducito ter in latus alterius, productos divide per
intervallum cuborum, et minori quotienti adde majus latus, atque a majore quotiente
aufer minus latus; summa et residuum exhibebunt quæsitorum latera cuborum.

Quæstio tertia Bacheti : Datis duobus cubis, invenire alios duos, quorum differentia
æquet datorum differentiam. Oportet autem duplum minoris excedere majorem.

Canon : Productum ex utroque cubo ter in latus alterius divide per summam cuborum :

(¹) *Voir* l'observation suivante.

a majore quotiente aufer minus latus, a minore quotiente aufer majus latus, relinquuntur latera quæsitorum cuborum.

Hujus quæstionis determinationem non esse legitimam, simili quà usi in prima quæstione sumus operatione, aperiemus.

Imo ex supradictis quæstionem, quam Bachetus ignoravit, feliciter construemus :

Datum numerum ex duobus cubis compositum in duos alios cubos dividere,

idque infinitis modis per operationum continuatam, ut supra monuimus, iterationem.

Sint duo cubi quibus alii duo æquales inveniendi 8 et 1. Primùm ex quæstione secunda quærantur duo cubi quorum differentia æquet summam datorum, eruntque

$$\frac{8000}{343} \quad \text{et} \quad \frac{4913}{343}.$$

Quia duplum minoris excedit majorem, res deducitur ad tertiam quæstionem, quæ demum reducetur ad primam, et constabit propositio.

Si velis secundam solutionem, rursus quæstio redibit ad secundam etc.

Ut autem pateat quæstionis tertiæ determinationem non esse legitimam, datis duobus cubis 8 et 1, inveniendi alii duo quorum differentia æquet differentiam datorum.

Sane Bachetus impossibilem hanc quæstionem pronuntiaret; cubi tamen duo per nostram methodum inventi sunt sequentes quorum nempe differentia æquatur 7, differentiæ 8 et 1. Cubi autem illi duo sunt

$$\frac{2\ 024\ 284\ 625}{6\ 128\ 487} \quad \text{et} \quad \frac{1\ 981\ 385\ 216}{6\ 128\ 487},$$

latera ipsorum

$$\frac{1\ 265}{183} \quad \text{et} \quad \frac{1\ 256}{183}.$$

X (p. 146).

(Ad commentarium in quæstion. XI Libr. IV.)

Quæstio Diophanti : Invenire duos cubos suis æquales lateribus.

Quæstio Bacheti : Invenire duos cubos quorum summa ad summam laterum sit in data ratione, dummodo denominator rationis sit quadratus vel triens quadrati.

Eadem addenda huic determinationi quæ in notis sequenti (') addidimus, et miror Bachetum non quod methodum generalem, quæ sane est difficilis, non viderit, sed quod saltem non admonuerit lectorem hanc quæ ab ipso traditur non esse generalem.

XI (p. 148).

(Ad quæstion. XII Libr. IV.)

Invenire duos cubos quorum intervallum æquale sit intervallo laterum ipsorum.

Utrum verò invenire liceat *duos quadratoquadratos quorum intervallum æquale sit intervallo laterum ipsorum*, de hoc inquiratur et tentetur artificium nostræ methodi, quod haud dubie succedet.

Quærantur enim duo quadratoquadrati ita ut differentia laterum sit 1, et differentia quadratoquadratorum sit cubus. Erunt latera, per primam operationem,

$$-\frac{9}{22} \quad \text{et} \quad \frac{13}{22}.$$

Sed, quia primus numerus notatur signo —, iteretur operatio juxta

_____

(¹) *Voir* Observation XII. Soit à résoudre

$$\frac{x^3 + y^3}{x + y} = a;$$

le procédé de Bachet revient à éliminer y en posant $x + y = z$. On a alors

$$3x^2 - 3xz + z^2 = a,$$

équation qui se traite facilement par les méthodes de Diophante, si a est carré ou triple d'un carré.

nostram methodum et ponatur primum latus $1 N - \frac{9}{22}$;

secundum erit $1 N + \frac{13}{22}$,

et incidetur in novam operationem quæ in veris numeris quæstioni satisfaciet.

XII (p. 148).

(Ad commentarium in eamdem quæstionem.)

Quæstio Bacheti : Invenire duos cubos, quorum intervallum ad intervallum laterum datam habeat rationem, dummodo denominator rationis sit quadratus vel triens quadrati.

Determinatio est illegitima, quia non generalis. Addendum igitur « vel multiplex per numeros primos qui superant unitate ternarii multiplices aut ab ipsis compositos », ut 7, 13, 19, 37, etc., vel 21, 91, etc. Demonstratio et constructio ex nostra methodo petendæ.

XIII (p. 154).

(Ad quæstion. XVII Libr. IV.)

Invenire tres numeros æquales quadrato, ita ut quadratus cujuslibet ipsorum adscito sequente numero faciat quadratum.

Elegantius fortasse ita solvetur hæc quæstio.

Ponatur primus numerus $1 N$,

secundus $2 N + 1$; ut cum quadrato primi conficiat quadratum;

ponatur tertius quilibet unitatum et numerorum numerus, eâ conditione ut additus quadrato secundi conficiat quadratum; verbi gratia, sit

$$4 N + 3.$$

Ita igitur duabus propositi partibus fit satis; superest ut summa trium, sed et quadratus tertii unà cum primo, conficiat quadratum.

Summa trium est $4 + 7 N$;

summa verò quadrati tertii et primi est $9 + 25 N + 16 Q$, oriturque duplicata æqualitas, cujus solutio in promptu si unitates quadratas ad eumdem numerum quadratum in utrovis numero quadrato adæquando revoces.

Eâdemque viâ facillime extendetur quæstio ad quatuor numeros et infinitos; cavendum enim solummodo erit ut summa unitatum, quæ in singulis numeris ponuntur, conficiat quadratum : quod quidem facillimum est.

XIV (p. 156).

(Ad quæstion. XVIII Libr. IV.)

Invenire tres numeros æquales quadrato, ut cujusvis ipsorum quadratus, dempto qui eum ordine sequitur, faciat quadratum.

Eodem quo in superiore quæstione usi sumus ratiocinio, hanc quoque solvemus et ad quotlibet numeros extendemus.

XV (p. 159).

(Ad quæstion. XX Libr. IV.)

Invenire tres numeros indefinite, ut quem bini producunt mutua multiplicatione, adscitâ unitate, faciat quadratum.

Proponatur invenire tres numeros ut quem bini producunt mutuâ multiplicatione, adscitâ unitate, faciat quadratum, et præterea unusquisque trium, adscitâ unitate, faciat quadratum.

Hujus quæstionis solutionem subjungemus et jam confecta est ([1]). Ita fiat solutio indefinita præsentis quæstionis ([2]) ut unitates primi et tertii numeri, additâ unitate, conficiant quadratos : verbi gratia, sint

---

([1]) Diophante (V, 3) a donné une solution de ce problème dans le cas général où le nombre à ajouter (ici l'unité) est quelconque.

([2]) La solution ἐν ἀορίστῳ de Diophante peut être représentée par les trois nombres

$$m^2 N + 2m, \quad N, \quad (m+1)^2 N + 2(m+1).$$

tres numeri indefinite

$$\text{primus}\ldots\ldots \quad \frac{169}{5184}\,N + \frac{13}{36},$$

$$\text{secundus}\ldots \quad 1\,N,$$

$$\text{tertius}\ldots\ldots \quad \frac{7225}{5184}\,N + \frac{85}{36}.$$

Patet solutionem hanc indefinitam satisfacere conditionibus hujus quæstionis vigesimæ; superest ut singuli ex illis numeris, adscitâ unitate, conficiant quadratos et orietur triplicata æqualitas, cujus solutio erit in promptu ex nostra methodo, quum numerus unitatum in quolibet ex istis numeris unitate auctis sit quadratus.

XVI (p. 161).

(Ad quæstion. XXI Libr. IV.)

Invenire quatuor numeros, ut qui fit ex binorum mutua multiplicatione, adscitâ unitate, faciat quadratum (¹).

Inveniantur tres numeri quilibet ut qui fit binorum mutuâ multiplicatione, adscitâ unitate, faciat quadratum : verbi gratia, sint illi numeri 3, 1, 8.

Quæratur jam quartus eâ conditione ut qui fit sub tribus inventis sigillatim in quartum, adscitâ unitate, sit quadratus. Ponatur inveniendus esse 1 N; ergo

$$3N+1,\quad \text{item } 1N+1,\quad \text{item } 8N+1$$

æquantur quadrato et oritur triplicata æqualitas cujus solutio inventioni nostræ debetur. Vide quæ adnotavimus ad quæstionem 24 Libri VI.

(¹) Fermat donne de ce problème une solution différente de celle de Diophante.

XVII (p. 165).

(Ad quæstion. XXIII Libr. IV.)

Invenire tres numeros, ut solidus sub ipsis contentus adscito quolibet ipsorum faciat quadratum.

Non solum absque lemmate Diophanti (^{1}), sed etiam absque duplicata æqualitate (^{2}), solvetur quæstio.

Ponatur solidum sub tribus $1Q - 2N$,

  primus numerorum sit   unitas,

  secundus $2N$.

Ita namque duobus partibus propositionis satisfit.

Pro tertio, dividatur solidum sub tribus, $1Q - 2N$, per rectangu-

---

(^{1}) Soient x_1, x_2, x_3 les trois nombres cherchés. La solution de Diophante revient à poser

$$x_1 = 1, \qquad x_1 x_2 x_3 = x^2 + 2x, \qquad x_1 x_2 x_3 + x_2 = (x + m)^2;$$

d'où

$$x_2 = 2(m-1)x + m^2 \qquad \text{et} \qquad x_3 = \frac{x^2 + 2x}{2(m-1)x + m^2}.$$

Il reste ainsi à satisfaire à une dernière condition, à savoir que $x_1 x_2 x_3 + x_3$ soit carré. Le *lemme* employé par Diophante consiste de fait à déterminer m en sorte que x_3 soit linéaire en x, c'est-à-dire à satisfaire à la relation

$$2(m-1) = \tfrac{1}{2}m^2;$$

d'où

$$m = 2 \qquad \text{et} \qquad x_3 = \tfrac{1}{2}x, \qquad \text{avec} \qquad x_2 = 2x + 4,$$

et enfin

$$x_1 x_2 x_3 + x_3 = x^2 + \tfrac{5}{2}x;$$

expression qu'il est facile de rendre carrée. Il est aisé de voir que la solution de Fermat est au fond la même; car on la retrouve, si l'on change x en $N - 2$.

(^{2}) L'emploi de la *double équation* était indiqué par Bachet, d'après la marche suivie par Diophante lui-même dans le problème suivant, qui ne diffère de celui-ci que parce que chacun des nombres cherchés doit être non pas ajouté, mais retranché du produit des trois, pour former les expressions à égaler à des carrés. Ici Bachet posait de fait

$$x_1 = x, \qquad x_2 = 1, \qquad x_3 = x - 1,$$

et il ramenait le problème à la *double équation*

$$x^2 - x + 1 = \alpha^2, \qquad x^2 - 1 = \beta^2.$$

lum sub primo et secundo, quod est $2N$; orietur ex hac divisione tertius, $\frac{1}{2}N - 1$, quo addito ad solidum sub tribus fit

$$1Q - \tfrac{3}{2}N - 1, \quad \text{quod æquari debet quadrato.}$$

Oportet autem valorem numeri majorem esse binario, propter positiones jam factas; æquetur igitur quadrato cujus latus $1N$ — aliquo unitatum numero binario majori. Omnia constabunt.

XVIII (p. 180).

(Ad commentarium in quæstion. XXXI Libr. IV.)

Quæstio : Invenire quatuor numeros quadratos, quorum summa, cum summâ laterum conjunctâ, numerum imperatum faciat ([1]).

Imo propositionem pulcherrimam et maxime generalem nos primi deteximus : nempe omnem numerum vel esse triangulum vel ex duobus aut tribus triangulis compositum; esse quadratum vel ex duobus aut tribus aut quatuor quadratis compositum; esse pentagonum vel ex duobus, tribus, quatuor aut quinque pentagonis compositum; et sic deinceps in infinitum, in hexagonis, heptagonis et polygonis quibuslibet, enuntiandâ videlicet pro numero angulorum generali et mirabili propositione.

Ejus autem demonstrationem, quæ ex multis variis et abstrusissimis numerorum mysteriis derivatur, hic apponere non licet : opus enim et librum integrum huic operi destinare decrevimus et Arithmeticen hac in parte ultra veteres et notos terminos mirum in modum promovere.

([1]) Ce problème, comme le remarque Bachet, se ramène facilement à décomposer un nombre donné en quatre carrés, question que Diophante n'a soumise à aucune règle, mais qu'il semble considérer comme toujours possible. Bachet affirme qu'en effet tout nombre entier doit être ou carré ou somme de 2, 3, ou 4 carrés entiers; il n'en a pas la démonstration, mais il s'en réfère à l'induction, donne le Tableau de la composition pour tous les nombres de 1 à 120, et ajoute qu'il a poussé l'expérience jusqu'à 325.

XIX (p. 188).

(Ad quæstion. XXXV Libr. IV.)

Datum numerum dividere in tres numeros, ut qui fit primo in secundum ducto, sive addito tertio, sive detracto, quadratum faciat. Esto datus 6.

Ita facilius fiet operatio : Datus numerus 6 utcumque dividatur, verbi gratia in 5 et 1. Productus demptâ unitate, hoc est 4, per 6, datum numerum, dividatur : eveniet $\frac{2}{3}$. Quem si tum a 5, tum ab 1 abstuleris, duo residua $\frac{13}{3}$ et $\frac{1}{3}$ erunt duæ priores partes numeri dividendi ; tertia igitur erit $\frac{4}{3}$ (¹).

XX (p. 203).

(Ad commentarium in quæstion. XLIV Libr. IV.)

Quæstio. — Invenire tres numeros, ut compositus ex tribus multiplicatus in primum faciat triangulum, in secundum faciat quadratum, in tertium faciat cubum.

Bachetus. — ... Adverte postremo, in fingendo latere ultimi quadrati, talem adhibendam esse cautionem, ut valor Numeri reperiatur in integris numeris, quum numerus triangulus non posset esse nisi integer. Id autem semper succedet operando modo a Diophanto tradito, si quadrati latus fingatur a tot Numeris qui sint latus quadratorum in numero quadrato æquando contentorum — 1. Cæterum vix aliter id fieri posse, satis experiendo deprehendes (²).

Experientiam non satis exactam fecit Bachetus. Sumatur quilibet

(¹) La solution de Fermat, fondée sur une identité facile à reconnaître, est essentiellement différente de celle de Diophante.

(²) La solution de Diophante, avec les généralisations de Bachet, peut se représenter comme suit.

Soient x_1, x_2, x_3 les trois nombres cherchés. Posons

$$x_1 + x_2 + x_3 = x^2$$

et

$$x_1 = \frac{\alpha(\alpha + 1)}{2\,x^2}, \qquad x_2 = \frac{\beta^2}{x^2}, \qquad x_3 = \frac{\gamma^3}{x^2},$$

il vient

$$x^4 = \frac{\alpha(\alpha + 1)}{2} + \beta^2 + \gamma^3.$$

Posons maintenant

$$\beta = x^2 - z^2,$$

cubus, verbi gratia, cujus latus multiplici ternarii superaddat unitatem. Erunt, verbi gratia,

ergo

$$2\,Q - 344 \quad \text{æquanda triangulo :}$$

$$16\,Q - 2751 \quad \text{æquabuntur quadrato,}$$

cujus latus finges, si libet,

$$4\,N - 3.$$

Etc.; nihil enim vetat quominus generali methodo, loco etiam ipsius 3, reliquos in infinitum impares usurpemus, variando cubos.

XXI (p. 209).

(Ad commentarium in quæstion. XLV Libr. IV.)

QUÆSTIO DIOPHANTI. — Invenire tres numeros, ut intervallum majoris et medii ad intervallum medii et minoris datam habeat rationem, sed et bini sumpti quadratum conficiant.

BACHETUS. — ...Quemadmodum ergo in hac quæstione Diophantus docet modum quo duo numeri simul æquentur quadrato, quum uterque componitur ex Numeris et unitatibus, et numeri Numerorum sunt inæquales, nec habent rationem quadrati ad quadratum, numeri autem unitatum sunt inæquales et quadrati : sic aio modum dari posse resolvendi duplicatam æqualitatem, quum uterque propositorum numerorum quadrato æquandorum componitur ex Numeris et unitatibus, et numeri Numerorum sunt inæquales, nec habent

on a

$$\frac{\alpha(\alpha+1)}{2} = 2\,z^2 x^2 - z^4 - \gamma^3,$$

d'où l'on posera

$$(2\alpha+1)^2 \quad \text{ou} \quad 16\,z^2 x^2 - 8\,z^4 - 8\,\gamma^3 + 1 = (4\,zx - \delta)^2$$

et

$$x = \frac{8\,z^4 + 8\,\gamma^3 + \delta^2 - 1}{8\,z\,\delta}.$$

Mais il faut que α soit entier et, par conséquent, que $\dfrac{8\,z^4 + 8\,\gamma^3 - (\delta+1)^2}{4\,\delta}$ le soit.

Si l'on prend $\delta = 1$, comme l'a fait Diophante, et comme Bachet l'a cru nécessaire, on peut prendre tout à fait arbitrairement les entiers z et γ.

Fermat prend $z = 1$, comme l'avait fait Diophante ; il fait d'ailleurs, dans l'exemple qu'il choisit,

$$\gamma = 7, \qquad \delta = 3.$$

rationem quadrati ad quadratum, sed et numeri unitatum inæquales sunt, sive quadrati sint, sive non. Id autem præstabimus in duplici casu.

Primus casus est, quum numerorum quadrato æquandorum intervallum tale est ut, eo per aliquem unitatum numerum multiplicato vel diviso, et producto vel quotiente a minore propositorum numerorum detracto, supersit unitatum numerus solus quadratus....

Secundus casus est, quum numerorum quadrato æquandorum intervallum tale est ut, eo per aliquem unitatum numerum multiplicato vel diviso, et producto vel quotiente a minore propositorum numerorum detracto, deficiat unitatum numerus solus, qui ad multiplicatorem vel divisorem rationem habeat quadrati ad quadratum....

Sed proponatur, si placet, hæc duplicata æqualitas, nempe

$$2N + 5 \quad \text{et} \quad 6N + 3 \quad \text{æquandi quadrato.}$$

et

$$\text{Quadratus æquandus } 2N + 5 \quad \text{erit} \quad 16,$$

$$\text{quadratus æquandus } 6N + 3 \quad \text{erit} \quad 36,$$

et invenientur alii in infinitum quæstioni satisfacientes. Nec difficile est regulam generalem ad hujusmodi quæstionum solutionem proponere, ut vix limitatio ista Bacheti sit tanto viro digna, quum ad infinitos casus extendi quod in duobus tantum adinvenit, facillime possit, imo et ad casus omnes possibiles.

XXII (p. 215).

(Ad quæstion. III Libr. V.)

Dato numero apponere tres numeros, ut quilibet ipsorum et qui a binis producitur quibusvis, datum adsumens numerum, faciat quadratum.

Ex hac propositione facile deducetur sequens quæstio :

Invenire quatuor numeros ea conditione ut quod sub binis producatur, adscito dato numero, faciat quadratum.

Inveniantur tres quæstioni satisfacientes ita ut singuli dato numero aucti conficiant quadratos juxta hanc propositionem. Ponatur quartus inveniendus esse $1N + 1$. Orietur triplicata æqualitas cujus solutio nostræ methodi beneficio erit in promptu. Vide adnotata ad 24^{am} quæstionem Libri VI.

Solvetur itaque quæstio, quam proposuit Bachetus (¹) ad quæstionem 12 Libri III, per hanc methodum quæ, quum multo sit generalior, hoc præterea amplius habet quam methodus Bacheti, quod tres priores numeri aucti dato numero conficiant quadratos in nostra solutione.

An vero ita solvi possit quæstio *ut etiam quartus auctus dato numero conficiat quadratum,* hoc sane hactenus ignoramus : inquiratur itaque ulterius (²).

XXIII (p. 220).

(Ad quæstion. VIII Libr. V.)

Invenire tria triangula rectangula quorum areæ sint æquales.

Num vero inveniri possunt *quatuor aut etiam plura in infinitum triangula æqualis areæ,* nihil videtur obstare quominus quæstio sit possibilis : inquiratur itaque ulterius.

Nos hoc problema construximus, imo et datâ quâlibet trianguli

---

(¹) Page 110. — Soient x_1, x_2, x_3, x_4 les quatre nombres cherchés, et a le nombre donné.

La solution de Bachet revient à poser

$$x_1 = \frac{u^2 - a}{v - u}, \qquad x_2 = \frac{v^2 - a}{v - u}, \qquad x_3 = 2(x_1 + x_2) - (v - u),$$

ce qui satisfait aux conditions pour trois nombres. Si, pour le quatrième, on pose

$$x_4 = v - u,$$

on n'aura évidemment qu'à satisfaire en outre à la condition bien facile que

$$x_3 x_4 + a \quad \text{ou} \quad (v + u)^2 - 3a$$

soit un carré indéterminé.

Bachet l'a résolue, en fait, de deux façons différentes : 1° par rapport à $v - u$, en se donnant u; 2° par rapport à u, en se donnant $v - u$, qu'il suppose inutilement devoir être un carré.

(²) Dans l'Observation XVI, Fermat a donné une solution pour le cas où le nombre à ajouter est l'unité.

àreâ infinita triangula ejusdem areæ exhibemus : verbi gratia, datâ
areâ 6 trianguli 3.4.5., en aliud triangulum ejusdem areæ

$$\frac{7}{10} \cdot \frac{120}{7} \cdot \frac{1201}{70} \cdot$$

aut, si placet eadem denominatio,

$$\frac{49}{70} \cdot \frac{1200}{70} \cdot \frac{1201}{70} \cdot$$

Perpetua et constans methodus hæc est : Exponatur quodlibet triangulum, cujus hypotenusa *Z*, basis *B*, perpendiculum *D*. Ab eo sic formatur aliud triangulum dissimile ejusdem areæ : nempe formetur abs
Z quadrato et *B in D bis*, et planoplana lateribus similia applicentur
Z in B quadratum bis — Z in D quadratum bis. Hoc novum triangulum
habebit aream æqualem areæ præcedentis.

Ad hoc secundo eâdem methodo formetur tertium, a tertio quartum,
a quarto quintum, et fient triangula in infinitum dissimilia ejusdem
areæ.

Et ne dubites plura tribus dari posse, inventis tribus Diophanti

$$40.42.58., \quad 24.70.74., \quad \text{et} \quad 15.112.113.,$$

quartum adjungimus dissimile ejusdem tamen areæ :

$$\frac{1\,412\,881}{1189} \quad \text{hypotenusa,}$$

$$\frac{1\,412\,880}{1189} \quad \text{basis,}$$

$$\frac{1681}{1189} \quad \text{perpendiculum,}$$

et, omnibus in eumdem denominatorem ductis, fient quatuor triangula
in integris æqualis areæ quæ sequuntur :

Primum	47 560.	49 938.	68 962.
Secundum	28 536.	83 230.	87 986.
Tertium	17 835.	133 168.	134 357.
Quartum......	1 681.	1 412 880.	1 412 881.

eâdemque methodo invenientur triangula ejusdem areæ in infinitum
et quæstio sequens ultra Diophanteos limites progredietur.

En etiam aliâ methodo (¹) triangulum cujus area facit sextuplum
quadrati, sicut $3.4.5.$; nempe

$$2 \cdot 896\ 804. \qquad 7\ 216\ 803. \qquad 7\ 776\ 485.$$

(¹) J. DE BILLY (*Doctrinæ analyticæ inventum novum*, I, 38, p. 11) : « Diophantus L. V,
q. 8 tradit artem inveniendi tria triangula rectangula quæ sint æqualia quoad aream. Qui
vero plura ab ipso expetet, nunquam obtinebit; præterea nunquam tradidit Diophantus
methodum inveniendi triangulum dato triangulo æquale quoad aream. Fermatius utrumque
mox atque eâdem operatione præstabit. »

« Sit verbi gratia inveniendum triangulum cujus area sit 6, qualis est area trianguli rectanguli $3.4.5$. »

« Esto unum latus cujuspiam trianguli rectanguli 3, et aliud latus sit $1N + 4$. Horum
quadrata simul sumpta exhibent

$$25 + 1Q + 8N$$

pro quadrato hypotenusæ : quare iste numerus æquatur quadrato. »

« Deinde area istius trianguli, $\frac{3}{2}N + 6$, debet esse sextupla alicujus quadrati (quia pos-
tulatur aream esse 6) : ergo ejus areæ sextans quadratus est, ac proinde ille ductus in 36
efficiet quadratum. Efficit autem

$$9N + 36 :$$

igitur hic numerus æquandus est quadrato.

» En igitur duos terminos duplicatæ æqualitatis :

$$9N + 36 \qquad \text{et} \qquad 25 + 1Q + 8N.$$

In his autem unitatum numerus quadratus est : ergo valor radicis facile reperietur, eritque

$$-\frac{60\ 530\ 400}{21\ 650\ 409},$$

ac proinde

$$1N + 4 \qquad \text{erit} \qquad \frac{2\ 896\ 804}{2\ 405\ 601}.$$

Aliud autem latus circa rectum est 3. Igitur horum quadrata simul sumpta faciunt quadratum cujus latus

$$\frac{7\ 776\ 485}{2\ 405\ 601}$$

erit hypotenusa. Ergo habes triangulum rectangulum

$$\frac{7\ 776\ 485}{2\ 405\ 601}. \qquad \frac{2\ 896\ 804}{2\ 405\ 601}. \qquad 3,$$

cujus area est sextupla cujuspiam quadrati, nempe

$$\frac{724\ 201}{2\ 405\ 601};$$

XXIV (p. 221).

(Ad quæstion. IX Libr. V.)

Invenire tres numeros ut uniuscujusque quadratus, summâ trium sive additâ sive detractâ, faciat quadratum.

Ex supradictis patet posse nos construere generaliter problema :

Invenire quotcumque numeros ut uniuscujusque quadratus, summâ omnium sive additâ sive detractâ, quadratum faciat (¹).

Hanc quæstionem forte Bachetus ignoravit : Diophantum quippe promovisset, ut supra 31ª quæstione Libri IV et aliis in locis, si quæstionis hujus solutionem detexisset.

XXV (p. 224).

(Ad commentarium in quæstion. XII Libr. V.)

QUÆSTIO DIOPHANTI. — Unitatem dividere in duas partes, et utrique segmento datum numerum adjicere et facere quadratum. Oportet autem datum neque imparem esse * neque

hujus vero quadrati latus est

$$\frac{851}{1\ 551}.$$

Per quod si dividas singula latera trianguli mox reperti, habebis triangulum quæsitum

$$\frac{12\ 061\ 328\ 235}{2\ 047\ 166\ 451} \cdot \frac{4\ 492\ 943\ 004}{2\ 047\ 166\ 451} \cdot \frac{4\ 653}{851},$$

cujus area est 6. »

« Adverte nos invenisse hoc triangulum per illud quod datum fuit 3.4.5, ac per inventum inveniri posse tertium; per tertium invenietur quartum, et sic in infinitum. »

. . . .

(¹) La question V, 9 de Diophante se résout en effet par une application immédiate de la solution du problème précédent.

Soient $a_1, a_2, \ldots, a_n$ les hypoténuses de n triangles rectangles ayant une même aire A. comme

$$a_p^2 \pm 4\,\mathrm{A} \quad \text{est carré,}$$

les nombres

$$\frac{a_p\ \Sigma_1^n\ a_n}{4\,\mathrm{A}}$$

satisferont à la question posée par Fermat.

duplum ejus N. unitas majorem habere quadrantem quam est numerus, quo ipsum metitur primus numerus * (¹).

Bachetus..... Reliqua verò verba « *neque duplum ejus, etc.* » adeo vitiata sunt ut nullam commode recipere possint explicationem. Non dubito quidem Diophantum respexisse ad aliquam numerorum non vulgarem proprietatem, qua definitur quis numerus par deligendus sit, ut duplum ejus unitate auctum sit quadratus numerus vel compositus ex duobus quadratis. Sed quid sibi velit in tanta verborum caligine divinare non possum; id oneris relinquam illi qui in codicem aliquem emendatiorem inciderit.... Sane quod ait Xilander, verba illa corrupta videri velle, debere eum qui datur esse duplum numeri primi, id utique futile est et nulli fundamento nixum, quodque ipsâ statim experientiâ refelli potest : nam, si datus sit 10, is est duplus numeri primi 5 et tamen quæstioni solvendæ minime reperitur idoneus, nam oporteret dividere in duos quadratos numerum 21. Quod quidem impossibile est, ut reor, quum is neque quadratus sit, neque suapte natura compositus ex duobus quadratis.

Numerus 21 non potest dividi in duos quadratos in fractis. Hoc autem facillime demonstrare possumus, et generalius omnis numerus cujus triens non habet trientem non potest dividi in duos quadratos neque in integris neque in fractis.

XXVI (p. 225).

(Ad idem commentarium.)

Bachetus. — Aliquando mihi venit in mentem Diophantum voluisse duplum dati numeri paris unitate auctum esse numerum primum, quandoquidem omnes fere hujusmodi numeri componuntur ex duobus quadratis, quales sunt 5, 13, 17, 29, 41, aliique primi numeri qui sublata unitate relinquunt numerum pariter parem. Verumtamen neque hæc explicatio sustineri potest. Nam primum hac ratione per hujusmodi conditionem excluderentur omnes numeri, quorum duplum unitate auctum est quadratus numerus..... Deinde excluderentur etiam multi numeri, quorum duplum unitate auctum componitur ex duobus quadratis, quales sunt 22, 58, 62 et alii innumerabiles. Nam dupli horum unitate aucti sunt 45, 117,

(¹) Le texte grec correspondant à ce passage incompréhensible de la version latine est le suivant dans l'édition de Bachet (leçon du manuscrit fonds grec n° 2379 de la Bibliothèque Nationale) :

μήτε ὁ διπλασίων αὐτοῦ ᾗ μ° ᾱ. μείζονα ἔχῃ μέρος δ̄. ἢ μετρεῖται ὑπὸ τοῦ ᾱ°ᵘ. ϛ°ᵘ,

et, d'après Bachet, dans un *Vaticanus græcus* (probablement le n° 304) :

μήτε ὁ διπλασίων αὐτοῦ ἀριθμὸν μονάδα ᾱ. μείζονα ἔχῃ μέρος τέταρτον, ἢ μετρεῖται ὑπὸ τοῦ πρώτου ἀριθμοῦ.

Ces deux leçons reviennent à la même, et tous les manuscrits connus de Diophante sont corrompus de la même façon.

125, quorum nullus est primus numerus, quum quilibet multos habeat metientes; unusquisque tamen e duobus quadratis conflatur, primus scilicet ex quadratis 36 et 9, secundus
ex quadratis 81 et 36, tertius ex quadratis 100 et 25.

Vera limitatio hæc est, generalis nempe et omnes numeros inutiles
excludens :

Oportet datum numerum non esse imparem, neque duplum ejus
unitate auctum, per maximum quadratum ex quo mensuratur divisum,
dividi a quovis numero primo unitate minori quam multiplex quaternarii.

XXVII (p. 232).

(Ad commentarium in quæstion. XIV Libr. V.)

Quæstio Diophanti. — Unitatem dividere in tres numeros et cuilibet addere datum
eumdem numerum et ita quemlibet quadratum facere. Oportet autem datum neque binarium esse neque aliquem eorum qui fit addito binario ad octonarii multiplicem.

Bachetus..... Ingeniosa est et autore digna hujusmodi limitatio. Cæterum quamvis, ut
ostensum est, hæc conditio sit necessaria, non est tamen sufficiens, nam non solum
numeri omnes hac limitatione comprehensi solvendæ quæstioni sunt inutiles, sed præterea numerus 9 et omnes alii qui fiunt addito 9 ad 32 vel ad aliquem ejus multiplicem,
quales sunt 41, 73, 105, etc.; nam horum triplum additâ unitate neque quadratus est
neque numerus e duobus vel tribus quadratis compositus....

Cæterum an hæ duæ limitationes simul sufficientes sint, ita ut per utramque simul
excludantur omnes omnino numeri quorum triplum unitate auctum non est quadratus
nec e duobus vel tribus quadratis compositus, non ausim temere affirmare. Equidem vix
adducor ut aliter sentiam, quum in omnibus numeris ab unitate usque ad 325 id sim
expertus.

Limitatio ipsa Bacheti est insufficiens, imo nec ipsius experientia
satis fuit accurata, nam 37 numerus cadit in limitationem, non autem
in regulam.

Vera limitatio sic concipi debet :

Exponantur duæ progressiones quadruplæ altera ab unitate, altera
ab octonario, et una alteri superponatur sic :

1,	4,	16,	64,	256,	1024,	4096,	etc.,
8,	32,	128,	512,	2048,	8192,	32768,	etc.

et considerando primo terminum primum secundæ qui est 8, oportet

datum numerum non esse duplum unitatis, quia ipsi superponatur
unitas, neque superare duplo unitatis multiplicem 8.

Deinde, considerando secundum terminum secundæ progressionis,
qui est 32, sumatur duplum numeri superpositi qui est 4 : fit 8, cui si
addas omnes in eadem progressione superiori proxime antecedentes
(in hoc exemplo invenietur sola unitas), fit 9.

Sumptis igitur duobus numeris 32 et 9, oportet datum numerum
neque esse 9 neque superare dicto numero 9 multiplicem 32.

Consideretur mox tertius progressionis secundæ terminus, qui est
128 : sumatur duplum numeri superpositi, qui est 16 : fit 32, cui si
addas omnes in eadem progressione superiori proxime antecedentes,
qui jam sunt 1 et 4, fit 37. Sumptis igitur duobus numeris 128 et 37,
oportet datum numerum neque esse 37, neque superare dicto 37 multiplicem 128.

Considerato deinde quarto progressionis secundæ termino, fient ex
methodo numeri 512 et 149. Oportebit itaque numerum neque esse
149, neque superare dicto 149 multiplicem 512.

Et est uniformis et perpetua in infinitum methodus, quam neque
Diophantus generaliter indicavit, nec Bachetus ipse detexit, cujus vel
ipsa experientia fallit, ut jam præmonuimus, non solum in numero 37
qui est intra limites experientiæ de qua fidem facit, sed etiam in
numero 149 et aliis.

XXVIII (p. 241).

(Ad quæstion. XIX Libr. V.)

Invenire tres numeros, ut cubus summæ
eorum, quovis ipsorum detracto, faciat cubum. Ponatur rursus trium summa 1 N. et
ipsi $\frac{7}{8}$ C, $\frac{26}{27}$ C, $\frac{63}{64}$ C. Superest ut tres conjuncti æquentur 1 N. fit ergo $\frac{4877}{1728}$ C æquale
1 N. et omnia per numerum dividantur, fit
$\frac{4877}{1728}$ Q æquale 1. est autem 1 quadratus.
Oportebat ergo et numerum quadratorum
esse quadratum : unde autem is natus est?
Quod a ternario subducti sunt tres cubi,

Εὑρεῖν τρεῖς ἀριθμοὺς, ὅπως ὁ ἀπὸ τοῦ
συγκειμένου ἐκ τῶν τριῶν κύβος λείψας
ἕκαστον ποιῇ κύβον. τετάχθωσαν πάλιν οἱ
τρεῖς ϛ^{ου} ᾱ. καὶ αὐτῶν ὁ μὲν κύβων ζ^η′, ὁ δὲ
κύβων κϛ^{κζ}′, ὁ δὲ κύβων ξγ^{ξδ}′. λοιπόν ἐστι
τοὺς τρεῖς ἰσῶσαι ϛ^ω ᾱ. γίνεται κυβικὸν
δωοϛ^{αψκη}′. ἴσον ϛ^ω ᾱ. πάντα παρὰ ἀριθμὸν,
καὶ γίνεται δυναμοστὸν δωοϛ^{αψκη}′. ἴσον μ° ᾱ.
καὶ ἔστιν ἡ μονὰς τετράγωνος. δεήσει ἄρα
καὶ τὰς δυνάμεις εἶναι τετράγωνον. πόθέν

quorum quilibet minor est unitate. Eo itaque res redit, ut inveniantur tres cubi, quorum quilibet sit minor unitate, summa autem ipsorum a ternario sublata, faciat quadratum. Et quia volumus cuborum quemque minorem esse unitate, si statuamus tres numeros simul unitate minores, multo minores singuli erunt unitate. Sic autem quadratum qui relinquetur oportebit majorem esse binario. Statuatur quadratus qui relinquitur 2 $\frac{1}{4}$. Oportet igitur $\frac{3}{4}$ dividere in tres cubos et horum multiplicia secundum aliquos cubos divisa. Esto secundum 216. Oportet igitur ut dividamus 162 in tres cubos. At 162 componitur ex cubo 125 et intervallo duorum cuborum, 64 et 27. Habemus autem in porismatis, omnium duorum cuborum intervallum componi ex duobus cubis. Recurramus ad propositum initio et sumamus unumquemque cuborum inventorum, et quolibet ab unitate subtracto, residua statuamus pro quæsitis numeris et sit summa 1 N. Ita fiet ut cubus summæ, quovis ipsorum detracto, cubum faciat. Restat ut tres simul æquentur 1 N. fit autem trium summa 2 $\frac{1}{4}$ C. Hoc ergo æquatur 1 N. unde fiet 1 N, $\frac{2}{3}$. Ad positiones.

ἐστι τὸ πλῆθος τῶν δ^ῡ ἐκ τοῦ ἀπὸ τριάδος ἀφαιρεῖσθαι τρεῖς κύβους, ὧν ἕκαστος ἐλάσσων ἔστι μονάδος μιᾶς. καὶ ἀπάγεται εἰς τὸ εὑρεῖν τρεῖς κύβους, ὅπως ἕκαστος αὐτῶν ἐλάσσων ᾖ μ^ο ᾱ. τὸ δὲ σύνθεμα αὐτῶν ἀρθὲν ἀπὸ τριάδος ποιῇ τετράγωνον. καὶ ἐπεὶ ζητοῦμεν ἕκαστον αὐτῶν κύβον ἐλάσσονα εἶναι μονάδος μιᾶς, ἐὰν ἄρα κατασκευάσωμεν τοὺς τρεῖς ἀριθμοὺς ἐλάσσονας μονάδος ᾱ. πολλῷ ἕκαστος αὐτῶν ἐλάσσων μονάδος ᾱ. ὥστε ὀφείλει ὁ καταλειπόμενος τετράγωνος μείζων εἶναι δυάδος. τετάχθω καταλειπόμενος τετράγωνος μ^ο β̄. ᾱ^{δ'}. δεῖ οὖν τὰ γ̄^δ διελεῖν εἰς τρεῖς κύβους. καὶ κατὰ τούτων πολλαπλάσια κατὰ τινῶν κύβων διαιρεθέντων. ἔστω δὲ κατὰ τὸν σ̅ι̅ς̅. ὀφείλομεν οὖν τὸν ρ̅ξ̅β διελεῖν εἰς τρεῖς κύβους. σύγκειται δὲ ὁ ρ̅ξ̅β ἔκτε κύβου τοῦ ρ̅κ̅ε̅ καὶ δύο κύβων ὑπεροχῆς τοῦτε ξ̄δ καὶ τοῦ κ̅ζ. ἔχομεν δὲ ἐν τοῖς πορίσμασιν * ὅτι πάντων δύο κύβων ἡ ὑπεροχὴ χ̄^υ *. ἀνατρέχομεν εἰς τὸ ἐξ ἀρχῆς, καὶ τάσσομεν ἕκαστον κύβων εὑρεθέντων. τοὺς δὲ τρεῖς ἀριθμὸν ᾱ. καὶ συμβήσεται τὸν ἀπὸ τοῦ συγκειμένου ἐκ τῶν τριῶν κύβον λείψαντα ἕκαστον, ποιεῖν κύβον. λοιπόν ἐστι τοὺς τρεῖς ἰσῶσαι ς^υ ᾱ. γίνονται δὲ οἱ τρεῖς χ^υ β̄ ᾱ^{δ'}. ταῦτα ἴσα ς^υ ᾱ. ὅθεν γίνεται ὁ ς^ι μ^ο β̄^{ι'}. ἐπὶ τὰς ὑποστάσεις.

Solutionis modum Diophantus non exprimit aut græca corrupta sunt. Bachetus (¹) casu adjutum Diophantum arbitratur, quod tamen non admittimus, quum Diophanteam methodum non difficilem inventu existimemus.

Inveniendus quadratus binario major, ternario minor, qui a ternario subtractus relinquat numerum in tres cubos dividendum.

(¹) Il est aisé de voir que la solution particulière donnée par Diophante ne peut être obtenue avec les positions de Fermat, et l'on a dès lors le droit de répéter avec Bachet : « Quamobrem casu factum videtur ut sumpserit autor 2 $\frac{1}{4}$, quo de 3 sublato relinquitur $\frac{3}{4}$ ex tribus cubis compositus. »

Ponatur quæsiti quadrati latus esse quemlibet numerorum numerum — unitate : verbi gratia

$$1N - 1;$$

ipsius quadratus a ternario subtractus relinquit

$$2 - 1Q + 2N,$$

cui inveniendi tres cubi æquales qui sic effingendi ut æqualitas tandem consistat inter duas tantum species proximas.

Id quidem innumeris modis construi potest : Sit unius ex cubis latus

$$1 - \tfrac{1}{3}N;$$

alterius (ut numerus numerorum in ambobus cubis conficiat $2\dot{N}$) sit

$$1 + 1N;$$

tertii latus in numeris dumtaxat fingendum, qui etiam, ne valor $1N$ quæsitos terminos evadat, debent notari signo defectûs, nec est operosum eum numerum numerorum sumere cujus valor æquationem ad præstitutos redigat terminos.

Hoc peracto, patet primum ex cubis esse minorem unitate, ut quærebamus; quum igitur secundus sit major et tertius signo defectûs notetur, patet differentiam secundi et tertii æquandam esse duobus cubis, quam ob rationem ad secundam operationem et Diophantus et nos devolvimur.

« Habemus autem » inquit « in porismatibus omnium duorum cuborum intervallum componi ex duobus cubis. »

Hæret iterum Bachetus (¹) et, destitutus porismatibus Diophanteis, hanc quæstionem secundam determinatione indigere contendit : duorum quippe cuborum intervallum eâ tantum conditione in duos cubos dividere docet, dummodo major datorum cuborum excedat duplum minoris. Nam quomodo omnium duorum cuborum intervallum dividatur in duos cubos ignotum sibi ingenue profitetur. Nos supra ad

(¹) *Voir* Observation VIII.

quæstionem Libri IV secundam et hanc et reliquas hujus materiæ quæstiones generaliter construendi modum feliciter deteximus.

XXIX (p. 249).

(Ad quæstion. XXIV Libr. V.)

Invenire tres quadratos, ut solidus sub ipsis contentus, quovis ipsorum adscito, quadratum faciat. Ponatur solidus ille 1 Q. et quærantur tres quadrati quorum quilibet adscitâ unitate faciat quadratum. Hoc autem peti potest a quovis triangulo rectangulo. Expono tria triangula rectangula, et accipiens quadratum unius laterum circa rectum, divido eum per quadratum alterius laterum circa rectum, et invenio quadratos, unum $\frac{9}{16}$ Q, alterum $\frac{25}{144}$ Q, tertium $\frac{64}{225}$ Q, et quilibet ipsorum cum 1 Q facit quadratum. Restat ut solidus sub tribus contentus æquetur 1 Q. Est autem solidus ille $\frac{14400}{518400}$ CC. hoc æquatur 1 Q. et omnia ad eumdem denominatorem reducendo, et dividendo per 1 Q, fiunt $\frac{14400}{518400}$ QQ æqualia 1. et latus lateri æquatur, fitque $\frac{120}{720}$ Q æquale 1. Est autem unitas quadratus. Quod si etiam $\frac{120}{720}$ Q quadratus esset, soluta fuisset quæstio. Non est autem. Eo igitur redactus sum, ut inveniam tria triangula rectangula, ut solidus sub perpendiculis ductus in solidum sub basibus faciat quadratum * cujus latus sit numerus multiplicatione ortus laterum circa rectum unius triangulorum. Et si omnia diviserimus per productum ex lateribus circa rectum inventi rectanguli, orietur qui fit ex producto laterum circa rectum secundi in productum laterum circa rectum alterius triangulorum. Et si unum ipsorum statuamus 3. 4. 5. eo deventum est ut inveniantur duo triangula rectangula ut productus ex lateribus circa rectum producti ex lateribus circa

Εὑρεῖν τρεῖς τετραγώνους ὅπως ὁ ἐκ τῶν τριῶν στερεὸς προσλαβὼν ἕκαστον ποιῇ τετράγωνον. τετάχθω ὁ ἐκ τῶν τριῶν στερεὸς $\delta^{υ}$ $\bar{α}$. καὶ ζητοῦμεν τρεῖς τετραγώνους ὅπως ἕκαστος αὐτῶν μετὰ μονάδος $\bar{α}$ ποιῇ τετράγωνον. τοῦτο δὲ ἀπὸ πάντος ὀρθογωνίου τριγώνου. ἐκτίθεμαι τὰ τρία τρίγωνα ὀρθογώνια, καὶ λαβὼν τὸν ἀπὸ μιᾶς τῶν [περὶ τὴν ὀρθὴν τετράγωνον] μερίζω εἰς τὸν ἀπὸ τῆς λοιπῆς τῶν [περὶ τὴν] ὀρθήν. καὶ εὑρήσομεν τοὺς τετραγώνους. ἕνα μὲν $\delta^{υ}$ $\overline{θ}^{ιϛ'}$. τὸν δὲ ἕτερον $\delta^{υ}$ $\overline{κε}^{ρμδ'}$. τὸν δὲ τρίτον $\delta^{υ}$ $\overline{ξδ}^{σκε'}$. καὶ μένει ἕκαστος αὐτῶν μετὰ $\delta^{υ}$ $\bar{α}$ ποιῶν τετράγωνον. λοιπόν ἐστι τὸν ἐκ τῶν τριῶν στερεὸν ἰσῶσαι $\delta^{υ}$ $\bar{α}$. γίνεται δὲ ὁ ἐκ τῶν τριῶν στερεὸς $χ^{υ}$ $χ^{ο}$ $\bar{α}$. $\overline{δυ}^{να.ψυ'}$. ταῦτα ἴσα $\delta^{υ}$ $\bar{α}$. καὶ πάντα εἰς τὸ αὐτὸ μόριον, καὶ παρὰ δύναμιν γίνεται $\delta^{υ}$ $\delta^{υ}$ $\bar{α}$. $\overline{δυ}^{να.ψυ'}$ ἴσα $μ^{ο}$ $\bar{α}$. καὶ ἡ πλευρὰ τῇ πλευρᾷ. γίνεται $\delta^{υ}$ $\overline{ρκ}^{ψκ'}$ ἴσα $μ^{ο}$ α. καὶ ἔστιν ἡ μονὰς τετράγωνος. εἰ ἦν τετράγωνος καὶ τὰ $\delta^{υ}$ $\overline{ρκ}^{ψκ'}$. λελυμένον ἂν ἦν τὸ ζητούμενον. οὐκ ἔστιν δέ. ἀπάγεται οὖν εἰς τὸ εὑρεῖν τρία τρίγωνα ὀρθογώνια, ὅπως ἐκ τῶν τριῶν καθέτων αὐτῶν στερεὸς πολλαπλασιασθεὶς ἐπὶ τὸν ἐκ τῶν βάσεων αὐτῶν στερεὸν ποιῇ τετράγωνον. * πλευρὰν ἔχοντα τὸν ὑπὸ τῶν περὶ τὴν ὀρθὴν ἑνὸς τῶν ὀρθογωνίων. καὶ ἐὰν πάντα παραβάλωμεν παρὰ τὸν ὑπὸ τῶν περὶ τὴν ὀρθὴν τοῦ εὑρημένου ὀρθογωνίου γενήσεται ὁ ὑπὸ τῶν περὶ τὴν ὀρθὴν τοῦ $\bar{α}$ $\bar{δ}$ ἐπὶ τὸν περὶ τὴν ὀρθὴν τοῦ ἑτέρου τῶν τριγώνων, καὶ ἐὰν τάξωμεν ἓν αὐτῶν $\bar{γ}$. $\bar{δ}$. $\bar{ε}$. ἀπάγεται εἰς τὸ εὑρεῖν δύο τρίγωνα ὀρθογώνια, ὅπως ὁ ὑπὸ τῶν περὶ τὴν ὀρθὴν τοῦ ὑπὸ τῶν περὶ

rectum sit 12N. Proinde et area areæ 12. Si autem 12 et 3. Hoc autem facile est et est simile huic 9. 40. 41. Alterum * 5. 12. 13. (* *legendum est* 8. 15. 17). Habentes ergo tria triangula rectangula, revertamur ad initio propositum. Et statuamus trium quæsitorum quadratorum, alterum 9, alterum 25, tertium 81, et si solidum ex his æquemus 1Q, fiet 1N rationalis. Ad positiones. *

τὴν ὀρθὴν ᾗ ςς $\overline{\iota\beta}$. ὥστε καὶ ἔμβαδον ἐμβάδου $\overline{\iota\beta}$. εἰ δὲ $\overline{\iota\beta}$ καὶ $\overline{\gamma}$. τοῦτο δὲ ῥάδιον καὶ ἔστιν ὅμοιον τῷ $\overline{o\theta}$ ($\overline{\theta}$ *Vatic.*) $\overline{\mu}$. $\overline{\mu\alpha}$. τὸ δὲ ἕτερον $\overline{\epsilon}$. $\overline{\iota\beta}$. $\overline{\iota\gamma}$. ἔχοντες οὖν τὰ τρία τρίγωνα ὀρθογώνια ἐρχόμεθα εἰς τὸ ἐξ ἀρχῆς. τάσσομεν τῶν ζητουμένων τριῶν τετραγώνων, ὃν μὲν $\overline{o}$, ὃν δὲ $\overline{\kappa\epsilon}$, ὃν δὲ $\overline{\pi\alpha}$. καὶ ἐὰν τὸν ἐκ τῶν $\overline{\delta}$. $\overline{\epsilon}$ στερεὸν ἰσώσωμεν $\delta^{υ}$ $\overline{\alpha}$. γενήσεται ὁ $ς^{b}$ ῥητός. ἐπὶ τὰς ὑποστάσεις. *

Methodum Diophanti, quam non percepit Bachetus (¹), ita restituo et explico.

Quoniam primum triangulum est : 3, 4, 5, et rectangulum sub lateribus : 12, *eò deventum est,* inquit Diophantus, *ut inveniantur duo triangula ut productus ex lateribus circa rectum producti ex lateribus circa rectum sit* duodecuplus; et ratio est quia tunc productus ex lateribus unius in productum ex lateribus alterius producet numerum qui erit planus similis 12, atque ideo eorum mutuâ multiplicatione fiet quadratus, quod vult propositio.

Sequitur Diophantus : *Proinde et area areæ* 12(²), quod per se clarum est. Deinde : *Si autem* 12, *et* 3, quia, dividendo 12 per quadratum 4, fit 3, et semper in multiplicatione oritur quadratum; nam quadratum, divisum per quadratum, facit quadratum.

Reliqua Diophanti non præstant propositum, sed ita restituemus.

(¹) Il s'agit de trouver trois triangles rectangles en nombres (a_1, b_1, c_1), (a_2, b_2, c_2), (a_3, b_3, c_3) tels que l'on ait, a_1, a_2, a_3 étant les hypoténuses, $\dfrac{b_1 b_2 b_3}{c_1 c_2 c_3}$ dans un rapport carré.

Prenant arbitrairement le triangle (a_1, b_1, c_1), soit $(5, 4, 3)$ dans l'exemple choisi, Bachet forme les triangles suivants, respectivement des nombres a_1, b_1 et a_1, c_1, c'est-à-dire il pose de fait :

$$a_2 = a_1^2 + b_1^2, \qquad b_2 = a_1^2 - b_1^2 = c_1^2, \qquad c_2 = 2a_1 b_1,$$
$$a_3 = a_1^2 + c_1^2, \qquad b_3 = a_1^2 - c_1^2 = b_1^2, \qquad c_3 = 2a_1 c_1,$$

d'où

$$\frac{b_1 b_2 b_3}{c_1 c_2 c_3} = \left(\frac{b_1}{2a_1}\right)^2.$$

Les deux triangles ainsi construits sont $(41, 9, 40)$ et $(34, 16, 30)$. Au lieu du second, il prend le semblable $(17, 8, 15)$, le rapport restant le même.

(²) Entendez *duodecupla,* et à la ligne suivante : *Si autem duodecupla, et tripla.*

In hoc casu (¹), fingatur triangulum abs 7 et 2, alterum vero abs 5
et 2; et primum triangulorum erit triplum ad secundum, et duo proposito satisfacient. *Regula* autem *generalis inveniendi duo triangula rectangula in ratione data hæc est :*

Sit data ratio R ad S, majoris ad minus. Majus triangulum formabitur abs.

$$R \text{ bis} + S \quad \text{et} \quad R - S;$$

minus vero abs

$$R + S \text{ bis} \quad \text{et} \quad R - S.$$

Aliter.

Formetur primum	triangulum abs	R bis — S	et	R + S,
secundum	abs	S bis — R	et	R + S.

Aliter.

Formetur primum	triangulum abs	R sexies	et	R bis — S,
secundum	abs	R quater + S	et	R quater — S bis.

Aliter.

Formetur primum	triangulum abs	R + S quater	et	R bis — S quater,
secundum	abs	S sexies	et	R — S bis.

Ex jam dictis deduci potest *methodus inveniendi tria triangula rectangula in proportione trium datorum numerorum, modò duo dati numeri
reliqui sint quadrupli.*

Sint, verbi gratia, dati tres numeri R, S, T, et sint ipsi R, T simul
quadrupli S. Formabuntur sic tria triangula :

primum	abs	R + S quater	et	R bis — S quater,
secundum	abs	S sexies	et	R — S bis,
tertium	abs	S quater + T	et	S quater — T bis.

Sumpsimus autem R esse majorem T.

(¹) Les triangles de Diophante ou de Bachet s'obtiennent par la seconde solution de
Fermat, c'est-à-dire avec les couples générateurs 5, 4 et 4, 1. Diophante avait probablement traité, dans un problème perdu, la construction de deux triangles rectangles dont
l'aire soit dans un rapport donné.

Hinc etiam elicietur *modus inveniendi tria triangula rectangula numero, quorum areæ constituant triangulum rectangulum.*

Eo enim deducetur quæstio ut inveniatur triangulum cujus basis et hypotenusa sint quadruplæ perpendiculi. Hoc autem est facile et erit triangulum simile huic :

$$17, \quad 15, \quad 8.$$

Tria vero triangula sic formabuntur :

$$
\begin{aligned}
&\text{primum} \quad &\text{abs} \; 49 \;\; &\text{et} \;\; 2, \\
&\text{secundum} \quad &\text{abs} \; 47 \;\; &\text{et} \;\; 2, \\
&\text{tertium} \quad &\text{abs} \; 48 \;\; &\text{et} \;\; 1.
\end{aligned}
$$

Hinc etiam elicietur *modus inveniendi tria triangula quorum areæ sint in ratione trium quadratorum datorum, quorum duo sint quadrupli reliqui,* ac proinde poterunt eâdem viâ *inveniri tria triangula ejusdem areæ* (¹); imo et infinitis modis possumus *construere duo triangula rectangula in data ratione,* ducendo unum ex terminis aut utrumque in quadrata data, etc.

XXX (p. 251).

(Ad quæstion. XXV Libr. V.)

Invenire tres quadratos, ut solidus sub ipsis contentus, quolibet ipsorum detracto, faciat quadratum. Ponatur solidus sub ipsis contentus $1\,Q$, et rursus quadrati qui quæruntur, sumantur ex triangulis rectangulis, unus a $\frac{16}{25}$, alter a $\frac{25}{169}$, tertius a $\frac{64}{289}$; statuo eos in quadratis, et manet $1\,Q$, quolibet ipsorum detracto, faciens quadratum. Superest ut solidus sub tribus contentus æquetur $1\,Q$: est autem solidus ille $\frac{25600}{1221025}\,CC$; hoc ergo æquatur $1\,Q$, et omnia per $1\,Q$ dividantur, fiunt $\frac{25600}{1221025}\,QQ$ æqualia 1. Est autem unitas quadratus, latus habens quadratum. Ergo oportebat etiam $\frac{25600}{1221025}\,QQ$ esse

Εὑρεῖν τρεῖς τετραγώνους, ὅπως ὁ ἐκ τούτων στερεὸς λείψας ἕκαστον αὐτῶν ποιῇ τετράγωνον. τετάχθω ὁ ἐξ αὐτῶν στερεὸς δᵘ ā. καὶ πάλιν οἱ ζητούμενοι τετράγωνοι ἀπὸ τῶν ὀρθογωνίων τριγώνων, ἑνὸς μὲν ιϛᵏιʹ, τοῦ δὲ ἑτέρου κερξθʹ, τοῦ δὲ ξδσπθʹ. τάσσω αὐτοὺς ἐν δυνάμει, καὶ μένει ἡ δᵘ ā λείψει ἑκάστου αὐτῶν ποιοῦσα τετράγωνον. λοιπόν ἐστι τὸν ἐκ τῶν τριῶν στερεὸν ἰσῶσαι δυνάμει ā. καὶ ἔστιν ὁ ἐκ τῶν τριῶν στερεὸς κυβοκύβων β̄. ϛχ ἐν μορίῳ ρκβ. ᾱκε. ταῦτα ἴσα δυνάμει ᾱ. καὶ πάντα παρὰ δύναμιν μίαν γίνεται δᵘ δᵘ β̄. ϛχ, ἐν μορίῳ ρκβ. ᾱκε, ἴσα μᵒ ā. καὶ ἔστιν ἡ μονὰς τετράγωνος πλευρὰν ἔχουσα

(¹) *Voir* Observation XXIII.

quadratum latus habentem quadratum. Rursus itaque res eo est reducta ut inveniantur tria triangula rectangula, ut solidus sub perpendiculis ductus in solidum sub hypotenusis faciat quadratum, qui latus habeat quadratum. * Et si omnia dividamus per productum ex hypotenusa in perpendiculum unius rectangulorum, oportet oriatur qui fit ex producto hypotenusæ in perpendiculum, alicujus rectanguli, in productum ex hypotenusa in perpendiculum alterius, esto unum rectangulorum 3. 4. 5. Eo itaque deventum est, ut inveniantur duo triangula rectangula, ut numerus hypotenusæ et perpendiculi, numeri hypotenusæ et perpendiculi sit 20. Si autem 20 et 5. et est facile, quippe majus est 5. 12. 13. minus 3. 4. 5. Ab his ergo quærenda sunt alia duo, ut numerus hypotenusæ et perpendiculi sit 6. est autem majoris hypotenusa $6\frac{1}{2}$, perpendiculum 60. Minoris autem hypotenusa $2\frac{1}{2}$. qui vero in uno rectangulorum 12. et accipientes minima similium, recurrimus ad propositum initio, et ponimus solidum sub tribus contentum 1 Q. ipsorum autem quadratorum alterum 16 Q. alterum 576 Q. tertium $\frac{1}{28561}$ Q. Superest ut solidus sub tribus æquetur 1 Q. et omnia in 1 Q. latusque lateri æquetur, et invenietur 1 N.65. Ad positiones. *

τετράγωνον. δεήσει ἄρα καὶ δ^υ δ^υ β̄. ἐγ, ἐν μορίῳ ρκβ̄. ἀκε, εἶναι τετράγωνον πλευρὰν ἔχοντα τετράγωνον. καὶ πάλιν ἀπάγεται εἰς τὸ εὑρεῖν τρία τρίγωνα ὀρθογώνια, ὅπως ὁ ἐκ τῶν καθετῶν στερεὸς πολλαπλασιασθεὶς ἐπὶ τὸν ἐκ τῶν ὑποτεινουσῶν στερεὸν, ποιῇ τετράγωνον πλευρὰν ἔχοντα τετράγωνον, *καὶ ἐὰν πάντα παραβάλωμεν παρὰ τὸν τῆς ὑποτεινούσης καὶ καθέτου ἑνὸς τῶν ὀρθογωνίων, δεήσει τοῦ ὑποτεινουσῶν καὶ κάθετον τοῦ ὑποτεινούσης, καὶ καθέτου πολλαπλασιασθέντα κατὰ τὸν ὑποτεινούσης καὶ καθέτου ὀρθογώνου τινὸς, ἔστω τὸ ἓν τῶν ὀρθογώνων γ̄. δ̄. ε̄. ἀπάγεται οὖν εἰς τὸ εὑρεῖν δύο τρίγωνα ὀρθογώνια ὅπως ὁ ὑποτεινούσης καὶ καθέτου τοῦ ὑποτεινούσης, καὶ καθέτου ᾗ κ̄. εἰ δὲ κ̄. καὶ ε̄. καὶ ἔστι ῥάδιον, καὶ ἔστι τὸ μὲν μεῖζον ε̄. ιβ̄. ιγ̄. τὸ δὲ ἔλαττον γ̄. δ̄. ε̄. ζητητέον οὖν ἀπὸ τούτων ἕτερα δύο, ὅπως ὁ ὑποτεινούσης καὶ καθέτου $\frac{?}{?}$ μ° ϛ̄. ἔστι δὲ τοῦ μὲν μείζονος ὑποτείνουσα μ° ϛ̄. ᾱ^β. ἡ δὲ κάθετος ξ̄. τοῦ δὲ ἐλάσσονος ὁ μὲν ἐν τῇ ὑποτεινούσῃ μ° β̄. ᾱ^β ὁ δὲ ἐν τῇ ᾱ τῶν ὀρθογώνων ιβ. καὶ λαβόντες τὰ ἐλάχιστα τῶν ὁμοίων ἀνατρέχομεν εἰς τὸ ἐξ ἀρχῆς, καὶ τάσσομεν τὸν ἐκ τῶν τριῶν στερεὸν δ^υ ᾱ. αὐτῶν δὲ τῶν τετραγώνων, ὃν μὲν δ^υ ῑϛ, ὃν δὲ δ^υ ῶος, ὃν δὲ δ^υ ᾱ ἐν μορίῳ β̄. ηψξα. λοιπόν ἐστι τὸν ἐκ τῶν τριῶν στερεὸν ἰσῶσαι δ^υ ᾱ. καὶ πάντα παρὰ δύναμιν καὶ ἡ πλευρὰ τῇ πλευρᾷ. καὶ εὑρίσκεται ὁ ϛ^ο ξ̄ε. ἐπὶ τὰς ὑποστάσεις. *

Ad elucidationem et explicationem quæstionis 25 juxta methodum Diophanti, quam Bachetus similiter prætermisit (¹), *quærenda sunt duo triangula rectangula ut productus sub hypotenusa et perpendiculo unius*

(¹) Bachet se propose de trouver trois triangles rectangles (a_1, b_1, c_1), (a_2, b_2, c_2), (a_3, b_3, c_3) tels que le rapport $\frac{a_1 a_2 a_3}{c_1 c_2 c_3}$ soit carré. A cet effet, il prend arbitrairement le

ad productum sub hypotenusa et perpendiculo alterius habeat rationem datam.

Quæ sane quæstio diu nos torsit et vere difficillimam quilibet tentando experietur, sed tandem patuit generalis ad ipsius solutionem methodus.

premier triangle, en sorte toutefois que $2c_1 > b_1$; il forme le second en posant

$$a_2 = \frac{4c_1^2 + b_1^2}{b_1}, \qquad b_2 = \frac{4c_1^2 - b_1^2}{b_1}, \qquad c_2 = 4c_1,$$

et le troisième en prenant

$$a_3 = a_1 a_2, \qquad b_3 = b_1 c_2 + b_2 c_1, \qquad c_3 = c_1 c_2 - b_1 b_2.$$

On a alors, d'une part,

$$a_1 a_2 a_3 = (a_1 a_2)^2;$$

de l'autre,

$$c_1 c_2 c_3 = (2 b_1 c_1)^2.$$

Fermat a bien reconnu que Diophante, se donnant arbitrairement, par exemple, le troisième triangle $(5, 3, 4)$, cherche les deux autres en sorte que $\dfrac{a_1 a_2}{c_1 c_2}$ soit dans un rapport donné, à savoir 5. Mais il n'a pas deviné le procédé de l'auteur grec, qui a été restitué par Otto Schulz (*Diophantus von Alexandria arithmetische Aufgaben nebst dessen Schrift über die Polygon-Zahlen, aus dem Griechischen übersetzt und mit Anmerkungen begleitet.* Berlin, 1822, p. 546-551) d'après le texte donné par Bachet.

Diophante prend d'abord deux triangles auxiliaires $(\alpha_1, \beta_1, \gamma_1)$, $(\alpha_2, \beta_2, \gamma_2)$, tels que $\beta_1 \gamma_1$ soit à $\beta_2 \gamma_2$ dans le rapport donné. Ces deux triangles, obtenus comme dans le problème précédent V, 24, sont d'ailleurs $(13, 12, 5)$ et $(5, 4, 3)$.

D'autre part, ayant un triangle (α, β, γ), Diophante sait construire un triangle (a, b, c) tel que $ac = \dfrac{\beta \gamma}{2}$. Il prend à cet effet

$$a = \frac{1}{2}\alpha, \qquad b = \frac{\beta^2 - \gamma^2}{2\alpha}, \qquad c = \frac{\beta \gamma}{\alpha}.$$

Du triangle $(13, 12, 5)$ il déduit de cette façon le triangle $\left(6\frac{1}{2}, \frac{119}{26}, \frac{60}{13}\right)$, et du triangle $(5, 4, 3)$, le triangle $\left(2\frac{1}{2}, \frac{7}{10}, \frac{12}{5}\right)$. Les deux triangles ainsi formés satisfont évidemment à la condition imposée.

Pour achever le problème primitif, Diophante prend pour les trois carrés cherchés

$$\left(\frac{c_1}{a_1} x\right)^2, \qquad \left(\frac{c_2}{a_2} x\right)^2, \qquad \left(\frac{c_3}{a_3} x\right)^2,$$

c'est-à-dire

$$\frac{14400}{28561} x^2, \qquad \frac{576}{625} x^2, \qquad \frac{16}{25} x^2$$

et, égalant leur produit à x^2, il tire pour x la valeur $\dfrac{65}{48}$.

Quærantur duo triangula ut rectangulum sub hypotenusa unius et perpendiculo rectanguli sub hypotenusa alterius et perpendiculo sit duplum.

Fingatur unum ex triangulis ab A et B, alterum ab A et D. Rectangulum sub hypotenusa prioris et perpendiculo erit

$$\text{B in A cubum bis} + \text{B cubo in A bis};$$

rectangulum vero sub hypotenusa posterioris et perpendiculo erit

$$\text{D in A}c.\ \text{bis} + \text{D}c.\ \text{in A bis}.$$

Quum igitur B in Ac. bis + Bc. in A bis sit duplum rectanguli D in Ac. bis + Dc. in A bis, ergo

$$\text{B in A}c. + \text{B}c.\ \text{in A} \quad \text{æquabitur} \quad \text{D in A}c.\ \text{bis} + \text{D}c.\ \text{in A bis},$$

et, omnibus abs A divisis, fiet

$$\text{B in A}q. + \text{B}c. \quad \text{æquale} \quad \text{D in A}q.\ \text{bis} + \text{D}c.\ \text{bis},$$

et, per antithesin,

$$\text{D}c.\ \text{bis} - \text{B}c. \quad \text{æquabitur} \quad \text{B in A}q. - \text{D in A}q.\ \text{bis}.$$

Si igitur Dc. bis — Bc., divisum per B — D bis, æquetur quadrato, soluta erit quæstio.

Quærendi igitur duo numeri, loco ipsorum B et D, ea conditione ut duplum cubi unius, minus alio, divisum vel multiplicatum (eodem enim res recidit) per duplum posterioris minus primo, faciat quadratum (¹).

Ponatur unus esse 1 N + 1, alter 1.

Cubus duplus prioris minus cubo a posteriore facit

$$1 + 6N + 6Q + 2C.$$

Duplus autem posterioris minus priore facit

$$1 - 1N.$$

(¹) On voit qu'au lieu de déterminer B et D en sorte que $\dfrac{2D^3 - B^3}{B - 2D}$ soit carré, Fermat va les chercher, par erreur, en sorte que $\dfrac{2D^3 - B^3}{2B - D}$ soit carré. Plus loin, après avoir reconnu la faute de calcul qu'il a commise, il laisse subsister sa solution comme s'appliquant en tout cas à un problème digne d'intérêt.

Ergo, si ducas $\overline{1 - 1N}$ in $\overline{1 + 6N + 6Q + 2C}$, fiet quadratus. Productum illud æquatur

$$1 + 5N - 4C - 2QQ, \quad \text{quod æquandum quadrato ab } \frac{5}{2}N - 1 - \frac{25}{8}Q,$$

et omnia statim constabunt.

Propositio autem ad omnes rationes extendetur si, loco unius ex quærendis numeris, ponatur $1N$ plus excessu majoris rationis termini supra minorem et, loco alterius, ille ipse excessus, ut jam a nobis in ratione dupla est factum. Hac quippe ratione semper unitatum numerus evadet quadratus et æquatio erit proclivis; hoc peracto invenientur duo numeri qui ipsos B et D repræsentabunt, et ad primam quæstionem fiet reditus.

Retractanti quæ hucusque ad 25^{am} quæstionem scripsimus, visum erat statim omnia delere quia abductio ad problema quod perfecimus non convenit quæstioni nostræ : quia tamen quæstionem aliam, ad quam male præsens problema adduxeramus, recte construximus, non tam operam perdidimus quam male collocavimus, et ideo maneat scriptura marginalis intacta.

Quæstionem ipsam Diophanteam novo iterum examini subjicientes et methodum nostram sedulo consulentes, *tandem generaliter solvimus :* exemplum tantum subjiciemus, confisi numeros ipsos satis indicaturos non sorti, sed arti solutionem deberi.

In propositione Diophanti quærenda duo triangula rectangula eâ conditione ut productum sub hypotenusa unius et perpendiculo ad productum sub hypotenusa et perpendiculo alterius habeat rationem quam 5 ad 1.

En duo illa triangula,

primum,	cujus hypotenusa	48 543 669 109,
	basis	36 083 779 309,
	perpendiculum	32 472 275 580,
secundum,	cujus hypotenusa	42 636 752 938,
	basis	41 990 695 480,
	perpendiculum	7 394 200 038.

XXXI (p. 255).

(Ad quæstion. XXX Libr. V.)

Dato numero tres adinvenire quadratos quorum bini sumpti, adscitoque dato numero, faciant quadratum.

Hujus quæstionis beneficio, sequentis quæstionis solutionem dabimus quæ alioquin difficillima sane videretur :

Dato numero, quatuor invenire numeros quorum bini sumpti adscitoque dato numero faciant quadratum.

Sit datus numerus 15 et primùm, per hanc quæstionem, reperiantur tres quadrati quorum bini sumpti adscitoque dato numero faciant quadratum; et sint illi tres quadrati (¹)

$$9, \quad \frac{1}{100}, \quad \frac{529}{225}.$$

Ponatur primus   quatuor numerorum quæsitorum $1Q - 15,$
  secundus $6N + 9$
(quia 9 est unus ex quadratis, 6N autem est duplum lateris in N),
  tertius eadem ratione ponatur $\frac{1}{5}N + \frac{1}{100},$
  quartus denique $\frac{10}{15}N + \frac{529}{225}.$
Ita quippe institutis positionibus, tribus propositi partibus satisfit; quilibet enim numerorum unà cum primo, adscito 15, facit quadratum.

Superest ut secundus et tertius addito 15, item tertius et quartus addito 15, denique secundus et quartus, eodem addito 15, faciant quadratum; et oritur triplicata æqualitas cujus solutio in promptu, quum ex constructione, cujus artificium ab hac quæstione desumpsimus, in

---

(¹) Ces nombres sont ceux de Diophante. Les racines de ces carrés peuvent se représenter en général par

$$z, \quad \frac{r(z^2 + a)}{4pz} - \frac{pz}{r}, \quad \frac{r(z^2 + a)}{4qz} - \frac{qz}{r},$$

en supposant $p^2 + q^2 = r^2$. Diophante a pris en fait, pour $a = 15$, $z = 3$, $p = 4$, $q = 3$, $r = 5$.

quolibet termino æquando reperiantur unitates tantum quadratæ et numeri. Recurrendum igitur ad ea quæ diximus ad quæstionem 24 Libri VI.

XXXII (p. 257).

(Ad quæstion. XXXI Libr. V.)

Dato numero tres adinvenire quadratos, quorum bini sumpti detracto dato numero faciant quadratum.

Quo artificio in superiore quæstione usi sumus, ut quatuor numeros inveniremus quorum bini sumpti adscito dato numero conficerent quadratum, simili in hac quæstione uti possumus, ut *inveniantur quatuor numeri quorum bini sumpti detracto dato numero conficiant quadratum.*

Ponendus enim : primus $1Q +$ numero dato; secundus quadratus primus ex inventis in hac quæstione unà cum duplo ab ipsius latere in N; et reliqua patent.

XXXIII (p. 258).

(Ad quæstion. XXXII Libr. V.)

Invenire tres quadratos, ut compositus ex ipsorum quadratis faciat quadratum.

Cur autem non quærat *duo quadratoquadratos quorum summa sit quadratus?* Sane hæc quæstio est impossibilis, ut nostra demonstrandi methodus potest haud dubie expedire.

XXXIV (p. 287).

(Ad commentarium in quæstion. III Libr. VI.)

Quæstio Diophanti. — Invenire triangulum rectangulum, ut areæ ejus numerus, adsumens datum numerum, faciat quadratum. Esto datus 5.

Bachetus..... Quoniam vero hinc fortè venit in mentem Francisco Vietæ (¹) quæstionem

____

(¹) Viète, *Zeteticum* V, 9 (édition Schooten, p. 79) :
Invenire numero triangulum rectangulum, cujus area adjuncta dato plano ex duobus quadratis composito, conficiat quadratum.
Sit datum planum Z, planum compositum ex B quadrato et D quadrato. Effingatur trian-

applicari posse solis numeris qui e duobus quadratis componuntur, quia Diophantus in sua hypothesi sumpserat 5, e duobus quadratis compositum; quamvis ex ipso ductu analyseos Diophanteæ satis constet ad quemlibet numerum extendi problema, ne quis tamen supersit dubitandi locus, placet id etiam experientia comprobare....

Error Vietæ inde haud dubie oritur. Supposuit vir clarissimus differentiam duorum quadratoquadratorum, ut $1 QQ - 1$, æquari areæ, cui adjiciendo quintuplum quadrati, fiat quadratus.

Si 5, numerus datus, dividatur in duos quadratos, poterit inveniri quintuplum quadrati a quo, dempta unitate, supersit quadratus. Ponatur igitur latus quadrati quintuplicandi esse $1 N + 1$, aut alius quivis numerorum numerus $+ 1$. Quintuplum quadrati illius erit

$$5Q + 10N + 5,$$

cui, si adjicias aream, $1 QQ - 1$, fiet

$$1 QQ + 5Q + 10N + 4,$$

quæ summa debet æquari quadrato. Hoc autem non est operosum, quum numerus unitatum, ex hypothesi adjecta problemati, sit quadratus.

Non vidit Vieta quæstionem perinde resolvi posse si, loco $1 QQ - 1$, sumpsisset pro area $1 - 1 QQ$: eo enim deducenda statim quæstio ut datus numerus, 5 vel 6 vel alius quilibet, in quadratum ductus, adjectâ unitate, conficiat quadratum; quod generaliter est facillimum, quum unitas sit quadratus.

gulum rectangulum abs quadrato adgregati laterum B, D, et quadrato differentiæ eorumdem. Hypotenusa igitur similis erit B quad. quad. 2 + B quad. in D quad. 12 + D quad. quad. 2. Basis B in D in Z planum 8. Perpendiculum $\overline{B + D}$ quadrato in $\overline{B - D}$ quadratum 2. Adplicontur omnia ad $\overline{B + D}$ in $\overline{B - D}$ quad. 2, fiet area similis $\dfrac{Z \text{ plano in B in D.} 2}{\overline{B - D} \text{ quad.}}$. Adde Z planum; quoniam $\overline{B - D}$ quad. + B in D 2 æquatur B quadrato + D quadrato, id est æquatur Z plano, summa erit $\dfrac{Z \text{ planoplanum}}{\overline{B - D} \text{ quad.}}$, quadratum a radice $\dfrac{Z \text{ plani}}{B - D}$.

Sit Z planum 5, D 1, B 2. Triangulum rectangulum erit hujusmodi : $\dfrac{82}{6}$, $\dfrac{80}{6}$, $\dfrac{18}{6}$. Area $\dfrac{720}{36}$, id est 20. Adde 5. Summa fit 25, cujus radix est 5.

Nos peculiari methodo (¹) quæstionem hanc et duas proximas (²) resolvimus, cujus beneficio, dum quærimus triangulum cujus area, unà cum 5, verbi gratia, conficiat quadratum, triangulum in minimis (³) exhibemus

$$\frac{9}{3}, \quad \frac{40}{3}, \quad \frac{41}{3},$$

cujus area 20, addito 5, facit quadratum 25. Sed de ratione et usu nostræ hujus methodi non est hujus loci plura addere; non sufficeret sane marginis exiguitas, multa enim habemus huc referenda.

XXXV (p. 289).

(Ad quæstion. VI Libr. VI.)

Invenire triangulum rectangulum ut numerus areæ, adsumens unum laterum circa rectum, faciat datum numerum.

(¹) La méthode de Diophante peut se représenter comme suit : soient a le nombre donné, et

$$\left(x^2 + \frac{1}{x^2}\right)y, \quad \left(x^2 - \frac{1}{x^2}\right)y, \quad 2y$$

le triangle cherché, on devra rendre carré $\left(x^2 - \frac{1}{x^2}\right)y^2 + a$. En égalant cette expression à $\left(x + \frac{2m^2a}{x}\right)^2 y^2$, on arrive à tirer rationnellement, en fonction d'arbitraires m et n,

$$x = \frac{a(4a^2m^4 + 1) - n^2}{4amn} \quad \text{et} \quad y = \frac{ax}{2max + n}.$$

(²) DIOPHANTE, VI, 4 : *Invenire triangulum rectangulum ut areæ numerus multatus dato numero faciat quadratum.*

DIOPHANTE, VI, 5 : *Invenire triangulum rectangulum ut numerus areæ detractus a dato numero faciat quadratum.*

La méthode de Diophante, pour ces deux problèmes, est analogue à celle qu'il a suivie pour VI, 3.

(³) De fait, ces nombres reviennent à ceux de Viète. Comparez au reste JACQUES DE BILLY (*Doctrinæ analyticæ inventum novum*, I, 37, p. 10) :

« Vieta, L. V Zetet. 9, infeliciter solvit quæstionem tertiam libri sexti Diophanti; quum enim iste proponat invenire triangulum rectangulum cujus area assumens datum numerum faciat quadratum, coarctavit Vieta quæstionem ad datum numerum ex duobus quadratis compositum. At Fermatius innumeris modis solvit problema de dato quocumque numero : si enim detur 3, numeri sequentes exhibent triangulum quæsitum :

$$\frac{1\,441\,889}{416\,160}, \quad \frac{1\,397\,825}{416\,160}, \quad \frac{34}{40}.$$

Hæc propositio et sequentes aliter fieri possunt (¹) :

Fingatur triangulum, in hac propositione, abs dato numero et unitate, et plana lateribus similia applicentur ad summam unitatis et numeri dati, orietur quæsitus triangulus.

XXXVI (p. 290).

(Ad quæstion. VII Libr. VI.)

Invenire triangulum rectangulum, ut numerus areæ, multatus uno laterum circa rectum, faciat datum numerum.

Fingatur triangulum abs dato numero et unitate, et plana lateribus similia applicentur ad differentiam dati numeri et unitatis (²).

Hæc quæstio (³), per viam qua hujusmodi duplicatas æqualitates infinitis modis resolvimus, infinitas recipit solutiones; modum autem quo utimur tetigimus et explicavimus infra ad quæstionem 24.

Imo et solutiones illæ infinitæ aptantur quatuor sequentibus quæstionibus (⁴), quod nec Diophantus nec Bachetus animadvertit. Cur

(¹) Soit a le nombre donné; la solution de Diophante revient à prendre, pour le triangle,

$$\frac{a^2 + 1}{a + 1}, \quad a - 1, \quad \frac{2a}{a + 1}.$$

L'aire, plus le dernier côté, est identiquement a.

La solution de Fermat est précisément la même; seulement il la pose directement, au lieu de suivre les longs détours de Diophante, qui masquent la construction effective du triangle.

(²) Cette solution est encore, de fait, la même que celle de Diophante, comme pour le problème précédent.

(³) Il faut entendre ici à la fois les problèmes VI, 6 et 7 de Diophante.

(⁴) VI, 8 : *Invenire triangulum rectangulum ut area, adsumens utrumque laterum circa rectum, faciat datum numerum.*

VI, 9 : *Invenire triangulum rectangulum, ut numerus areæ, multatus summâ laterum circa rectum, faciat datum numerum.*

VI, 10 : *Invenire triangulum rectangulum ut areæ numerus, adsumens summam hypotenusæ et alterius laterum circa rectum, faciat datum numerum.*

VI, 11 : *Invenire triangulum rectangulum ut numerus areæ, multatus summâ hypotenusæ et alterius laterum circa rectum, faciat datum numerum.*

Pour tous ces problèmes, comme pour les deux précédents, Diophante arrive à une *double équation*, dont son procédé ne tire qu'une solution unique.

autem neque Diophantus neque Bachetus sequentem quæstionem addiderunt?

Invenire triangulum rectangulum ut unum ex lateribus areâ multatum faciat datum numerum.

Certe hanc videntur ignorasse, quia non statim se prodit in resolutione duplicatæ æqualitatis; verùm ex nostra methodo facile potest inveniri.

Similiter in sequentibus quæstionibus tertius hic casus suppleri potest (¹).

XXXVII (p. 292).

(Ad quæstiones VIII et IX Libri VI.)

Addi potest ex nostra methodo sequens quæstio :

Invenire triangulum rectangulum ut summa laterum multata areâ conficiat datum numerum.

XXXVIII (p. 294).

(Ad quæstiones X et XI Libri VI.)

Addi potest ex nostra methodo sequens quæstio :

Invenire triangulum rectangulum ut summa hypotenusæ et alterius lateris circa rectum, multata areâ, faciat datum numerum.

Imo et sequens addi potest Bacheti commentariis (²) :

Invenire triangulum < rectangulum > ut hypotenusa detractâ areâ faciat datum numerum.

(¹) *Voir* les Observations XXXVII, XXXVIII, XL, XLI.
(²) Dans son commentaire sur VI, 11, Bachet avait traité la question :
Invenire triangulum rectangulum ut area, detractâ hypotenusâ, faciat datum numerum.

XXXIX (p. 298).

(Ad quæstion. XIII Libr. VI.)

Invenire triangulum rectangulum ut numerus areæ, adsumens alterutrum laterum circa rectum, faciat quadratum.

Unius tantum speciei triangula Diophantus exhibet propositum adimplentia; sed ex nostra methodo suppetunt infinita diversæ speciei triangula quæ ex Diophanteo per ordinem derivantur.

Sit igitur inventum triangulum 3.4.5, cujus hæc est proprietas « ut qui fit mutuo ductu laterum circa rectum, adscito solido sub majore laterum circa rectum, intervallo eorumdem, et areâ contento, faciat quadratum ([1]) ». Ab eo deducendum aliud ejusdem proprietatis.

Sit majus ex lateribus circa rectum trianguli quæsiti 4; minus vero 3 + 1N. Rectangulum sub lateribus circa rectum, adscito solido sub majore laterum circa rectum, intervallo eorumdem, et areâ contento, facit

$$36 - 12N - 8Q, \quad \text{quæ ideo debent æquari quadrato.}$$

Quum autem latera, 4 et 3 + 1N, sint latera circa rectum trianguli rectanguli, debent etiam eorum quadrata juncta æquari quadrato; quadrata illa juncta faciunt

$$25 + 6N + 1Q, \quad \text{quæ idcirco etiam æquanda quadrato.}$$

([1]) Cette condition est empruntée au texte latin du problème. Le procédé de Diophante revient en effet à prendre comme triangle cherché : az, bz, cz; puis à poser (supposant $b > c$) $z = \dfrac{b}{x^2 - \dfrac{bc}{2}}$. Il arrive ainsi à avoir à rendre carré

$$bcx^2 + b(b-c)\frac{bc}{2} = y^2.$$

Or, si le triangle (a, b, c) est tel que

$$bc + b(b-c)\frac{bc}{2} = p^2,$$

Diophante sait construire une infinité de valeurs de $x = \dfrac{q^2 - 2pq + bc}{q^2 - bc}$, donc de z. Mais tous les triangles ainsi obtenus sont semblables; Fermat cherche donc à déterminer un autre triangle (a, b, c) que celui trouvé par Diophante (5, 4, 3).

Et oritur duplicata æqualitas, nam

$$36 - 12N - 8Q \quad \text{et etiam} \quad 25 + 6N + 1Q$$

debent æquari quadrato. Ejus æqualitatis duplicatæ solutio est in promptu.

XL (p. 302).

(Ad quæstion. XIV Libr. VI.)

Invenire triangulum rectangulum ut numerus areæ, multatus alterutro laterum circa rectum, faciat quadratum.

Ex nostra methodo solvetur sequens quæstio, alioquin difficillima :

Invenire triangulum rectangulum ut alterutrum laterum circa rectum, multatum areâ, faciat quadratum.

XLI (p. 307).

(Ad quæstiones XV et XVII Libri VI.)

15. Invenire triangulum rectangulum ut numerus areæ, tam hypotenusâ quam altero laterum circa rectum detracto, faciat quadratum.

17. Invenire triangulum rectangulum ut numerus areæ, tam hypotenusæ quam alterius laterum circa rectum numero adscito, faciat quadratum.

Tentetur beneficio nostræ methodi sequens quæstio, alioquin difficillima :

Invenire triangulum rectangulum ut tam hypotenusa quam unum ex lateribus, detractâ areâ, faciant quadratum.

XLII (p. 320).

(Ad quæstion. XIX Libr. VI.)

Invenire triangulum rectangulum ut areæ numerus cum hypotenusæ numero faciat quadratum, at circumferentiæ numerus sit cubus....

...Oportet itaque invenire quadratum aliquem, qui, binario adjecto, cubum faciat ... est igitur quadrati latus 5, cubi vero 3; ipse quadratus 25, cubus 27....

An autem alius in integris quadratus, præter ipsum 25, inveniatur qui adsumpto binario cubum faciat, id sane difficilis primo obtutu videtur disquisitionis. Certissimâ tamen demonstratione probare possum nullum alium quadratum, præter 25, in integris adjecto binario facere cubum. In fractis ex methodo Bacheti (¹) suppetunt infiniti, sed doctrinam de numeris integris, quæ sane pulcherrima et subtilissima est, nec Bachetus, nec alius quivis cujus scripta ad me pervenerint, hactenus calluit.

XLIII (p. 329).

(Ad commentarium in quæstion. XXIV Libr. VI.)

QUÆSTIO DIOPHANTI. — Invenire triangulum rectangulum ut numerus circumferentiæ sit cubus, et adscito arcæ numero, faciat quadratum.

BACHETUS..... Quoniam verò in his libris Diophantus diversimode utitur duplicata æqualitate, non abs re me facturum arbitror, si omnes quos usurpat modos sigillatim recenseam et unum in locum quæ sparsim a nobis adnotata sunt, collecta conjiciam, ut sic tota duplicatæ æqualitatis doctrina discentium animis firmius inhæreat. Nec solas Diophanti hypotheses afferemus, sed et alias plerumque exhibebimus, quibus varia hujusmodi æquationum symptomata declarentur, novamque insuper quam excogitavimus æquationis rationem, quamque ad quadragesimam quintam quarti explicavimus, aliis adjiciemus.

Ubi non sufficiunt duplicatæ æqualitates vel διπλοισότητες, recurrendum ad τριπλοισότητας seu triplicatas æqualitates, quæ est nostra inventio, ad plurima problemata pulcherrima præviam facem præferens.

$$\text{Æquentur videlicet quadrato}\ \begin{cases} 1\,\mathrm{N} + 4, \\ 2\,\mathrm{N} + 4, \\ 5\,\mathrm{N} + 4, \end{cases}$$

oritur triplicata æqualitas cujus solutio per medium duplicatæ æqualitatis est in promptu.

(¹) D'après cette méthode (p. 321), si l'on a une solution $x_1,\ y_1$ de l'équation indéterminée

$$x^2 + a = y^3$$

et que l'on pose

$$x = x_1 - z, \qquad y = y_1 - \frac{2\,x_1}{3\,y_1^2}\,z,$$

on peut tirer z rationnel :

$$z = \frac{36\,x_1^2 - 27\,y_1^3}{8\,x_1^3}.$$

Si ponatur, loco $1N$, numerus unà cum 4 quadratum conficiens, verbi gratia, $1Q + 4N$, fiet

$$
\begin{aligned}
&\text{primus numerorum æquandorum quadrato} && 1Q + 4N + 4; \\
&\text{secundus igitur erit} && 2Q + 8N + 4, \\
&\text{tertius} && 5Q + 20N + 4.
\end{aligned}
$$

Primus autem, ex constructione, est quadratus : ergo debent æquari quadrato

$$2Q + 8N + 4 \quad \text{et} \quad 5Q + 20N + 4,$$

et oritur duplicata æqualitas quæ unicam certe exhibebit solutionem (¹), sed eà exhibità prodibit rursum nova, et a secundà tertia deducetur, et in infinitum.

Quod opus ita procedet ut, invento valore $1N$, rursus ponatur $1N$ esse $1N +$ numero qui primum ipsi $1N$ inventus est æqualis. Hac enim viâ infinitæ prioribus solutionibus solutiones accedent et postrema semper derivabitur a proxime antecedenti.

Hujus inventionis beneficio infinita triangula ejusdem areæ possumus exhibere (²), quod ipsum videtur latuisse Diophantum, ut patet ex quæstione octava Libri V, in qua tria tantum triangula æqualis areæ investigat ut sequentem quæstionem in tribus numeris construat, quæ ad infinitos, ex iis quæ nos primi deteximus, recipit extensionem.

(¹) D'après les procédés de Diophante, cette solution s'obtient comme suit .
Soit la double équation

$$ax^2 + bx + c^2 = u^2, \qquad a'x^2 + b'x + c^2 = \varrho^2,$$

on en conclut

$$(a - a')x^2 + (b - b')x = u^2 - \varrho^2.$$

On satisfera à cette relation en posant

$$2c\frac{a - a'}{b - b'}x + 2c = u + \varrho, \qquad \frac{b - b'}{2c}x = u - \varrho.$$

De ces deux équations on tirera la valeur de u ou de ϱ, et, en substituant dans une des deux premières, on obtiendra pour x une valeur rationnelle déterminée.

(²) *Voir* Observation XXIII. Fermat renvoie d'ailleurs à la présente Observation XLIII dans les suivantes : VI, XVI, XXII, XXXI.

XLIV (p. 333).

(Ad idem commentarium.)

Huic de duplicatis æqualitatibus tractatui multa possemus adjungere quæ nec veteres nec novi detexerunt. Sufficit nunc, ut methodi nostræ dignitatem et usum asseramus, ut quæstionem sequentem, quæ sane difficillima est, resolvamus.

Invenire triangulum rectangulum numero, cujus hypotenusa sit quadratus, et pariter summa laterum circa rectum (¹).

Triangulum quæsitum repræsentant tres numeri sequentes :

$$4\,687\,298\,610\,289, \quad 4\,565\,486\,027\,761, \quad 1\,061\,652\,293\,520.$$

Formatur autem a duobus numeris sequentibus :

$$2\,150\,905, \quad 246\,792.$$

Aliâ autem methodo sequentis quæstionis solutionem deteximus :

Invenire triangulum rectangulum numero ea conditione ut quadratum

---

(¹) BILLY (*Doctrinæ analyticæ inventum novum*, I, 25, p. 7) : Quæratur, verbi gratia, triangulum rectangulum cujus tam hypotenusa quam summa laterum circa rectum sit numerus quadratus. Formetur triangulum ab obviis numeris $1\,N + 1$ et $1\,N$; ergo tria latera erunt : $2\,Q + 1 + 2\,N$, $1 + 2\,N$, $2\,N + 2\,Q$. Igitur hypotenusa, $2\,Q + 1 + 2\,N$, et summa laterum circa rectum, $2\,Q + 1 + 4\,N$, æquantur quadrato, et fit, per methodum communem, valor radicis $-\dfrac{12}{7}$, unde duo numeri, a quibus formatum est triangulum, erunt $-\dfrac{5}{7}$ et $-\dfrac{12}{7}$, seu in integris, accipiendo solos numeratores, -5, -12. Triangulum autem inde formatum est : 169, 119, 120. Unde infero ad solutionem problematis inveniendum esse aliquod triangulum rectangulum cujus hypotenusa sit quadratus, et differentia laterum circa rectum sit quadratus, atque hæc conclusio elicitur vi analyseos præcedentis; istud autem triangulum est 169, 119, 120, quod formatur vel ab -5 et -12, vel a $+5$ et $+12$. Quare itero operationem et formo triangulum quæsitum ab $1\,N + 5$ et 12, et pervenio tandem ad æqualitatem duplicatam quæ non dabit amplius numeros fictos, sed veros, beneficio trianguli illius primitivi, ut distinctius videbitur infra num. 45....

(*Ibid.*, 45, p. 13) : *Invenire duos numeros quorum summa faciat quadratum et quorum quadrata simul juncta faciant quadratoquadratum.*

Istud problema idem plane est cum superiori quo quærebatur triangulum rectangulum cujus hypotenusa et summa laterum sit quadratus, aliàsque fuit propositum plerisque doctissimis Mathematicis a Fermatio nostro sine solutione. Utere igitur triangulo primitivo supra invento (num. 25) 169, 119, 120, quod formatur ab 5 et 12, et forma triangulum ab $1\,N + 5$ et 12. Latera erunt : $1\,Q + 169 + 10\,N$, $1\,Q - 119 + 10\,N$, $24\,N + 120$. Igitur

a differentia laterum circa rectum minus duplo quadrati a minore latere conficiat quadratum,

Unum ex triangulis quæ huic quæstioni aptantur est id quod sequitur :

$$1525, \quad 1517, \quad 156;$$

formatur a numeris 39 et 2.

Imo confidenter adjungimus duo triangula rectangula quæ jam exposuimus ad solutionem duarum propositarum quæstionum esse minima omnium in integris quæstionem adimplentium.

Methodus nostra hæc est : Quæratur quæstio proposita secundum methodum vulgarem. Si non succedat solutio post absolutam operationem, quia nempe valor numeri notâ defectûs insignitur et ideo minor esse nihilo intelligitur, non tamen despondendum animum confidenter pronuntiamus (quæ oscitantia, ut loquitur Vieta (¹), fuit et

---

hypotenusa, $1Q + 169 + 10N$, et summa laterum circa rectum, $1 + 1Q + 34N$, æquantur quadrato; duc summam istam laterum in 169; ergo productus, $169Q + 5746N + 169$, cum hypotenusa, $1Q + 169 + 10N$, æquantur quadratis. Ergo (per ea quæ dicta sunt num. **22**) valor radicis est $\dfrac{2048075}{20566}$, et, juxta positiones, duo numeri a quibus nascetur triangulum quæsitum, 4 687 298 610 289, 4 565 486 027 761, 1 061 652 293 520. Nam et hypotenusa est quadratus et summa laterum, et quadrata laterum æquantur quadrato hypotenusæ; proindeque duo latera circa rectum sunt duo numeri quæsiti, tum quia illorum summa quadratus est, tum quia horum quadrata simul juncta faciunt quadrato-quadratum....

(*Ibid.*, **22**, p. 7) : Iterum sit solvenda æqualitas duplicata : $169Q + 5746N + 169$, et $1Q + 10N + 169$. Tripliciter ista æqualitas solvi potest : Primo accipiendo differentiam terminorum illorum, quæ est $168Q + 5736N$, et eligendo duos producentes in quorum uno sit 26, duplum videlicet lateris quadrati 169; atque hæc est methodus communis. Secundo, solvi potest revocando diversos quadratorum numeros ad eumdem, quod fieret ducendo singulas particulas numeri posterioris in 169, ut explicatum est num. 4. Tertio, solvetur eadem æqualitas eligendo producentes $14N$ et $12N + \dfrac{2868}{7}$; ita enim summa radicum erit $26N$, duplum lateris quadrati $169Q$; atque hæc est methodus Fermatiana quæ dat pro valore radicis $\dfrac{2048075}{20566}$.

La première méthode indiquée par Jacques de Billy donnerait la valeur $\dfrac{769485031}{3240054650}$; la seconde est illusoire, car elle donne pour valeur zéro.

(¹) VièTE (*In artem analyticen Isagoge*, cap. I, éd. Schooten, p. 1, l. 23-25) : Forma autem Zetesin ineundi ex arte propriâ est, non jam in numeris suam Logicam exercente, *quæ fuit oscitantia veterum Analystarum.*

ipsius et veterum analystarum), sed iterum quæstionem tentemus et
pro valore radicis ponamus ı N — numero quem sub signo defectûs
æquari radici incognitæ in prima operatione invenimus, prodibit nova
haud dubie æquatio quæ per veros numeros solutionem quæstionis
repræsentabit.

Et hac via superiores duas quæstiones alioquin difficillimas resolvimus; demonstravimus pariter et construximus numerum ex duobus
cubis compositum in duos alios cubos dividi posse (¹), sed hoc per
iteratam ter aliquando operationem : sæpius enim contingit ut veritas
quæsita ad multiplices operationum iterationes solertem et industrium
necessario adigat analystam, ut facillime experiendo deprehendes.

APPENDIX (²).

Proposuit feliciter satis plerosque duplicatæ æqualitatis et modos et
casus subtilis ille et doctissimus analysta Bachetus ad quæstionem 24ᵃᵐ
Libri VI Diophanti, sed integram sane non demessuit segetem : quas
enim quæstiones unicâ tantum, aut ad summum duplici solutione cir-
cumscribit, ad infinitas porrigere et promovere nihil vetat, imo proclivi
id exsequi operatione est in promptu.

Proponatur sextus modus quem ipse satis prolixe explicat pag. 439
et 440 (³) : casus omnes ab ipso enumerati, ex nostra quam mox exhi-

---

(¹) *Voir* Observation IX.

(²) Ce fragment est tiré du préambule du *Doctrinæ analyticæ inventum novum* de
Jacques de Billy (p. 2), où il suit le passage ci-après :

« Quis ex primitivis radicibus elicuit derivativas, tum primi gradus, tum secundi, tum
tertii et sic deinceps in infinitum? nemo plane : uni Fermatio debetur hoc inventum; unus
ille hæc omnia non ex alienis cumulavit operibus, quod rhapsodi quidam facere consueve-
runt, sed proprio marte cudit et ex suis ipse fontibus hausit : hoc ille quum mihi amicissime communicasset per literas, judicavi dignissimum quod typis mandaretur, et ne ab
ejus mente ullatenus recedam, exscribendum mihi videtur in primis compendium quoddam
totius methodi, cui nomen debit *Appendicis ad dissertationem Claudii Gasparis Bacheti
de duplicatis apud Diophantum æqualitatibus*. En ipsissima illius verba. »

(³) Pages 332-333 de l'édition de Samuel Fermat. « Sextus modus est quando propositi
numeri diversimode componuntur ex Quadratis, Numeris et Unitatibus, ...

» Primo ergo accidit utrumque propositorum numerorum componi ex tribus speciebus
supra dictis et eorum intervallum unicâ tantum constare specie....

» Secundo accidit utrumque propositorum numerorum ex duabus componi speciebus,

bituri sumus methodo, infinitas admittunt solutiones, quæ a prima per
iteratas analyses gradatim in infinitum derivantur.

Methodus hæc est : Quæratur solutio quæstionis propositæ secundum methodum vulgarem, hoc est secundum methodum Bacheti aut
Diophanteam, prodibit statim valor numeri sive radicis ignotæ; quo
peracto, iteretur analysis, et, pro valore novæ investigandæ radicis,
ponatur una radix plus numero unitatum prioris radicis. Reducetur
quæstio ad novam æqualitatem duplicatam, in qua unitates utrimque
reperientur quadratæ, propter priorem solutionem; ideoque differentia
æquationum ex numeris tantum et quadratis, quæ sunt proximæ inter
se species, constabit : quare resolvetur, ex Diophanto et Bacheto,
nova hæc duplicata æqualitas. Ex qua, pari artificio, tertia, et ex tertia
quarta, et sic in infinitum, deducentur.

Quod non advertisse aut Diophantum, aut Bachetum, imo et Vietam,
dispendium hucusque Analyseos maximum fuit. Sed præcipuum
inventionis nostræ artificium in iis se prodit quæstionibus, in quibus
primigenia analysis, pro valore incognitæ radicis, exhibet numerum
notâ defectûs insignitum, qui ideo minor esse nihilo intelligitur. Methodus autem nostra in hoc casu, non solum in problematis quæ per
duplicatas æqualitates solvuntur locum habet, sed generaliter in aliis
quibuscumque, ut experienti notum fiet.

Sic igitur procedit : Quæratur etc. (*vide supra,* p. 337, l. 10, *usque
ad* repræsentabit, p. 338, l. 5) (¹).

alterum scilicet ex Quadratis et Unitatibus, alterum ex Numeris et Unitatibus, intervallum
autem illorum constare ex Quadratis et Numeris....

» Tertio accidit alterum propositorum numerorum componi ex Quadratis, Numeris et
Unitatibus, alterum ex Quadratis et Numeris....

» Quarto accidit alterum propositorum numerorum componi ex Quadratis, Numeris et
Unitatibus, alterum ex Quadratis et Unitatibus....

» Quinto denique accidit alterum propositorum numerorum componi ex Quadratis, Numeris et Unitatibus, alterum vero ex Numeris et Unitatibus.... »

(¹) BILLY ajoute : « Hactenus Fermatius ». Les différences, pour cet alinéa, entre le
texte de l'*Observatio* publié par Samuel Fermat (S) et le texte de l'*Inventum novum* (B)
sont les suivantes :

P. 337, l. 12, notâ defectûs insignitur S habet notam defectûs B; 13, intelligitur S deprehenditur B; 14, ut loquitur Vieta S ut verbis Vietæ utar B.

XLV (p. 338-339).

(Ad problema XX commentarii in ultimam quæstionem Arithmeticorum Diophanti.)

BACHETUS : Invenire triangulum rectangulum, cujus area sit datus numerus. Oportet autem ut quadratus areæ duplicatæ, additus alicui quadratoquadrato, faciat quadratum.

Area trianguli rectanguli in numeris non potest esse quadratus.

Hujus theorematis a nobis inventi demonstrationem, quam et ipsi tandem non sine operosa et laboriosa meditatione deteximus, subjungemus. Hoc nempe demonstrandi genus miros in Arithmeticis suppeditabit progressus.

Si area trianguli esset quadratus, darentur duo quadratoquadrati quorum differentia esset quadratus; unde sequitur dari duo quadratos quorum et summa et differentia esset quadratus : datur itaque numerus, compositus ex quadrato et duplo quadrati, æqualis quadrato, ea conditione ut quadrati eum componentes faciant quadratum. Sed, si numerus quadratus componitur ex quadrato et duplo alterius quadrati, ejus latus similiter componitur ex quadrato et duplo quadrati, *ut facillime possumus demonstrare;* unde concludetur latus illud esse summam laterum circa rectum trianguli rectanguli, et unum ex quadratis illud componentibus efficere basem, et duplum quadratum æquari perpendiculo.

Illud itaque triangulum rectangulum conficietur a duobus quadratis quorum summa et differentia erunt quadrati. At isti duo quadrati minores probabuntur primis quadratis primo suppositis, quorum tam summa quam differentia faciunt quadratum : ergo, si dentur duo quadrati quorum summa et differentia faciant quadratum, dabitur in integris summa duorum quadratorum ejusdem naturæ, priore minor.

Eodem ratiocinio dabitur et minor istà inventa per viam prioris, et semper in infinitum minores invenientur numeri in integris idem præstantes. Quod impossibile est, quia, dato numero quovis integro, non possunt dari infiniti in integris illo minores.

Demonstrationem integram et fusius explicatam inserere margini vetat ipsius exiguitas.

Hac ratione deprehendimus et demonstratione confirmavimus *nullum numerum triangulum, præter unitatem, æquari quadratoquadrato.*

XLVI (p. 16₂).

(Ad commentarium in proposition. IX Diophanti *De multangulis numeris.*)

Bachetus : Dato latere invenire polygonum.....Dato polygono invenire latus.

Propositionem pulcherrimam et mirabilem, quam nos invenimus, hoc in loco sine demonstratione apponemus :

In progressione naturali, quæ ab unitate sumit exordium, quilibet numerus in proxime majorem facit duplum sui trianguli; in triangulum proxime majoris, facit triplum suæ pyramidis; in pyramidem proxime majoris, facit quadruplum sui triangulotrianguli; et sic uniformi et generali in infinitum methodo.

Nec existimo pulchrius aut generalius in numeris posse dari theorema. Cujus demonstrationem margini inserere nec vacat, nec licet.

XLVII (p. 40₂).

(Ad proposition. XXVII Bacheti Appendicis de numeris polygonis Libr. II.)

Unitas primum cubum; duo sequentes impares conjuncti, secundum cubum; tres sequentes, tertium cubum; quatuor succedentes, quartum; semperque uno plures sequentem deinceps in infinitum cubum aggregati impares constituunt.

Hanc propositionem ita constituo magis universalem.

Unitas primam columnam (¹) in quacumque polygonorum progressione constituit; duo sequentes numeri, mulctati primo triangulo toties sumpto quot sunt anguli polygoni quaternario mulctati, secundam

---

(¹) Format a voulu généraliser, pour les différentes sortes de nombres polygones, la notion de cube (produit par *n* du carré de côté *n*), et il a appelé *colonne* le produit par *n* du polygone de côté *n*. Cette expression technique, qu'il semble avoir forgée lui-même, est généralement restée incomprise.

columnam; tres sequentes, mulctati secundo triangulo toties sumpto
quot sunt anguli polygoni quaternario mulctati, tertiam columnam; et
sic eodem in infinitum progressu.

XLVIII (p. 41.)

(Ad proposition. XXXI Bacheti Appendicis Libr. II.)

In hac progressione [*nempe* arithmetica, in qua minimus terminus æquatur differentiæ],
productus ex cubo minimi in quadratum trianguli numeri terminorum æquatur aggregato
cuborum a singulis.

Hinc sequitur cubum maximi, toties sumptum quot sunt numeri terminorum, ad aggregatum cuborum habere minorem rationem quam
quadruplam. .

APPENDICE.

I.

DÉDICACE DU DIOPHANTE DE 1670.

ILLVSTRISSIMO VIRO D. D. IOANNI BAPTISTÆ COLBERTO, REGI AB INTIMIS CONSILIIS ET A SECRETIS, ÆRARIJ CENSORI GENERALI, SVMMO REGIORVM ÆDIFICIORVM, NAVIGATIONIS ET COMMERCII PRÆFECTO, REGNI ADMINISTRO, ETC.

Prodit in lucem tuis auspicijs, Vir Illustrissime, Diophantus varijs auctus parentis mei obseruationibus; Illas mole quidem exiguas, sed pondere, ni fallor, maiores, quæ tua est summa humanitas, forsitan non aspernaberis, præsertim cum ad numeros pertineant qui radicis instar ac velut in centro Matheseos positi, diffunduntur in omnes illius circuli partes. Cur enim Geometria, et quidquid ei affine est, alium quam te ambiat Patronum, qui terrarum orbem animo metiris, vt in extremis Regionibus in quibus olim emoriens natura defecisse videbatur, præclara Regis maximi facta celebrentur, et Barbarorum pectora liberalibus imbuta disciplinis mitescant. Cum vero illas ferè omnes aut earum semina Mathesis contineat, menti imperio natæ et membris famulitio aptis opitulatur, pacisque ac belli temporibus idonea, non tantum Regis ædibus magnificè extruendis, sed etiam vrbibus tutò propugnandis vtilem se præbet. Huius doctrinæ non immeritò captus illecebris Parens meus, quem adhuc lugeo, illam succisiuis horis in medio forensium negotiorum strepitu, absque vllo tamen Iurisprudentiæ, et Senatorij muneris dispendio non infeliciter excoluit. An autem hæ, quas tibi, Vir Illustrissime, offero lucubrationes, pondere, vt dixi, majores sint quam mole, si satis otij suppeteret, tu facillimè iudicares, qui Lynceâ sagacitate in abdita quæque penetrans, veritatem ab errore

non minus quam veram virtutem à fucatâ secernis, et eorum qui operam
nauant ærario puras manus æquè dignoscis, ac puritatem auri se pro
bare posse Matheseos quondam ille genius Archimedes celeberrim
circa coronam Hieronis experimento demonstrauit. Sed te aliò vocan
multa magnaque, in quibus ita versaris, vt te pluribus parem, et adhu
majoribus dignum ostendens, inuicti Principis famam, illiusque sub
ditorum leuamen, tibi laborum metam proponas. Id abunde testantu
commercij reparatæ, et Piratarum repressæ vires qui Herculem Galli
cum Herculeas columnas transeuntem et vtrumque mare committen
tem vident è latebris tanquam è Caci speluncâ et pertimescunt; iden
quoque testantur portus bellicis instructi nauibus quæ peregrinis nor
indigent armamentis, et hostibus terrorem incutiunt vt pateat qui mar
potitur, eum rerum potiri; testantur denique hinc restauratæ tuis curis
Artes, nobilique consortio, vt egregiorum æmulatione opificum certa
tim augeri ac perfici possint, tuâ industriâ sociatæ, illinc scientiarum
arcana in tuis ipsis penatibus mirum in modum illustrata. Quæ satis
fidem faciunt quantum tibi cordi sit non solum vt Regni, sed etiam v
Reipublicæ litterariæ fines promoueantur et vt quidquid ex nouo illius
orbe aduehitur, aspirante tui fauoris aurâ obliuionis et inuidiæ sco
pulos vitare possit; nunquam illos metuet hoc tui nominis præsidio
munitum opus, si benignâ manu, vt enixè rogo, suscipias istud æterni
monumentum obsequij, quod tibi voveo,

Addictissimus

S. FERMAT.

II.

PRÉFACE DU DIOPHANTE DE 1670.

Lectori Beneuolo.

DIOPHANTVM hic habes, et varias quibus auctus est obseruationes, paucas illas quidem et breues, non tamen contemnendas; nec enim me latet hujusmodi opera ponderari potius quam numerari à peritis æstimatoribus, quibus vnica demonstratio, imò interdum vnicum Problema magni voluminis instar est; in Mathematicis nimirum disciplinis, noua Laconico licet more exhibita veritas pluris fieri solet, quam verbosa quorumdam tautologia; Doctis tantum quibus pauca sufficiunt, harum obseruationum auctor scribebat, vel potius ipse sibi scribens, his studijs exerceri malebat quam gloriari; adeo autem ille ab omni ostentatione alienus erat, vt nec lucubrationes suas typis mandari curàuerit, et suorum quandoque responsorum autographa nullo servato exemplari petentibus vltrò miserit; norunt scilicet plerique celeberrimorum huius sæculi Geometrarum, quam libenter ille et quantâ humanitate, sua ijs inventa patefecerit; Quamobrem superstites quosdam Ipsius amicos, sæpe hortatus sum sæpiusque hortabor, vt si quos illius ingenij partus blandâ manu susceperint, illos in musæi vmbrâ diutius delitescere non patiantur; dum autem plura quæ breui, vt spero, prodibunt, colligo, tibi non iniucundam fore duxi, novam horum Diophanti operum, istarumque simul obseruationum editionem : Illas Parens meus quasi aliud agens et ad altiora festinans margini variis in locis apposuit, præsertim ad quatuor vltimos libros; cum enim ardua sectaretur ille, faciliora et vulgo Logistarum nota quæ duobus primis libris continentur.

aut vt ipsius Diophanti verbis vtar, τὰ ἐν ἀρχῇ στοιχειωδῶς ἔχοντα fer
omnino prætermisit; Qualis autem Quantusque in Arithmeticis fueri
Diophantus, sat sciunt qui primis, vt dicitur, labris puram Logisticau
gustauerunt; tredecim ille scripserat Arithmeticorum libros, quorun
sex tantum extant, vnusque de numeris multangulis, reliqui vel tem
poris iniuriâ perierunt, aut alicubi forsan Thesauri instar ita scruantur
vt nullius videantur esse, dum publici juris fieri non possunt; me
minit Diophanti Suidas in voce Hypathia, et Lucillius libro secundo An
thologiæ capite vigesimo secundo Diophanti Astrologi recordatur; a
vero Suidas et Lucillius de hoc eodemque loquantur, nihil compert
habemus; eum multi circa Neronis tempora vixisse putant, nec dees
qui Antonino pio imperante eum floruisse leuibus fretus coniecturi
suspicetur; illud audacter asserere licet, hoc Auctore nullum anti
quiorem hactenus innotuisse, qui hanc instaurauerit doctrinam, quan
à Græcis acceptam Arabes cum ipso Algebræ nomine ad nos transmi
sisse existimantur; eximia vero Problemata quæ hoc opus complec
titur, adeo humanæ mentis captum videntur superare, vt ad eorur
explanationem indefesso Xylandri labore et mirandâ Bacheti sagacitat
opus fuerit; duo illi fuere doctissimi horum librorum interpretes, nar
vix eo nomine dignus est Græcus Scholiastes; Bombellius verò in A
gebra quam Italico sermone vulgauit, Diophanti quæstionibus sua
permiscens, fidi interpretis partes non sustinuit; neque eo functus es
munere subtilissimus Vieta qui peragrans auia Logisticæ loca, nec alt
rius inhærens vestigiis, sua maluit in lucem proferre inuenta quar
facem præferre Diophantæis; quantum autem Analyticam vltra vetere
terminos promouerit Parens meus, tuum erit, Erudite Lector, jud
cium; vtinam ipsius cœptis non obstitissent angustiæ temporis,
plura parantem mors heu nimium immatura nobis illum non præripuis
set! plura procul dubio ex eodem fonte manassent, nec suis quæda
istorum problematum demonstrationibus carerent; quin vero ipse ca
penes se, et in scrinio, vt ita loquar, pectoris habuerit, tum aliæ luct
brationes, tum illius animi candor et modestia dubitare non sinunt
licet autem à tot tantisque viris laudatus Parens, à liberis absqu

inuidia laudari possit, nec illud ingenti luctui solatium, vel potius irri-
tamentum denegari debeat, magis tamen libenter, ni fallor, illius enco-
mium perleges quod in diario Doctorum elegantissimo, et in plerisque
clarissimorum scriptorum libris occurrit; horum nonnulli magnificè
jamdudum mentionem fecere variorum ipsius operum, quæ licet inedita non tamen latuerunt, vt abundè testantur quædam excerpta quæ
adjicere non piget, et doctrinæ Analyticæ inuentum nouum, collectum
ex varijs illius epistolis à R. P. Iacobo de Billy Societatis Iesu Sacerdote, cujus perspicacissimum ingenium et eruditio commendatione
non egent, cum in ipsius operibus satis eluceant; cæterum quidquid in
hoc erratum fuerit, id Typographorum incuriæ tribuas, et æqui bonique
consulas quæso. VALE.

III.

DÉDICACE DES VARIA OPERA.

CELSISSIMO S. R. I. PRINCIPI FERDINANDO EPISCOPO PADERBORNENSI, COADIVTORI
MONASTERIENSI, COMITI PYRMONTANO, LIB. BARONI DE FURSTENBERG. SAMVEL
DE FERMAT S. P.

Si munus quod tibi, Celsissime Princeps, offero non respuas, grati
simul animi et obsequii quodam erga te, ac pietatis officio erga Parentem fungi videbor : dum in illius operum Mathematicorum limine
nomen statuo, quod injurias temporum et invidiæ morsus arcere possit. Quis enim unquam credat improbari quod tu semel probaveris,
quem Arctoi syderis instar intuentur quicumque scientiarum pelagus
sulcare cupiunt, mox tutius et tranquillius futurum, cùm fluctus omnino sedaverit lenior pacis aura quæ tandem spirare cœpit? Sic autem
per omnes orbis literarii partes lucem spargis, ut te cuncti suspiciant
et neminem despicias; ita multorum errorem Magnatum damnas qui
veluti quodam summæ dignitatis privilegio sibi concessum existimant,
ut non tantùm impune, verùm etiam splendidè possint esse indocti; et
se contemnendos putent nisi Musas spernere audeant. Sed abundè tua
probat authoritas nulli magis utiles esse literas, quàm ei qui, ùt decet,
Pastor populorum esse velit, nulli plus gloriæ afferre : quia rarò conve-
niunt imperii comes sollicitudo, et aptus colendæ menti secessus. Idem
profectò centrum ferè nunquam habent civilium curarum et sublimium
disciplinarum circuli : in tanto negotiorum circuitu rectà ad doctrinæ
culmen ascendere non minùs forsan difficile Politico videatur, quàm

Geometræ curvas rectis æquare, cujus rei specimen exhibet hic edita
dissertatio. Superavit tamen omnes obices tua Celsitudo, tibique fidum
in mediis tempestatibus portum condere potuisti, et egregiis plerisque
scriptoribus quos tuarum fama virtutum ad Paderæ fontes allicit, ubi
venam quovis latice puriorem nanciscuntur, ubi te præeunte citiùs
discunt quò properandum sit, quàm si studiis in umbra educatis anxiè
semotos calles investigarent. Longum scilicet iter est per præcepta,
breve per exempla, brevissimum per exempla Principis viri, quem
etiam avia peragrantem loca plurimi libenter sequi conantur; sed pau-
cissimi sunt qui tuis inhærere vestigiis queant; et dum optas

Voce ciere viros, Phœbumque accendere cantu,

vocis tuæ suavitas tuis non mediocriter votis obstat. Deterret nimirum
qui sic hortatur; silere docet, qui tam doctè loquitur. Id ego experior
quoties opera tua pervolvo, quæ mihi licet ignoto et immerenti mittere
voluisti : illa semper, adulationis expers, cujus causas procul habeo,
mirari simul et laudare gaudeo quæ vix quisquam imitari posse con-
fidat. Monumentis enim Paderbornensibus, quæ tam munificè restau-
rans tam eleganter celebras, monumentum longè perennius exegisti :
si Quinctilii Vari, cujus cladem cedro dignis carminibus memoras,
Legiones Romæ reddi nequeunt, at saltem tui sermonis illecebris et
venustate Vari vel Augusti sæculum ei reddere videris, Virgiliumque
simul et Horatium ac utriusque præsidium et decus referre. Augura-
batur olim lepidus Vates non defuturos Marones, quandiu sint Mæce-
nates, sed quidquid præclarum in Mæcenate et Marone fuit, in eodem
pectore reperiri posse nemo speraverat, sive quòd nimia copia Poëtas
inopes et steriles plerunque reddit (unde Theocritus * Diophanto fatetur artes excitari paupertate, quam laboris magistram vocat) sive quòd
alienis carminibus ei non opus est qui suis satis oblectari potest, ut
adoptivos liberos quærere non solet cui natura legitimam sobolem
dedit. Verùm in te, Celsissime Princeps, collecta non sine stupore cer-

---

* Idyl. 16.

nimus, quæ divisa tam illustres alios effecerunt; et tua singularis
humanitas, quæ tot eximias dotes connectens, cœlestes gemmas auro
inserere videtur, spondet à te benignè excipiendum, tuoque in sinu
fovendum hunc ingenii paterni partum, qui suo defensore orbatus, ut
posthumus, tuo patrocinio indiget, quod venerabundus exposco.

DE CELSISSIMO PRINCIPE FERDINANDO FURSTENBERGIO, EPISCOPO PADERBORNENSI, ETC.

OB AVREVM NVMISMA, IN QVO
illius imago conspicitur, missum.

AUREA Pierio quam culmine mittis imago
Quæ nostros ingressa lares fulgore replevit
Immeritamque manum, Phœbi ipsa referre videtur
Ora, solo qui cuncta fovet, nec florea tantum
Rura super lætus rutilat glebasque feraces,
Cernere sed sterilem non dedignatur arenam;
Sic hilares oculos simul et cum fronte serena
Innocuos mores insignis vultus adumbrat;
Sit tamen ars quamvis spectanda numismatis, illam
Effigiem superavit opus quodcunque Camænis
Sponte tuis fluxit dulci de fonte leporum :
Scilicet Aonij meliùs te vertice montis
Spirantem ostendunt Musæ, dum natus Olympo
Doctrinam pietate auges, castasque sorores
Ad superos tollens, dignoscis quam sit inane
Ornari ingenium, nimioque calescere motu,
Si vacuum æthereo pectus non uritur igne.
Luminibus quantis et quot virtutibus omnes
SUAVITER* alliciens animos, validique catenis

---

* Illustrissimi Principis tessera SUAVITER ET FORTITER.

Eloquij blandus victor trahis! his ego sensi
Me placidè captum jampridem, nec tibi possim
Hoc magis addici, qui me devincit, honore.
At quas nunc grates referam? Te principe Vatum
Munera digna mihi Romanaque carmina desunt;
Carmina Mæcenas sed tu par ipse Maroni
Nostra nec expectas, nec vilia munera quæris.
Non eget exiguâ sublimis arundine laurus,
Et raucæ non vocis eget tua fama susurro;
Sat nitidis Latio quibus aurea redditur ætas
Eximias scriptis potuisti pandere dotes,
Purior illimi ceu splendens flumine solus,
Ut decet, ipse suis radijs se pingit Apollo.

DE PRINCIPIS EIVSDEM PRÆCLARO

Monumentorum Paderbornensium opere.

Dum Paderæ fontes æterno carmine Princeps
    Aonij celebrat spes columenque chori,
Ut superat quæ sic ponit monumenta, suisque
    Altius ipse aliud tollit ad astra modis!
Hujus Cana fides ornat pia pectora, mentem
    Lux Sophiæ, Latij priscus et ora lepor.
Amissas* his olim Aquilas quæ flevit in arvis,
    Delicias illinc Roma decusque trahit.
Fernandi eloquium Tiberis miratur, et ævi
    Immemor, Augusti sæcla redire putat.

* Natus est Illustris. Princeps in ea Germaniæ parte in qua cæsæ fuerunt Quinctilii Vari Legiones.

ingenii doctrinæque dotibus stemmatis ac dignitatum splendorem augens,
pacem omnibus morum et facundiæ suavitate persuadere possit.

ODE.

Nunc corda mulcens ô utinam Sacer
Notos recursans per fluvios Olor
   Mox cogat infensos canorâ
      Voce potens lituos silere;
Hic prima Pindi gloria cui favet
Phœbus, nitentem Lilia quem tegunt,
   Quas ore non compescat iras
      Pieriâ modulatus arte?
Ut cum querelis dulcisonis nemus
Vox blanda latè lusciniæ replet,
   Discordis oblitæ susurri
      Mille solent volucres tacere;
Non ille frustra sit patriæ datus
A quo feroces flecti animi queunt;
   Martis nec incassùm per arua
      Threicius cecinit Sacerdos :
Orpheus parentem Calliopen colens
Lenire plectro quot didicit feras!
   Sermone sic præstat domare
      Pectora, quam superare ferro.

IV.

PRÉFACE DES VARIA OPERA.

ERUDITO LECTORI.

Non te latet, Erudite Lector, opera Mathematica præfatione vix indigere : nam ut Paralogismi culpam frustrà longo sermone Geometra deprecari vellet, aut pro vera demonstratione falsam obtrudere; ita non opus est assensum solidæ rationis viribus debitum suppliciter efflagitare, quem adversarius videns sciensque, licet valdè reluctans, denegare non possit. Præterèa supervacaneum foret laudes Mathematum fusè celebrare, cùm hanc spartam tot egregij scriptores adornandam jampridem susceperint. Quis enim nescit Geometriam et uberes illius fructus ad cœlum evehi à Platone, qui non solùm eam divinitùs humanæ menti insitam, sed etiam ab ipso numine excoli putavit? nonne meritò Mathesis à Philone vocata fuit liberalium artium metropolis, quas, ubi desit illa, luminibus, et veluti manibus orbatas esse liquet? Unde à vero non aberrat qui ut manum instrumentum ante instrumenta, sic et Mathesin dici posse credit artem ante alias artes, cum illius terrà marique, et bello ut pace, tam evidens utilitas sit; quod unus instar omnium docuit olim Archimedes, dum infirmus corpore sed invictus ingenio senex, obsidionis Syracusanæ pars maxima, patriæ vis summa fuit, Briareus et Centimanus à Romanis appellatus : quamobrem admiratione perculsum Marcellum licet hostem ab eo tot damnis affectum ei tamen inimicum esse noluisse Livius tradit, sed propinquis inquisitis honori præsidioque nomen, ac memoriam tanti viri fuisse. Mathematicas deinde disciplinas ansas Philosophiæ

videri quis diffiteatur? cum Philosophus quamvis abundè Logicæ ver-
sutijs et argutijs instructus, si lux mathematica non affulgeat in Phy-
sica comparari possit Polyphemo in spelunca occæcato, et muneris,
quo frui potuit, usum nescienti, vini scilicet, cui præclarus non ita
pridem Philosophus Geometriam similem dici posse arbitratus est,
quod recens inflat, vetus oblectat et vires auget. At non istorum operum Authorem inflavit unquam Mathesis, et tot demonstrationes, dum
ab ipso non sunt editæ, quibuslibet argumentis melius demonstrant
eum ab ostentatione laudisque cupidine alienum fuisse. Quòd autem
de illarum sorte sollicitus non fuit, ferè semper autographa nullo servato responsorum exemplari mittere solitus, parum abfuit quin hæc,
quæ fortè non interitura credes, omninò extincta fuerint, antequam in
publicam lucem prodirent. Hinc fit ut quia hæc sparsim disjecta colli-
gere facile non fuit, fato posthumorum operum serò, pauciora, et minus
culta typis edantur. Hinc etiam contingere poterit ut omnia quæ hîc
occurrent tibi non videantur nova : sed quamvis alij de quibusdam
rebus, quas hic invenies, scripserint et lucubrationes suas priùs vulga-
verint, non ideò minùs hæc inventa istorum operum Authori debentur,
qui adeò fastûs, et invidiæ expers fuit, ut aliena suis sat aliunde notis
immiscuisse credi non possit, qui sua vix sibi tribuebat. Ab eo, exempli
causâ, libri duo Apollonij Pergæi de locis planis procul dubio restituti
sunt, licet Franciscus Schooten Academiæ Lugduno Batavæ Professor
illos à se restitutos asserat; nam sua typis mandavit Franciscus Schooten
anno 1657. sed libros duos, qui hic extant, Apollonij Pergæi de locis
planis se vidisse Lutetiæ manuscriptos, nec non ad locos planos et
solidos Isagogen, testis omni exceptione major Herigonius asserit
tomo 6. cursûs Mathematici editi anno 1634 (¹). Credere tamen, vt
dixi, malim Batavum Professorem câdem de re scripsisse, quàm ab eo,
vel à quovis alio aliquid perpetratum esse suspicari quod ingenuum
animum dedeceat, vel inverecundiam plagij probare possit. Verum in

<hr>

(¹) *Voir* la note 1 de la page 171, où est rétablie la véritable date de la mention faite
par Hérigone.

istis, ni fallor, operibus, de quibus te non ex parva mole judicaturum
sat scio, occurret tibi non injucunda varietas, ut et in epistolis, quæ
vel ab Authore, vel ad ipsum à plerisque doctissimis viris scriptæ fuerunt. Has inter sunt nonnullæ Pascalij in quibus ingenij non minùs
tersi quàm perspicacis radios agnosces, quos ejusdem aliæ lucubrationes, et ipsæ satis exhibent Pascalij cogitationum reliquiæ : illud
enim opus in quo *pendent opera interrupta*, multis eximium Matheseos
circa res sacras specimen videtur, *æquataque machina cœlo*. Quis autem
ignorat qualis quantusque Geometra et quam insignis in Academia
Parisiensi Professor fuerit Robervallius, cujus hic aliquot epistolas
legere poteris, et perlegisse gaudebis? Eduntur hic quoque nonnullæ
Gallicè vel Italicè scriptæ à Kenelmo Digbæo, qui præter generis nobi-
litatem et honores gestos, non solùm ingenio doctrinâque, sed etiam
pietate conspicuus fuit, ac veræ Religionis cultu, quam ut gladio, sic
et calamo tueri conatus est, ut fidem facit aureus illius liber de veritate
Catholicæ Religionis Anglicè scriptus. Illis epistolis additur una aut
altera Frenicli, cujus miram Arithmetica problemata solvendi facilitatem à multis prædicatam, et ejusdem responsis confirmatam Analystæ norunt. Quas verò non adjecimus circà Cartesianam Dioptricam
epistolas legere poteris in tertio volumine epistolarum Cartesij cujus
stupendæ sagacitatis circà Geometriam admiratione se captum fatetur
is etiam qui nonnunquam ab eo dissentit. Ut autem in varijs istis operibus, sic et in epistolis multa reperies quæ ad Geometriam, vel Analyticen pertinent aut numerorum arcana, de quibus si plura videre
cupias, habes observationes ad Diophantum, cujus opera typis mandari
curavi anno 1670. et Doctrinæ Analyticæ inventum novum collectum è
variis epistolis D. Petri de Fermat ab insigni Geometra R. P. Jacobo de
Billy S. J. Sacerdote. Est hic prætereà nonnihil circa Mechanicam et
Geostaticam, nec non Dioptricam ac Physicam, circà quàm v. g. non
contemnendam fore confido epistolam de proportione quà gravia deci-
dentia accelerantur, ad Gassendum, quæ ipsi Gassendo viro exquisitæ
eruditionis, et candore ac moribus qui Christianum Philosophum de-
cent, prædito non displicuit, ut ejus responso, licet brevi, satis patet.

Sic etiam celebris Itali Geometræ Abbatis Bened. Castelli epistola
probat ei non displicuisse quæ hîc scripta sunt circà motum gravium
aut centrum gravitatis. Cæterùm in his Parentis mei operibus et epistolis quæ multas disputationes circà quæstiones arduas continent, et
quibus duas addidimus criticis observationibus non spernendis refertas, nullam vocem quæ sit acerbior, nullum pervicacis controversiæ
vel amarulentæ contentionis occurrere vestigium, poteris observare.
Id innatam mansuetudinem Authoris arguit, qui nullâ contradicendi
libidine veritatem quærens, illam ab alijs inveniri gaudebat et gratu-
labatur : qui secùs agunt eam ut juvenes proci colere videntur, dum
sibi dumtaxat affulgere vellent quod diligunt; sed qui veritatem divino,
ut par est, amore prosequuntur, ipsam omnibus innotescere cupiunt,
suamque felicitatem augeri putant, cum ejusdem plurimi fiunt parti-
cipes. Epistolas verò ad Authorem scriptas, quæ hîc extant, ut nactus
sum, edendas ingenuè existimavi, nullomodò minuere sed augere cu-
piens tantorum virorum famam, quorum alia responsa, nondum prælo
commissa, si mihi suppeterent, ut harum disputationum seriem edere
non pigeret. Ex istis autem operibus, Erudite Lector, fructûs, ni fallor,
et voluptatis non parùm percipere poteris et si quid incuriâ Typographorum erratum sit, illud suppleas aut ignoscas quæso.

Schemata suis locis in toto opere, ut in illius parte, reperirentur, nisi de-
fuisset sculptor ligni notis Geometricis incidendi peritus; sed figuræ (¹) quæ
cùm textu edita non fuerunt, ad libri calcem sunt rejecta, numeris paginarum,
ad quas referuntur, appositis, quod semel monuisse sufficiat.

(¹) Ce mot *figuræ*, qui rend la phrase incorrecte, doit y avoir été ajouté après coup.—
Dans l'édition des *Varia opera*, les figures sont insérées dans le texte jusqu'à la page 103.
Il y a à la fin du Volume cinq Planches contenant les figures des pages 104 à 167, plus une
qui manque à la page 91. Pages 201 et 203, reparaissent dans le texte trois autres figures
relativement simples.

V.

ÉLOGE DE MONSIEVR DE FERMAT,

Conseiller au Parlement de Tolose.

Du Iournal des Sçavans, du Luudy 9. Fevrier 1665.

On a appris icy avec beaucoup de douleur la mort de M. de Fermat Conseiller au Parlement de Tolose. C'estoit un des plus beaux esprits de ce siecle, et un genie si universel et d'une estenduë si vaste, que si tous les sçavans n'avoient rendu témoignage de son merite extraordinaire, on auroit de la peine à croire toutes les choses qu'on en doit dire, pour ne rien retrancher de ses loüanges.

Il avoit toûjours entretenu une correspondance tres-particuliere avec Messieurs Descartes, Toricelli, Pascal, Frenicle, Roberval, Hugens, etc. et avec la pluspart des grands Geometres d'Angleterre et d'Italie. Mais il avoit lié une amitié si étroite avec M. de Carcavi, pendant qu'ils estoient confreres dans le Parlement de Tolose, que comme il a esté le confident de ses estudes, il est encore aujourd'huy le depositaire de tous ses beaux écrits.

Mais parce que ce Journal est principalement pour faire connoitre par leurs ouvrages les personnes qui se sont renduës celebres dans la republique des lettres; on se contentera de donner icy le catalogue des écrits de ce grand homme; laissant aux autres le soin de luy faire un éloge plus ample et plus pompeux.

Il excelloit dans toutes les parties de la Mathematique; mais principalement dans la science des nombres et dans la belle Geometrie. On a de luy une methode pour la quadrature des paraboles de tous les degrez.

Une autre *de maximis et minimis,* qui sert non seulement à la determination des problemes plans et solides; mais encore à l'invention des touchantes et (¹) des lignes courbes, des centres de gravité des solides, et aux questions numeriques.

Une introduction aux lieux, plans et solides; qui est un traité analytique concernant la solution des problemes plans et solides; qui avoit esté veu devant que M. Descartes eut rien publié sur ce sujet.

Un traité *de contactibus sphæricis,* où il a demonstré dans les solides ce que M. Viet Maître des Requestes, n'avoit demonstré que dans les plans.

Un autre traité dans lequel il rétablit et demonstre les deux livres d'Apollonius Pergæus, des lieux plans.

Et une methode generale pour la dimension des lignes courbes, etc.

De plus, comme il avoit une connoissance tres-parfaite de l'antiquité, et qu'il estoit consulté de toutes parts sur les difficultez qui se presentoient; il a éclaircy une infinité de lieux obscurs qui se rencontrent dans les anciens. On a imprimé depuis peu quelques-unes de ses observations sur Athenée; et celuy qui a traduit le Benedetto Castelli de la mesure des eaux courantes, en a inseré dans son ouvrage une tres-belle sur une Epistre de Synesius, qui estoit si difficile, que le Pere Petau qui a commenté cét autheur, a advoüé qu'il ne l'avoit peu entendre. Il a encore fait beaucoup d'observations sur le Theon de Smyrne et sur d'autres Autheurs anciens. Mais la pluspart ne se trouveront qu'éparses dans ses Epitres; parce qu'il n'écrivoit gueres sur ces sortes de sujets, que pour satisfaire à la curiosité de ses amis.

Tous ces ouvrages de Mathematique, et toutes ces recherches curieuses de l'antiquité, n'empéchoient pas que M. de Fermat ne fit sa charge avec beaucoup d'assiduité, et avec tant de suffisance, qu'il a passé pour un des plus grands Jurisconsultes de son temps.

(¹) *Lire* des touchantes des lignes courbes.

Mais ce qui est de plus surprenant, c'est qu'avec toute la force d'esprit qui estoit necessaire pour soûtenir les rares qualitez dont nous venons de parler, il avoit encore une si grande delicatesse d'esprit, qu'il faisoit des vers Latins, François et Espagnols avec la mémc elegance, que s'il eût vêcu du temps d'Auguste, et qu'il eût passé la plus grande partie de sa vie à la Cour de France et à celle de Madrid.

On parlera plus particulierement des ouvrages de ce grand homme, lors qu'on aura recouvert ce qui en a esté publié, et qu'on aura obtenu de M. son fils la liberté de publier ce qui ne l'a pas encore esté.

VI.

OBSERVATION DE MONSIEUR DE FERMAT

SUR SYNESIUS.

*Rapportée à la fin de la traduction du Livre de la mesure des eaux courantes,
de Benedetto Castelli* (¹).

Les pages qui restent vuides dans ce cayer m'ont donné la pensée de
les remplir de la belle observation que j'ay apprise ces jours passez,
de l'incomparable Monsieur de (²) Fermat, qui me fait l'honneur de
m'aimer, et de me souffrir souvent dans sa conversation. C'est sur la
quinziéme Lettre de Synesius Evéque de Cyrene, qui traite d'une matiere qui n'a esté entenduë par aucun des interpretes, non pas mémes
par le sçavant Pere Petau, ainsi qu'il l'advouë luy-méme dans les Notes
qu'il a faites sur cét Autheur; Et je donne d'autant plus volontiers
cette observation, qu'elle a beaucoup de rapport avec les traitez qui
sont cy-devant.

Cét Evéque écrit à la sçavante Hypatia, qui estoit la merveille de son
siecle, et laquelle enseignoit publiquement la Philosophie, avec l'ad-
miration de tous les sçavans, dans la celebre Ville d'Alexandrie. J'ay

---

(¹) Traduction publiée par Saporta sous le titre : *Traicte de la mesure des eaux courantes
de Benoist Castelli religieux du Mont-Cassin et Mathematicien du Pape Urbain VIII.
Traduit d'Italien en François avec un discours de la jonction des Mers, adressé à Mes-
seigneurs les Commissaires deputez par sa Majesté. Ensemble un Traicté du mouvement
des eaux d'Evangeliste Torricelli, Mathematicien du Grand Duc de Toscane. Traduit du
Latin en François.* — A Castres, par Bernard Barcouda, Imprimeur du Roy, de la Chambre
de l'Edict, de la dite Ville et Diocese, 1664. — Le texte reproduit par Samuel se trouve
pages 84-87, sous le titre : *Observation sur Synesius.*

(²) Monsieur Fermat *Saporta.*

traduit cette Lettre du Grec en cette maniere. Je me trouve si mal, que
j'ay besoin d'un hydroscope. Je vous prie d'en faire faire un de cuivre,
et de me l'acheter. C'est un tuyau en forme de Cylindre, qui a la figure
et la grandeur d'une fleute; sur sa longueur il porte une ligne droite,
qui est coupée en travers par de petites lignes, par lesquelles nous
jugeons du poids des eaux. L'un des bouts est couvert d'un cone, qui
est posé également dessus, en telle sorte que le tuyau et le cone ont
une même base. L'on appelle cét instrument Baryllion. Si on le met
dans l'eau par la pointe il y demeurera debout, et l'on peut aisement
compter les sections qui coupent la ligne droite, et par là l'on connoit
le poids de l'eau.

Comme nous avons perdu la figure et l'usage de cét instrument, de
même qu'une infinité d'autres belles choses, que les Anciens avoient
inventées, et dont ils se servoient, les sçavans de ce temps icy se sont
donnez beaucoup de peine pour comprendre quel estoit cét instrument
dont parle Synesius. Il y en a qui ont crû que c'estoit une Clepsydre,
mais le Pere Petau a rejetté avec raison cette opinion. Pour luy, il
advouë, qu'il ne le comprend pas, il soupçonne pourtant que c'estoit
un instrument qui servoit à niveler les eaux, et qui avoit du rapport
avec celuy dont Vitruve fait mention au livre 8. ch. 6. de son Architecture, qu'il appelle Chorobates, mais il est aisé de juger par la lecture de Vitruve, et de Synesius, que ce sont deux instrumens fort dif-
ferens, et en figure, et en usage, et que si tous deux ont des sections,
comme remarque le Pere Petau, celles du Chorobates sont perpendi-
culaires sur l'horizon, et celles de l'hydroscope luy sont paralleles. Je
passe sous silence plusieurs autres differences, que je pourrois remarquer, pour rapporter le sentiment de Monsieur de (¹) Fermat, qui est
sans doute le veritable sens de Synesius. Cét instrument servoit pour
examiner le poids des differentes eaux pour l'usage des malades; car
les Medecins sont d'accord que les plus legeres sont les meilleures; le
terme (²) ῥοπὴ, dont se sert Synesius, le monstre clairement. Il ne signifie

(¹) Monsieur Fermat *Saporta.*
(²) Terme de ῥοπὴ *Saporta.*

pas icy *libramentum* le nivelement, comme a crû le Pere Petau, mais
en matiere de Machines, il signifie le poids, que les Latins appellent
momentum, et de la le traité des equiponderans d'Archimede a pour
titre Ἰσορροπικῶν ([1]). Mais dautant que la balance, ny aucun autre instrument artificiel, ne pouvoit pas donner exactement la difference du
poids des eaux, à cause qu'elle est ([2]) petite entre elles, les Mathemati-
ciens inventerent sur les principes du traité d'Archimede *de his quæ
vehuntur in aqua*, celuy dont parle Synesius, qui monstre par la nature
des eaux mêmes, la difference du poids qu'elles ont entr'elles, la figure
en est telle (*fig.* 150); AF est un Cylindre de cuivre, AB est le bout

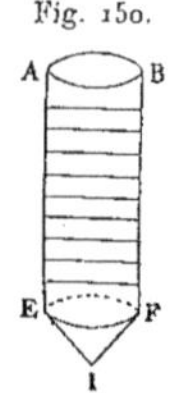

Fig. 150.

d'en haut, qui est toûjours ouvert, EF est le bout d'embas. qui est
couvert du cone ElF, qui a la même base que le bout d'embas. AE, BF,
sont deux lignes droites coupées par diverses petites lignes, tant plus
il y en aura, tant plus exact sera l'instrument. Si on le met par la
pointe du cone dans l'eau, et qu'on l'ajuste en telle sorte qu'il se tienne
debout, il n'y enfoncera pas entierement; car le vuide qu'il a au dedans
l'en empéchera; mais il y enfoncera jusques à une certaine mesure, qui
sera marquée par les petites lignes; et il y enfoncera diversement,
suivant que l'eau sera plus ou moins pesante; car plus l'eau sera
legere, plus il y enfoncera; et moins, plus elle sera pesante, comme
il nous seroit aisé de le demonstrer, s'il en estoit question icy. Voila
la figure et l'usage de cét instrument, et la raison de cét usage. La
lettre de Synesius s'y rapporte si exactement dans toutes ses circon-

---

([1]) Ἰσορρόπικα *Saporta.*
([2]) est fort petite *Saporta.*

stances, que feu Monsieur de Monchal, Archevéque de Tolose, ayant
envoyé cette explication au Pere Petau, il advoüa que Monsieur de (')
Fermat estoit le seul qui avoit compris quel estoit l'instrument, et il
avoit écrit que dans une seconde impression il la mettroit dans ses
notes. Mais parce que cela n'a pas esté fait, j'ay crû que le Lecteur sçavant et curieux ne sera pas marry que je luy en aye fait part.

(') Monsieur Fermat *Saporta*.

VII.

VIRO CLARISSIMO DOM. DE RANCHIN,

SEN. THOL.,

PETRUS DE FERMAT S. P. D.

Polyænum (¹) tibi tuum, Vir Clarissime, mitto, sed observanda in
eo quædam suppeditat codex manuscriptus optimæ notæ auctorum rei
militaris hactenus ineditorum quem penes me habeo (²); apud eum
collectionem quamdam præceptorum et monitorum militarium inveni
sub nomine Παρεκβολῶν, cujus auctorem licet manuscriptus non dete-
gat, colligo tamen ex glossario Græcobarbaro Meursij (³), eum esse
Heronem, non illum quidem Alexandrinum cujus spiritalia et alia quædam opuscula extant, et qui antiquo, hoc est, optimo ævo, Græcè scripsit, sed alium posterioris ævi, quod pleraque ipsius vocabula Græco-
barbara satis innuunt; utrumque, ætatem nempe et nomen auctoris,
confirmat Meursius in voce κοντουβέρνιον, ubi citantur sequentia Hero-
nis verba in παρεκβολαῖς, ἀπέστειλε γοῦν τῆς νυκτὸς εἰς τὰ ἄπληκτα
αὐτῶν καὶ τὰ κοντουβέρνια, hæc enim verba cum in meo manuscripto
desint (⁴), supplendum in eo nomen auctoris ex manuscripto Meursii;
tempus vero quo hæc scribebantur et quo voces ἄπληκτον et κοντου-

(¹) Les observations critiques qui suivent se rapportent à l'édition *princeps* du texte grec
de Polyen, donnée par Casaubon (Lugduni, 1589, apud Io. Tornæsium, in-12). Elles ont
été recueillies par Samuel Mursinne dans la préface de son édition, Berlin, 1756.
(²) On ignore ce qu'est devenu ce manuscrit grec.
(³) Imprimé à Leyde en 1587, réimprimé en 1614 et 1620.
(⁴) Il faut sans doute lire *adsint*.

θέρνιον in usu erant, ultra septingentos plus minùs annos non videtur excurrere; in hoc autem παρεκβολῶν tractatu, pleraque Polyæni stratagemata suppresso authoris nomine alijs sæpe verbis referuntur, quandoque et ijsdem, unde ampla emergit emendationum et notarum criticarum penus; celebriores aliquot tibi, vel si mavis doctis omnibus tuo nomine jure repræsentationis libenter exhibeo.

Cleomenis stratagema narratur lib. 1 Polyæni pag. 20 editionis Tornæsianæ sequentibus verbis : Κλεομένης, Λακεδαιμονίων βασιλεὺς ('), Ἀργείοις ἐπολέμει καὶ ἀντεστρατοπέδευσεν. ἦν τοῖς Ἀργείοις ἀκριβὴς φυλακὴ τῶν δρωμένων τοῖς πολεμίοις· καὶ πάντα ὅσα Κλεομένης βούλοιτο, ὑπὸ κήρυκος ἐσήμαινε τῇ στρατιᾷ, καὶ αὐτοὶ τὰ ἴσα δρᾶν ἐσπούδαζον. ὁπλιζομένων, ἀνθωπλίζοντο. ἐξιόντων, ἀντεπεξίεσαν· ἀναπαυομένων ἀντανεπαύοντο. Κλεομένης λάθρα παρέδωκεν ὅταν ἀριστοποιεῖσθαι κηρύξῃ, ὁπλίσασθαι· ὁ μὲν ἐκήρυξεν, οἱ δὲ Ἀργεῖοι πρὸς ἄριστον ἐτράποντο. Κλεομένης ὡπλισμένους ἐπαγαγὼν εὐμαρῶς ἀνόπλους καὶ γυμνοὺς τοὺς Ἀργείους ἀπέκτεινε, hoc loco post verba ἐξιόντων, ἀντεπεξίεσαν, addendum ex manuscripto ἀριστώντων, ἠρίστων, quod finis ipsius stratagematis plenissimè confirmat.

Themistoclis stratagema, eodem libro pag. 44, refertur hoc modo : Θεμιστοκλῆς Ἰώνων Ξέρξῃ συμμαχούντων, ἐκέλευσε τοῖς Ἕλλησι καταγράφειν ἐπὶ τοῦ τείχους, Ἄνδρες Ἴωνες, οὐ δίκαια ποιεῖτε στρατεύοντες ἐπὶ τοὺς πατέρας. τούτων ἀναγινωσκωμένων, βασιλεὺς ὑπόπτους αὐτοὺς ἐποιήσατο, corrigendum ex manuscripto ἐλογίσατο, quam esse veram lectionem innuit sensus.

Agesilai stratagema occurrit lib. 2° (²), pag. 86. Ἀγησίλαος, ait ille, ἐν Κορωνείᾳ Ἀθηναίους ἐνίκησεν· ἤγγειλέ τις, οἱ πολέμιοι φεύγουσιν εἰς τὸν νεὼν τῆς Ἀθηνᾶς· ὁ δὲ προσέταξεν, ἐὰν αὐτοὺς οἵ καὶ βούλοιντο ἀπιέναι· ὡς ἄρα εἴη σφαλερὸν συμπλέκεσθαι τοῖς ἐξ ἀπονοίας μαχομένοις, ibi loco vocis Ἀθηναίους reponendum ex manuscripto Θηβαίους.

_____

(¹) Les *Varia* omettent Λακεδαιμονίων βασιλεὺς, que donne le Diophante de 1670. Pour tout le reste du détail des passages cités (grec et traduction latine), on a suivi le texte de l'édition de Polyen de 1589.

(²) Samuel a imprimé *lib*. 20.

Aliud Agesilai stratagema refert Polyænus eodem libro pag. 103. Ἀγησίλαος ἐν ταῖς διαπρεσβείαις ἠξίου τῶν πολεμίων τοὺς μάλιστα δυνατοὺς πέμπεσθαι πρὸς αὐτὸν, οἷς διαλέξηται περὶ τῶν κοινῇ συμφερόντων· τούτοις ἐπὶ πλεῖστον συγγενόμενος καὶ κοινωνῶν ἑστίας καὶ σπονδῶν, ταῖς πόλεσιν στάσιν ἐνεποίει διὰ τὰς τῶν πολλῶν ὑποψίας. Vulteius hoc modo interpretatur : *Agesilaus in legationibus petebat ab hostibus, ut maximè potentes ad se mitterent ; cum quibus de communi utilitate sermones conferret. Cum his plurimum habens consuetudinis, et communicans focum et cineres, seditiones in urbes excitabat, propter vulgi suspiciones.* Videtur interpres loco verbi σπονδῶν quod est in textu Græco, legisse σποδῶν cum vertat *cineres,* sed nihil mutandum ex manuscripto evincitur ubi leguntur hæc verba καὶ ὅρκους πρὸς αὐτοὺς ποιούμενος.

Clearchi stratagema narratur libro eod. pag. 110, his verbis : Κλέαρχος ἦν ἐν Θράκῃ· νυκτερινοὶ φόβοι τὸ στράτευμα κατελάμβανον, ὁ δὲ παρήγγειλεν, εἰ γένοιτο νύκτωρ θόρυβος, μηδένα ὀρθὸν ἀνίστασθαι· ὁ δὲ ἀναστὰς ἀναιρείσθω. τὸ παράγγελμα τοῦτο ἐδίδαξε τοὺς στρατιώτας, καταφρονεῖν τοῦ νυκτερινοῦ φόβου. Verba quidem hic supplenda ex manuscripto, quæ tamen videtur in suo codice vidisse interpres Latinus, licet desint in editione græcâ Tornæsij, sunt autem sequentia, καὶ οὕτως ἀνεπαύσαντο ἀναπηδῶντες καὶ ταρασσόμενοι. *Atque ita desierunt exilire ac perturbari.*

Perdiccæ stratagema sequens legitur libro 4, pag. 314 (¹) : Περδίκας Ἰλλυριῶν καὶ Μακεδόνων πολεμούντων, ἐπειδὴ πολλοὶ Μακεδόνες ἡλίσκοντο ζωγρεῖν, καὶ οἱ λοιποὶ Μακεδόνες λύτρων ἐλπίδι πρὸς τὰς μάχας ἦσαν ἀτολμότεροι, ἐπεκηρυκεύσατο περὶ λύτρων, ἐντειλάμενος τῷ κήρυκι, ἐπανελθόντι ἀγγεῖλαι, ὡς ἄρα λύτρα Ἰλλυριοὶ μὴ προσίοιντο, ἀλλὰ ψηφήσειεν τοὺς αἰχμαλώτους κτιννύειν. οἱ δὴ Μακεδόνες ἀπογνόντες τῆς διὰ τῶν λύτρων σωτηρίας, εὐτολμότεροι πρὸς τὰς μάχας ἐγένοντο, ὡς ἐν μόνῳ τῷ νικᾷν ἔχοντες τὸ σώζεσθαι, quod sic interpretatur Vulteius. *Perdiccas, Illyriis et Macedonibus bellum gerentibus, cùm multi Macedones caperentur vivi, reliqui etiam redemptionis spe ad pugnam minùs alacres erant,*

<hr>

(¹) Les *Varia* indiquent *pag.* 114.

quibus legationem inter se de redemptoriis muneribus mittentibus, præcepit legato, ut reversus nuntiaret, se redemptoria munera Illyriorum non accepturum, sed condemnatos captivos morte affecturum. Macedones, desperatâ salute redemptivâ, audaciores ad pugnandum reddebantur, quippe quibus in solâ victoriâ salus posita esset. In hoc stratagemate vocem Ἰλλυριοὶ mutandam in Ἰλλυριῶν indicat nota marginalis editionis Tornæsianæ ; si vera esset explicatio Vulteii, non solùm vera sed et necessaria esset illa emendatio, sed frigidissimum esset stratagema, si sequeremur sensum interpretis : Polyænus quippe vult Perdiccam præcepisse legato, ut reversus nuntiaret Illyrios redemptoria munera non accepturos, et hic est verus sensus stratagematis, quem Hero aliis verbis, secundùm hanc quæ est vera et germana interpretatio, expressit in manuscripto his verbis, ἐπετήδευσε τοιοῦτον, παρεσκεύασε τινὰ ὡς πρόσφυγα ἐλθόντα ἀπὸ τῶν πολεμίων εἰπεῖν ὅτι οἱ πολέμιοι ἐβουλεύσαντο καὶ ἀπεκύρωσαν ἵνα ὅσους κρατήσουσιν αἰχμαλώτους ἀποκτείνωσι.

Alexandri stratagema refertur etiam lib. 4, pag. 248, verbis sequentibus, Ἀλέξανδρος Δαρείῳ παρατάσσεσθαι μέλλων, παράγγελμα τοῖς Μακεδόσιν ἔδωκεν· ἢν ἐγγὺς γένησθε τῶν Περσῶν, εἰς γόνυ κλίναντες ταῖς χερσὶν· διατρίβετε τὴν γῆν. ἢν δὲ ἡ σάλπιγξ ὑποσημήνῃ τότε δὴ.... Μακεδόνες οὕτως ἐποίησαν· οἱ δὲ Πέρσαι σχῆμα προσκυνήσεως ἰδόντες, τὴν πρὸς τὸν πόλεμον ὁρμὴν ἐξέλυσαν καὶ ταῖς γνώμαις ἐγένοντο μαλακώτεροι. Δαρεῖος δὲ ἐκυδριοῦτο, καὶ φαιδρὸς ἦν, ὡς ἀμαχὶ κρατῶν· οἱ δὲ Μακεδόνες ὑπὸ τῷ συνθήματι τῆς σάλπιγγος ἀναπηδήσαντες, ῥυμηδὸν ἐμβάλλουσι τοῖς πολεμίοις, καὶ τὴν φάλαγγα ῥήξαντες, ἐς φυγὴν ἐτρέψαντο.

Hoc loco desunt quædam verba post vocem τότε, quæ supplenda ex manuscripto ubi narratio est integra et elegans; lacuna itaque ex eo sic replenda, τότε μετὰ θυμοῦ καὶ ἀνδρείας τοῖς πολεμίοις προσβάλλετε.

Pammenis stratagema tale proponitur libro 5, pag. 385. Παμμένης ὀλίγην ἔχων δύναμιν ὑπὸ πλειόνων ἀποληφθείς, ἔπεμψεν αὐτόμολον ἐς τὸ τῶν πολεμίων στρατόπεδον· ὁ δὲ σύνθημα ἐκμαθὼν ἐπανελθὼν ἤγγειλε τῷ Παμμένει. ὁ δὲ νυκτὸς ἐπιθέμενος τοῖς πολεμίοις, πολλοὺς αὐτῶν φθείρας διεξιππάσατο αὐτὸς σύνθημα· τοῖς δὲ ἦν ἀπορία, γνωρίζειν ἐν σκότῳ τοὺς οἰκείους μὴ δυναμένοις διὰ τοῦ συνθήματος.

Hic addenda ex manuscripto post verbum αὐτὸς sequentia, αὐτὸς μὲν καὶ ὁ τούτου στρατὸς ἐγίνωσκον τῶν πολεμίων τὸ σύνθημα, ἐκείνοις δὲ ἀπορία ἦν ἐν τῷ σκότει τῆς νυκτὸς γνωρίζειν τοὺς ἰδίους ἢ τοὺς πολεμίους, τῶν πολεμίων τὸ σύνθημα ἀποκρινομένων.

Pompisci stratagema refertur lib. 5, pag. 402. Πομπίσκος, περιστρατοπεδεύων πόλιν, ἐπὶ μὲν τὴν πολλὴν τῆς χώρας ἐξιέναι τοὺς πολεμίους ἐκώλυσεν· ἐπὶ δὲ τόπον ἕνα συνεχῶς... καὶ τοῖς ληϊζομένοις ἀπέχεσθαι τοῦ τόπου τούτου προσέταξεν. οἱ δὲ ἐκ τῆς πόλεως ἀδεῶς ἐνταῦθα προΐεσαν· ὁ δὲ παρὰ τῶν σκοπῶν ὡς ἔμαθεν τοὺς ἥκοντας πολλοὺς, ἐπιθέμενος τοὺς πλείστους αὐτῶν ἐχειρώσατο.

Vox συνεχῶς, quæ hic vulgo legitur, corrigenda ex manuscripto et loco illius reponendum συνεχώρει quod ex conjecturâ viderat Casaubonus ut patet ex ipsius notis.

Alexandri Pherensis stratagema refertur lib. 6, pag. 426. ᾿Αλέξανδρος Πάνορμον πολιορκοῦντος Λεωσθένους πρὸς ἅπασας τὰς ᾿Αττικὰς ναῦς φανερῶς ναυμαχεῖν οὐ θαρρῶν, διέπεμψεν ἐπὶ ἀκάτιον νύκτωρ, etc. legendum esse, ἐπὶ ἀκατίου, ut vult Casaubonus in notis, confirmat codex manuscriptus ubi legitur διὰ μικροῦ πλοιαρίου, quæ verba idem sonant.

Cyri stratagema narrat Polyænus lib. 7º (²), pag. 477, his verbis, Κῦρος Μήδοις παραταξάμενος τρὶς ἡττήθη. ἐπεὶ δὲ τῶν Περσῶν αἱ γυναῖκες καὶ τὰ τέκνα ἦσαν ἐν πασαργάδαις, τὴν τετάρτην μάχην ἐνταῦθα συνῆψε· πάλιν ἔφυγον οἱ Πέρσαι, ὡς δὲ ἴδον τὰ τέκνα καὶ τὰς γυναῖκας, παθόντες ἐπ᾿ αὐτοῖς, ἀνέστρεψαν, καὶ τοὺς Μήδους ἀτάκτως διώκοντας τρεψάμενοι, νίκην τηλικαύτην ἐνίκησαν, ὡς μηκέτι Κῦρον πρὸς αὐτοὺς ἄλλης δεηθῆναι μάχης.

Hic loco vocis παθόντες corrigendum ex manuscripto συμπαθόντες, quæ vox itidem restituenda in stratagemate Apollodori pag. 435. manuscriptus noster ex quo coniicimus vocem παθόντες mutandam in συμπαθόντες verbis sequentibus rem narrat et stratagema Polyæni exprimit, οἱ δὲ συμπαθείᾳ τούτων νικώμενοι, etc. vox autem illa melius

____

(¹) Samuel a imprimé *lib.* 70.

authoris sensui respondet quam τι παθόντες vt legendum censuit Casaubonus.

Darii stratagema narratur lib. 7, pag. 489, hoc modo. Δαρεῖος ἐπολέμει Σάκκαις τριχῇ διῃρημένοις· μιᾶς ἐκράτησε μοίρας· τῶν δὲ Σακκῶν ἱζόντων τὰς ἐσθῆτας, καὶ τὸν κόσμον, καὶ τὰ ὅπλα περιέθηκε τοῖς Πέρσαις, etc. hic loco vocis ἱζόντων quæ est corrupta in editione Tornæsii, legendum ex manuscripto ἀναιρεθέντων.

Autophradatis (¹) stratagema legitur lib. 7, pag. 516 et tale est, Αὐτοφραδάτης ἐμβαλεῖν Πισίδαις βουλόμενος τὴν εἰσβολὴν στενόπορον καὶ φυλαττομένην ὁρῶν, προσήγαγε μὲν τὸ στρατόπεδον, πάλιν δὲ ἀπήγαγεν ὀπίσω, μέχρι σταδίων ϛ'· νὺξ ἐπῆλθεν, οἱ μὲν φυλάττοντες τῶν Πισιδῶν ἀπηλλάγησαν, οἰόμενοι τοὺς πολεμίους ἀπεληλυθέναι· ὁ δὲ τῶν ψιλῶν καὶ ὁπλιτῶν τοὺς ἐλαφροτάτους λαβών, πολλῇ σπουδῇ δραμὼν διῆλθε τὰ στενὰ καὶ τὴν Πισιδῶν χώραν ἐπόρθησεν.

In hoc stratagemate loco verborum μέχρι σταδίων ϛ' reponendum procul dubio ἐπίσημον κόππα, quod Vulteius arithmeticarum apud Græcos notarum parum callens non intellexit, similitudine inter ϛ' quod significat 6, et ꝗ' quod significat 90, delusus, legendum igitur μέχρι σταδίων ꝗ', quam esse veram lectionem, ratio ipsa primum confirmat, si enim Autophradates ad sex tantum stadia recessisset, hostes suspicione, et metu non liberasset, deinde in manuscripto legitur ἐννενήκοντα absque notis arithmeticis.

Scipionis continentiæ exemplum laude dignissimum refertur lib. 8, pag. 568, sequentibus verbis, Σκηπίων δορυάλωτον λαβὼν ἐν Ἰβηρίᾳ πόλιν Φοίνισσαν, ὡς οἱ φυγαγωγοὶ παρθένον ἤγαγον κάλλους ὑπερφυῶς ἔχουσαν, τὸν πατέρα αὐτῆς ἀναζητήσας, ἐχαρίσατο αὐτῷ τὴν θυγατέρα. τοῦ δὲ δῶρα προσκομίσαντος, ὁ δὲ καὶ ταῦτα συνεχαρίσατο, προῖκα φήσας ἐπιδιδόναι τῇ κόρῃ, etc. ibi vulgo legitur φυγαγωγοὶ quod interpres vertit *captivorum ductores*, sed legendum ex manuscripto νυμφαγωγοὶ,

---

(¹) Cet alinéa et le suivant sont dans le Diophante de 1670, mais manquent dans les *Varia*.

hoc est *virginum ductores*, quæ correctio et verissima et elegantissima, ut nullus supersit dubitandi locus.

Plura adjungerem, sed feriis jam desinentibus quarum beneficio otium suppetebat, finem quoque huic παρεϰϐολῶν παρεϰϐολῇ imponimus. Vale et me ama.

VIII.

VIRO CLARISSIMO D. DE PELLISSON,

LIBELLORUM SUPPLICUM MAGISTRO,

SAMUEL DE FERMAT S. P. D.

Criticas observationes quas mihi nuper misisti, vir clarissime, sæpius legi non sine voluptate et admiratione; in illis enim ingenii, judicii, et doctrinæ dotes quas in te jampridem suspicimus ubique elucent : nihil autem invenire possim quod tanti muneris vice tibi referam, nisi commodùm egestati meæ succurrerent variæ lectiones quas vir tibi singulari conjunctus amicitiâ, cujus mihi jucunda semper est recordatio, margini apposuit quorumdam librorum quos sedulò pervoluebat, et quorum pleraque loca, sed ὁδοῦ πάρεργον, emendavit; scis enim quàm præcoci ille ubertate florum amœnitatem fructuum maturitati junxerit, nec me latet quantâ ipse fiduciâ suas exercitationes solitus sit in tuum sinum effundere; licet autem omnes istæ quas excerpsi emendationes, vel parentis mei conjecturæ (¹), tibi novitatis gratiâ non commendentur, illas tamen, quæ tua est comitas, te benignâ manu suscepturum non dubito.

Theonem Smyrnæum, ne te diutius morer, vir clarissime, nosti, auctorem operis illius cui titulus τῶν κατὰ μαθηματικὴν χρησίμων εἰς τὴν τοῦ Πλάτωνος ἀνάγνωσιν, quod prodromi instar est aut isagoges Philo-

---

(¹) Les mots *vel parentis mei conjecturæ* sont omis dans le Diophante de 1670.

sophiæ Platonicæ, quæ nemini Geometriâ non initiato patebat : illud opus edidit Lutetiæ anno 1644 Ismael Bullialdus vir doctissimus et Latinitate donatum elegantibus notis illustravit; sed non omnibus illud mendis purgasse videtur, ut aliquot, ni fallor, exemplis, quæ sequuntur, planum fiet.

Primum occurrit pag. 78 illius operis ubi περὶ ἁρμονίας et συμφωνίας agit : locum illum exscribere non piget, ipsa enim series emendationis procul dubio necessitatem et veritatem ostendet; τὰ (¹) γράμματα, ait ille, φωναὶ πρῶται εἰσὶ καὶ στοιχειώδεις (²), καὶ διαιρετοὶ, καὶ ἐλάχισται etc. (³), et inferiùs, τὰ δὲ διαστήματα ἐκ τῶν φθόγγων, οἵτινες πάλιν φωναὶ εἰσὶ πρῶται καὶ διαιρετικαὶ, καὶ στοιχειώδεις, huic voci διαιρετικαὶ asteriscus in margine (⁴) respondet cum voce διαιρεταὶ, at hîc reponenda bis videtur vox ἀδιαιρετοὶ loco τοῦ διαιρετοὶ et διαιρετικαὶ, legendum nempe γράμματα φωναὶ εἰσὶ ἀδιαιρετοὶ, idque confirmat Manuel Bryennius (⁵), cap. 1, lib. 2 Ἁρμονικῶν : legendum prætercà φθόγγων, οἵτινες πάλιν φωναὶ εἰσὶ πρῶται καὶ ἀδιαιρετοὶ, et hæc quoque lectio confirmatur verbis ejusdem Bryennii lib. 1, cap. 3, ubi dicit φθόγγος ἐστὶ ἀρχὴ ἁρμονίας ὡς ἡ μονὰς τοῦ ἀριθμοῦ, τὸ σημεῖον τῆς γραμμῆς, καὶ τὸ νῦν τοῦ χρόνου, punctum vero et instans sunt ἀδιαιρετὰ et consequenter φθόγγος ἀδιαιρετὸς, non *dividendi vim habens*, ut vult interpres Latinus (⁶) : nec immeritò Bacchius Senior in introductione artis musicæ (⁷) quæstioni illi τί οὖν ἐστιν ἐλάχιστον τῶν μελῳδουμένων, respondet, φθόγγος, quem non tantum ἐλάχιστον, sed etiam ἄτομον esse

----

(¹) Le texte de Boulliau porte τὰ δὲ.

(²) Les mots καὶ στοιχειώδεις sont omis dans les *Varia*.

(³) Les *Varia* omettent *etc.*

(⁴) La leçon διαιρεταὶ est également indiquée en marge, par Boulliau, pour διαιρετοὶ dans le premier passage.

(⁵) Le texte grec de Manuel Bryenne n'a été publié que par Wallis, dans le Tome III de ses Œuvres (Oxford, 1699). Samuel de Fermat cite donc cet auteur d'après un manuscrit, que M. H. Omont a retrouvé à la Bibliothèque Nationale. Il contient, de la main de Fermat, des annotations critiques que nous publions comme dernière pièce de cet appendice.

(⁶) Boulliau traduit comme suit le second passage grec donné plus haut : *intervalla vero sonis* [*constant*], *quæ voces rursum sunt primæ, vim dividendi habentes, et elementares.*

(⁷) *Antiquæ musicæ auctores septem*, ed. Meibomius (Amsterdam, 1652), I, page 24.

docet antiquæ musicæ celeberrimus auctor Aristides Quintilianus lib. 1 de Musicâ (¹), atque ita authoritas æque ac ratio suffragatur huic emendationi, quæ fit unius tantum litteræ mutatione. Minimâ quoque mutatione alia fit eodem capite licet minoris momenti correctio, ubi vulgò male legitur, φησὶ καὶ τοὺς Πυθαγορικοὺς, legendum scilicet, φασὶ, ut apud Bryennium λέγουσι (²). Paulò inferiùs ubi legitur ἀποτελεῖται ὁ φθόγγος βραδείας δὲ βαρὺς, καὶ σφοδρᾶς μὲν μείζων ἦχος, ἠρέμου δὲ μικρὸς, legendum videtur ἠρεμαίας, et Bryennii authoritate confirmatur (³).

Hactenus de sono de quo agitur in cap. illo 6. In cap. vero 8, agitur de semitonio, et ita vulgò legitur καθὰ (⁴) καὶ τὸ ἡμίφωνον γράμμα οὐχ ὡς ἥμισυ φωνῆς καλοῦμεν, ἀλλ᾽ ὡς μὴ τῷ αὐτοτελεῖ κατὰ ταυτὸ φωνεῖν, legendum vero videtur καθὸ non καθὰ (⁴) : legendum præterea ἀλλ᾽ ὡς μὴ αὐτοτελῆ καθ᾽ αὑτὸ φωνὴν ἀποτελοῦν, quæ lectio ejusdem Bryennii authoritate nixa veriorem vulgatâ sensum efficit.

Atque harum probatio lectionum desumi potest, ἐκ τῶν παρὰ τοῖς μουσικοῖς ὑποτιθεμένων καὶ ἐκ τῶν παρὰ τοῖς μαθηματικοῖς λαμβανομένων, ut Porphyrii verbis utar, quæ in commentariis clarissimi interpretis referuntur pag. 276, sed non sine mendo, malè enim ibi legitur, ἐκ τῶν παρὰ (⁵) τῆς μουσῆς ὑποτιθεμένων.

Nec silentio prætermittenda est elegantissima, et audacter dicam, certissima alterius loci ejusdem Theonis emendatio paginâ 164, ubi de octonario loquitur : refertur ibi vetus inscriptio quam in columna Ægyptiaca reperiri tradidit Evander hoc modo, Πρεσβύτατος πάντων Ὄσιρις, θεοῖς ἀθανάτοις, πνεύματι, καὶ οὐρανῷ, ἡλίῳ καὶ σελήνη, καὶ γῆ,

---

(¹) *Antiquæ musicæ auctores septem,* ed. Meibomius, II, page 33.

(²) Dans son édition *Theonis Smyrnæi Expositio rerum mathematicarum,* Teubner, 1878, Ed. Hiller n'a pas adopté cette correction, comme il a fait pour les précédentes; et, en effet, Théon continue à citer ici le péripatéticien Adraste. L'erreur de Fermat a été au reste occasionnée par Boulliau, qui a traduit *aiunt.*

(³) Hiller lit ἡρεμίας, qui est moins bon.

(⁴) κατὰ *Samuel.* Mais Boulliau donne καθὰ, qui n'a nullement besoin d'être corrigé en καθὸ. Samuel a dû faire quelque méprise. — Hiller suit, dans ce passage, la leçon de Fermat, en supprimant le dernier mot ἀποτελοῦν, qui est surabondant.

(⁵) ὑπὸ *Samuel.*

καὶ νυκτὶ, καὶ ἡμέρᾳ (¹), καὶ πατρὶ τῶν ὄντων καὶ (²) ἐσομένων ΕΡΩΤΕ
μνημεῖα τῆς αὐτοῦ ἀρετῆς βίου συντάξεως, id est, ut vertit Bullialdus,
*antiquissimus omnium Rex Osiris diis immortalibus Spiritui, et Cœlo, Soli,
et Lunæ, et Terræ, et Nocti, et Diei, et patri eorum quæ sunt quæque
futura sunt, prædicabo memoriam magnificentiæ ordinis vitæ ejus :* men-
dosum procul dubio in hac inscriptione illud ΕΡΩΤΕ, et hanc lectionem si retineas quis inde sensus elici poterit? legendum igitur
ΕΡΩΤΙ, atque ita parvâ unius scilicet litteræ mutatione huic loco sua
lux, et *amori* sua laus facile restituitur; nec aliena est ab hoc loco sa-
pientissimi Platonis, cujus velut interpres Smyrnæus ille, sententia,
dum ait in convivio (³) καὶ μὲν δὴ τήν γε τῶν ζώων ποίησιν πάντων τίς
ἐναντιώσεται μὴ οὐχὶ (⁴) ἔρωτος εἶναι σοφίαν ᾗ γίγνεται (⁵) καὶ φύεται
πάντα τὰ ζῶα, *etenim animalium omnium effectionem,* ut vertit Serranus,
ex amoris sapientiâ existere, id est gigni atque nasci, ecquis negaverit,

> Per quem genus omne animantum
> Concipitur, visitque exortum lumina Solis (⁶).

Apud Iulium Frontinum (⁷) de aquæductibus Romæ pag. 106 editionis Plantinianæ, vulgò sic legitur : *in vicenariâ fistulâ, quæ in confinio utriusque rationis posita est, utrique rationi penè congruit. Nam habet
secundùm eam computationem, quæ interjacentibus modulis servanda est
in diametro quadrantes viginti : cùm diametri ejusdem digiti quinque sint
et secundùm eorum modulorum rationem qui sequuntur ad eam, habet
digitorum quadratorum ex gnomoniis viginti.* Hic procul dubio legendum non *ad eam,* sed *aream :* cujus emendationis ratio ex supputatione
geometrica ducitur.

(¹) καὶ ἡμέρᾳ om. *Samuel.*

(²) καὶ τῶν *Samuel.*

(³) PLATON, *Banquet,* 197 a. — Samuel emploie l'édition de Platon d'Henri Estienne,
1578, qui renferme la traduction latine de Jean de Serres.

(⁴) οὐχὶ *Samuel.*

(⁵) La vulgate ajoute τε.

(⁶) LUCRÈCE, *De Rerum natura,* 1, v. 4-5 : Per te quoniam genus etc. — Hiller a adopté
la leçon ἔρωτι proposée par Fermat.

(⁷) *Voir* ci-après, sous le numéro X. la Lettre de Fermat à Ismael Boulliau du 24 novembre 1645.

Eàdem enim paginà legitur, *centenaria autem et centenum vicenum, quibus assiduè accipiunt, non minuuntur, sed augentur, Nec usu frequens est :* videtur legendum *Cen.* id est *centenaria,* loco vocis illius *Nec,* litteris scilicet ordine inverso accipiendis, cum fortasse in manuscripto repertum fuerit *Cen.* hoc est *centenaria,* quod transcriptor transpôsuit et legendum *Nec,* particulà sensui magis, ut videbatur, accommodatà perperam existimavit.

His emendationibus unam aut alteram duorum insignium locorum addam, quorum primus est apud Sextum Empyricum, alter apud Athenæum : Sextus ille (¹) lib. 1. Pyrrhonianum hypotyposeon pag. 12, ostendere conatur quam variæ sint pro diversitate ætatum Phantasiæ, παρὰ δὲ τὰς ἡλικίας, inquit, ὅτι ὁ αὐτὸς ἀὴρ τοῖς μὲν γέρουσι ψυχρὸς εἶναι δοκεῖ· τοῖς δὲ ἀκμάζουσιν, εὔκρατος. καὶ < τὸ > αὐτὸ βρῶμα τοῖς μὲν πρεσβυτάτοις ἀμαυρὸν φαίνεται, τοῖς δὲ ἀκμάζουσι κατακορὲς, καὶ φωνὴ < ὁμοίως > ἡ αὐτὴ τοῖς μὲν ἀμαυρὰ δοκεῖ τυγχάνειν, τοῖς δὲ ἐξάκουστος, id est, ut vertit Henricus Stephanus, *Ex ætatibus autem quoniam idem aër senibus quidem frigidus esse videtur, aliis qui in ætatis flore* (²) *sunt, bene temperatus, et idem cibus, senibus quidem tenuis videtur, at iis qui florent ætate crassus; eodem modo et vox eadem, aliis quidem depressa esse videtur, aliis autem* (³) *alta;* at hujus loci elegantior sensus erit si legatur non βρῶμα sed χρῶμα, alioquin dè sensu visus qui facilè maximam mutationem patitur, nullus hic foret sermo : præterèà τὸ ἀμαυρὸν meliùs colori convenit quam cibo, et æquè de colore ac de cibo dici potest τὸ κατακορὲς, sic apud Virgilium legimus, *saturatas murice vestes* (⁴) et *hyali saturo fucata colore* (⁵).

Nunc ad Athenæi locum transeo; quis autem urbanissimi illius

<hr>

(¹) Fermat s'est servi de l'édition gréco-latine des Chouet, Orléans, 1621. Il faut lire pour la référence *pag.* 22, au lieu de page 12.

La correction qu'il propose a été adoptée par Fabricius dans son édition gréco-latine des Œuvres de Sextus Empiricus, page 28, note Z. Elle avait été également proposée par Saumaise.

(²) flore constituti sunt *Samuel.*

(³) vero *Samuel.*

(⁴) Cette expression est de Martial, VIII, 48.

(⁵) *Géorgiques,* IV, 335.

scriptores sales variâ conditos eruditione ignorat? Et si quid in eo fri-
gidum aut inficetum occurrat, quis ibi mendum subesse non suspicetur? Suspecta igitur erit lectio loci illius in quo hic auctor lib. 12.
loquitur de depravatis Alcibiadis moribus, qui locus si vulgatam lectionem retineas ipso forsan Alcibiade depravatior erit : Athenæi (¹)
verba hæc sunt, Λυσίας δὲ ὁ ῥήτωρ περὶ τῆς τρυφῆς αὐτοῦ λέγων φησὶν·
ἐκπλεύσαντες γὰρ κοινῇ Ἀξίοχος καὶ Ἀλκιβιάδης εἰς Ἑλλήσποντον ἔγημαν
ἐν Ἀβύδῳ δύο ὄντε, Μεδοντιάδα τὴν Ἀβυδηνὴν, καὶ Ξυνωκείπην. ἔπειτα
αὐτοῖν γίνεται θυγάτηρ, ἣν οὐκ ἔφαντο δύνασθαι γνῶναι, ὁποτέρου εἴη.
ἐπεὶ δὲ ἦν ἀνδρὸς ὡραῖα, ξυνεκοιμῶντο καὶ ταύτῃ, καὶ εἰ μὲν χρῷτο καὶ
ἔχοι Ἀλκιβιάδης, Ἀξιόχου ἔφασκεν εἶναι θυγατέρα· εἰ δὲ Ἀξίοχος, Ἀλκι-
βιάδου : error hic procul dubio in voce illa ξυνωκείπην et legendum
ξυνωκείτην (²) hoc est *concubuerunt,* atque ita si falsa Xynoceipe delea-
tur, et sola supersit illa duobus nupta Medontias, portentosæ istorum
iuvenum libidinis novitati nihil detrahetur; veritas autem istius emendationis satis per se patet, et ex ipsâ loci serie elici potest, in quo illud
δύο ὄντε alioqui supervacaneum foret, nec jam amplius ambigua
proles; ratio igitur illius correctionis in promptu est, cui ejusdem
Athenæi accedit authoritas, is (³) enim lib. 13. iterum de Alcibiade
loquitur hoc modo, Μεδοντίδος γοῦν τῆς Ἀβυδηνῆς ἐξ ἀκοῆς ἐρασθεὶς (⁴)
ἔστερξε, καὶ πλεύσας εἰς Ἑλλήσποντον σὺν Ἀξιόχῳ, ὃς ἦν αὐτοῦ τῆς ὥρας
ἐραστὴς, ὥς φησι Λυσίας ὁ ῥήτωρ ἐν τῷ κατ’ αὐτοῦ λόγῳ, καὶ ταύτης

<hr>

(¹) Pages 534-535 de l'édition de Lyon, 1657. — Page 704 de cette même édition, après
certains *Collectanea in aliquot Athenæi loca, Authore Viro Illustri L. I. S. T.,* on dit :
« ALIA IN ATHENÆUM ANIMADVERSIO SINGULARIS, AUCTORE VIRO ILLUSTRI P. F. S. T. »
Page 535 A. Μεδοντιάδα τὴν Ἀβυδήνην καὶ Ξυνωκείπην.

« Mirum viros doctos non animaduertisse hic mendum subesse, cùm si ponas Axiochum
» et Alcibiadem duas vxores duxisse, Medontiadem et Xynocoipen, tota periit lepidæ nar-
» rationis gratia. Legendum verò pro Ξυνωκείπην, συνῳκείτην, à verbo συνοικέω, numero duali
» præteriti actiui imperfecti, id est concumbebant, Axiochus nempe et Alcibiades vni tan-
» tùm Medontiadi, quæ cùm filiam peperisset, dubium quidem erat ex vtrius semine nata
» esset : ideoque cùm puber esset facta, vterque in illius amplexus ruebat, eo prætextu,
» quòd non ex se, sed ex altero susceptam diceret. »

(²) Ou plutôt ξυνῳκείτην. La leçon συνῳκείτην (*voir* la note précédente), qui ne conserve
pas la forme attique, ne peut guère être attribuée à Fermat.

(³) Page 574 de l'édition de 1657.

(⁴) Ce mot ἐρασθεὶς est omis par *Samuel.*

ἐχοινώνησεν αὐτῷ, id est ut interpretatur Dalechampius, *Medontidem Abydenam auditione tantùm ille amare cœpit, et imprimis charam habuit, eam tamen cum Hellespontum navibus adiisset, Axiocho navigationis comiti, et pulchritudinis ipsius amatori, ut inquit Lysias in oratione quam contra eum scripsit, utendam dedit :* ibi autem fictitiæ Xynoceipes nulla mentio, et illud ἐχοινώνησεν æque ac ξυνωχείτην communes Alcibiadis, et Axiochi amores fuisse satis arguit.

Sed ab istorum juvenum voluptate oculos avertamus, et eam quæ ex studiorum societate percipitur, puriorem et diuturniorem, summumque adversorum solatium litteras esse fateamur; cum tu his mirum in modum oblecteris, non iniucundas tibi fore confido observationes in quibus amici manum agnosces; ipsius ego lucubrationum sparsas varijs in locis reliquias è tenebris quibus abditæ jampridem erant (¹), eruere conatus sum, neque hæc contemnenda duxi, ut ex hoc spicilegio rerum quæ diligentissimos (²), ut ita loquar, messores latuerunt, pateat, quantam earum auctor in liberiori et conjecturis aperto critices campo segetem fuerit collecturus, si sæpius in illo spatiari voluisset : Vale et me ama.

(¹) quibus illas parentis modestia abdiderat *Samuel* dans son édition de Diophante.
(²) perspicacissimos *Samuel* dans son édition de Diophante.

IX.

ISMAELI BULIALDO V. C.

P. F. S. D. P. (¹).

Duas potissimum modulorum seu fistularum, quibus aqua erogatur aut accipitur, species constituit Frontinus in *Tractatu de Aquæductibus*, quarum una secundum diametros foraminis seu aperturæ aut luminis, ut loquitur ipse Frontinus, consideratur; altera secundum aream ipsam, hoc est spatium planum ipsius foraminis, quod in utroque casu rotundum et circulare supponitur.

Prioris fistularum speciei series ita procedit, ut earum diametri per quadrantem unius digiti juxta progressionem arithmeticam continuo augeantur (²).

Primus istius terminus est circulus cujus diameter est quadrans digiti; secundus, cujus diameter habet duos quadrantes digiti; tertius tres, quartus quatuor, et sic de cæteris usque ad vicenariam, centenariam, et ulterioris gradûs fistulam.

In hac serie vicenaria fistula, verbi gratia (³), ea est cujus apertura vel lumen habet diametrum 20 quadrantium (⁴) unius digiti.

(¹) Publié par Camusat (*Histoire critique des journaux*, Amsterdam, J.-F. Bernard, 1734, p. 190-195) avec l'adresse fautive *Paulus Fermatus Ismaeli Bulialdo V. C. S. D. P.* — Reproduit par M. Ch. Henry (*Recherches sur les Manuscrits de Pierre de Fermat*, p. 16-17).

(²) augeatur *Cam.*

(³) V. C. *Cam.*

(⁴) quadratorum *Cam.*

Posterioris fistularum speciei series non secundum diametros, sed secundum aream ipsam luminis progreditur.

Prima nempe hujus speciei ea est quæ habeat aream $<$ unius digiti quadrati, secunda quæ aream $>$ duorum digitorum quadratorum, quinaria quæ quinque.

His positis, intelligis, Vir Clarissime, prioris speciei fistulas differre omnino a fistulis speciei posterioris. Nam, cùm prima posterioris speciei habeat pro area ipsius aperturæ unum digitum quadratum, prima prioris speciei pro area aperturæ non habet vigesimam dumtaxat partem unius digiti quadrati, quod facile colligitur ex supputatione arithmetica juxta rationem Archimedeam (¹), quam si sequaris, semper prioris speciei fistulas minores fistulis speciei posterioris invenies usque ad vicenariam; post vicenariam vero semper prioris speciei fistulas majores fistulis speciei posterioris invenies. Ipsa vero vicenaria, quæ in confinio, utrobique fere æqualis existit : lumen enim vicenariæ prioris speciei est ad lumen vicenariæ speciei posterioris ut 55 ad 56, et sic differentia est unius tantum quinquagesimæ quintæ.

Ex supradictis patet emendandum textum Frontini in *libro de Aquæductibus*, p. 106 *Stewechianæ editionis* (²) *apud Raphelengium* 1608, et ita concipiendum :

In vicenariâ fistula, quæ in confinio utriusque rationis posita est, utrique rationi (³) *pene congruit. Nam habet, secundum eam computationem* (⁴) *quæ interjacentibus* (⁵) *modulis servanda est* (quæ quidem est prior fis-

---

(¹) Archimedæam *Cam.*

(²) Stewersianæ edit. *Cam.* Il s'agit du Volume intitulé · *V. Inl. Fl. Vegetii Renati Comitis aliorumque aliquot veterum De Re Militari libri. Accedunt Frontini stratagematibus eiusdem auctoris alia opuscula. Omnia emendatius quædam nunc primum edita a Petro Scriverio cum commentariis aut notis God. Stewechii et Fr. Modii. Ex officina Plantiniana Raphelengii* MDCVII.

(³) Dans son édition critique *Iulii Frontini de aquis urbis Romæ libri* II (Leipsig, Teubner, 1858), Fr. Bücheler corrige *utraque ratio* d'après le manuscrit *Cassinensis*, unique source du texte de Frontin. Le passage reproduit par Fermat se trouve dans cette édition, page 15, l.21 à page 16, l.3.

(⁴) comparationem *Cam.*

(⁵) Polenus a corrigé *in antecedentibus,* ce qui concorde avec la leçon du Cassinensis, *in tecedentibus*.

tularum species), *in diametro quadrantes viginti; cùm diametri ejusdem digiti quinque sint, et secundum eorum modulorum rationem qui sequuntur, aream* (¹) (ita confidenter corrigimus, cùm vulgo male legatur *ad eam :* hæc est enim posterior fistularum species quæ) *habet digitorum quadratorum ex gnomoniis* (²) *viginti.*

Cùm enim vicenaria prioris speciei habeat in diametro quadrantes viginti unius digiti, hoc est quinque digitos, erit (³) quadratum diametri 25 digitorum. Est autem proxime ut 14 ad 11, ita quadratum diametri ad circulum, ex Archimede, et est proxime pariter ut 14 ad 11, ita 25 ad 20. Ergo vicenaria prioris speciei, quæ habet viginti quadrantes in diametro, habet etiam fere viginti digitos quadratos areæ, ut pene æqualis sit fistulæ vicenariæ speciei posterioris : quod probandum erat ad sensum Frontini planius aperiendum.

Ut autem perfectius innotescat vicenarias utriusque speciei omnium proximas inter se esse (⁴), exponatur tabula sequens

1	11	224	6	66	224	11	121	224	16	176	224	21	231	224
2	22	224	7	77	224	12	132	224	17	187	224	22	242	224
3	33	224	8	88	224	13	143	224	18	198	224	23	253	224
4	44	224	9	99	224	14	154	224	19	209	224	24	264	224
5	55	224	10	110	224	15	165	224	20	220	224	25	275	224

Primus ordo est numerorum ab unitate in progressione naturali.

Secundus est a 11; progreditur per additionem ipsius 11.

Tertius est ejusdem semper numeri 224.

Patet autem ex supputationibus geometricis fistulam prioris speciei ad fistulam posterioris esse ut numerus collateralis secundæ columnæ

(¹) Bücheler a fait la même correction que Fermat, mais comme il met plus haut le point-virgule après *sint* et non après *viginti,* il considère le texte comme en désordre et propose de le remanier, ce qui est inutile, car le sens est bien celui qu'indique Fermat : « Dans le tuyau du module 20, qui se trouve à la rencontre des deux façons de compter, celles-ci se trouvent sensiblement d'accord. Car, selon le système adopté pour les modules inférieurs, il a 20 quarts de doigt en diamètre; cela faisant 5 doigts de diamètre, il aura aussi, si on le rapporte au système des modules supérieurs, une section de presque 20 doigts carrés », au lieu de 20 doigts carrés exactement, qu'il devrait avoir d'après ce système.

(²) ex gnomoniis *Scrip.* et gnomonum *Cam.* exiguo minus *Bücheler.*

(³) edit *Cam.*

(⁴) intersesse *Cam.*

ad numerum 224 tertiæ. Exempli gratia, fistula quinta (¹) primæ
speciei est ad fistulam quintam secundæ ut 55, qui est numerus collateralis 5, est ad 224. Etc.

Unde apparet, cùm numeri 220 et 224 sint omnibus secundæ et
tertiæ columnæ inter se proximiores, vicenariam, quæ est ipsis collateralis, esse ejus naturæ et proprietatis quam innuit Frontinus. Unde
evidens est non solum correctionem nostram esse veram, sed etiam
necessariam, imo et demonstratam.

In eadem pagina emendandus est etiam textus, ut sensus restituatur
Frontino, ubi etiam legitur :

*Centenaria autem et centenum vicenum, quibus assidue accipiunt, non
minuuntur, sed augentur.*

Post hæc autem verba, inquam, sigillatim exponit Frontinus quâ
proportione aquarii has duas fistulas fraudulenter auxerint; sequitur
itaque *nec usu frequens est :* legendum loco vocis *nec, cen* hoc est *centenaria*, quæ haud dubie hac ratione tribus primis characteribus in
MSS. designabatur. Quod cùm exscriptores non caperent, inverso
vocabulo, voci *cen* substituerunt *nec*, decepti fortasse simili, quam
aliquot ante lineis, cùm de duodenaria loquitur Frontinus, viderant,
expressione (²).

Si hanc emendationem non admittas, erunt hæc omnia scopæ disso-
lutæ. Sensus integer Frontini id præcipue vult, aquarios quatuor fistularum modum mutavisse, quod ita exprimit :

Sed aquarii, cùm manifestæ rationi in (³) *pluribus consentiant, in quatuor modulis nominaverunt* (⁴) *duodenaria* (⁵) *et vicenaria et centenaria*

<hr>

(¹) quintæ *Cam.*

(²) La conjecture de Fermat est plus ingénieuse que solide; mais, de fait, les mots *nec
usu frequens est* ne se trouvent pas dans le Cassinensis. Bücheler (p. 16, l. 16–17) les a
donc supprimés purement et simplement.

(³) Fermat ajoute ici *in* au texte de l'édition qui ne porte que *pluribus*, avec l'indication de la variante *plurimùm.* Bücheler fait la même addition, d'après Polenus (p. 16, l. 9).

(⁴) D'après le Cassinensis, pour ce mot qui a torturé Fermat, il faut partout lire *nova-
verunt.*

(⁵) duodenariam et vicenariam et centenariam *Cam.*

et centenum vicenum, ubi quid per vocabulum *nominaverunt* intelligat, quo idem Frontinus duobus aliis locis paginæ sequentis (¹) 107 utitur, amplius quærendum et consulendi forsan codices MSS.

Reliqua sequuntur in quibus suspicaremur aliquid transponendum, si Scaligerianam audaciam auderemus imitari, et ita omnino legendum post verba superiora (²) :

Vicenariam exiguiorem faciunt diametro digiti semisse (³), *capacitate quinariis tribus* (⁴) *et semuncia, quo modulo plerumque erogatur. Reli-*

(¹) pag. seq. *Cam.*

(²) L'ordre du texte édité est le suivant : *Et duodenariæ quidem, quod nec magnus error nec usu frequens est, diametro adjecerunt digiti semunciam sicilicum, capacitati quinariæ et bessem. Reliquis autem tribus modulis plus deprehenditur. Vicenariam exiguiorem faciunt diametro digiti semisse, capacitate quinariis tribus et semuncia, quo modulo plerumque erogatur. Centenaria autem et centenumvicenum etc.* L'interversion proposée par Fermat est inutile. Voici le sens général du passage (éd. Bücheler, p. 16, l. 8 à 18) :

« Les distributeurs d'eau se conforment, en général, pour les modules des tuyaux, aux exigences de la raison; toutefois ils ont innové pour quatre modules, n⁰ˢ 12, 20, 100 et 120. Pour le module 12, l'erreur n'est pas grande et d'ailleurs l'usage de ce module n'est pas fréquent; ils augmentent le diamètre de $\frac{1}{16}$ de doigt, la capacité de $\frac{97}{400}$ de *quinaire* (ᵃ). Pour les trois autres modules, la différence est plus grande. Le module 20, le plus employé pour les concessions, est diminué par eux de $\frac{1}{2}$ doigt, ce qui réduit la capacité de 3 quinaires $\frac{1}{24}$ $\left(\text{exactement } \frac{1}{25}\right)$. Au contraire, les modules 100 et 120, qui servent constamment pour les prises, ne sont pas diminués, mais augmentés, etc. »

(³) Bücheler ajoute *et semuncia*, contre l'autorité des manuscrits, parce que, dans le Tableau qui suit un peu plus loin (p. 19, l. 13), Frontin donne 5 doigts $\frac{1}{24}$ $\frac{1}{288}$ pour le diamètre du module 20, ce qui correspond à la section de 20 doigts carrés (système des modules supérieurs). Mais il est clair qu'ici Frontin compte le module 20, suivant le système des modules inférieurs, à 20 quarts de doigt ou à 5 doigts de diamètre.

(⁴) Bücheler ajoute *et quadrante*, pour le motif indiqué dans la note précédente. Comme le prend ici Frontin, le module 20 vaut évidemment 16 quinaires, et non 16 quinaires $\frac{1}{4}$ $\frac{1}{24}$, comme il est indiqué au Tableau suivant (p. 19, l. 14). Quant au module effectif des *aquarii*, sa valeur en quinaires est $\left(4\frac{1}{2}\right)^2 \times \left(\frac{4}{5}\right)^2 = 12\frac{24}{25}$. La différence avec 16 est $3\frac{1}{25}$ ou $3\frac{1}{24}$, à moins d'un scrupule $\left(\frac{1}{288}\right)$ près.

(ᵃ) Le *quinaire* est le tuyau de module 5 $\left(\text{diamètre } \frac{5}{4} \text{ de doigt}\right)$, pris pour unité de capacité. La fraction $\frac{97}{400}$ est celle que donne le calcul, mais ne correspond pas exactement au texte de Frontin.

quis ([1]) *autem tribus modulis plus deprehenditur : duodenariæ quidem,*
quod ([2]) *nec magnus error nec usu frequens est, diametro adjecerunt*
digiti semunciam sicilicum, capacitati quinariæ ([3]) *et bessem. Centenaria*
autem et centenum vic. etc.

Sed de voce *nominaverunt* quid statuemus? quid statues, mi Bulialde? quid statuent docti? Sensum quidem capimus, sed expressionem Frontini aut sensum ipsius expressionis desideramus.

Non difficile est quæcumque in hac pagina et in paginis 107 et 108 de capacitatibus fistularum, earum diametris et perimetris enunciantur, quæ mire corrupta sunt apud Frontinum, ex geometricis supputationibus emendare. Quas si forte desideres, non gravabimur aggredi atque firmiter probare, ut, si ea, quæ dixerat ipse Frontinus, non fuerimus plane assecuti, ea saltem, quæ dicere debuerat, supplere non dubitemus.

Interea vale, Bulialde doctissime et amicissime.

Dabam Tolosæ Tectosagum ad diem xxiv novembris ([4]) anni à C. N. MDCLV.

([1]) Bücheler ajoute *In* devant *reliquis*, ce qui semble inutile.

([2]) Bücheler supprime *quod,* d'après le Cassinensis, et ajoute plus loin *cujus* avant *diametro.*

([3]) quin et bessem *Cam.*, quinariæ quadrantem *Bücheler*. Le Cassinensis donne *quinariæ ebescm*. Le texte est évidemment corrompu, mais la correction de Bücheler, faite d'après Polenus, est peu admissible. En fait, comme je l'ai dit plus haut, l'augmentation en quinaires est exactement $\left[\left(3\frac{1}{16}\right)^2 - 3^2\right] \times \left(\frac{4}{5}\right)^2 = \frac{97}{400}$, ce qui correspond en scrupules à 69,84. La correction de Polenus suppose que Frontin aurait, par approximation, pris 72 scrupules. Mais, comme ici la différence est très petite, elle aura dû être calculée encore plus exactement que la précédente (*voir* page 384, note 4). Il est donc probable que Frontin aura admis 69 scrupules $\frac{2}{3}$ (comme l'indique la leçon *et bessem ;* comp. éd. Bücheler, p. 14, l. 24-25, *et besse scripuli*). L'indication des scrupules, faite suivant la notation romaine des fractions de l'as, aura été laissée de côté par le copiste.

([4]) nov. *Cam.*

X.

LETTRE DE HUET [1].

Petro et Samueli Fermatiis, patri et filio, Tolosam.

Cùm omnibus officijs amorem erga me suum Segræsius noster et jam nunc vester significauerit, tum illud longe mihi gratissimum est quod, quorumcumque hominum aliqua laude florentium sibi conciliauit beneuolentiam, ejusdem me statim fecit participem. Quod sic interpretor, existimasse ipsum non certiorem propensi in me animi testificationem dare se posse, quam si quod in vita carissimum habet, amicos nempe, eos mecum communes esse vellet. Quo beneficii genere, si unquam alias, nunc certe me cumulare pergit, cùm doctrinæ, ingenij et vrbanitatis egregia specimina vt ad me mitteretis, operà suà et aliquâ fortasse nostri apud vos commendatione perfecit. Parum equidem munere isto eàque quam de me suscepisse videmini opinione dignum me præbeam, nisi maximas vobis debere me gratias palam profitear et præclaras vtriusque vestrûm dotes apud omnes decantem. Quod autem tuas veterum scriptorum castigationes et conjectanea, necnon et poematia, tu Fermati pater, puncto meo approbare velle præ te fers, sic accipio te industriæ tuæ testem et plausorem, non judicem quærere. Sic ergo habeto nihil mihi magis consentaneum videri quam quod ξυνωχείπην vocem nihili et a vero Athenæi [2] sensu alienam

----

[1] Lettre publiée par M. Ch. Henry (*Recherches sur les manuscrits de Pierre de Fermat*, p. 73-76) d'après le manuscrit n° 997 de la Bibliothèque de l'Université de Leyde, pages 139 et 140, et la copie dans le manuscrit de la Bibliothèque nationale, *Fonds latin* n° 11432, où elle est numérotée LXXVI.

[2] *Voir* ci-dessus, page 378, note 2.

expungis, ξυνῳκείτην autem acute et legitime substituis. Profecto, ut
in emaculando erudito hoc scriptore multum desudarint Dalecampius
nostras et Casaubonus, non exiguam tamen, post amplam messem,
spicilegio materiem reliquerunt. Quid item certius quàm χρῶμα non
βρῶμα legendum apud Sextum philosophum (¹)? Hæc Theonis (²)
quam profers emendatio sese ipsa vel minimum attendenti luculenter
probat. Quod autem in Claudiani (³) epigrammate *pater* in *puer* refor-
mandum statuis, κριτικώτατον est et vulgaris καὶ παιδαγωγικῆς ῥινὸς
olfactum præterit. *Puer* porro in obscœnis esse qui nescit, quid sint
παιδικά, quid παιδεραστεῖν, ignorat, nec catamitos nouit dictos esse
pullos, nec Martialis (⁴) sententiam assequitur, cùm ait :

> Sit nobis ætate puer, non pumice, lævis,
> Propter quem placeat nulla puella mihi.

Atque utinam eiusmodi amœnitatibus, tuisque etiam elegantissimis
epigrammatis ac tuis item, Fermati fili, quæ mirifice sane nobis sa-
piunt, par referre possem! Sed quod ab exigua nostra et paupertina
facultate non suppetit, id deuoto erga vos animo, omnibusque obse-
quijs repræsentare conabor. Valete, Viri Eximij. Cadomi III non.
dec. MDCLIX.

Si lucubrationibus tuis geometricis, in quibus diceris obtinere prin-
cipatum, Fermati pater, me imperticris, optime de me fueris prome-
ritus.

(¹) *Voir* ci-dessus, page 377.
(²) *Voir* ci-dessus, page 376.
(³) Il s'agit de l'épigramme LXXVI de Claudien (éd. Heinsius, 1650), vers 5 et 6, où
l'on lit :

> Quod turpem *pateris* cano jam podice murbum,
> Femineis signis Luna Venusque tulit.

Fermat proposait de lire *pueris* au lieu de *pateris*; cette conjecture, ingénieuse mais inutile, n'a pas été prise en considération par les éditeurs subséquents de Claudien.
(⁴) Martial, XIV, épigramme 205..

XI.

LETTRE DE FERMAT.

Petr. Dan. Huetio s. p. d. Petr. Fermatius. Cadomum ([1]).

Vix legeram tuam epistolam, cùm effœtam jamdiu et marcescentem latini sermonis facultatem reuocare statim sum aggressus, vt grati saltem animi officium quoddam rependerem, et elegantiam tuam quadamtenus adumbrarem. Sed non succurrerunt verba, et in medijs conatibus æger jam deficiebam, aut si mauis aliud quoque Virgilianum ([2]), *inceptus clamor frustrabatur hiantem*, cùm ecce commodum superuenit vrbanissimus Segresius, et amicum serio meditabundum, et jam pene cum vnguibus conflictantem, ac secum nescio quid obmurmurantem intuitus : « Ain vero, inquit, credisne Huetium a te aliquid elabora-
» tum et quod demorsos sapiat vngues exspectare? Sincerum tantum
» cordis affectum expostulat, et in pignus amicitiæ nascentis aliquot
» aut versiculos aut criticas obseruationes exposcit. » — « Sed illud
» multo, inquam, difficilius euadet. Carmina enim paucissima penes
» me habeo, quæ tanto et tam celebri viro ausim communicare; ani-
» maduersiones autem criticas multo adhuc pauciores valeam exhi-
» bere; nam is certe sum qui notas hujusmodi censorias, nisi ipsarum
» veritas luce ipsâ clarior sit, omnino rejiciam; imo in ipsis ἀπόδειξιν
» ἐπιστημονικήν, more geometrico, existimem requirendam. Quod

<hr>

([1]) Lettre publiée par M. Ch. Henry (*Recherches sur les manuscrits de Pierre de Fermat*, p. 77) d'après le manuscrit n° 997 de la Bibliothèque de l'Université de Leyde, pages 141 et 142, et la copie dans le manuscrit de la Bibliothèque nationale, *Fonds français Nouv. Acq.* n° 3280, f⁰ˢ 108 et 109.

([2]) Comparez *Énéide*, VI, 493.

» exempla, quæ jam ad clarissimum Huetium tuâ operâ peruenerunt,
» satis probant. Velim tamen in supplementum probationis adjungere
» doctissimi et eruditissimi illius viri approbationem vicem accuratis-
» simæ demonstrationis apud me obtinere, nec vllum amplius de vero
» Athenæi, Sexti, Theonis et Claudiani sensu dubitandi locum relin-
» quere. » — « Quà ergo, inquit, ratione, amice, et epistolæ et exspec-
» tationi respondebis? » — « Censeo, inquam, nil aliud mihi facien-
» dum, quam fortuitum hoc et familiare inter nos colloquium in
» speciem epistolæ efformandum, et Cadomum quamprimum transmit-
» tendum. » — Annuit Segresius, ego vero vsus sum consilio inopiæ
meæ perquam accommodato, et amicitiam tuam, Vir Clarissime, si non
facundiâ, saltem obsequio obseruantissimo, in posterum tentabo pro-
mereri. Vale. Tolosæ, VI Kal. Januar. anni MDCLX.

XII.

CEDE DEO, SEU CHRISTUS MORIENS.

D. Petri de Fermat carmen amoebæum ad D. Balzacum.

Obstupuit totiesque elusum mentis acumen
Dedidicit vanos veris præferre colores
Luminibus. Quid bella moves, deletaque pridem
Numina præstigiis linguæ solertis adumbras
Infelix ratio? Num te simulachra tot annis
Desita, et imbelles Divùm sub imagine formæ
Fallaci cinxere metu? Num te ostia Ditis
Aut stygiæ remòrantur aquæ, Elysiive recessus,
Et quidquid credi voluit Dijs æqua potestas?
Perge tamen quò te securo tramite ducunt
Balzaco præcunte viæ, nec inertia dudùm
Fatidicæ responsa Deæ, quercusve silentes
Dodonæ, aut taciti venerare oracula Phœbi;
Cede Deo. Cessit veterum numerosa propago
Cœlicolûm : Deus ecce Deus, quem prona parentem
Agnoscit natura suum, cui terra, salumque
Paret, et edomitæ fatalia flabra procellæ,
Submittuntque ipsæ jam non sua murmura nubes.
Hic puro fulgore micans, de lumine lumen
Dum traheret, Deus unus erat, natusque supremi
Æternâ æternùm manans de mente parentis
Assumpsit veros morituræ carnis amictus,

Si qua forte queat mortalia flectere corda,
Tantillumque animis extundere possit amorem.
At postquam summi tandem mandata parentis
Horrendo sacrum caput objecere furori,
Humanas mœrenti animo depromere voces
Cœpit, et insolito succussus membra fragore,
Omnipotens, si nondùm orbem mala nostra piarunt,
Et placet infandum pœnæ genus, en, ait, adsum
Victima, lethiferoque libens succedo dolori.
Cerne tamen sudore madens et sanguine corpus,
Et si nulla super nostræ tibi cura salutis,
At saltem solare animum non digna ferentem.
Dixit et humentes oculos ad sydera tollens,
Quas non ille preces, quæ non suspiria fudit
Anxius ærumnisque gravis, tua, rector Olympi,
Dum satagit, mentemque futuræ accingere pugna (¹)
Sponte parat? Cœlo intereà demissus ab alto
Aliger, ut varios animi componeret æstus,
Improvisus adest, ceciditque repente fragorum
Turba minax, auctæque superno robore vires
Despectant longè pœnas, nondumque paratæ
Incubuere Cruci : nam cur, supreme, moraris
Rector, ait, cur me per tanta pericula vectum
Sistis, inexpletoque obices opponis amori?
Dixerat, humanisque iterum succumbere curis
Visa caro, tristes agitant præcordia motus,
Necdum securo gressu vestigia ponit.
Hæc inter dubiæ mentis certamina totam
Noctem orat, socios altus sopor urget inertes,
Quos decuit vigiles oranti impendere curas.
Heu pavidæ mentes, si nec cœlestia tangunt,

______

(¹) *Lisez* pugnæ.

Nec veræ virtutis honos, hoc munere saltem
Defungi jurata fides, jussumque magistri
Debuit una sequi; sed jam strepit undique murmur,
Et segni tenebras abrumpunt lumine tædæ; .
Quò se cumque feret, jam vis inimica propinquat,
Fictaque adorantis species, verique dolores
Non procul. Infausti tandem sub pondere ligni
Deficit, affixusque cruci, jam verbera passus,
Jam spinas, laceros spargens tormenta per artus
Nempe urgebat amor, nostræque cupido salutis,
Humanam egressus sortem, mortique tremendus
Dum fieret morti propior, fremitusque, minasque,
Et conjuratæ spernens convicia turbæ,
Degeneri vitam populo pacemque precatur,
Nec, quas ipse tulit pœnas, tortoribus optat.
Et jam finis erat, violataque pectora puri
Muricis undantes spargebant undique rivos.
Nec tamen imbelli subiit fata ultima mente;
Quin magis assurgens, divinaque lumina, Cœlo
Sic propior, vocemque sonoram ad sydera tollens,
Summe Deus, quid me moribundum deseris, et jam
Semianimem, populique tuoque furore fatigas?
Sat tibi, sat mundo dedimus, finitaque dudum
Singula præscriptas habuere oracula metas.
Sic fatur moriens, elataque lumina rùrsùm
Figit humi, nec jam Cœlum spectare facultas
Ulla datur, cecidere animi, marcentiaque ora
Æthereo vocem extremam fudere parenti :
Hanc tibi, summe parens, animam commendo, nec ultra
Prosiliit, vitamque simul cum voce reliquit.
Haud secùs extremo videas spiramine lychnum
Ingentem nisu valido producere lucem,
Et sursùm elatas, iterum subsidere flammas,

Donec anhelanti similem circumfluus humor
Deserit, et densæ subeunt fuliginis undæ.
Debilis intercà visa est scintilla per umbras
Semianimes atris miscere vaporibus ignes,
Deficiunt tandem et vano conamine sursùm
Evecti, æternis noctis conduntur in umbris.
Nec tamen æternæ claudent tua lumina noctes,
Nate Deo, veram referet lux tertia lucem,
Et majora dabit renovato lumina mundo.
    Quò me, quò, Balzace, rapis? juvat ire per altum
Exemplo quocùnque tuo me musa vocarit,
Exiguo sine te vix suffectura labori;
Scilicet optati venient tanto Auspice versus,
Et quo Pierij frueris super ardua montis
Editus, hoc olim forsan potietur honore
Balzaco proles non inficianda parenti.

XIII.

NOTES CRITIQUES

SUR LES

HARMONIQUES DE MANUEL BRYENNE [1].

I.

NOTATA QUÆDAM AD MANUELEM BRYENNIUM.

In libro primo, capite περὶ συστήματος, loco horum verborum : τῶν πρίν τε καὶ δύο λειμμάτων, legendum : τόνων πέντε καὶ δύο λειμμάτων [2].

In libro 2°, pag. 2ᵃ : καὶ ἐσφοδρότητες, legendum : καὶ αἱ σφοδρότητες [3].

[1] Manuscrit grec 2460 de la Bibliothèque nationale. Copié au xvıᵉ siècle, sur papier, de 218 feuillets, in-folio, et relié en veau fauve. Ce volume, après avoir appartenu à l'archevêque de Toulouse, Charles de Montchal († 1651), dans la bibliothèque duquel il portait le n° xLıv, puis sans doute au surintendant Foucquet et à Ant. Faure, passa dans la collection de l'archevêque de Reims, Le Tellier, qui le donna au Roi avec ses autres manuscrits en 1700. On y trouve le recueil suivant des auteurs grecs qui ont traité de la Musique :

Alypii isagoge musica (fol. 1ᵛᵒ); — *Gaudentii isagoge harmonica* (fol. 14ᵛᵒ); — *Anonymi opusculum de re musica :* 'Ρυθμὸς συνέστηκεν... (fol. 24); — *Bacchi senioris isagoge musica* (fol. 32); — *Anonymi isagoge musica :* Τῇ μουσικῇ τέχνῃ... (fol. 36); — *Euclidis isagoge harmonica et sectio musici canonis* (fol. 40); — *Theonis Platonici summa et conspectus totius musicæ* (fol. 50); — *Pappi excerpta de re musica* (fol. 52ᵛᵒ); — *Aristoxeni harmonicorum elementorum libri III* (fol. 58); — *Nicomachi Geraseni harmonices enchiridion,* libri II (fol. 82); — *Aristidis Quintiliani de musica* libri III (fol. 97); — *Manuelis Bryennii harmonicorum* libri I et II (fol. 145 à 202).

Les notes autographes de Fermat, dont nous devons la découverte à M. Henri Omont, sous-bibliothécaire au département des Manuscrits, forment un petit cahier de papier, in-4° (fol. 203 à 218), relié à la fin du manuscrit; seuls les fol. 206, 208 à 214 et 216 à 218 sont écrits.

[2] Ms., ch. VI, fol. 158, l. 18; édition Wallis (Oxford, 1699, f°), p. 383, l. ult.

[3] Ms., ch. I, fol 162ᵛᵒ, l. 10; éd. p. 394, l. 13.

Ibid. : συμφωνοῦσι δὲ φθόγγοι πρὸς ἀλλήλους, ὧν θατέρου κρουσθέντος ἐπί τινος ὀργάνου τῶν ἐντανντῶν, καὶ ὁ λοιπὸς κατά τινα οἰκειότητα καὶ συμπάθειαν συνηχεῖ (¹). Hæc verba videntur ad verbum descripta ex fragmento Theonis, pag. 3ᵃ (²). Ibi, loco horum verborum : ὀργάνου τῶν ἐνταυτῶν, legitur in manuscripto : τῶν ἐν τούτοις, sed manifestum in utroque est mendum; legendum τῶν ἐντατῶν. Esse enim tria instrumentorum genera apud veteres musicos notum, quæ Nichomachus in Enchiridio πνευματικὰ ἐντατὰ et κρουστὰ appellat. Ἐντατῶν vero, sive quæ chordis tensis constant, hæc est proprietas quam hoc loco indicat Bryennius, ut unâ ex duabus chordis consonantibus pulsatâ, altera statim occultâ quâdam sympathiâ resonet.

Pag. 4ᵃ : τὰ γὰρ ἐννέα οὐχ οἷόν τε διαιρεθῆναι εἰς ἴσα (³). Tonum bifariam dividi non posse ut probet, hanc rationem subdit. Male. Non enim quia numerus 9 in duas æquales partes dividi non potest, ideo tonus seu proportio sesquioctava bifariam dividi non potest. Aut igitur erravit Bryennius, aut (quod probabilius est) sunt hæc verba glossema scioli cujusdam, quæ e margine in textum irrepserunt. Vera enim ratio hujus impossibilitatis tam in ratione sesquioctavâ quam in reliquis superparticularibus hæc est, quoniam inter duos numeros unitate distantes non cadit medius proportionalis neque in integris, quod per se patet, neque in fractis, cujus propositionis demonstratio est in proclivi.

Pag. 5ᵃ, lin. 5ᵃ, fin.: καὶ ἐπόγδοον καὶ ἐπιπεντεκαιδέκατον, legendum : ἐπόγδοον καὶ ἐπιέννατον (⁴).

Pag. 7ᵃ, in fig. 1ᵃ, loco ultimi numeri ξδ, legendum ξγ (⁵), hoc est 63, non 64.

Pag. 8ᵃ, in 1ᵃ fig. (⁶). Omnes numeri tetrachordum constituentes sunt corrupti, aut male huc ex 2ᵃ fig. ejusdem paginæ translati. Ita autem

---

(¹) Ms., *ibid.*, l. 17; éd. p. 394, l. 23 (*éd.* καὶ supprimé avant συμπάθειαν).
(²) Ms., fol. 51, l. 6; éd. Bouillau, 1644, in-4°, p. 80, l. 12.
(³) Ms., fol. 163ᵛᵒ, l. 21; éd. p. 396, l. 13.
(⁴) Ms., fol. 164, l. 5 du bas; éd. p. 397, l. 18 du bas.
(⁵) Ms., fol. 165; éd. p. 399.
(⁶) Ms., fol. 165ᵛᵒ; éd. p. 400.

se habent : τξη, τξ, τμη, σος, quorum loco substitui debent sequentes : σπ, σο, συβ, σι, hoc est : 280, 270, 252, 210.

Corrigendi et numeri proportionum constitutivi, quos in vertice figuræ ita scriptos vides : ἐπὶ μζ, ἐπὶ ιδ, ἐπὶ ζ, legendum horum loco : ἐπὶ κζ, ἐπὶ ιδ, ἐπὶ ε ([1]).

In 2ᵃ figura tertius numerus finalis debet corrigi, et loco τμη, legendum τμε.

Pag. 10ᵃ, ubi scribitur ἄφωνοι ἤτοι κακόφωνοι καὶ ἐμμελεῖς, legendum ἐκμελεῖς, aut ἀμελεῖς ([2]), ut constet sensus.

Pag. 12ᵃ. Ἀλλ' οὗτοι δὴ μόνοι οἱ πεντεκαίδεκα ἐπιμόριοι λόγοι εἰσὶν ἐξ ἅπαντος τοῦ τῶν ἐπιμορίων λόγων πλήθους· οἱ σύντρεις πως ἀλλήλοις συναπτομένοι, δύνανται τὸν ἐπίτριτον ἀποτελεῖν λόγον, καὶ οὐδένες ἄλλοι παρὰ τούτους ἐν οὐδεμιᾷ μηχανῇ τοῦτο ποιεῖν δύνανται ([3]). Non possum hoc loco dissimulare Bryennii errorem audacter nimis et confidenter asserentis nullas alias in omni superparticularium multitudine inveniri rationes præter quindecim ab eo superius assignatas, quarum tres simul sumptæ sesquitertiam componant. Ab eo supra allatæ pag. 3ᵃ hujus libri sunt sesquiquarta, sesquiquinta, sesquisexta, sesquiseptima, sesquioctava, sesquinona, sesquidecima, sesquiundecima, sesquidecima quarta, sesquidecima quinta, sesquivigesima, sesquivigesima prima, sesquivigesima tertia, sesquivigesima septima, et sesquiquadragesima quinta, quas proposito dumtaxat satisfacere affirmat. Contrarium facillime probamus. Ecce enim sesquiducentesimam quinquagesimam quintam, quæ hos quatuor terminos dabit

256   255   240   192.

Ex quibus fiunt tres proportiones superparticulares, nempe sesquiducentesima quinquagesima quinta, sesquidecima sexta et sesquiquarta, quæ simul junctæ sesquitertiæ æquantur contra mentem authoris, imò et infra terminos ab eo allatos aliæ inveniuntur. Nam ex

---

([1]) Dans ces expressions, le mot ἐπι ne devrait pas porter l'accent grave.
([2]) Ms., fol. 166ᵛᵒ, l. 10 du bas; éd. p. 402, l. 16 (ἐκμελεῖς).
([3]) Ms., ch. II, fol. 167ᵛᵒ, l. 16; éd. p. 403, l. 8 du bas.

sesquidecimâ tertiâ, sesquiduodecimâ et sesquiseptimâ simul junctis conflatur sesquitertia; item ex sesquidecimâ nonà, sesquidecimâ octavâ et sesquiquintâ etc. Cui speculationi pulcherrimum problema subjungeremus, si per otium liceret : Nempe datâ qualibet proportione superparticulari invenire quot modis in tres proportiones superparticulares dividi possit, aut generalius, quot modis in datum proportionum superparticularium numerum dividi possit, verbi gratià, quot modis proportio sesquioctava in decem proportiones superparticulares dividi possit. Proponatur, si placet, hoc problema solvendum omnibus hujus ævi mathematicis. Ejus certe notitiam veteres et musicos et mathematicos latuisse verisimile est, cum Bryennium alioquin peritissimum et exactissimum fugerit.

In cap. 10°, pag. 2ª, in numeris versus figuræ verticem atramento depictis, loco κ, legendum η, hoc est 8, non 20 (¹). Hi enim numeri sunt differentiæ numerorum qui proportiones constituunt et qui ordine restitui debent versus figuræ finem, nempe σκδ, σις, ρπθ, ρξη.

Pag. 4ª, deest quartus numerus in vertice figuræ, nempe post tres ,ατμδ, ,ασ⁄ς, ,αρλδ, ponendus quarto loco ,αη, hoc est 1008.

Media proportio malè exprimitur in vertice, nam non ἐπὶ κζ legendum, sed ἐπὶ ζ simpliciter, hoc est sesquiseptima, non sesquivigesima septima.

In numeris atramento depictis loco primi numeri πδ, legendum et reponendum ut in reliquis ριβ (²).

In eadem pagina, ubi legitur : ἡ δὲ παρυπάτη πάλιν τούτου διατόνου ὁμαλοῦ γένους συντονωτέρα ἐστὶ τῆς παρυπάτης τοῦ μαλακοῦ ἐντόνου ἐπιεικοστεϐδόμῳ λόγῳ ἔγγιστα, legendum ἐπι ἐννάτῳ καὶ δεκάτῳ λόγῳ ἔγγιστα (³).

In numeris proportionum differentias exprimentibus qui a vertice

(¹) Ms., ch. X, fol. 183ᵛᵒ; éd. p. 431.
(²) Ms., fol. 184ᵛᵒ; éd. p. 433.
(³) Ms., *ibid.*, l. 12 (*ms.* τοῦ διατόνου); éd. p. 433, l. 9 du bas (τοῦ διατόνου.... ἐντόνου γένους). Wallis a d'ailleurs corrigé ἐπιεννεακαιδεκάτῳ.

figuræ versus finem sive κατὰ στίχους, ut Græci loquuntur, protenduntur, loco ἐπὶ θ, legendum ἐπὶ ιθ, hoc est 19, non 9 ([1]).

In sequente figurâ desunt duo numeri parhypaten et lichanon syntoni diatoni exprimentes, qui sunt ͵ασξ et ͵αρκ, hoc est 1260 et 1120 ([2]).

Eâdem pagina 5ᵃ, lin. 6ᵃ, ubi legitur ἐπὶ τριακοστῷ λόγῳ ἔγγιστα, delenda vox ἔγγιστα, hic et inferius eâdem pagina ([3]), ubi de eâdem proportione fit mentio. Accurata enim est proportio 36. ad 35. ad differentiam parhypates prioris et posterioris tetrachordi exprimendam.

Huc usque provecti, omnes fere figuras corruptas cum cerneremus usque ad finem libri, proclivius duximus errores ob oculos ponere communis figuræ beneficio, ne aliter obscurior esset glossa quam textus.

Quæ iteratâ lectione visa sunt emendanda hic apposuimus.

Libro 1°, cap. 1°, pag. 4ᵃ, lineâ ultimâ, ubi in manuscripto legitur καὶ τὰ πάθη τῶν φυσικῶν εἰς ὧν γίγνονται, legendum : εἰδῶν γίγνονται ([4]).

Pag. 5ᵃ, lin. 21ᵃ, τοῦ μὲν ἀπὸ τοῦ ἡμιολίου, legendum : τοῦ ἡλίου ([5]).

Cap. 2°, lin. 8ᵃ, περὶ τοῦ ἡρμοσμένου σαφὴν εἰ, legendum : σαφήνειαν ([6]).

Cap. 3°, pag. 2ᵃ, lin. 11ᵃ, καὶ πάντες τὸν τούτον φαινόμενον ποιεῖν, οὐκέτι λέγειν φασί, ἀλλ' ᾄδειν, corrige : καὶ πάντες τοὺς τοῦτο φαινομένους ποιεῖν ([7]).

([1]) *Voir* note 2, p. 397.

([2]) Ms., fol. 185; éd. p. 434.

([3]) Ms., *ibid.*, l. 6 (*ms.* τριακοστῷ πέμπτῳ); éd. p. 434, l. 19 (τριακοστοπέμπτῳ); cf. ms.. *ibid.*, l. 6 du bas, et éd. l. 3 du bas. — L'omission de πέμπτῳ, dans le texte de Fermat, est due à une simple inadvertance.

([4]) Ms., ch. I, fol. 147, l. ult.; éd. p. 363, l. 14.

([5]) Ms., fol. 147ᵛᵒ, l. 21; éd. p. 364, l. 5.

([6]) Ms., ch. II, fol. 149ᵛᵒ, l. 15; éd. p. 367, l. 5 du bas. Le ms. porte : σαφήνειᵉ (= σαφήνειαν).

([7]) Ms., ch. III, fol. 154, l. 11 (*ms.* et *éd.* φασίν); éd. p. 376, l. 3 (τὸν τοῦτο φαινόμενον).

Cap. 4°, pag. ult., lin. 14ª, διάφωνοι μέν εἰσιν οὐ μὴν δὲ καὶ ἐμμελεῖς, legendum ἐκμελεῖς (¹).

II.

Restitutio figurarum libri 2ⁱ apud Manuelem Bryennium.

Figuræ tetrachordorum sunt aut simplices aut compositæ (²). Simplicium constructio aut restitutio est in promptu; compositas ita restitues, adhibitâ constructione et ad eam reliquis accommodatis. Esto

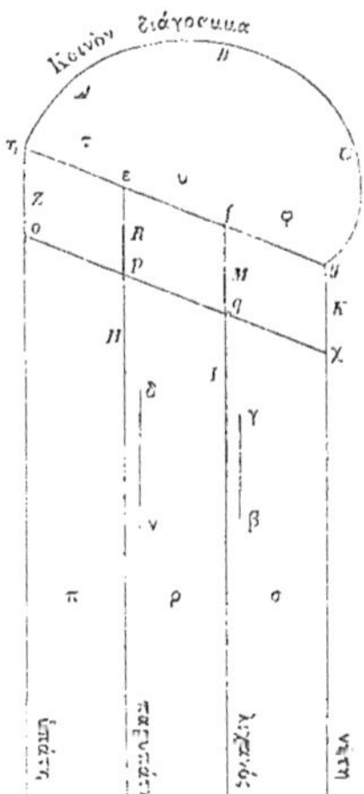

Fig. 151 (Figura ultima, cap. 9).

igitur figura ultima capitis 9ⁱ, quæ per characteres græcos et latinos denotatur, et κοινοῦ διαγράμματος vicem gerit.

(¹) Ms., ch. IV, fol. 156ᵛᵉ, l. 14 ; éd. p. 380, l. 4 du bas.

(²) Les tétrachordes grecs comprennent quatre cordes désignées ici, dans l'ordre de longueur décroissant, par les noms d'*hypate, parhypate, lichanos, nete*. Les extrêmes sont toujours dans le rapport de 4 à 3, mais les rapports intermédiaires varient suivant les genres Manuel Bryenne connaît huit genres, pour lesquels les trois rapports intermédiaires

Ita nempe emendari et recte construi debet.

Supra semicirculum *ABC* hæc verba poni debent : κοινὸν τετράχορ-δον τοῦ διατόνου ὁμαλοῦ καὶ τοῦ συντόνου διατόνου γένους.

In rectâ ηε : ἐπὶ ιε.

In rectâ ε*f* : ἐπὶ η.

In rectâ *fg* : ἐπὶ θ.

In rectâ *op* : ἐπὶ ια.

In rectâ *pq* : ἐπὶ ι.

In rectâ *qχ* : ἐπὶ θ.

In *Z* : ϛ.

In *R* : ζ.

In *M* : π.

In *K* : οβ.

In τ : ϛ.

In υ : ι.

In φ : η.

successifs, en allant de l'*hypate* à la *nete* (rapports dont le produit doit faire $\frac{1}{2}$), sont consignés dans le Tableau ci-dessous :

I.	Ditonien (διτονιαῖον).....................	$\frac{256}{243} \times \frac{9}{8} \times \frac{9}{8}$
II.	Syntone diatone (σύντονον διάτονον).........	$\frac{16}{15} \times \frac{9}{8} \times \frac{10}{9}$
III.	Diatone égal (διάτονον ὁμαλόν).............	$\frac{12}{11} \times \frac{11}{10} \times \frac{10}{9}$
IV.	Mol tendu (μαλακὸν ἔντονον)...............	$\frac{28}{27} \times \frac{8}{7} \times \frac{9}{8}$
V.	Mol diatone (μαλακὸν διάτονον).............	$\frac{21}{20} \times \frac{10}{9} \times \frac{8}{7}$
VI.	Chromatique syntone (χρῶμα σύντονον)......	$\frac{22}{21} \times \frac{12}{11} \times \frac{7}{6}$
VII.	Chromatique mol (χρῶμα μαλακόν)..........	$\frac{28}{27} \times \frac{15}{14} \times \frac{6}{5}$
VIII.	Enharmonique (ἐναρμόνιον)................	$\frac{46}{45} \times \frac{24}{23} \times \frac{5}{4}$

Les figures simples donnent en nombres entiers les longueurs des cordes de chaque genre; Fermat a déjà plus haut indiqué des corrections pour les figures simples suivantes :

Fol. 165. Mol diatone. — Fol. 165ᵛ°, *fig.* 1. Chromatique mol. — *Ibid.*, *fig.* 2. Enharmonique. — Fol. 183ᵛ°. Mol tendu.

Les figures composées donnent en nombres entiers les longueurs des cordes de deux genres comparés l'un à l'autre. Fermat a déjà touché plus haut (fol. 184ᵛ°) la comparaison du *mol tendu* et du *diatone égal* et (fol. 185) celle du *mol tendu* et du *syntone diatone*. Il reprend maintenant l'exposé du système de ses corrections sur la première figure composée de Manuel Bryenne (*syntone diatone* et *diatone égal*) et sur la suivante (*mol tendu* et *diatone égal*), qu'il avait déjà corrigée.

ln H : πῃ.

ln I : π.

ln π : ῃ.

ln ρ : ῃ.

ln σ : ῃ.

In rectâ δν : ἐπὶ μδ.

In rectâ γβ nihil in hâc figura poni debet quia lichanos diatoni æqualis et lichanos diatoni syntoni sunt æquales.

Figura 3ª capitis ιοʹ ([1]).

Supra semicirculum ABC, κοινὸν τετράχορδον τοῦ μαλακοῦ ἐντόνου γένους καὶ τοῦ διατόνου ὁμαλοῦ.

In rectâ ῃε : ἐπὶ κζ.

In rectâ εf : ἐπὶ ζ.

In rectâ fg : ἐπὶ η.

In rectâ op : ἐπὶ ια.

In rectâ pq : ἐπὶ ι.

In rectâ $q\chi$: ἐπὶ θ.

ln Z : ,ατμδ.

ln R : ,ασϟϛ.

ln M : ,αρλδ.

ln K ϛ ,αῃ.

ln τ : μῃ.

ln υ : ρξβ.

ln φ : ρκϛ.

ln H : ,ασλβ.

ln I : ,αρκ.

ln π : ριβ.

ln ρ : ριβ.

ln σ : ριβ.

In rectâ δν : ἐπὶ ιθ.

In rectâ γβ : ἐπὶ π.

([1]) *Voir* plus haut, page 397, note 2.

Eadem methodo in reliquis procedemus, sed, ne figuram integram construere cogamur, deinceps errata tantum indicabimus et restituemus, aut quæ desunt supplebimus. Quod ut commodius fiat, sciendum perpetuâ et uniformi methodo quid valeant aut indicent singuli characteres.

Rectæ $\eta\varepsilon$, εf, fg denotant proportiones chordarum unius ex tetrachordis.

Characteres Z, R, M, K denotant terminos harum proportionum.

Characteres τ, υ, φ differentias horum terminorum.

Rectæ op, pq, $q\chi$ proportiones chordarum alterius ex tetrachordis.

Characteres Z, Π, I, K terminos harum proportionum; primum quippe et ultimum terminum duo tetrachorda communem habent.

Characteres π, ρ, σ differentias horum terminorum.

Denique recta $\delta\upsilon$ indicat proportionem parhypates prioris et posterioris tetrachordi.

Et recta $\gamma\beta$ proportiones hypates ([1]) prioris et posterioris tetrachordi.

In 4ª figura ejusdem capitis ([2]) desunt duo numeri ita supplendi :

In Π : ͵ασξ.

In I : ͵αρκ.

In 3ª figurâ cap. 11ᵢ, ita corrige ([3]) :

In rectâ $\eta\varepsilon$: ἐπὶ κ.

In 4ª figurâ ejusdem capitis, ita corrige ([4]) :

Numerus K : σνβ.

Desunt numeri H et I, ita supplendi :

In Π : τιε.

In I : σπ.

([1]) *Lisez* lichani *au lieu de* hypates.
([2]) *Mol tendu* et *syntone diatone*. *Voir* plus haut, p. 398, note 2.
([3]) *Mol diatone* et *diatone égal*.
([4]) *Mol diatone* et *syntone diatone*.

Figura 5ª ita restitui debet, corruptissima enim est in manuscripto (¹) :

In rectà $\eta\varepsilon$: ἐπὶ χ.
In rectà εf : ἐπὶ 0.
In rectà fg : ἐπὶ ζ.
In rectà op : ἐπὶ χζ.
In rectà pq : ἐπὶ ζ.
In rectà $q\chi$: ἐπὶ η.
In Z : χοβ.
In R : χμ.
In M : φος.
In K: φδ.
In H : χμη.
In I : φξζ.
In τ : λβ.
In υ : ξδ.
In φ : οβ.
In π : χδ.
In ρ : πα.
In σ : ξγ.
In rectà $\delta\nu$: ἐπὶ π.
In rectà $\gamma\beta$: ἐπὶ ξγ.

In figura 3ª cap. 12ⁱ, desunt aut corrupti sunt termini proportionum ita supplendi (²) :

In Z : σξδ.
In R : σνβ.
In M : σλα.

(¹) *Mol diatone* et *mol tendu*.
(²) *Chromatique syntone* et *diatonc égal*. Dans cette figure et dans la suivante, Manuel Bryenne avait pris, pour les cordes du genre *chromatique syntone*, les longueurs : 288, 275, 252, 216, dont la seconde est seulement approchée, et prise au lieu de 274 $\frac{10}{11}$, longueur théorique.

In *K* : ρ⌐η.

In *H* : σμβ.

In *I* : σκ.

Emendandæ etiam horum differentiæ :

In τ : ιβ.

In υ : κα.

In φ : λγ.

In π : ρ : et σ : reponendum κβ ; sunt enim hæ tres differentiæ æquales.

In figura 4ᵃ ejusdem capitis (¹) eâdem opus est emendatione :

In *Z* : φκη.

In *R* : φδ.

In *M* : υξβ.

In *K* : τ⌐ς.

In *H* : υ⌐ε.

In *I* : υμ.

Similiter :

In τ : κδ.

In υ : μβ.

In φ : ξς.

In π : λγ.

In ρ : νε.

In σ : μδ.

In figurâ 5ᵃ ejusdem cap. ita corrigendum est (²) :

In *Z* : ‚βυξδ.

In *R* : ‚βτνβ.

(¹) *Chromatique syntone et syntone diatone.*

(²) *Chromatique syntone et mol tendu.* Manuel Bryenne avait pris pour les cordes du *mol tendu* les longueurs : 701, 679, 594. 528. La seconde n'est qu'approchée, au lieu de 678 6/7.

In *M* : ͵βρνς.

In *K* : ͵αωμη. 1848.

In *H* : ͵βτος.

In *I* : ͵βοθ.

In τ : ριβ.

In υ : ρϟς.

In φ : τη̣.

In π : πη̣.

In ρ : σϟζ.

In σ : σλα.

In rectâ δν : ἐπὶ ϟη̣. Sed et in textu, eâdem paginâ, lin. 5ᵃ, loco ἐπι-εννενηκοστοέκτῳ, reponendum ἐπιεννενηκοστοογδόῳ. Eadem emendatio in lin. 22ᵃ ejusdem paginæ fieri debet.

In figura 6ᵃ ejusdem capitis, corrige ([1]) :

In *R* : ͵αψξδ.

In *K* : ͵ατπς.

In *H* : ͵αψξ.

In π : πη.

In figurâ 3ᵃ cap. 13 ([2]) :

In rectâ *op* : ἐπιενδέκατος.

In figurâ 4ᵃ ejusdem cap. ita corrigendum ([3]) :

In *Z* : ͵αχπ.

In *R* : ͵αχχ.

In *M* : ͵αφιβ.

In *K* : ͵ασξ.

In *H* : ͵αφοε.

In *I* : ͵αυ.

([1]) *Chromatique syntone* et *mol diatone.*

([2]) *Chromatique mol* et *diatone égal.*

([3]) *Chromatique mol* et *syntone diatone.* Manuel Bryenne avait pris, pour les cordes du *chromatique mol,* les longueurs : 480, 463 (au lieu de $462\frac{9}{7}$), 432, 360.

In τ : ξ.

In υ : ρη.

In φ : σνβ.

In π : ρε.

In ρ : ροε.

In σ : ρμ.

Eâdem paginâ, lin. 9ᵃ, delenda vox ἔγγιστα, et etiam in lin. penult.

In fig. 5ᵃ ejusdem cap. (¹) :

In *K* : ‚αχπ.

In φ : τλϛ.

In fig. 6ᵃ ejusdem cap. (²) :

In *K* : τιε.

In *H* : υ.

In *I* : τξ.

In fig. 7ᵃ ejusdem cap. (³) :

In rectâ ηε : ἐπὶ κζ.

In φ : ‚αωμη.

In figurâ 3ᵃ cap. 14 (⁴) :

In *II* : ‚αιβ.

In τ : κδ.

In fig. 4ᵃ ejusdem cap. (⁵) :

In rectâ *op* : ἐπὶ ιε.

In rectâ *pq* : ἐπὶ η.

In *Z* : ‚αρδ.

In *K* : ωκη.

(¹) *Chromatique mol et mol tendu.*
(²) *Chromatique mol et mol diatone.*
(³) *Chromatique mol et chromatique syntone.*
(⁴) *Enharmonique et diatone égal.*
(⁵) *Enharmonique et syntone diatone.*

In H : ‚αλε.

In I : ϡϰ.

In $τ$: ϰδ.

In $π$: ξθ.

In $ρ$: ριε.

In figurâ 5ᵃ ejusdem cap., ita corrige (¹) :

In Z : ‚ερνβ.

In R : ‚εμ.

In M : ‚δωλ.

In K : ‚γωξδ.

In H : ‚δϡξη.

In I : ‚δτμζ.

In $τ$: ριβ.

In $υ$: σι.

In $φ$: ϡξς.

In $π$: ρπδ.

In $ρ$: χϰα.

In $σ$: υπγ.

In figurâ 6ᵃ ejusdem cap. (²) :

In $τ$: ρξη.

In $υ$: τιε.

In $φ$: ‚αυμ.θ.

In $π$: τξη.

In figurâ 7ᵃ ejusdem cap. (³) :

In rectâ $qχ$: ἐπίεϰτος.

In Z : ‚ηⳤς.

In R : ‚ζϡϰ.

(¹) *Enharmonique* et *mol tendu*. Nombres de Bryenne pour les cordes de l'*enharmo-nique* : 1792, 1753 ($\frac{1}{23}$ négligé), 1680, 1344.

(²) *Enharmonique* et *mol diatone*.

(³) *Enharmonique* et *chromatique syntone*.

In M : ͵ζϙϟ.

In π : τξη.

In figura ultima ejusdem cap. ita corrigendum (¹) :

In Z : ἄ͵βωπ.

In R : ἄ͵βχ.

In M : ἄ͵βοε.

In K : ͵θχξ.

In Π : ἄ͵βυκ.

In I : ἄ͵αϙϟβ.

In τ : σπ.

In υ : φκε.

In ϙ : ͵βυιε.

In π : υξ.

In ρ : ωκη.

In σ : ͵αϠλβ.

Fallitur Bryennius lineâ 1ᵃ hujus paginæ; ubi enim scribit, ἐπιεϐδο-
μηκοστῷ λόγῳ, emendandum ἐπιεξηκοστοεννάτῳ. Eadem emendatio et
in lineâ antepenultimâ ejusdem capitis fieri debet (²). Ideoque in
rectâ

δν : reponendum ἐπὶ ξθ.

Proportio enim composita ex sesquivigesimâ tertiâ et sesquiquartâ
superat compositam ex sesquidecimâ quartâ et sesquiquintâ, non proportione sesquiseptuagesimâ, ut vult hic author, sed sesquisexagesimâ
nonâ.

In figurâ 3ᵃ, cap. ult. (³) :

In Π : ψδ.

In rectâ γβ : ἐπιογδοηκοστός.

(¹) *Enharmonique* et *chromatique mol.* Les nombres de Bryenne sont triples de ceux
de Fermat.

(²) Ms., fol. 197ᵛᵒ, l. 1 et 19; éd. p. 457, l. 21. et p. 458. l. 3.

(³) *Ditonien* et *diatone égal.*

In figurâ 4ᵃ ejusdem cap. (¹) :

In rectâ *qχ* : ἐπιέννατος.

In rectâ δν : ἐπογδοηκοστός.

In π : μη.

In ρ : π.

In σ : ξδ.

In figurâ 5ᵃ ejusdem cap. (²) :

In rectâ *fg* : ἐπιόγδοος.

In *Z* : ,αψ∠β.

In *R* : ,αψκη.

In *M* : ,αφιβ.

In *K* : ,ατμδ.

In *H* : ,αψα.

In *I* : ,αφιβ.

In τ : ξδ.

In υ : σις.

In φ : ρξη.

In π : ϛα.

In ρ : ρπθ.

In σ : ρξη.

In figura 6ᵃ ejusdem cap. (³) :

In *R* : ,ερκ.

In π : σογ.

In textu hujus paginæ, lin. 12, loco verbi ἐπιτριακοστῷ, legendum : ἐπιτριακοσιοστῷ (⁴).

In figurâ 7ᵃ ejusdem cap. (⁵) :

In *K* : ,βριβ.

(¹) *Ditonien* et *syntone diatone.*
(²) *Mol tendu* et *ditonien.* Les nombres de Bryenne sont sextuples.
(³) *Mol diatone* et *ditonien.*
(⁴) Ms., fol. 200ᵛᵒ, l. 12; éd. p. 464, l. 8.
(⁵) *Chromatique syntone* et *ditonien.*

In τ : ρκη.

In υ : σκδ.

In φ : τνβ.

In ρ : σϟζ.

In figurâ 8ᵃ ejusdem cap. (¹) :

In *H* : ͵ηφε.

In *J* : ͵ζφξ.

In τ : τκ.

In σ : ωμ.

In hâc paginâ, lin. 1ᵃ, loco verbi ἐπιεικοστοτρίτῳ, legendum ἐπιεξη-κοστοτρίτῳ (²).

In figurâ ultimâ ejusdem capitis (³) :

In *H* : ͵εφπθ.

In *J* : ͵δϡξη.

Possunt in his omnibus figuris notari etiam differentiæ terminorum *R* et *H*, et terminorum *M* et *J* ex alterâ videlicet parte rectarum ε*p* et *fq*. Quod in quibusdam figuris fecit author, imo videtur in omnibus fecisse, quia integræ ad nos non pervenerunt. Hoc autem in figuris adjicere est in promptu.

Videtur etiam author summam numerorum τ, υ, φ, et summam numerorum π, ρ, σ, extra figuram e regione ipsorum collocasse, quod etiam in omnibus figuris restituere facillimum est.

Figuræ simplices horum capitum ex restitutis et emendatis superius capitis primi figuris facillime restituentur, eædem enim sunt, quas initio horum capitum author repetit.

(¹) *Chromatique mol* et *ditonien*.
(²) Ms., fol. 201ᵛᵒ, l. 1; éd. p. 165, l. 14.
(³) *Enharmonique* et *ditonien*.

VARIANTES ET NOTES CRITIQUES.

VARIANTES ET NOTES CRITIQUES.

LIEUX PLANS D'APOLLONIUS.

(Leçons des *Varia* = *Va*, pages 12 à 43.)

P. **3.** ligne 3 Appollonium (*aussi* 9) ★ 10 Appolloniis

P. **4.** 5 à 11 = *Co* (Commandin) fol. 162 recto, ligne 8 en remontant, à fol. 162 verso. ligne 2. La ponctuation de *Co* a été conservée. ★ 7/8 spacium *Co.* ★ 17 | Propositio I. *en vedette* (*Va*, 13). ★ 22. Les figures des *Varia* ne sont pas numérotées; les renvois aux figures ont été ajoutés au texte entre parenthèses.

P. **5.** 8 quamcunque

P. **6.** 6 cum (*aussi* 13, 14 *et* 25) ★ 15 | II. Propositio. *en vedette* (*Va*, 14) ★ 23 rectang.

P. **7.** Fig. 3. La figure comporte une seconde droite marquée BAD et menée par le point A de l'autre côté de CE; de même, la ligne DE est double. ★ 3 cum ★ directum] *ajoutez* comprehendentes spatium datum (*cf.* p. **9**, 8). ★ 9 | æquale (*Va*, 15)

P. **8.** 6 eundem ★ 16 cum ★ 27 VR] VI

P. **9.** 7 cum (*aussi* 22) ★ 11 III. Propositio. *en vedette*

P. **10.** 6 | habet (*Va*, 16) ★ 7 Cum

P. **11.** 2 priore] *le renvoi est fait à la prop.* 1, *fig.* 2. ★ secunda] 2. ★ 7 tum *après* sensus] tam ★ 9 IV. Propositio. *en vedette* ★ 15 | describatur (*Va*, 17) ★ 21 GE] GD ★ propositionis] positionis

P. **12.** 3 vel EA sub AB ★ 7 cum ★ 10 priore] prima (*le renvoi est fait à prop.* 2, *fig.* 4) ★ 18 *on voudrait ajouter* sed ut BA ad AC, ita HA ad GA; erit igitur ut HA ad GA. ita AD ad AI,

P. **13.** 2 secundo] 2. ★ secundæ] 2. ★ posueramus] perseveramus ★ 6 Propositio V. *en vedette* ★ 11 | punctum(*Va*,18) ★ FEG] EFG ★ 15/16 similes ergo trianguli ★ 17 Cum ★ 21 occurrente

P. **14.** 5 Propositio VI. *en vedette* ★ 9 | cui (*Va*, 19)

P. **15.** 5 cum ★ 6 secundo] 2. (*aussi* 13) ★ 15 VII. Propositio. *en vedette*

P. **16.** 7 | aio (*Va*, 20) ★ 8 cum (*aussi* 10 *et* Cum 12) ★ 11 synthesim ★ 20/21 procucatur ★ 21 Centro D] *ajoutez*, intervallo DE;

P. **17.** 3 cum ★ 4 VIII. Propositio. *en vedette* ★ 9 ductae ★ 10 | et (*Va*, 21)

P. **18**.   3 demonstratis ⋆ 4 A et B (*à corriger*) ⋆ 10 ut H]in H ⋆ 14 Appollonii ⋆ 20 secunda]2². ⋆ 21 interdum etc.] *voir* p. 4, 9/10 ⋆ 22 prima]1.

P. **19**.   4 similiter etc.] *voir* p. 4, 9/10 ⋆ 11/12 = Co. 162vo, l. 4 à 6 ⋆ 16 cum ⋆ 18 | Propositio. III. (*Va*, 22) ⋆ 19/21 = Co. 162vo, l. 6 à 8 ⋆ 23 *Euclide*, III, 33 ⋆ 25/27 = Co. 162vo, l. 8 à 10 ⋆ 25 spacii Co. ⋆ positione et magnitudine basis

P. **20**.   1 Element. = *Euclide*, I, 40 ⋆ 4/6 = Co. 162vo, l. 11 à 14 ⋆ 22 Su | per (*Va*, 23) ⋆ 24 cum

P. **21**.   2 cum (*aussi* 4) ⋆ Fig. 18. Les droites CN, FO ne sont pas tracées. ⋆ 11/15 = Co. 162vo, l. 14 à 19 ⋆ 11 quodam *omis*

P. **22**.   1 spe | cie (*Va*, 24) ⋆ 3 cum ⋆ 5 dimissis.

P. **23**.   19 ra | tionem (*Va*, 25)

P. **24**.   4/8 = Co. 162vo, l. 19 à 25 ⋆ 4 quotcumque Co. ⋆ 7 ducra Co. ⋆ reliquis Co. reliquâ *Va*. ⋆ 10 VI] sextæ ⋆ *Voir*, pour le renvoi à l'*Isagoge* dans la Note, la page **93**.

P. **25**.   4 AB, AC] AC, AB ⋆ Fig. 22. Les *Varia* donnent deux figures; dans la seconde, qui n'a pas été reproduite, toutes les lignes sont à l'intérieur du triangle ABC, sur les côtés duquel l'ordre des points est le suivant : ADRLBKOVZJEA. ⋆ 18 cum (*aussi* 19) ⋆ 19/20 VE, MO] MO, VE

P. **26**.   9 cum ⋆ 11 | VE (*Va*, 26) ⋆ 20 perallelas ⋆ 24 porrigendas

P. **27**.   4/8 = Co. 162vo, l. 25 à 30 ⋆ 6 spacium Co. ⋆ 7 æqualis sit Co. sit æqualis *Va*. ⋆ 8 spacio Co. ⋆ 21 cùm ⋆ *Voir*, pour le renvoi à l'*Isagoge* dans la Note, la page **102**.

P. **28**.   4 | et (*Va*, 27) ⋆ Fig. 23. Les *Varia* donnent deux figures différant seulement par l'ordre des points : AB et GCDEF dans la première (supprimée); BA et DCEGF dans la seconde. ⋆ 8 *et* 20 cùm

P. **29**.   (*Va*, 28) ⋆ 3/5 = Co. 162vo, l. 32 à dernière ⋆ 3 sunt Co. ⋆ 4 spacio Co.

P. **30**.   3 cùm ⋆ 12 | Nam (*Va*, 29) ⋆ 16 per quartam secundi (*Euclide*, II, 4) ⋆ *Voir*, pour le renvoi à l'*Isagoge* dans la Note 2, la page **99**.

P. **31**.   3 AD quadrat. ⋆ 3/4 quartam propositionem 2¹ (*Euclide*, II, 4) ⋆ 9 datam] datum ⋆ 19 | NC (*Va*, 30) ⋆ 23/24 Co. (162vo, l. dernière à 163, l. 1) a seulement : *si sint in proportione data vel rectæ lineæ vel circumferentiæ;*

P. **32**.   3 rectos ⋆ 7 ut R, quadratum ad S, et ita ⋆ 9 OVZ]NOZ

P. **33**.   5 id est R, quadratum ad S, quadratum, ita AN, quad. ad VB, Quad. ⋆ 9 (*Va*, 31) ⋆ 10/11 = Co. 163, l. 1 à 7. ⋆ 12 fit Co sit *Va*. ⋆ 13 et *om*. *Va*. ⋆ 14 contingere Co.

P. **34**.   7 latitudinem rectam AP (*à corriger*) ⋆ 17 | rectangulum (*Va*, 32) ⋆ 21 AB in BO]AB, in AO ⋆ 22 æquatur

P. **35**.   4 rorectangulum ⋆ deficiens in figura ⋆ 10/12 = Co. 163, l. 7 à 10 ⋆ 11 major Co. ⋆ 12 datam Co. datum *Va*. ⋆ 13 BI]IB (*à corriger*)

P. 36. 5 ita] ut ★ 7 VNB (*la première fois*)] NVB ★ |Sed (*Va,* 33) ★ 8 cum ★ 11 sint ★ 13 utrinque ★ 21 datum

P. 37. 9/10 = *Co.* 163, l. 10 à 13 ★ 9 quotcumque *Co.* quotcunque *Va.* ★ 10 spaçio *Co.* ★ 14|dico (*Va,* 34) ★ 20 cum

P. 38. 2 utrinque (*aussi* 12 *et* 17) ★ 5 Centro C]centro E (*sur la figure des Varia, le centre est effectivement* E) ★ 6 CA]EA ★ 7/8 eandem ★ 10 *et* 12 cum

P. 39. 4 CE]AE ★ 8|Si (*Va,* 35) ★ 12 in 1. 2. et 3. (*de même,* 1. 2. 3. *sur les figures* 37 *et* 38)

P. 40. 3 in 1. ★ 4 in 2. ★ 5 in 3 ★ 6 in 1. et in 3. figura ★ 7 *et* 14 *et* 16 utrinque ★ 7 illinc]illi ★ 14 ln 2. ★ 16 in 1. ★ 20 quacunque ★ 21 (*Va,* 36) ★ in 1. figura

P. 41. 1/2 secunda et tertia ★ 3 ln 1. ★ CN]EN ★ 6 AD (*la première fois*)] AB ★ 31 PRIMA]I.

P. 42. 5 spa|tio (*Va,* 37) ★ 8 Æquetur] Arguetur ★ 25 At] ut

P. 43. 14|et ad (*Va,* 38) ★ 15 DM]*p. e.* OM, DM ★ 19 NM]DNM ★ Fig. 41. Les *Varia* donnent ici trois figures : la première a été reproduite plus loin (*fig.* 42); elle est accompagnée de la légende « AD4. pars AB2.+ E. » c. a. d. AD = ¼(2AB + AE); la seconde a pour légende « AD4. pars AB + E. » (*lisez encore* AE *au lieu de* E) et ne diffère de la troisième (*fig.* 41) qu'en ce que le point B est entre le point E et le point N de droite; la légende de la troisième est « AD4. pars AB + AE. » ★ 21 æquentur

P. 44. 8 BM]EM ★ 12 Q]Z (*sur la figure* 43, *la lettre* Z *est inscrite en dehors pour représenter le plan donné* Z) ★ 15 QI]ZI

P. 45. 1 QR]ZR ★ 4 QO]ZO ★ QR]ZR ★ 6|plano (*Va,* 39) ★ 15 cum ★ 23 utrinque ★ 28 secundo]2. ★ 31 DY]DI

P. 46. 2 quadrata ta ★ 6 VI]QI ★ 10 probandum ★ 14|et (*Va,* 40) ★ 16 quodlibet]quotlibet (*à corriger*)

P. 47. 2 sexties ★ 3 D]B ★ 9 rectâ assignata ★ *Fig.* 45. La lettre O manque. ★ 16 conditionata ★ 18|sextans (*Va,* 41)

P. 48. 2/6 = *Co.* 163, l. 13 à 18.

P. 49. 6 hypotesi ★ *Fig.* 47. La lettre O manque. ★ 12|LA (*Va,* 42) ★ 13/14 propositionem tertiam Appollonii triangulum EOB ★ 15 utrinque (*aussi* 21, 23, 26) ★ 22 auferetur ★ 25 sive]sine

P. 50. 1 IAO]IOA ★ quadratis]quadrato ★ 3 Ccasus ★ 5/10 = *Co.* 163, l. 18 à 24 ★ 12 propos. 157. libri septimi (*cf. Pappus,* éd. Hultsch, p. 910-913) ★ 15 jusqu'à P. 51, 15 = *Co.* 260ᵛᵒ à 261 ★ 17 quodcunque

P. 51. 4/5 sunt... propterea]*Co. disait :* et angulus ad A utrisque communis, erit et reliquus reliquo æqualis et triangulum triangulo simile : quare, cùm sit ut FA ad AL ita EA ad AB, erit ★ 7 ex (*après* quadratis) *Co.* om. *Va.* ★ 10 qua|drato (*Va,* 43) ★ 11 EAL]*Co. ajoute* ut demonstravimus ★ 15 FG *Co.* EG *Va.* ★ 17/19 = *Co.* 163, l. 24 à 27 ★ 19 eandem

CONTACTS SPHÉRIQUES.

(Leçons des *Varia* = *Va.*, pages 74 à 88.)

P. 52.   7 extitit ★ 10 qua ★ 17 elementis = *Euclide*, XI, 2 ★ 18 pers | picuum (*Va*, 75) ★ 20 dat] dato ★ 21 cum

P. 53.   6 ACD] CAD ★ *Fig.* 49. Le triangle NOM n'est pas figuré; le point N est marqué entre A et O. ★ 13 *et* 15 cum

P. 54.   11 MEON] NEOM ★ 14 igi | tur (*Va*, 76) ★ 18 cum

P. 55.   2 cum

P. 56.   5 cum ★ 12 Appollonio ★ 16 (*Va*, 77) ★ *Fig.* 52 : ne vient qu'après la *fig.* 53 et au bas de la page *Va*, 77.

P. 57.   10 incli | nationem (*Va*, 78)

P. 58.   4 cum ★ *Fig.* 54. Les points I, H ne sont pas marqués. ★ 14 (*Va*, 79) ★ 19 ERCA] ERCH (*aussi* 20)

P. 59.   3 cum (*aussi* 4, 5, 14, 19) ★ 6 etiam perpend. ad

P. 60.   1 (*Va*, 80) ★ 7 *et* 10 cum

P. 61.   1 Lemma I. *en vedette* ★ 3 ECA] ECB ★ elementis = *Euclide*, III, 36 ★ *Fig.* 57. Des perpendiculaires AN, CM sont abaissées des points A, C sur l'axe BD. ★ 8 | converti (*Va*, 81) ★ 9 cum ★ 12 Lemma II. *en vedette* ★ 16 O, L, E, D] OELD

P. 62.   *Fig.* 58. Des perpendiculaires ON, LI, EF, DB sont abaissées des points O, L, E, D sur l'axe AP. ★ 6 | Lemma III *en vedette* (*Va*, 82)

P. 63.   7 sphæricam *semble superflu* ★ 15 cum (*aussi* 17, 31) ★ 26 Lemma IV *en vedette* ★ 30 nam secetur sphæra ad planum ★ 32 | planum (*Va*, 83)

P. 64.   1 Habemus] habens ★ 7 Lemma V *en vedette* ★ 9 plano] puncto ★ FGH] FH ★ *Fig.* 61. La lettre M n'est pas inscrite. ★ 13 B] BI ★ 16 superfi | ciem (*Va*, 84)

P. 65.   6 M] H ★ 8 IFH] DFH ★ 9 PFM (*les deux fois*)] PFH ★ 11 FM] FH ★ 22 exequemur ★ 30/31 per 2. pro | blema (*Va*, 85)

P. 66.   3 cum

P. 67.   8 ex 3. lemmate ★ 9 (*Va*, 86) ★ 14 fiet

P. 68.   5 VIII] octavum ★ 6 V] quinti ★ III] tertio ★ 8 (*Va*, 87) ★ 12 III] 3. ★ et *om.* ★ 17 Une figure, qui a été supprimée, représente un cercle inscrit dans un angle ABC et renfermant deux cercles D, E qui sont tangents intérieurement au premier.

P. 69.   1 (*Va*, 88) ★ 4 sexto] VI. ★ 8 Une figure représente quatre cercles A. B, C, D tangents intérieurement à un cinquième ★ 15 sphæricus] *lire* sphæricis (?)

SOLUTION DU PROBLÈME D'ÉTIENNE PASCAL.

P = Texte d'après Bossut, *OEuvres de Pascal,* 1779, Tome IV, pages 450 à 454.

F = Autographe de Fermat, Bibl. Nat. Imprimés, Réserve 848.

P. 70. 2 dño de Paschal *F* (*P ajoute au titre :* eodem autore Fermat). ★ 3 de Paschal *F* ★ hoc problema *P, om. F* (*à supprimer*) ★ *Fig.* 65. *Les figures jointes à l'autographe ne sont pas de la main de Fermat; dans le texte, les lettres désignant les points sont en minuscule (sauf* B *et* H) *et surmontées d'un trait horizontal.*

P. 71. 1 AF]fa *F* (*aussi* 2) ★ IF]fi *F* (*aussi* 3) ★ 9 cum *F* cùm *P* ★ 12 IB]Bi *F* ★ 16 duplum] dimidium *FP* (*peut-être faut-il lire* utriusque dimidium triangulum) ★ 21 CO]oc *F* ★ 24 triangulo AFC] *ajoutez avec F :* isosceli

P. 72. 3 cum *F* ★ 4 rectæ *F* recta *P* ★ prima]6 *P, om. F* ★ 5 ED]de *F* ★ 6 igitur est ut rectangulum HIE ad *F* ★ 7 ad idem rectangulum AC *F* ★ 10 EH]He *F* ★ 18 non]nec *F* ★ 19 facillumè *F* ★ 20 secunda]2ª *F* septimâ *P* ★ autem *est en interligne et sed rayé avant* triangulum *F* ★ *Fig.* 66. *La droite* FM *est tracée sur la figure de Bossut.* ★ 22 utrinque *FP* ★ et]licet *F* ★ 23 variabit]variet *F*

P. 73. 1 ibit]erit *F* ★ 2 de]ex *F* ★ 3 concludet *F* ★ 9 cum *F* cùm *P* ★ 15 varians proportionem si *P* ★ 20 placet]*F ajoute* ἀμοιβαίως ★ Domino (*les deux fois*)]dño de *F* ★ 22 Baliani *P* Galilæi *F* ★ 23 Dominus]dñus de *F* ★ 25 expectamus *P* ★ 29 ac differentiæ *F*

P. 74. 8 Baliani *P* Galilæi *F* ★ 11 cum *F*

DEUX PORISMES.

P = Texte de Bossut des *OEuvres de Pascal,* 1779, Tome IV, p. 449 à 450.

F = Autographe de Fermat. Bibl. Nat. Imprimés. Réserve 848.

Nota. — Les figures jointes à l'autographe sont de la main de Fermat et semblables à celles qu'a reproduites Bossut : au nombre de trois correspondant à notre *fig.* 67 et avec la légende : *Ad porisma* 1ᵘᵐ; au nombre de deux pour notre *fig.* 68 avec la légende : *Ad porisma* 2ᵘᵐ et avec la note : *circulos non adimplevimus, licet propositio totâ circumferentiâ locum habeat.* (Dans la figure non reproduite pour le second porisme, les points V et O sont sur les prolongements du diamètre AC.) Les lettres des figures sont en minuscule, sauf A, B et H; dans le texte, elles sont surmontées d'un trait horizontal; au lieu de V, que nous avons adopté d'après l'usage des *Varia,* il faudrait partout lire U, comme a fait Bossut; au contraire, la lettre Y correspond à un v minuscule de Fermat.

P. 74. 13 *F ne porte pas de titre général, P y ajoute* autore Petro Fermat. ★ 14 1ᵘᵐ porisma *F,* ᴘᴏʀɪsᴍᴀ ᴘʀɪᴍᴜᴍ *P* ★ 15 ABE]ABd *F* ★ quærantur *F*

P. 75.   9 O]p *F* (*par erreur*) ★ 12 NB]ni *F* (*par erreur*) ★ 14 repræsentabit *F* ★ AB in D]ABd *F* (*supprimez donc* sub *après* rectangulo) ★ 15 2um porisma *F*. PORISMA SECUNDUM *P* ★ ABCD]ABcp *F* (*en désaccord avec la figure*) ★ 22 quadrupla *FP*

P. 76.   1 *F ajoute* et *avant* sumptâ. ★ 5 ND]UD *P* nd *F*

PORISMES D'EUCLIDE.

(Leçons des *Varia* = *Va*, pages 116 à 119.)

P. 76.   14. EUCLIDÆORUM ★ 16 Pappus (*voir* éd. Hultsch, p. 636, l. 18 à 30) ★ 17 cùm ★ 20 edax abolere vetustas (*hémistiche d'Ovide, Métam.* XV, 872 ★ 24 Willebrordus ★ 26 διωρισμένης

P. 77.   3/4 Euclidæorum ★ 5 *Pappus*, p. 648, l. 19 à 20; traduction de Commandin, f° 160, l. 10 à 11 ★ 11/10 *Virgile, Énéide*, II, 589-590 ★ 13 sydus ★ 14 abscondamus ★ 16 dumtaxat ★ 17 quandocunque

P. 78.   4 (*Va*, 117) Videatur figura porismatis 1. *est ajouté au-dessous de* PORISMA PRIMUM (les figures de cet opuscule sont gravées sur les Planches à la fin du Volume des *Varia*). ★ *Fig.* 69. La même figure comporte trois positions du point V, entre N et O, entre O et E, et entre E et F; comparez la *fig.* 70 et le texte, p. **79**, 6 à 11. ★ Ligne 4 de la Note. *Bouillau a écrit* Cavallerio.

P. 79.   5 Videatur figura porismatis 2. *ajouté au-dessous; la même addition, sauf les chiffres respectifs* 3., 4., 5., *est faite avant les énoncés des porismes suivants,* **79**, 12; **80**, 8; **81**, 9. ★ 13/14 utcunque

P. 80.   3 AO]AN ★ 8 (*Va*, 118) ★ *Fig.* 72. Une lettre O est inscrite au même point que la lettre H.

P. 81.   10 utcunque ★ 11 juncta AZ fiat]*peut-être* junctæ AZ fiat ★ 15 HN]HC ★ 20 *Pappus*, p. 650, l. 10 à 11.

P. 82.   4 HN]HC ★ EHN]EHC ★ 9 *Pappus*, p. 652, l. 2 ★ 14 Cum ★ 16 cum ★ 19]Pappus (*Va*, 119). *Voir* éd. Hultsch, p. 652, l. 3 à 4 ★ 20 quinti]5^{i} ★ 21 RAC]RAB

P. 83.   3 quinti]5^{i} ★ 6 Cum ★ ipsi]ipsa ★ 7/9 = *Commandin*, f° 160, l. 10 à 13. ★ 10 et 17 cum ★ 10/11 authorem ★ 12 *Pappus*, p. 648, l. 18 à 21 : πορίσματά ἐστιν Εὐκλείδου πολλοῖς κ. τ. ἑ.

PROPOSITION SUR LA PARABOLE.

(Leçons des *Varia* = *Va*, pages 144 à 145.)

P. 84.   5 quatuor]4. ★ 6 urtique ★ 7 in 1. fig.

P. 85.   4 CM]CN ★ 12 ex 52. 1. Apoll. ★ 13 in 2. fig. ★ 14 quatuor]4. ★ 18 cum (*aussi* 20 *et* 23) ★ 20 dentur]detur ★ 23 In 2. casu ★ 24 In 3. fig.

P. 86.   1 quatuor]4. (*aussi* 16) ★ 9 et 15 cum ★ 12 per 16. 3. Apoll.

P. 87.   2 cum (*aussi* 5) ★ |autem (*Va*, 145) ★ 6 ex 29. 2. Apoll. ★ 11 M]N

LIEU A TROIS DROITES.

(Leçons de la copie ancienne, dans le manuscrit de la Nationale, fonds latin,
nouv. acq. n° 2339, f° 15.)

P. 87. 21 *Sur la figure, les lettres désignant les points sont en minuscule; dans le texte, la minuscule domine avec des variations irrégulières.*

P. 88. 6 datur]dantur ★ 8 cum (*aussi* 17) ★ 9 æquales ★ 10 rectang^{um} ★ 15 se-cetur]fertur

P. 89. 2 cum ★ cùm ★ 5 propoóne 3^i Apoll. ★ 6 rectang^{um} (*aussi* 7) ★ 9 cùm ★ 10 recta OX]rectæ $\overline{ox}$ ★ 11 reliquæ]rectæ ★ 12 demonstraonem

LIEUX PLANS ET SOLIDES.

(Texte établi d'après la copie ancienne dans le MS., fonds latin, nouv. acq. n° 2339 = *L*,
f° 1 à 9, 12 à 14. Leçons des *Varia;* pages 1 à 11 = *Va.*)*

P. 91. 4 septimi]7. *L Va.* ★ Appollonium ★ 9 ad locos generalis *L* ★ 12 curva infinita ★ 14 ignotæ]*Va. ajoute* (lineæ rectæ reponendum) ★ 15 circularem ★ parabolem ★ 16 hyperbolem ★ ellipsim

P. 92. 4 possunt institui ★ 5 ad angulum datum *L* ★ 9|Recta (*Va,* 2) ★ *Fig.* 78. La droite IM, mentionnée dans le texte (**93.** 7) n'est tracée ni dans *L* ni dans *Va*. En regard de la figure de *Va,* est inscrit « DA ⎰ BE » (l'accolade correspond au signe d'égalité). Enfin aucune des sources ne distingue entre les lettres algébriques et les letres géométriques. ★ 22 Z^p — DA ★ æquetur] æqu. *L,* ⎰ *Va*

P. 93. 2 Z^p ★ 6 ZI]EI *L* (*en marge* forsan ZI). ★ sed angulus ad Z datur ★ 10 adficientur *L* ★ 12/13 7. prop. lib. 1. Appollonii ★ 15 nos *om.* ★ 17 quodcunque *L* ★ rectæ *om.* ★ 19 officietur ★ 21 Appollonianis ★ 23 æquatur *L, Va ajoute en marge :* AE ⎰ Z^p ★ 24 hyperbolem ★ 25 quodlibet *L* quodvis *Va* ★ 26 rectang. ★ 27 Z plano *L*

P. 94. 1 cùm *Va,* cum *L* (*aussi* 19, 20) ★ rectang. (*aussi* 9, 13) ★ *Fig.* 79. La courbe n'est pas tracée, *L Va.* ★ 4 aut E]vel E ★ adfecta *L* ★ 5|Ponatur (*Va,* 3) ★ 6 D^p *Va* (*aussi* 8, 14, 15), D planum *L* ★ æquari *L,* æq. *entre parenthèses Va, qui a en vedette* D^p + AE ∞ RA + SE *sur trois lignes.* ★ 8 D plano *L* ★ 9 duob. laterib. ★ 11 reperiantur]*Va ajoute* « Uno verbo *AS* (lisez *A — S*) æquetur *O* et *R — E* æquetur *I*; igitur *OI* ∞ (*à savoir* =) *D^p* (*ajoutez — RS*), quod proponitur, et hæc erit constructio : *D^p* (*ajoutez — RS*) æquetur AEB; rectang. (*lisez* rectangulum) igitur ACF erit *O* in *I*. » *A ce texte se rapporte une figure représentant deux axes rectangulaires asymptotes d'une branche d'hyperbole équilatère dont* AC, AE *sont des abscisses;* CF, EB *les ordonnées correspondantes.* ★ 17 parall. (2 *fois*) ★ Dans *L,* la lettre V est toujours un U minuscule. ★ 20 ZP]ZI *L* (*en marge* forsan ZP)

(*) Les leçons sans indication appartiennent seulement au texte des *Varia.* Dans *L,* les lettres algébriques et géométriques sont généralement en majuscule; il y a quelques exceptions irrégulières.

P. **95**. 1 D⁰ *Va* (*aussi* 3), D plano *L* ★ 2 hyperbolem ★ *Fig.* 80. La courbe n'est pas tracée, *L Va*. ★ 4 parall. ★ Rectang. ★ 7 *Va* a en marge sur 6 lignes confuses : « A²∞F² » « A² ad E² in ratione data » « A²+ AE ad E² in ratione » ★ 7 cùm *Va*, cum *L* ★ Aq.]*Va emploie constamment la notation* A²; *de même* E² *pour Eq. etc.* ★ 7/8 æquatur]æq. ★ 11 quad. E ★ rectang. ★ adficiuntur *L* ★ 14|Sit (*Va*, 4) ★ ZI quadratum *L* ★ *Fig.* 81. Dans *Va*, les *fig.* 81 et 82 sont confondues et les courbes ne sont pas tracées sur cette dernière; dans *L*, la *fig.* 82 n'offre qu'une droite de N à I.

P. **96**. 4 adficiuntur *L* ★ 5 perquirere ★ 8 evadit ★ 10 *Va* a en *marge :* A²∞ DE ★ 11 æq. *Va*, æquetur *L* (*corrigez*) ★ 12 parabolem *Va, qui ajoute :* constituantur NZ et ZI ad quemcumque angulum Z ★ 13 circa] *on voudrait auparavant :* vertice N ★ 14 datæ ★ 14/15 parallellæ ★ 15 NZ]NP *L* ★ parabolem ★ 17 IZ]IP *L* ★ NZ]NÉ *L. Au lieu de cette ligne, Va donne :* hoc est, si PI intelligatur esse A et NP intelligatur esse E

P. **97**. 5 *Va* a en marge : E²∞DA ★ 6 parallela *L Va* ★ 9 æqu. *Va, qui a en marge* « B²— A²∞ DE » « B²— DE ∞ A² » *sur trois lignes.* ★ 15 *Les parenthèses n'existent pas, L Va.* ★ *Fig.* 83. *La courbe n'est pas tracée, L Va.* ★ 20 æquatur NZ]æquabitur NE ★ quadrato *L* (*aussi* 21) ★ 22 rectum]dextrum ★ |NZ (Va, 5) ★ 25 æqu. *Va*, æquetur *L*.

P. **98**. 1 supr. ★ ab *E* et *Aq. om.* ★ 4 *Va* a en *marge :* B²—A²∞ E². ★ *Fig.* 84. Le cercle n'est pas tracé; les lettres *A* et *E* ne sont pas inscrites, *L Va;* un point O est marqué à l'extrémité gauche de la droite MN. ★ 8 quodcunque *L* ★ 9 ZI] *on voudrait ajouter :* (sive *Eq.*) ★ 9/10 quad. NM ★ 10 *le signe — est omis.* ★ quad. NZ ★ 15 D in A bis]D in A″*L*, ²D in A *Va* (*chacune des sources conservant par la suite sa notation propre*) ★ *Va* a en *marge :* B²— ²DA — A²∞ R²+ ²RE. ★ 17 æqu. ★ 19 Ergo] *Va ajoute :* auferendo scilicet D², quod utrimque fuerat additum,

P. **99**. 1 E ∓ R ★ 3 æq. ★ 6 Appollonii ★ 8 Appollonio ★ 11 ellipsim *L Va* (*aussi* 15, 22); *Va* a en *marge :* B²— A² ad E² rati. ★ 12 MN]NM *L* ★ N]Z ★ 16 quad NZ ★ 22 commisceantur ★ 25|Si (*Va*, 6) ★ 26 in ratione datâ *L* ★ *Va* a en *marge :* A²+ B² ad E² ratio hyperbol. ★ 27 hyperbolem ★ 28/29 quad.

P. **100**. 1 hyperbolæ ★ 2 toto]*lisez* tota ★ 2/3 unà cum RO quadrato *om.* ★ 4/5 unà cum quadrato NR *om.* ★ 6 rectang. ★ NR quad. *Va*, NR quadᵗᵒ *L* ★ *Fig.* 85. Les lettres *A* et *E* ne sont pas marquées. Dans la figure de *L*, il n'y a de courbe tracée qu'à l'intérieur du rectangle. ★ *Va* a en *marge :* OI sit A. ON, seu ZI, sit E. ★ 7 NOq *L*, NO quadrat. *Va* ★ ZI quadr. ★ quadrat. OI ★ 9 NR quadratum *L* ★ 12 I]Z ★ hyperbolem ★ 13 æquationem ★ 14 adficiuntur *L* ★ 16 adfectionis *L* ★ 19 adficiantur *L* ★ 21 Aq. bis *par exception L* ★ æquatur *Va* ★ *En marge de Va :* B²— ²A²∞ 2AE +² (*lisez* + E²)

P. **101**. 1 utrinque *L* ★ 3 + *Eq. om.* ★ 6 MN q. *L* ★ NZ quadrato *L* ★ 7 quad. abs ★ 8|hac (Va, 7) ★ *Fig.* 86. Les lettres *A* et *E* ne sont pas marquées. ★ 11 parallella ★ 12 Cùm *Va*, cum *L* ★ 13 tota]toti ★ 15 quad. MN — quad. NZ ★ 17 NZ]ÜŽ *L* ★ 19 NR]ÜR *L* ★ NO]RO

P. **102**. 2 quad. NZ ★ 3 NR quadrati *L* (*mieux*) ★ NO quad. ad quad. OV ★ 4 superioribus ★ 5 ellipsim *L Va* ★ 6 dissimili *L* ★ 13 propos. ★ 13/14 lib. 1. Appoll·

★ 18 quotcunque L ★ 21 practicen L, praxim Va ★ 23 habeant datam L ★ 24/25 E, terminus NZ, $L\ Va$ ★ 26 *Ici, L écrit bis en toutes lettres, après* Aq. *et* Eq.

P. 103. (*Va*, 8) ★ 1 perpend. ★ 2 datæ ★ NM]ZM ★ 3 *L avait d'abord écrit :* ipsi OZ æqualis ZM, *puis corrigé une première fois :* ipsi ZM æqualis ZO ★ *Fig.* 87. *Le point* I *se trouve marqué au pied d'une perpendiculaire abaissée de* O *sur* VZ; RM *se confond avec notre ligne* MI; *l'arc* OM *n'est pas tracé Va. Dans L, la figure, tout à fait incorrecte, comporte un cercle complet* UOI, *les droites* UIZ, ZO, NM, RN *et* RM, *cette dernière passant au-dessous de* I. ★ 7/14 *Cet alinéa est omis dans L.* ★ 15 (*Va*, 9) ★ ISAGOGEM *La copie de L, pour l'*Appendice, *est d'une autre écriture que celle de l'*Isagoge; *elle a subi diverses corrections, de la main de Roberval (?); notamment* parabolen *a systématiquement été changé en* parabolam, hyperbolen *en* hyperbolam, paraboles *et* hyperboles *en* parabolæ *et* hyperbolæ, parabole *et* hyperbole *en* parabola *et* hyperbola.

P. 104. 5 secant] *corrigé de* intersecant L ★ 6 sectionis] *corrigé de* intersectionis L ★ 9 A cubus + B in A quadratum L, $A^3 + B$ in A^2 Va, *qui continue l'emploi des exposants.* ★ Z plano L, Z^p Va (*et de même ensuite*) ★ 13 cum $L\ Va$ ★ 14 A cubus + B in A quad. L ★ 17 parabolem (*aussi*, 25) ★ 23 hyperbolem ★ 26 synthesim ★ 28 adfectis L ★ 31 exempl. ★ quadratoquadraticis]quad. quad. Va, quadratoquadratorum L ★ 32 Aqq.]A^4 ★ B sol L, B^s Va ★ Zq.]Z pl. L, Z^p Va ★ Dppl. L, D^{pp} Va

P. 105. 2 Dppl. L (*aussi* 10, 12) ★ B sol. L (*de même* 12; *au contraire* 10, B solid.) ★ 2 *L omet le second signe* — ★ 4 Cum (*et* 9, cum) $L\ Va$ ★ 8 parabolem (*aussi* 14, 18) ★ 10 *le premier signe* — *est omis* $L\ Va$ ★ 12 *Dans Va, la barre de division s'étend jusqu'au-dessous de* æquabitur; *dans L, la fraction est divisée en deux.* ★ 14|et ad (Va, 10) ★ 16/17|emend. $L\ Va$ ★ 19 hyperbolem ★ 22/23 proport. ★ 24 A cubus L ★ 25 *Dans L, si est raturé et remplacé par* posito nempe quod, *de l'écriture de Roberval (?)*

P. 106. 2 B in DE ★ 5 intersectionem]sectionem ★ 12 æq. ★ 13 tamquam ★ parabolem ★ 14 et AO applicatæ ★ 15 parallelæ *est bien dans L; les crochets sont donc à supprimer.* ★ hæ ★ 16 secunda]2. ★ 19 rectang. OVZ

P. 107. 1 dabitur]datur L ★ 4 proportion. ★ 7 quadrat.quad. ★ 9 æquab. ★ 12 æq. (*les deux fois*)] et $L\ Va$ ★ B]B^2 ★ 13 parabolem (*de même* 23) ★ 17 climacticæ]*lacune de* 3^{em} *dans L, om. Va; ce mot devrait être entre crochets.* ★ 26 —]+ ★ Z sol L ★ Dppl. L ★ 27|Ergo (Va, 11)

P. 108. 3 —]+ ★ 7 — *om.* L ★ 7/8 æquale Bqq.— Bq. in Aq. bis +]fiet Aqq. + Bqq — Bq. in Aq. bis æquale Bqq.— Bq. in Aq.— L, æquale $B^4 — B^2$ in A^2 æquale $B^4 — B^2$ in $A^2 + Va$ ★ 8 Z sol. L ★ Dppl. L (*aussi* 16) ★ 10 Bq. bis]$^2 B^2 — Va$ ★ 14 parabolem ★ $16 + \dfrac{Zq.\ in\ A}{Nq.}\Big] + \dfrac{Z\ sol.}{Nq}$ in A L, $\dfrac{-Z^s\ in\ A}{N}$ Va ★ 19/20 quadratoquadrat. ★ 22 quad. quadratæ ★ 25 cùm Va, Cum L ★ adfectione L ★ 27 quadratoquadrata ★ 29 est curandum

P. 109. 4 Z sol. L (*aussi* 11, 17) ★ 7 Bq. in Aq. bis]$^2A^2$ in B^2 (*aussi* 11 *la* 1re *fois*) ★ 9 Bq. in Aq. bis]$^2B^2$ in B^2 ★ 11 Z pl.]Z^p (*de même* 13, 18, 21) ★ 12 secunda]2.A ★ 13 verbi gratia] (V. G) ★ 17 Zs.]Z ★ 19 hyperbolem Va ★ 21 Z pl. L ★ 22 +] *corrigé de* plus L ★ 24 —] *corrigé de* minus L ★ 26 æquale L, æqu. Va ★ 28 æq.

P. 110. 1 utrinque L ★ bis]*L prend la notation abrégée* ' ★ 2 Bq in Aq. bis (*la* 2de *fois*)]$^2A^2$ in B^2 ★ 7 parabolem ★ fiet istinc.

LIEUX EN SURFACE.

(Leçons du manuscrit Arbogast-Boncompagni, fol. 51 à 55.)

P. **111.** 2 *en renvoi, la note :* d'après une copie. ★ 5 ἐπείδειξις ★ 15 | conicis (f° 51ᵛᵒ)

P. **112.** 2 *Les numéros des lemmes ne sont pas inscrits* ★ 12 erit] est ★ 15 | Si (f° 52)

P. **113.** 3 | sint (f° 52ᵛᵒ) ★ parabola aut hyperbola ★ 13 Archimedæa ★ 21 circum | ferentiam (f° 53) ★ 27 NIP] NMP ★ 28 Cum

P. **114.** 3 | NIP (f° 53ᵛᵒ) ★ 4 Cum (*aussi* 9, 15, 17, 19) ★ 19 dumtaxat ★ 20 | satisfaciat (f° 54)

P. **115.** 14 | locorum (f° 54ᵛᵒ) ★ 15 dumtaxat ★ 18 *et* 26 cum

P. **116.** 1 | superficies (f° 55) ★ 16 quibuscunque ★ 20 | major (f° 55ᵛᵒ)

P. **117.** 8 mabis (?) ★ 14 jan. ★ *Au-dessous* Finis.

DISSERTATION TRIPARTIE.

(Leçons des *Varia*, pages 110 à 115.)

P. **118.** 12 executuros ★ 13 cum

P. **119.** 20 sive æquatio | nem (*Va*, 111)

P. **120.** 4 verbi gratia] v.g. ★ 24 cubocubus ★ planosolidum ★ solidosolido ★ 26 quadratocubus ★ planoplanum ★ planosolido

P. **121.** 3 quadratocubocubus ★ planoplanosolidum ★ planosolidosolido ★ 5 quadratoquadratocubus ★ solidosolido ★ planoplanosolido ★ 7 cum (*de même* 11)

P. **122.** 3 parabolam ★ parabolæ *Va* (*corriger* paraboles) ★ Fig. 90. Non reproduite dans les *Varia*. ★ 11 cum

P. **123.** 4 | continent (*Va*, 112) ★ 13 cum ★ 21 3'. ★ 4'. 5'. ★ 22 6'. 7'. ★ 8'. 9'. ★ 10'. ★ 24 2'. ★ 25 3'. ★ 28 1°.

P. **124.** 1 ex] ex una parte, ex ★ 8/9 quadrati] *lire peut-être* quadratici ★ 14 Z plan. in A quad.quad. ★ 15 D solid. ★ M plan.plan. in A quad. ★ 27 utrinque

P. **125.** 2 Z planum ★ 5 3'. ★ 8 poste | riori (*Va*, 113) ★ 9 quadrati] *lire peut-être* quadratici ★ 9/10 quadraticum] quadratum ★ 12 prioris ★ 14 inter sol. N ★ 20 peracto] pacto ★ 25 quadratum] latus quadrati ★ æquandum] æquandi *Peut-être faut-il conserver ces deux leçons en supprimant les mots* a latere (25/26).

P. **126.** 2 4'. (*aussi* 8) ★ 11 problematibus (*aussi* 14) ★ 13 homogena ★ 18 hæc ★ forma ★ 23 Cum ★ 24 ad primam] pura ★ 26 cùm ★ 27 quadratæ ★ 33 8'. ★ 7'. ★ 4'.

P. **127.** 1 10'. ★ 9'. ★ 5'. ★ 12'. ★ 2 11'. ★ 6'. ★ 3 Cum ★ 8'. ★ 7'. ★ 4 5'. ★ 6'. ★ 10'. ★ 9'. ★ 5 7'. ★ 8'. ★ 12'. ★ 11'. ★ 6 9'. ★ 10'. ★ 11 alienis] *On* n'a pu retrouver à qui, en particulier, *Fermat* aurait emprunté cette formule *d'une pensée qui a été exprimée de diverses manières soit sur Platon, soit sur Aristote.* ★ 13 (*Va*, 114) ★ 21 expatiari

P. **128**. 1 5^1 (*aussi* 21, 25, 29) ★ 2 6^1 ★ 4^1 (*aussi* 22, 30, 33) ★ 4 3^1 (*aussi* 8, 11, 13, 28, 29) ★ 7/8 manebit D æquatio ★ 17 Cartesius solvi tantùm ★ 11^1 ★ 12^1 ★ 19/20 7^1

P. **129**. 2 4^1. (*aussi* 3, 28) ★ 4 triginta]trigesima ★ 5 7^1. (*aussi* 8/9) ★ 6 6^1. (*aussi* 10) ★ 7 A^3 et B^3D ★ 11 9^1. ★ 14 cum ★ 16|immutandam (*Va*, 115) ★ 21 verb. grat.

P. **130**. 1 3^1. (*aussi* 2, 24, 31) ★ decem]10. ★ 2 4^1. ★ 3 executi ★ 6 cum (*aussi* 23) ★ 12 duodecim]12. ★ 20 octo]8 (*aussi* 27) ★ 29 quatuordecim]14. ★ 31 5^1.

P. **131**. 1 Cum ★ 11 D *om.* ★ 13 17^1 ★ 14 257 ★ 19/20 expecto

MAXIMA ET MINIMA.

	I. — *L* = copie ancienne fonds Libri (nouv. acq. lat. 2339), f°s 10/11.	
	Va = *Varia*, pages 63 à 64.	
	A_1 = copie d'Arbogast (nouv. acq. fr. 3280, f°s 143 à 145).	

De la page 133, ligne 7, à la page 134, ligne 7. ⎰ *A* = copie au net d'Arbogast (manuscrit Boncompagni) / *A'* = brouillon d'Arbogast (nouv. acq. fr. 3280) en tant qu'il diffère de *A* ⎱ pour la seconde rédaction (*voir* page 133, note 1).

Cf. *D* = Lettres de Descartes, éd. Clerselier, III. 56 et 57.

P. **133**. *Au-dessus du titre :* Copie d'un escrit envoyé par le R. Pere Mercenne a[monsieur *en rature*] des Cartes *L*; Ex Fermatio A_1 ★ 6 in notis]ignotis *Va L* A_1, *leçon qu'il fallait peut-être conserver :* cp. page **186**, 28 et 30, *où toutefois le sens est différent; pour la leçon proposée, voir* p. **140**, 7 ★ 10 prius esse terminus *Va* A_1 ★ 11/12 gradibus *om. A' aj. A* ★ 15 adficiuntur *LA*.

P. **134**. 1 adfectione *LA* ★ deinde]dehinc *A* ★ utrinque *L* ★ 4 adfirmatis *L Va A* ★ 7 subjecimus A_1 ★ 8 rectang. *Va* A_1 (*aussi* 12) ★ 9 pars]par *Va* ★ ipsius *om. Va L* ★ 10 Aq.]A^2 *Va* A_1 (*qui conservent ensuite la notation exponentielle*) ★ 13 — A in E bis]^{2}E in A *Va*, — ^{2}E in A A_1 ★ Eq.]E *Va* ★ 14 rectang. *Va* ★ 15 A_1 *ajoute :*

$$B \times A - A^2 + B \times E - 2A \times E - E^2 = B \times A - A^2$$

17 E bis]E″ *Va* ★ *Au lieu de cette ligne,* A_1 *écrit :* erit $B \times E = 2A \times E + E^2$ ★ 19 *et* 21 A bis]^{2}A *Va* ★ A_1 *écrit pour la ligne* 19 : erit $B = 2A + E$. *pour la ligne* 21 : erit $B = 2A$.

P. **135**. |(*Va*, 64) ★ 4 punctum]OI *aj. Va*, O *aj.* A_1 *et (en interligne) L : peut-être faut-il ajouter* ut O ★ 9 quad. (4 *fois*) *Va* A_1 ★ 11 quam CE quad. ad IE quad. A_1 ★ quad. IE *Va* ★ 12 Cum *L Va* A_1 ★ 13 D]*L a* B *et en marge :* il a icy nommé B ce qu'il nomme d par apres ★ 16 ad]aut *Va* ★ proportionem *DL*, rationem *Va* A_1 ★ 17 bis *om.* A_1 *Va* (*de même* 19, 22 *et* p. **136**, 2, 4, 8); *L a partout la notation* E″ ★ 19 Aq. (*la seconde fois*)]Aquadr. *L* ★ 21 A_1 *ajoute :* $D \times A^2$ erit

P. 136. 6 A bis]A² *Va*. ★ 15 proportionibus]proportione *A*, *Va* ★ 16 Domino]Dño *L* ★ *L porte en marge dans le sens vertical :* Mr des Cartes, f. 347.

II. — Leçons des *Varia,* pages 65 à 66 (*où la notation exponentielle a été adoptée*).

P. 137. 9 parabola ★ 12 basis

P. 138. 1 lom. ★ pct. 9 ★ 2 Archimed. de æquipond. cum ★ 3 cavas ★ 5 cum (*aussi* 19) ★ 7 Archimedæo ★ 9 E bis]²E″ (*notation qui continue ensuite*) ★ 12 ad *Bq.* + *Eq.* — *om.* ★ 16 ut B in E² — ad B² + E² + E²EB in E″ ita ★ 17 æquabitur]applicabitur ★ 18 $\dfrac{B^2 \text{ in } A \text{ in } E'' + A \text{ in } E^3 - B \text{ in } A \text{ in } {}^2E^2}{B^2 \text{ in } E'' - B \text{ in } {}^2B}$ ★ 20 recta | (*Va*, 66)

P. 139. 2 *Eq.* bis]²E² ★ 4 bis]*La notation est désormais le coefficient en exposant à l'avant.* ★ +] — ★ 6 *Le second terme est* + E³ ★ 8 ab *E*, adfecta ★ 19/20 indicare]judicare ★ 21 5]5ı.

III. — Leçons des *Varia,* pages 66 à 69 (*où la notation exponentielle a été adoptée*).

P. 140. 7 Algebricis ★ 8 Ac.]A ★ 10 quad. ★ 11 ex BEA ★ 12 E bis]²E (*même notation ensuite pour les coefficients*) ★ 13 — Ec.*om* ★ 14 primò ★ 16 tamquam ★ 20 B² in A — A³ ★ 22 *le troisième terme est :* — A² in ³E²

P. 141. 3 Eq.]E ★ 14 oportet]æquationes *aj.* ★ 17 æquale ★ 24 linea C

P. 142. (*Va*, 67) ★ 2 reffert ★ 4 ut ut ★ 11 proportionem]quæstionem ★ 20 erit *om*.

P. 143. 1 MNI erit ★ 4 B in A]B ★ 22 *Le troisième terme est répété.*

P. 144. 7 residuum (*corrigez*) ★ 20 punct. N ★ 23 OMD]OND ★ 26 | Ut (*Va*, 68)

P. 145. 2 Ellipsim (*aussi* 7, 9, 10) ★ 3 Algebricis ★ 5 contentam]inter punctum V sumptum ad libitum, *ajouté* ★ 9 DM]DN ★ 12 quad. DO ad quad. IV ★ 14 quad. (2 *fois*) ★ 16 rectang. (2 *fois*) ★ 18 quad. (4 *fois*) ★ 20 rectang. (2 *fois*) ★ 21 quad. (2 *fois*) ★ 23 et 24 rectang. ★ 25 et 26 quad. ★ 26 erit *om*.

P. 146. 16 homog. ★ 17 in G *om*. ★ 21 cam | dem (*Va*, 69) ★ 25 OM]ON

P. 147. 2 numquam ★ 5 asymptoton ★ 6 Domino]D.

IV. — Leçons d'Arbogast.
    A = copie au net (MS. Boncompagni, fᵒˢ 78 à 81).
    *A*₁ = brouillon (nouv. acq. franç., nᵒ 3280, fᵒˢ 133 à 136).
    *A*₂ = leçons de A, écrites après coup d'une autre encre en corrections ou dans des lacunes
        primitivement laissées.

P. 147. 3 *Titre d'après A qui a en note :* D'après la copie de Mersenne. *A*₁ *a pour titre* Methode de maxima et minima de Fermat *et en marge.* D'après une copie écrite par Mersenne et peu lisible ★ 9 syncriscos] *en renvoi* Viet. pag. 164 *A*₁ ★ anastrophes]*en renvoi* Viet. pag. 135 *A*₁ ★ 10 correlatarum *om. A*₁ ★ 10/11 constitutione *A*₂, construc-

tione A_1 ★ 13/14 quæ veteri et novæ molestiam exhibuere Geometriæ A_2 ★ 16 licet]sed A_1
licet
sed A

A. 148. 1 μοναχός]monachos ★ 2 constitutivi A_2 ★ 3 utrinque ★ 5 secta]*lire plutôt*
secanda ★ 10 eâ conditione A_2, ita quidem A_1 ★ 11 supponitur A_2, endum *écrit au-*
dessus de la finale de supponitur A ★ 13 intercipiuntur A_2 ★ 14 alicujus A_2 ★
17 igitur A_2 ★ correllata A ★ 24 loco A_2 ★ 26 accedunt A ★ 27 semperque auctis A_2
★ 28 differentia *corr. de* distantia A, distantia A_1

P. 149. 1 ultimam A_2 ★ divisionem A_2 ★ 1/2 μοναχή vel]*en lacune* A_1, ut A
★ 2 unica A_2 ★ contingit A_1 ★ quum A, cum *ou* tum (?) A_1 ★ quantitates *om.* A_1
★ 4 Cum A_1, ★ igitur (*corr. de* jam) A_2 ★ correllatis A_2 ★ 5 methodum Vietæam A_2
★ æquetur ipsi A_2 ★ 6 semper A_2 ★ 14 quadr. ★ 15 correllata A ★ 16 quadr. A
★ 17 Comparantur A_1 ★ 18 quadr. (2 *fois*) ★ cubo (2 *fois*) ★ 20 A quadr. A ★ Equadr.
★ 21 constitutio A, *en lacune* A_1 ★ 23 quadr. A

P. 150. 1 practice A, praxis A_1 ★ correllatarum A_1 ★ 2 per ipsorum differentiam
comparari]seu ipsorum differentias (*corr. de* distantias) comparari A, seu ipsorum (*corr.*
de summam) distantias parari A_1 *en renvoi au bas de la page;* A_2 *a corrigé le dernier*
mot en comparari ★ ut eâ ratione A_2, ut…ratione *corr. de* constitutione A_1 ★ 3 unicâ
corr. de misere (?) A_1 ★ differentiam *corr. de* distantiam A, distantiam A_1 ★ 5 Ac.]A
cub. (*même abrév.* 7, 10, 12, 16) ★ 7 B quad. A_1 ★ 11 una]prima A_1 ★ 24 Cum A_1
★ inventa A_2 ★ 24/25 constitutione A_2

P. 151. 3 libro]l. ★ 4 L.7 A_1 lib. 7 A ★ 11 +]— A_1 (*même faute poursuivie dans*
le calcul, 13, 17, 20, 23 et p. 152, 10, 16) ★ 18 parte *om.* A_1 ★ 21 communibus A_2,
æqualibus A_1

P. 152. 6 D in A in Eq.]D in A — Eq. A_1 ★ 8 hujusmodi *corr: de* has div. A_2 ★ 14 con-
stitutione]constr. A_2 ★ 15 igitur *corr. de* sive A sive A_1 ★ 20 quippe se vel A_2 ★ 21 non
deerit A_2 ★ 24 crebras A_2 ★ 25 Recurrendum A_2 ★ posteriorem *corr. de* positiones A_2
★ 26 tamen licet A_2 ★ 26/27 facilicitatem A ★ 27 abunde *om.* A_1 ★ 29 id genus A_2

P. 153. 1 pronunciamus ★ semper et A_2 ★ 2 autem A_2 ★ 3 contineri A_2 ★ 8 *Tout*
le vers est de A_2 ★ 10 tribus]3 ★ reperire *corr. de* invenire A_2 ★ si ducantur tres
corr. de ducantur duæ et tres A_2 (*en sorte qu'il reste* si ducantur tres duæ et tres)

V. — Leçons de la copie d'Arbogast (MS. Boncompagni, f°s 56 à 59).

P. 153. 14 asymetriæ ★ 22 *pas de parenthèses* (non plus que p. 154, 2, 8, 10, 20;
p. 155, 10, 14, 16; p. 156, 4) ★ quadr. (*même abréviation ensuite*)

P. 154. 17 O quadrato ★ 18 Cum ★ 21 asymetriâ

P. 155. 10 quadrati ★ 11 Cum ★ 14 *et* 16 lateri ★ 16 dim. B

P. 156. 8 O plan. ★ 11 resolvitur ★ 17 Bq. — A quadr. ★ 18 AB quadr. (2 *fois*)
★ AD quadr. ★ 21 ad quæ]quæ ad ★ A quadr.

P. 157. 4 Aq. quad. ★ 5 minima]maxima ★ 7 Aq quad. ★ 8 maxima]minima
★ 10 B cubus ★ 12 B quadrato ★ 16 asymetrias ★ 26 hyperbola ★ 27 hyperbolæ

★ 29 *à* P. **158**, 1 (asymptotis AF, FC) *explication de* sub angulo AFC, *n'est peut-être pas de Fermat.*

P. **158**.   4 hyperbolam ★ 5 hyperbolâ ★ 9 MB]in B ★ 12 minoris]nimis

VI. — D'après l'original de Fermat.

F = manuscrit original (nouv. acq. fr., n° 3280, f⁰ˢ 112 à 117).

Va = *Varia*, pages 69 à 75.

A = copie d'Arbogast (MS. Boncompagni, f⁰ˢ 68 à 73). *F et A ne portent point de titre; A a en note :* (D'après une copie. Cet opuscule est imprimé dans les *Opera Varia* de Fermat, Tolosæ, 1679).

(Dans le manuscrit original *F*, les lettres des figures et celles qui, dans le texte, en désignent les points, sont en minuscule, sauf A, B et H, et surmontées d'un trait horizontal : les lettres algébriques sont au contraire en majuscule.)

P. **159**.   2 Præf. *Va* ★ VII]7ⁱ *F*, 7. *Va* ★ 4 suas *corr. de* ipsarum *F* ★ 5 lineas rectas tantùm *Va* ★ 8 tamen *om. A* ★ legitimum *om. F*, sufficiens *Va A* ★ 14 adæqualitatem]æqualitatem *Va* ★ 20 | Esto (*Va*, 70) ★ sectis *Va*

P. **160**.   1 Cum *Va F* ★ 12 *et* 17 *pas de parenthèses; Va suit la notation exponentielle.* ★ 13 Cum *FA*, Cùm *Va* ★ Fig. 101. *La ligne AU n'est pas tracée dans Va.*

P. **161**.   2 E bis]²E *Va* (*même notation ensuite*) ★ 3 *Va omet* — N in E bis *et supprime désormais* in *dans les monômes.* ★ 4 Aquadratum]A² *Va* ★ 10 CA]A *Va* ★ U]pour cette lettre, *Va* et *A* ont toujours V. ★ AC]rectæ *aj. Va* ★ 11 latitudine *A* ★ juncta recta FH *Va* ★ 13 *et* 15 Nicomedæa *F Va* ★ 14 prolixior]proclivior *F Va* ★ 16 | Polus (*Va*, 71) ★ 17 curva *Va* ★ 18 est *om. A* ★ NBA]BA *F Va*

P. **162**. 3 BI]BG *Va* ★ 6 procedat]prodeat *Va* ★ 7 recta (*devant* CD *et* EH) *om. Va* ★ vocetur (*après* CD *et* EH)]sit *Va* ★ EH]EN (peu lisible dans *F*) *A Va* ★ 12 iis]his *Va* ★ 14 Dominus]D̄m̄us *A*, D. *Va* ★ 22 æqualitas *FA Va* ★ 23 curva]Cycloide *aj. Va* ★ Domini]D̄n̄i *F*, D̄m̄i *A*, D. *Va* ★ 24 H *corrigé de* A *dans F* (2ᵉ main) ★ CF]EF *Va* ★ 26 est ducenda *Va* ★ 29 CM]AM *Va*

P. **163**.   7 | RD vocetur Z (data *om.*) *Va* (p. 72) ★ 8 vocetur]sit *Va* (*aussi* 9) ★ 9 utcunque *FA* ★ 13 NIUOE]nioue *F*, NIOVE *Va* ★ 14 *et* 17 adæquari]æquari *Va* ★ 16 *et* 17 minus]— *Va* ★ 18 tres *om. F Va* ★ 19 ex]et *A* ★ superiore *Va*

P. **164**.   6 triangulorum similitudinem *Va* ★ 7 ipsi *om. Va* ★ 8/9 æqualitas *Va* ★ 11 in B]in in B *F* ★ consistet adæqualitas inter *om. Va* ★ 12 et R in B in A] | RBE *Va* ★ 13 Cum *F Va* ★ 14 æquetur] | *Va* ★ 16 ex una parte æquatur] | *Va* ★ ex altera *om. Va* ★ 18 nempe ZBE cum *Va* ★ 20 Æquetur *om. Va* ★ 21 cum] | *Va* ★ 22 fiet igitur]et fiet *Va* ★ 24 Constructio]Const. (*écrit au-dessus de* Ad) *F*, *om. Va*

P. **165**.   3 ideo] *corr. de* igitur *F* ★ 4 BD]DB *Va* ★ 5 sive et elegantior evadet *A* ★ 9 vero *om. A* ★ 11 | Sit (*Va*, 73) ★ 14/15 *La correction indiquée dans la note* 3 *peut être réellement de la main de Fermat; le texte primitif, remplacé par les mots :* fiat.... ad rectam NO, *semble avoir été, autant qu'on peut le discerner sous la rature :* portioni quadrantis MD rectam NO constituimus æqualem. *En fait, c'est la projection de* IO *sur la perpendiculaire au rayon* MI *qui doit être égale à l'arc* MD.

P. **166**.   1 Nicomedæa *FA Va* ★ 2 Domini]Dni *F* ★ 3 pertinent *F* (*à corriger*

★ 8 in sequenti figura *om. FA* ★ 9 applicato *A* ★ 19 cum *FA Va* ★ formæ]formarum *Va*

P. 167. 2 utcunque *FA* ★ 5 statione]ratione *Va* ★ 8/9 Domino de Roberval *om. Va*, Dn͞o de Roberval *F*.

VII. — Texte d'après le MS. Vicq-d'Azyr-Boncompagni, f°ˢ 17ᵛ°-18 = *B*.
A = copie d'Arbogast (MS. Boncompagni, f°ˢ 28-29).
H = Nationale, fonds latin 11197, f°ˢ 17-18.
Titre *seulement dans* H *avec l'abréviation* AD R. P. M.

P. 167. 20 semicirclo *H* ★ 21 et]plus *AH* ★ *Après* cylindri, *H ajoute :* (Similis est rectangulo DEA plus dimidio quadrati ex DE et omnibus duplatis), *avec la note marginale :* Quod inclusum est hoc addidi ad explicationem.

P. 168. 3 æquatur]æquale *H* (*aussi* 4) ★ 6 adplicatis *H* ★ 9 satisfacit *H* ★ 13 Cum *ABH* (*aussi* 25) ★ 18 autem *om. AH*

P. 169. 1 ut majus]majus ut *H* ★ 2 sectæ]divisæ *H* ★ minus]Vide in alterâ paginâ *aj. H* ★ 7 determinatione]demonstratione *H* ★ 8 quæstioni]proposito *A* ★ quandoque]quandoquidem *H* ★ 10 Cum *ABH* ★ 12 quæstionem]propositum *H*

VIII et IX. — C = copie d'après Clerselier (nouv. acq. fr., n° 3280, f°ˢ 87 suiv. et 78 suiv.).
D = Lettres de Descartes, éd. Clerselier, III, 51. Dans ces deux sources, pour le morceau VIII, la notation cartésienne a été complètement adoptée (exposants, simple juxtaposition des lettres dans chaque monôme, coefficient numérique en avant du terme), mais avec des lettres majuscules.

P. 170. 3 AFDB]ADFB *C*, ADB *D* ★ 8 *et* 13 cum ★ 12 rectam *om. D*

P. 172. 1 *et* 5 IO *C*, OI *D* ★ 4 *et* 6 latus quad.]radix quadrata ★ 4 *La parenthèse n'est pas fermée D*; *pas de parenthèses C.* ★ 6 *Pas de parenthèses.* ★ 10 fiet ★ 15 abruptis]et ruptis ★ 22 vergit *D* ★ 24 invento et theoremati *C*

P. 173. 8 luminis *om. C* ★ 12 ἀπαραλογίσως *D*

P. 174. 3 duo illa *D* ★ 6 Cum (*aussi* 21) ★ 9 ad rationem temporis motus ★ 20 ut summa]*corr. de* ut summam *C*, ut summam *D*

P. 175. 12 in medio denso *C*, in superficie medii densi *D* ★ 15 pure *D*, peue *C* ★ 16 *C place ici la fig.* 109 *avec les mots :* In figura *avant* Esto. ★ 25 *C a en marge :* in 1ᵃ fig.

P. 176. 4 minor est *D* ★ NV]NR *C* ★ 5 cum (*aussi* 7, 14, 20) ★ 11 rectangulo *om. C* ★ 12 MN]NM *C* ★ 15 quadratum *D*, quadratoquadratum *C* ★ 30 et *om. D*

P. 177. 5 cum ★ 7 ut *om. C* ★ 11 NS]SN *C* ★ 14/15 rectangulo HNV bis (*peut-être mieux; aussi* 17/18) *C* ★ 21 *C a en marge :* V. in 2ᵃ fig.

P. 178. 5 æquatur ★ 11 IN]*C ajoute* ita *et omet les lignes* 12 et 13 ★ 13 IN *D* ★ 24 NR]M *C*

MÉTHODE D'ÉLIMINATION.

Va = Varia Opera; pages 58 à 62.
P = MS. Nationale, fonds latin 11196, f°s 46 à 53.
L = MS., nouv. acq. latin 2339, f°s 17 à 20.

(Cette dernière copie emploie constamment la notation cartésienne complète.
à partir de la page 181, ligne 15.)

P. **181.** 4 *L ajoute :* A Domino de Fermat ad Dominum de Carcavi die 20ª Aprilis anno 1650 missus ★ 5 Redductio L ★ 6 Algebricis ★ 12 Eq. ★ N qdto L ★ 14 quæcunque L ★ 15 *et* 19 cum ★ 16 Z sol. *Va* P, Z^so L ★ 18 Z, S *Va*, Z sol P; (*de même ensuite*) ★ 23 abs E L ★ ab secunda *Va* L

P. **182.** 1 hujusmodi P ★ 3 Cum ★ 4 tanquam et L ★ 8 *Va marque* + *devant le premier terme.* ★ 10 toties om. L ★ 11 omnino]continuo L ★ 16 affici *Va* P ★ 17 abs E *Va* ★ E qdtum L ★ 22 ut L, et *Va* P ★ quomodocunque L ★ affecta ★ 23 | Erit (*Va*, 59) ★ 27 ut diximus om. L

P. **183.** 5 Cum (*de même* 17, 22) ★ 6 tamquam *Va* P, ut tanquam L ★ 8 *P a désormais l'abréviation* Zs. ★ 9 Nq. in B]Nq, — in B, *Va* ★ 14 in A — in E *Va* ★ 25 *Pour le troisième terme du dénominateur, L a :* — BAN²

P. **184.** 3 cum ★ secundum L ★ 12 et cæt. P ★ 13 (*Va*, 60) ★ 15 Algebricis ★ symetrica PL ★ climatismus *Va* L ★ 15/16 Viætea P ★ 17 sufficiens]superficiens L ★ est om. L ★ 19 latus cubicum (B in A qu. — A cub.) *Va* P ★ L a latus cubicum. latus quadratum ★ Z]2 *Va* (*de même ensuite*) ★ 20 latus (2 *fois*) *Va* P ★ latus quadratoquadratum L ★ latus quadratum L ★ D cub. *Va* ★ A qu. qu. *Va* P.

P. **185.** 7 A qu. *Va* P (*de même* E qu. 20, B qu. 22) ★ A cub. (*la* 1re *fois*) *Va* P (*de même* 10, 14, 28; *aussi* E cub. 28) ★ — Ac. om. L ★ ÷ lat.]÷ L, *Va* L ★ 15 hæc enim una L ★ 20 D cubus *Va* P (*de même* E cubus 22, A cubo 22) ★| 21 sed et ex L ★ 24/25 conjiciundi P ★ 28 B² *Va* ★ 29 radice *Va*.

P. **186.** 4 inutilia|mutila L ★ 6 tertius, quartus L ★ et cæt. P ★ 7 tamquam se|cundam (*Va*, 61) ★ 10 fuerint *Va* ★ reductæ fuerint L ★ reduces om. L ★ 11 denique| deinde L ★ 13 exulare ★ 14 innumerosa *Va* ★ 15 resolutione.... asymmetriæ om. L ★ enim om. P ★ 18 cum ★ 19 quandiu *Va* L ★ 26 constituendum L ★ 28 numquam L *Va*

P. **187.** 1 dumtaxat *Va* L ★ 3 et cæt. P ★ 5 data om. P ★ 13 exposcat]exposuit L ★ 14 eaque|neque P ★ 19 B qu *Va* P (*de même* 23) ★ Z qu. P 2 qu. *Va* ★ 20 cum ★ 21 deficientes P ★ 23 A qq. *Va* P. ★ 24 ex|de L

P. **188.** 1 Patebit *corrigé de* Ita erit P ★ 3 cubicæ, quadratoquadraticæ om. *Va* ★ et cæt. P (*de même* 20) ★ cujus|ejus L ★ 12 inveniant.... solidum (13) om. L ★ 13 cum ★ 14 sumatur L ★ 17 quæcunque L

PROBLÈME D'ADRIEN ROMAIN.

Leçons de l'original (Ms. Huygens 3o de l'Université de Leyde) : collation de M. Bierens de Haan.

La distinction des u et v, i et j n'existe pas dans l'original.

P. 189. 7 cepi ★ 190, 12 quintisectionem ★ 192, 3 + (*pour* et?) radici cubicæ ★ 13 + radici quadratocubicæ ★ 22 + radici quadratoquadratocubicæ ★ 194, 2 primogeniam ★ 5 *Adresse* : pour Monsieur.
Huggens.

QUESTIONS DE CAVALIERI.

Leçons de *A* = MS. Arbogast Boncompagni, fol. 25 à 26.
B = MS. Vicq-d'Azyr-Boncompagni, fol. 18.

P. 195. 4 primi *A* ★ 5 D° *A* dño *B* ★ 6 Dᵐ *A* dnum *B* ★ 8 fælicissimum *B*

P. 196. 2 fæliciter *B* ★ 6 cum *B* (*aussi* 23) ★ 8 pronunciamus ★ 14/15 *A* *intervertit les deux membres de la phrase.* ★ 16 summam ★ 20 v. g. *B*

P. 197. 3 nempe]itemque *A* ★ 4 cum *B* ★ 7 parabolam (*aussi* 8) ★ 14 aplicatis (2 *fois*) *B* ★ 27 ambiens *AB et Mersenne* (*voir* p. 195, note 1) ★ 29 Domino]D° *A*, D. *B* ★ exequemur.

P. 198. 1 parabolam ★ 2 proprietates ★ 3 impossibile] *A a écrit ensuite, puis rayé :* verum est ★ 4 ellypses *B*

PROPOSITIONS A LALOUVÈRE.

Leçons de Lalouvère (*de Cycloide*, pages 391 à 395).

Les lettres des figures sur celles-ci et dans le texte sont minuscules. Les renvois aux figures sont faits dans le texte, les figures 112 à 119 de notre édition étant d'ailleurs numérotées 105 à 112 par Lalouvère.

P. 199. 5 hyperbola ★ 6 parabolæ (*aussi* 205, 10/11, 206, 22, 207, 9, 209, 15) ★ 6 hyperbolæ (*aussi* 200, 7, 15) ★ 202, 6/7 v. g. ★ 203, 5 quarta]107. ★ 8 quinta]108. ★ 11 quarta]108. ★ 204, 5 quinta]109. ★ 8 AM]cm ★ 18 sexta]110. ★ 20 tertia]107. ★ 21 hac]hoc ★ 22 eundem ★ 205, 2 AC]dc ★ 14 AN]au ★ 15 AB]ub ★ KU]zu ★ 18 *Le numéro* VI *est reporté* 206, 1 ★ 206, 1 sexta]110 ★ 4 parabola (*aussi* 7, 207, 20, 208, 4, 21, 28, 209, 4) ★ 206, 12 septima]111. ★ 207, 4 cujuscunque ★ 14 æquetur ★ 19 quocunque ★ 208, 12 æquetur ★ 26 trienbus ★ 209, 14 diminutæ.

DISSERTATION M. P. E. A. S.

(Leçons des *Varia*, pages 89 à 109.)

P. 211. 3 *Va porte en marge :* Hæc Dissertatio typis edita fuit anno 1660. occulto Autoris nomine.

P. 212. 4 cum ★ 13 I.]PRIMA. ★ 15 cava]curva ★ 19 portio[nem (*Va*, 90)

P. 213. 1 cum ★ 3 basem ★ 4 BI]KI ★ 7 quam recta ab H ad R ducta]quæ rectam ab HR ad R ductam ★ 10 eandem

P. 214. 3 Demonstrationem (*corrigez*) ★ 10|Exponatur (*Va*, 91) ★ secunda]2. ★ 11 AG]AF ★ quodlibet ★ 20 tertia]3. (*en marge :* Deest hoc loco figura 3. quam ad calcem libri lector inveniet.) ★ 21 eundem

P. 215. 9 cum (*de même* 11, 15) ★ 10 utrinque ★ basis (*aussi* 16, 26 *deux fois*) ★ 12 2. et 3. Figuræ (*de même* 18, 20, 21, 22, 24, 25, 2. *pour* secunda *ou* secundæ. 3. *pour* tertia, ae, am) ★ 23 æquales ★ 26|æquales (*Va*, 92)

P. 216. 2 secunda]2. ★ 3 basis (*aussi* 10) ★ ipsius]ipsi ★ 6 cum (*de même* 16, 22) ★ 14 basi

P. 217. 5 quarta]4. ★ 14 parabolæ

P. 218. 24|ut (*Va*, 93) ★ 26 rectarum]rectæ ★ 29 IF]IE

P. 219. 12 quinta]5. ★ parabola ★ Fig. 124. *Les lettres* β *et* δ *sont en majuscule grecque.*

P. 220. 3 directu ★ recta ★ 15 KI]IK ★ 19 et sit]et fit ★ parabola ★ 21 parabolæ (*aussi* 28) ★ 22 FX]EX ★ 26|sed (*Va*, 94) ★ 27 IK in KL]IK in KLS ★ 30 cum ★ 32 V|U (*de même dans la page* 221, *mais non plus loin*)

P. 221. 9 cum

P. 222. 1 parabolam ★ 12 *Les lettres grecques* β. δ *et plus loin* γ. θ. λ. ς *de la figure* 125 *et du texte sont en majuscule : dans l'édition anonyme, toutes les lettres romaines ou grecques, sont en minuscule.* ★ 17 possit ★ 25 cum ★ 26 minori ★ eandem

P. 223. 9 parabolæ ★ |perpendiculares (*Va*, 95) ★ 16 γE]θE

P. 224. 9 minor|minorum ★ 12 cum

P. 225. 1 cum (*de même* 12, 18 *et* cùm 25) ★ 6 parabolam (*aussi* 24) ★ 17|æquale (*Va*, 96) ★ 26 paraboles (*aussi* 27)

P. 226. 3 paraboles ★ 5 reliqua ★ rectæ ★ 6 æqualis seu applicatæ semibasi ★ 17|ad (*Va*, 97)

P. 227. 6 septima]7. ★ 8 DM, NL, EK, HI ★ 9 hac|*ajoutez* priore ★ 16 quarta. a]4. a

P. 228. 5 cum ★ 15 (*Va*, 98) ★ 16 in Fig. 8.

P. 229. 14 recta]curva ★ 27 cum ★ RC]RE

P. 230. 3|autem (*Va*, 99) ★ 27 PQ]QP

P. 231. 1 in 9. Fig. ★ 3 AC]AG

P. **232.** 6 cum enim cætera latera ★ 8 | FI (*Va,* 100) ★ 26 in 3. v. g. ★ quod (*corrigez*)

P. **233.** 9 in Fig. 10.

P. **234.** 1 parabola sim | plex (*Va,* 101) ★ 2 parabola ★ 5 cum ★ 12 parabolæ ★ 26 in 4.

P. **235.** 6 parabolæ (*aussi* 14, 15) ★ 11 in 4. ★ 16 quotæ] quot ★ 18 g, sit in 11. Fig. ★ 21 | in (*Va,* 102)

P. **236.** 5 parabola ★ 7 quartæ] 4. ★ 9 est 4. ★ 22 rectæ datæ ★ 33 cum

P. **237.** 7 12. ★ 9 basis (*aussi* 17) ★ 12/13 | secunda (*Va,* 103)

P. **238.** 6 (*Va,* 104) ★ *Les figures de l'*Appendix *sont à la fin du volume.* ★ 10 PRIMA ★ 15 4 t, 52, ★ rectæ] recta

P. **239.** 1 4 t ★ 12 AIF] AF ★ 15 M] ut ★ 31 | 67 (*Va,* 105) ★ cùm

P. **240.** 7 cum (*aussi* 15, 19) ★ 29 *En marge :* Figura 2.

P. **241.** 3 YX] IX

P. **242.** 19 cum ★ 26 | sit (*Va,* 106)

P. **243.** 6 tertia] 3. ★ *En marge :* Figura 3.

P. **244.** 10 cùm ★ 23 quarta] 4. ★ *En marge :* Figura 4.

P. **245.** 9 III] tertiæ ★ 20 cum

P. **246.** 1 | ergo (*Va,* 107) ★ 14 quinta]. 5. ★ *En marge :* Figura 5. ★ 22 basis

P. **247.** 5 *En marge :* Figura 6. *Dans l'édition de 1660, la figure est numérotée* 5, *comme la précédente.* ★ 8 construatur parabole ★ 9/10 parabolam (*aussi* 10, 11) ★ 13 cum

P. **248.** 5 biseca ★ 12 VI] sexta

P. **249.** 10 | tangens (*Va,* 108) ★ *Les lettres grecques qui suivent dans les figures et le texte sont en majuscule.*

P. **250.** 1 cùm ★ 4 axi 98 ★ 15 cum

P. **251.** 3/4 semibasis ★ 16 VI] sexta

P. **252.** 10 cum (*aussi* 23) ★ 16 con | structione (*Va,* 109) ★ 17 et 18. *Par exception* δλ *est en minuscule.* ★ 20 parabola ★ 21 parabolæ

P. **253.** 1 parabolæ (*aussi* 2, 4, 5) ★ 2 basis ★ 3 parabola (*aussi* 4, 6) ★ 11] secunda ★ 4 cum (*aussi* 10)

.P. **254.** *Lettres grecques en minuscule :* 1 θ, 2 θπβ, 3 θδ, 9 βπθ, 12 δλ. ★ 6 basis ★ parabola (*aussi* 13, 14) ★ 7 cum ★ 11 basim] basem ★ 14 parabolæ

Les figures à la fin du volume (première planche) ne sont pas numérotées, mais indiquées comme suit : Fig. Pag. 91. *pour notre* Fig. 122 (3); ★ Fig. Pag. 104. *pour* 134 (1); ★ Fig. Pag. 105. *pour* 135 (2); ★ Fig. Pag. 106. *pour* 136 (3); ★ Fig. Pag. 106. *pour* 137 (4); ★ Fig. Pag. 107. *pour* 138 (5); ★ Fig. Pag. 107. *pour* 139 (5); ★ Fig. Pag. 108. *pour* 140 (5) *et* 141 (5). *Sur cette dernière, la lettre* χ *est minuscule, pour* σ *on lit* 6, *et le chiffre* 12 *n'est pas marqué.*

MÉTHODES DE QUADRATURE.

(Leçons des *Varia*, pages 44 à 57.)

P. **255.** 11 dumtaxat ★ 14 parabolam

P. **256.** 7 asymptoton ★ 11 so | lum (*Va*, 45) ★ 12 3. et 4. ★ 17 hyperbola ★ Fig. 142. *Les lignes ponctuées ne sont pas tracées et le point B n'est pas coté.*

P. **257.** 8 Archimedæam ★ 9 GHIE] GHE ★ 10 *Après* æquetur., *à la ligne* GE, in GH. *puis* Item *commence un nouvel alinéa.* ★ 13 Archimedæa ★ 16 cum ★ 17 AII ad AO] AII, AO ★ 25 cùm ★ parallelogralomi ★ parallogrammum

P. **258.** 14 | ergo (*Va*, 46) ★ 22 parallelogrammos ★ 23 Archimedæa ★ 24 curva in IND

P. **259.** 4 Archimedæa ★ 6 hyperbolæ (*aussi* 10) ★ 22 *Entre* GE *et* ad *est intercalé :* ad parallelogrammum sub GE, in GH, ita parallelogrammum sub GE, in GE ★ GA] GH

P. **260.** 2 hyperbola (*aussi* 6, 11) ★ 8 cum ★ 13 cùm ★ 19 parabola ★ 22 | Sit (*Va*, 47) ★ AGRC] AGRE ★ 26 CE] EC

P. **261.** 4 cum ★ Fig. 143. *Les lettres* V, Y *ne sont pas inscrites.* ★ 20 EN] EV

P. **262.** 6 YC] BC ★ 27 ARCB] AROB

P. **263.** 2 quod] quæ ★ 2/3 repræsentates ★ 3 ad | 2 (*Va*, 48) ★ 5 Archimedæo ★ 15 AIGC] AICB ★ Fig. 144. *Les lignes* AD, DC *ne sont pas tracées.*

P. **264.** 3 cum (*aussi* 9, 21) ★ 4 CE] EC

P. **265.** 14 parallelogrammum] ut *ajouté devant.* ★ 20 | nempe (*Va*, 49) ★ 22 parallelogrammum ★ 27 3 ;] B. ★ 28 2 ;] 3.

P. **266.** 4 hyperbola ★ 11 potestatis] quantitatis

P. **267.** 5 q.] quad. (*trois fois ; même abréviation par la suite*) ★ 10 U] V (*de même ensuite*) ★ 11 cùm ★ 14 — Aq.] A — quad. ★ 18 — om. ★ 28 Aq.] AG

P. **268.** 2/3 E, quad. ★ 6 c.] cub. (*même abréviation par la suite*) ★ 10 æquale ★ 16 quad.

P. **269.** 1 | loco (*Va*, 50) ★ 3 quad. ★ 14 cc.] cub. cub. (*deux fois ; même abréviation par la suite*) ★ qc.] QC ★ qq.] quad. quadr. (*aussi* 19 ; *mais* QQ 21. qu. qu. 22. 23. qu. qua. 25) ★ æqualis] ≈ ★ 19 qc.] QV. cub. (*mais* quad. cub. 25)

P. **270.** 5 qc.] QC *la* 1re *fois ;* qu. cub *la seconde et par la suite* ★ qq.] qu. qu. (*aussi* 7. *mais* qua. qua. 10) ★ 8 hyperbolæ ★ 10 q.] *L'abréviation ordinaire est désormais* qu. ; *toutefois* qua. *la* 1re *fois,* 25) ★ 14 parabolæ ★ 20 correlatis ★ 25 —] ÷ ★ 27 sive $\dfrac{\text{B qu. cu.}}{\text{AQ}}$ æquale

P. **271.** 1 (*Va*, 51) ★ 2 æquale ★ 3 ex] de ★ 5 B. cub. æquari $\dfrac{\text{B qu. in Y}}{\text{A cub.}}$ ★ 7 B qu. qu. ★ Fig. 145. *La courbe* HOPN *n'est pas tracée et la lettre* O *n'est pas inscrite*

P. 272.   7 potestatibus]præstantibus ★ 9 ignotarum]ignoratum ★ 15 FC]FG ★ 22 statum ★ 25 applicato ★ 28 B, quad. — A qu. æquale E, quad. ★ 30 cùm ★ 32 ad basim IIN, sive ad D applicatis *est intercalé* 31 *après* applicata

P. 273.   1 ad B applicata *est rejeté après* æqualia ★ dato]curvo ★ 5 | erunt (*Va*, 52) ★ 9 cum (*aussi* 17, 25) ★ U]V (*de même ensuite*) ★ 17 autem] ergo ★ q :] *abréviations :* qu. *ici et* 23, *la seconde fois, pour Bq.,* 18, 21 *et* 23 *pour Eq.;* quad. *ailleurs et par la suite jusqu'à indication contraire.* ★ 21 qq.]quad. quad. (*mais* qu. qu. 23)

P. 274.   3 omnnium ★ 7 æquatur]æqualis ★ 11 exsequamur]sequamur ★ 12 B, quad. cub. ★ E, cub. cub. cub. ★ 14 cùm ★ B, qu. ★ 15 B, quadratum ★ 21 | sit (*Va*, 53) ★ 23 basim]MV *ajouté.*

P. 275.   3 cum ★ 5 MV]MN

P. 276.   3 qc.]quad. cub. ★ æquale E, cubo ★ 6 q.] *désormais l'abréviation est* qu., *sauf indications contraires.* ★ 7 valore ★ 10 æquale ★ 12 curva AKOGDCH ★ 13 authorem ★ 15 ex]de

P. 277.   1 quarta]4. ★ 3 B, quad. ★ E, quad. ★ 5 E qu. quad. ★ V quad. ★ 10 quadraturæ ★ priori ★ 20 ex]de ★ 24 B qui | in E, qu. — E qu. qu. (*Va*, 54) ★ 30 E, quad. quad.

P. 278.   1 abs ★ 12 B, qu. cub. in V, quad. ★ 19 inter]in ★ 25 hyperbolæ

P. 279.   2 quad. cubi ★ 3 praxim ★ 4 tam quam ★ præcedentes ★ 6 curvæ]curæ ★ 9 A, quad. ★ B, qua. ★ 14 O quad. (*aussi* 20) ★ 17 B, qu. qu. ★ A, Qu. ★ 26 B, q, qu. ★ V, quad. ★ 27 B, quad. ★ 28 Uq.]A, quad.

P. 280.   4 idque]id quæ ★ 6 | Hæc (*Va*, 55) ★ 9 ADB]A, B, C, ★ 11 ipsi in]ipsi sic ★ 24 B, quad.

P. 281.   7 cum (*aussi* 25) ★ 22 E cub. | cub (*Va*, 56)

P. 282.   4 *et* 6 V, quad. ★ 6 E, q. ★ 7 omnes E quadrati ★ 10 E, quad. ★ 12 Y, quad. ★ 13 cùm ★ omnes E, qu. ★ 15 cum ★ 24 synthesim ★ 27 expatiandum

P. 283.   3 cùm ★ 4 omnes B in A ★ 5 omnes ★ 6 *et* 13 Oq. ★ 7 æquatio]æqu. ★ 8 E, q. ★ 10 omnes O quadrati ★ 13 V, quadr. ★ 14 tertia]quarta ★ 18 Y, quadrato

P. 284.   2 *et* 9 quad. ★ 3 *et omis.* ★ 5 quarta]quinta ★ omnes Y quadr. ★ 6 illo ★ 10 quinta]sexta ★ Y]I ★ 16 æqua | le (*Va*, 57) ★ 17 sexta]septima ★ 20 I, quadratum ★ 21 septima]octava

P. 285.   4 Aq. ★ Bq. in Oq. ★ 5 A; qu. ★ octava]nona ★ 7 cum ★ 11 V quad. ★ 12 nonam]decimam ★ 18 novem]decem

FRAGMENT SUR LA CISSOIDE.

[Leçons de M. Ch. Henry (*Pierre de Carcavy*, pages 38-40).]

P. 285.   21 yssois ★ 22 perpendiculus ★ 23 yssoidis ★ 24 yssoide ★ asympto

P. 286.   7 yssoidi ★ 10 M et D]MBD ★ 15 yssoïdale ★ 17 KI]KL

P. 287. 1 yssoidem ★ applicatis ★ ex]de ★ 2 yssoidis ★ 4 JH]LH ★ 7/8 ad summam rectarum JH, HV, ita recta NO *répété*. ★ 8, 10, 12, 23, 26, 28 VO]NO ★ 13 yssoidis ★ 19 rectæ ★ 22 cum ★ HG]HC ★ 25 candem

P. 288. 1, 4, 8 NO]VO ★ 5 omia ★ 11 yssoidale

OBSERVATIONS SUR DIOPHANTE.

(Leçons de l'édition de Samuel Fermat; 1670 = *S.*)

On a reproduit en caractères plus petits les textes de Bachet (traduction ou commentaires), auxquels se rapportent les observations de Fermat. Les leçons de Bachet sont données d'après l'édition de Diophante par Bachet, 1621 = *Ba*.

Le numérotage des observations de Fermat et les renvois entre parenthèses sont ajoutés.

Dans le Diophante de Samuel Fermat, les notes de son père sont imprimées en italique, et précédées chacune de la mention : OBSERVATIO D. P. F. (DOMINI PETRI DE FERMAT pour II). — Les indications de pagination (*S* avec le n°) ne se rapportent qu'au texte de Fermat.

P. 291. 4 quibuscunque ★ cùm ★ 17 duas]duos ★ 22 duos *Ba, om S*

P. 292. 2 lib. 4. ★ 8 *et* 17 quatuor]4 ★ 10 3o]3 ★ 16 31^{am}]tertiam ★ 23 Extat ★ V]quinto ★ 24 5]quinta

P. 293. 1 tres]3. ★ 2 eorundem ★ 7 Primus]1. ★ Secundus]2. ★ Tertius]3. ★ 8 Diophantæam ★ 11 quatuor]4 ★ 13 5^{am}]5 ★ lib. 5. ★ 19 (*S*, 119) ★ 22 VI]sexti

P. 294. 2 ter]3. ★ quater]4 ★ 7]etiam (*S*, 128) ★ 15 v. g.

P. 295. 1 loco]loci ★ v. g. ★ 12 quotcunque

P. 296. 5 datus]ductus ★ 7 et *omis.* ★ 18 tres]3. ★ 18/19 qui nempe unitate *superant* quaternarium *entre parenthèses.* ★ 19 v. g. ★ 25/26 nempe quaternarium unitate superantes *entre parenthèses.* ★ 27 productus.

P. 297. 1 tres]3. ★ 11 v. g. ★ 19 proscribitur

P. 298. 7 cum ★ 17]differentiam (*S*, 134)

P. 299. 10 iterationem]operationem

P. 300. 6 sequentis ★ 13 duo quadratoquadrata ★ 16 quadratoquadrata

P. 301. 3 operationem]æquationem ★ 10 multiplus ★ 22 V. G.

P. 302. 2 eundem ★ 4 quatuor]4. ★ 12 superiori ★ 23 v. g.

P. 303. 1 $\frac{7225}{5184}$]$\frac{7245}{5184}$ ★ 6 vigesima]secundæ ★ 8 cum ★ 15 v. g. ★ 17]conditione (*S*, 162) ★ 23 VI]6.

P. 305. 14]esse (*S*, 181) ★ 16 poligonis

P. 306. 5 utcunque ★ 5/6 v. g. ★ 8 tertia]3. ★ 15 cùm

P. 307. 1 *et* 2 v. g. ★ 13/14 conficiant]constituant (*à corriger*) ★ 16 *et* 19 cùm

P. **308.** 3 *et* 7 cùm ★ 17 6 | N + 3 (*S*, 210) ★ 20 cum ★ 28 quatuor]4. ★ producitur (*corrigez*)

P. **309.** 1 24. ★ 2 lib. 6. ★ 4 lib. 31. ★ cum ★ 14 quatuor]4.

P. **310.** 1 v. g. ★ 18 hypothe. ★ 20 perpendic. ★ 21 eundem ★ quatuor]4

P. **311.** 2 Diophantæos

P. **312.** 9 31. quæstione lib. 4.

P. **313.** 7 possunt *S* ★ 13 cùm ★ 24 Veruntamen

P. **314.** 1 *et* 24 cùm ★ 8 quam]quà ★ 13 eundem ★ 15 authore ★ 30 quadruplæ]quadrati ★ unitate]ι,

P. **315.** 3 | Deinde (*S*, 233) ★ 15 quarto]4.

P. **316.** 29 Diophantæam

P. **317.** 2 v. g. ★ 12 duntaxat ★ 17 cum ★ 23 Diophantæis

P. **318.** 1 IV]4. ★ 2 fœliciter ★ 19 eundem

P. **319.** 3 (0 *Vatic.*) est la leçon indiquée dans le commentaire de *Ba* ★ 4 *Les mots entre parenthèses sont tirés de la marge de S et déduits du commentaire de Ba* ★ 15 productum

P. **320.** 14 | primum (*S*, 250) ★ 22 v. g.

P. **321.** 4 quadrupla ★ 24 $\frac{64}{298}$ *S*

P. **322.** 4 ὅπως *Ba* ★ 27 τετραγώνον *Ba* ★ 35 productum

P. **323.** 3 vere]verò

P. **324.** 1 (*S*, 252) ★ 9 cum ★ 13 A. quadratum (*première fois*) ★ 16 D.C. — B bis C. 19, 23 *et* 25 minus] — ★ 20 minus *omis.*

P. **325.** 1 + 2C] — 2C ★ 6 ιN plus] A + ★ excessus

P. **326.** 12 9]25 (*aussi* 14, 15) ★ 13 —] + ★ 14 *et* 15 6]10 ★ 18 propositis ★ 23 cum

P. **327.** 2/3 vigesimam quartam libri sexti. ★ 18 quadratoquadrata

P. **328.** 3 Diophantææ ★ 16 et 22 cum

P. **329.** 3 v. g.

P. **330.** 4 quæsitus triangulus *S*, *lisez* quæsitum triangolum ★ 14 (*S*, 291) ★ quatuor]4.

P. **331.** 3 triang. rectang.

P. **332.** 7 Diophantæo ★ 10 *et* 14 eorundem ★ 17 cum

P. **334.** 4 supetunt ★ 20 τρηπλοισότητας

P. 335.   2 v. g. ★ 13 numerus ★ 14 accedunt ★ 18 lib. 5.

P. 336.   11 Formatus

P. 337.   1 u (*première fois*) omis. ★ 6 39]29.

P. 338.   14 vigesimam quartam ★ 15 sexti ★ 18 exequi

P. 339.   5 Diophantæam ★ 8 utrinque

P. 340.   7 | laboriosâ (*S,* 339) ★ 11 quadratos] quadrata

P. 341.   25 multati

P. 342.   1 *et* 2 multati

ERRATA [1].

Page   86, ligne 4 : Supprimer la virgule après RD.

» 109 » 9 : Mettre point-virgule après *bis.*

» 154 » 8 : La lettre O devrait être en italique.

» 167 » 4 de la note 2. — Au lieu de 20 *avril,* lire 26 *avril.*

» 211 » 5 de la note 2. — La découverte de Neil a été publiée par Wallis dès 1659, dans la seconde Partie du Volume intitulé : *Johannis Wallisii S. S. Th. D., Geometriæ Professoris Saviliani Oxoniæ, Tractatus duo. Prior de Cycloide et corporibus inde genitis. Posterior epistolaris, in quo agitur de cissoide et corporibus inde genitis et de curvarum tum linearum εὐθύνσει, tum superficierum πλατυσμῷ. Oxoniæ, typis Academicis Lichfildianis, Ann. Dom.* CIƆ.IƆC.LIX. — Cette seconde partie est d'ailleurs une réponse à une lettre d'Huygens du 9 juin 1659 et, lorsqu'il l'écrivit, Wallis avait déjà pris connaissance de l'édition latine de la *Géométrie* de Descartes par Schooten.

» 218 » 17, mettre une virgule après *ducatur.*

» 316 » 4, mettre une virgule après αὐτῶν.

» 338 » 2 *de la note* 2 *en remontant.* Au lieu de *debit,* lire *dedit.*

» 377 » 10. Au lieu de *Pyrrhonianum,* lire *Pyrrhoniarum.*

» 388, note 1. Vérification faite, la pièce du Ms. fr. n. a. 3280 est l'original. L'adresse en est : *Clarissimo viro Petro Danieli Huetio Petrus Fermat S. T.*

[1] Consulter les *Variantes* qui précèdent, notamment pour les pages 70 à 76, la découverte des originaux ayant été postérieure à l'impression.

TABLE DE CONCORDANCE

ENTRE L'ÉDITION DES OEUVRES DE FERMAT DE 1679

ET LA PRÉSENTE ÉDITION.

([1]) Les chiffres modernes indiquent les pages du présent Volume; les chiffres romains en grandes capitales les numéros des pièces de la Correspondance qui seront publiées dans les Volumes suivants.

TABLE DE CONCORDANCE.

TABLE DE CONCORDANCE.

Cinq planches de figures géométriques.

FIN DU TOME PREMIER.

13404   Paris. — Imprimerie GAUTHIER-VILLARS ET FILS, quai des Grands-Augustins, 55.

LEGGE · LABORA
CONTRISTARI
LEGE · NOLI

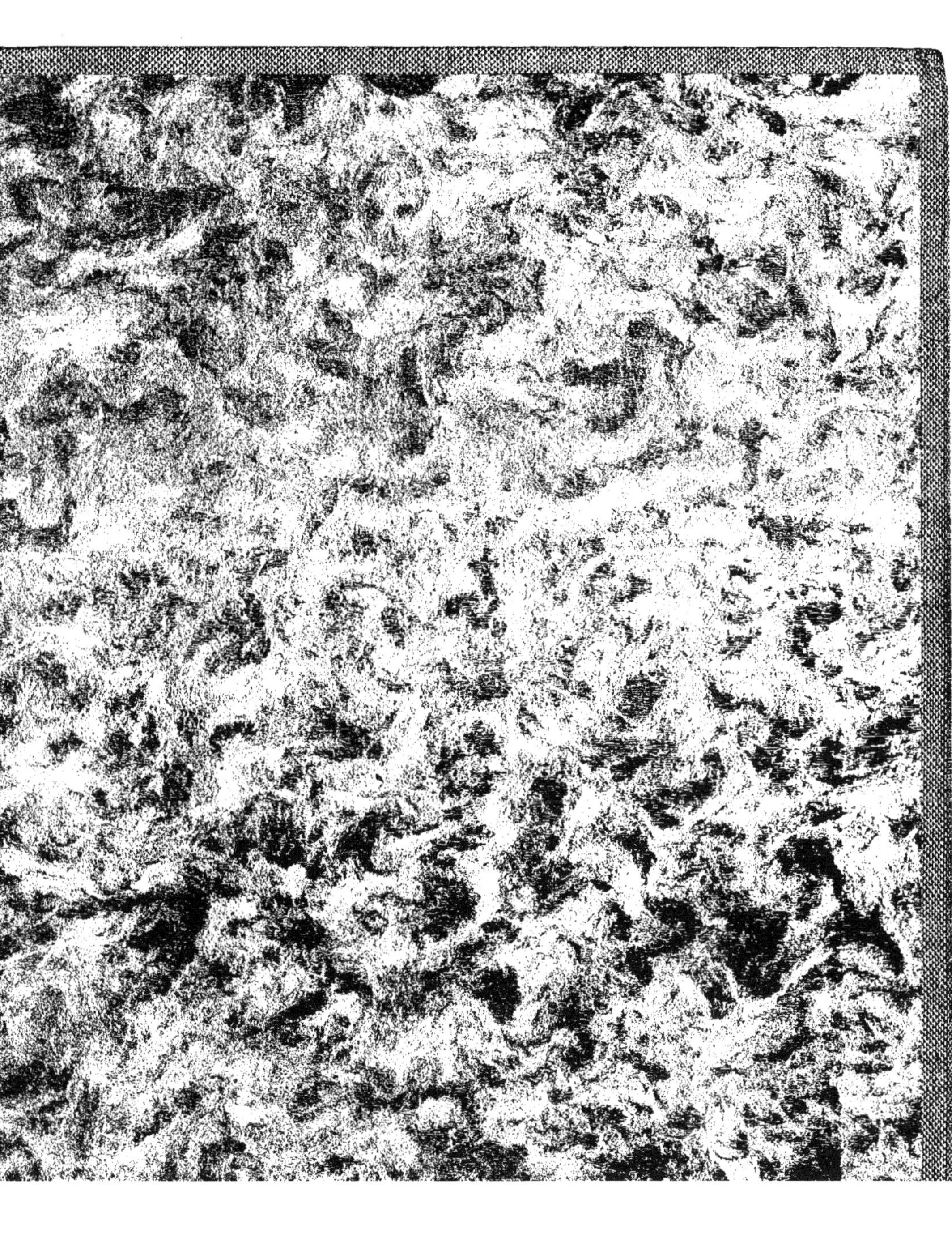